经典译丛·信息与通信技术

5G 移动通信网络中的光纤-无线融合技术

Optical and Wireless Convergence for 5G Networks

Abdelgader M. Abdalla

Jonathan Rodriguez

[葡] Issa Elfergani

Antonio Teixeira

编

项 鹏 郑 翔 刘 杰 译

U0166667

电子工业出版社

Publishing House of Electronics Industry

北京·BEIJING

内 容 简 介

本书深入探讨了 5G 移动通信网络中光纤与无线通信无缝融合时出现的新技术、新概念和新的解决方案。本书从移动通信网络中前传与回传链路的视角出发，集中阐述了基于光纤-无线融合的混合多点接入通信网络技术，分享了作者对于该网络技术生态系统进行管理的见解。此外，本书的内容还涵盖了一些先进的技术主题，包括：光纤-无线通信(FiWi)、混合光纤-无线(HFW)系统、可见光通信(VLC)、光传感技术；还有一些新技术和新方案，如实时 IoT 应用、触觉互联网、雾计算(FC)、网络功能虚拟化(NFV)、软件定义网络(SDN)等。

本书全面讨论了 5G 移动通信网络对于光纤-无线融合的需求、网络架构部署和技术解决方案，可作为通信工程和电子工程及相关专业广大师生和研究人员的参考教材，也可作为固定通信和移动通信从业者的参考资料。

Optical and Wireless Convergence for 5G Networks
ISBN: 9781119491583
Abdelgader M. Abdalla   Jonathan Rodriguez   Issa Elfergani   Antonio Teixeira
Copyright © 2020 John Wiley & Sons, Ltd.
All rights reserved. This translation published under license.
Authorized translation from the English language edition published by John Wiley & Sons, Ltd.
Copies of this book sold without a Wiley sticker on the back cover are unauthorized and illegal.

版权贸易合同登记号 图字：01-2020-6695

图书在版编目(CIP)数据

5G 移动通信网络中的光纤-无线融合技术 / (葡)阿布德卡德尔·M. 阿布达拉(Abdelgader M. Abdalla)等编；项鹏，郑翔，刘杰译. — 北京：电子工业出版社，2023.10
(经典译丛. 信息与通信技术)
书名原文：Optical and Wireless Convergence for 5G Networks
ISBN 978-7-121-46509-3

Ⅰ. ①5… Ⅱ. ①阿… ②项… ③郑… ④刘… Ⅲ. ①第五代移动通信系统－光纤传输技术②第五代移动通信系统－无线电通信 Ⅳ. ①TN929.53

中国国家版本馆 CIP 数据核字(2023)第 194773 号

责任编辑：冯小贝
印　　刷：天津千鹤文化传播有限公司
装　　订：天津千鹤文化传播有限公司
出版发行：电子工业出版社
　　　　　北京市海淀区万寿路 173 信箱　　邮编：100036
开　　本：787×980　1/16　印张：20.25　字数：467 千字
版　　次：2023 年 10 月第 1 版
印　　次：2023 年 10 月第 1 次印刷
定　　价：99.00 元

凡所购买电子工业出版社图书有缺损问题，请向购买书店调换。若书店售缺，请与本社发行部联系，联系及邮购电话：(010) 88254888，88258888。
质量投诉请发邮件至 zlts@phei.com.cn，盗版侵权举报请发邮件至 dbqq@phei.com.cn。
本书咨询联系方式：fengxiaobei@phei.com.cn。

前　言①

在过去的几十年中，由于移动互联网用户的不断增长，移动通信市场在宽带需求和用户数量方面都经历了迅猛的增长。当前越来越多的用户青睐于使用移动互联网业务，3G 和 4G 移动通信技术在全球范围内对这些业务提供了有力的技术支持。4G 移动通信网络拥有超过 Gbps 量级的数据传输速率，为通信业务提供了真正意义上的宽带传输方案。但是当人们需要进一步提高数据传输速率以便支持更高速率的业务连接时，4G 移动通信网络的缺点便开始显露出来了。尽管现有多天线技术的使用和微蜂窝的部署使得移动通信网络在频谱利用率和区域覆盖效率方面都得到了极大的性能改善，但是这些技术还不足以适应未来移动通信市场发展中越来越高的性能指标要求。为了顺应未来通信业务的发展趋势，人们不得不进一步寻找新的技术和解决方案。于是，5G 移动通信技术应运而生，并进入移动通信市场。人们提出这一技术的初衷是为了增强宽带移动通信网络中通信业务连接的性能，以期在用户移动的情况下实现 Gbps 量级的高速率通信的需求，同时也是为了满足市场上不断涌现的新业务的需求，如物联网和触觉互联网。人们憧憬着 5G 技术能够显著提升现有移动通信系统的性能，包括实现更高的业务传输速率(达到 10 Gbps)、提供几乎零延时的通信网络，以及具有更灵活的组网方式，从而能满足各种各样不同类型的业务需求。目前，广大的固定通信和移动通信从业者似乎都已达成了一个普遍的共识：对于上述的这些业务需求，单靠某种单一的移动通信或固定通信技术都无法满足需求。因此，人们已经清醒地意识到我们必须构建一个集成多种通信技术的移动通信网络，它不仅能够充分利用现有的各种通信系统和技术，还能适应当前不断涌现的各种新型无线电技术的发展，从而能更好地适应全球标准化组织[如第三代合作伙伴计划(3GPP)、5G 基础设施公私合作伙伴(5G-PPP)和国际电信联盟(ITU)]为顺应市场的发展需求而对移动通信技术提出的更高要求。

为了适应未来业务的这些可预见的通信速率需求，采用光通信技术被广泛认为是一种可行的解决方案。今天的移动通信系统与广域网已经与光纤通信系统协同工作，光纤通信提供了移动通信网络中的前传与回传连接②，尤其是在集中式/云无线接入网(C-RAN)中的应用，光纤通信为移动通信网络中的集中式无线资源管理方案提供了信

---

① 中文翻译版的一些字体、正斜体、符号、参考文献等沿用英文原版的写作风格。

② 所谓前传，是指移动通信网络中基站和无线电收发机之间的通信连接；所谓回传，是指移动通信网络中从移动基站到移动基站控制器，乃至移动核心网的通信连接，目前上述这两种通信连接基本上都由光纤通信技术实现。——译者注

息传输的高速通道，并在无线干扰管理方面展现出了明显的优势。因此，显而易见，任何一个集成化的 5G 移动通信系统都将建立在当前的光纤核心通信网络之上，实现大量数据的低成本传输。这也就提出了新的技术挑战：如何使无线通信技术与光纤通信技术协同发挥作用，从而为未来的多种通信业务提供无缝的端到端连接。

　　本书主要阐述了 5G 移动通信网络及其业务的支撑性技术，尤其是在所谓的"泛在的"（ubiquitous）与"敏捷的"（agile）5G 核心系统构建和基于光纤–无线融合的混合多点接入通信网络所构成的技术生态系统管理方面分享了作者的新见解。在这些技术的具体应用场景方面，本书还涵盖了一些重要的主题内容，包括室内通信应用场景，如光纤通信、光纤–无线通信（Fi-Wi）、可见光通信（VLC）和多设备智能互联通信；还包括城市中用户密集区内的户外通信应用场景（即新的 5G RAN 技术）。此外，本书还介绍了一些先进的业务和技术实现方案，如触觉互联网、雾计算（FC）、网络功能虚拟化（NFV）、软件定义网络（SDN）和基于光纤的传感器技术。最后，本书还给出了 5G 网络的技术–经济框架及其对所有通信网络技术参与者的影响。

致　谢

　　本书的作者和编辑不仅要感谢所有为这本书中各章节的写作做出贡献的参与者，还要感谢葡萄牙电信研究所的移动系统研究组和光通信研究组，他们为本书的创作提供了宝贵的意见。此外，本书的作者和编辑还要特别感谢 H2020-ITN-2016-722424-SECRET 项目，该项目为本书第 7 章的写作提供了灵感；还有 OCEAN12（H2020-ECSEL-2017-1-783127）、FCT 和 ENIAC JU（THINGS2DO-GA n. 621221）项目，它们分别为本书的第 1 章、第 5 章、第 7 章和第 11 章做出了贡献。

引　言

在过去的几十年里，通信领域中不断涌现的技术创新及其与移动通信网络和固定组网技术的不断融合，都在推动着相关工业的发展乃至整个社会的变革。为了能够适应市场对于通信系统性能不断提出的更高要求，包括更高的通信连接速率、更大的网络容量、更高的可靠性和安全性，以及更低的网络延时和更高的能效等，移动通信网络迅速从第一代(1G，first-generation)发展到了第四代(4G，fourth-generation)。其发展速度之快是前所未有的。而随后，移动通信网络的升级基本上都是很微小的，每次都是在已有的网络技术基础上做一些零散的"修补"；即使市场对移动通信网络又提出了新的要求，运营商在引入新技术对网络进行升级的时候也非常注意它与原有产品的后向兼容性，以确保能尽量缩短运营商的投资回报(RoI，return on investment)时间。

为了能让读者更好地了解我们出版这部书的初衷，我们认为有必要先带领读者一起回顾一下移动通信技术过去的发展与演进，以及移动通信网络在连接性能方面当前的发展现状。简言之，移动通信网络的发展始于第一代移动通信系统，该系统诞生于20世纪80年代，其最大的通信速率仅为2.4 kbps。该系统基于电路交换技术，使用了模拟信号标准，该网络仅支持话音业务。第二代移动通信技术是移动通信发展史上的第一次重大飞跃，它能够支持早期的互联网连接，该技术于1991年诞生于芬兰。第二代移动通信技术的发展可以划分为三个阶段，即2G、2.5G和2.75G，它们分别由全球移动通信系统(GSM，global system for mobile communications)、码分多址接入(CDMA，code division multiplexing access)IS-95和其他符合国际电信联盟(ITU)①规范的过渡性标准推动和标准化。具体而言，2G标准依照电路交换网络的要求定义了一种数字射频信号，并针对全双工话音业务的支持进行了优化。它能支持最早的文字信息服务，也就是现在人们所熟知的短信业务(SMS，short message service)；第2.5代(2.5G)基于通用分组无线业务(GPRS，general packet radio service)标准，首次在移动通信网络中引入了分组交换技术，并且与电路交换技术并存；最后，第2.75代(2.7G)引入了GSM演进的增强数据交换速率(EDGE，enhanced data rates for GSM evolution)技术。2G系统的第一个发展阶段实现了最大速率为50 kbps的数据传输速率。而在GPRS阶段，这个速率被提升至1 Mbps。这一代移动通信网络发展中所取得的一些创新成果，如SMS、语音编码、内部漫游和依赖于计费的业务至今仍然可用，而且2G网络至今仍被世界上

---

① 国际电信联盟(ITU)是联合国机构之一，它通过分配全球的无线电频谱资源和卫星轨道来建立世界通用的技术标准，从而确保世界各地的网络和技术能够有效地相互连接和竞争，以增强全世界对信息通信技术(ICT)的获取与应用。

的许多国家采用。与 2G 标准类似，3G 标准也经历了一系列的发展阶段，包括 3.5G、3.75G 和 3.9G，每一个发展阶段都提升了数据传输速率。同时为了能够给终端用户提供更多的增值业务 (VAS, value added services)，每一个发展阶段都引入了新的网络服务特性。3G 网络是第一个宽带移动通信网络，可为用户提供至少 144 kbps 的高速互联网接入能力。而这种能力的实现主要是依靠无线回传连接与光纤接入网的无缝融合，以及网络中信号质量、频谱效率等相关技术的提升。3G 网络由第三代合作伙伴计划 (3GPP)[①]推动，该标准化组织建立了一个称为通用移动通信服务 (UMTS, Universal Mobile Telecommunications Service) 的 3G 标准，该标准后来得到了 ITU 的批准。这一代移动通信采用了一些智能组件与一些灵活的软件，可支持很多新的业务与应用。早期 3G 技术对于移动通信网络业务能力的增强包括 (但不限于) 以下方面：全球定位系统 (GPS, global positioning system)、基于位置的业务、移动 TV、远程医疗、视频会议、视频点播；此外，该技术使得移动通信网络具备了高安全性、高可靠性和大容量的业务连接能力。由于采用了宽带 CDMA (WCDMA) 标准，其数据传输速率从 384 kbps 提升到了 42 Mbps。这一速率顺应了 3GPP 标准向增强型高速分组接入 (HSPA+, high speed packet access) 技术的演进。2008 年，ITU-无线电通信部门 (ITU-R) 采纳了其他论坛的建议，比如上面提到的 3GPP 小组、电子与电气工程师协会标准委员会 (IEEE-SA)[②]和全球微波接入互操作 (WiMAX, worldwide interoperability for microwave access) 论坛[③]，以此来定义 4G 移动通信网络的高级国际移动通信 (IMT-Advanced) 标准。

人们已经提出了 4G 标准以支持超宽带移动业务的接入和确保异构网络内部的互操作性。4G 标准又被称为"长期演进" (LTE, long-term evolution) 技术，详见 Release 8 (Rel-8) 和 Release 9 (Rel-9) 中的标准。在该 LTE 标准中，下行链路 (DL, downlink) 中采用了正交频分多址接入 (OFDMA, orthogonal frequency division multiple access) 技术，上行链路 (UL, uplink) 中采用了单载波频分多址接入 (SC-FDMA, single carrier-frequency division multiple access) 技术，同时还引入了灵活的频率利用机制和高阶信号调制方式。LTE 的重要优势是它采用了正交频分复用 (OFDM) 调制方式，从而在很大程度上控制和减轻了由于信道带宽效应产生的码间串扰，而且还能提供额外的带宽，这些都与 3G

---

① 3GPP 是一个电信标准化协会。3GPP 的第一个目标是根据与 ITU 的国际移动通信-2000 计划相兼容的 GSM 规范建立起一个通用的 3G 移动电话系统规范。在第一个目标达成之后，3GPP 继续开发和确定移动通信技术的规范与需求，并力争将其构建为未来无线网络的标准，以支持异构网络技术之间的互操作性。

② IEEE-SA 是一个国际性的标准化机构，它包括许多来自不同技术背景的组织和个人。他们都认同通过 IEEE 来建立、增强和改进通用性的技术，从而使得这些技术在该组织范围内形成相关的技术标准。

③ WiMAX 论坛是一个国际性的协会，它被授权为实现全球微波接入互操作的技术提供认证，推进基于开放标准的相关技术需求，并支持其在良好的政策规定环境下运行，以及支持全球微波接入互操作技术的发展愿景。

技术形成了鲜明对比。在 LTE 标准中，数据下载与上传的峰值速率可分别达到 100 Mbps 和 50 Mbps。为了能进一步提高数据的接入速率，人们又对原有的 4G 标准进行了大规模的升级，提出了 LTE-A（LTE-Advanced）标准。

Rel-10、Rel-11 和 Rel-12 给出了 LTE-A 的主要技术的标准化规范，还引入了很多重要的新技术，如载波聚合、多输入多输出（MIMO，multiple inputs multiple outputs）或空间复用技术，以及转接节点技术和多点协作传输（CoMP，coordinated multipoint operation）技术。每一项技术的主旨都是希望通过提升蜂窝中心的峰值数据传输速率或提升蜂窝边缘的覆盖能力来提高移动通信网络的蜂窝覆盖能力。在近些年，3GPP 又在 Rel-13 和 Rel-14 中提出了 LTE-Advanced Pro（LTE-A Pro）标准，这些标准被称为 4.5G、4.9G，以及为 5G 网络做铺垫的 Pre-5G 标准。LTE-A Pro 标准中包含了许多之前在 LTE 和 LTE-A 中已出现过的成熟技术标准，还整合了新的业务需求与应用案例。这些标准的新特性包括（但不限于）以下方面：能与符合传统 WiFi IEEE 802.11 系列标准（以及新的 WiFi IEEE 802.11ah 标准）的无线局域网（WLAN）交互，能达到 32 个子载波（CC，component carriers）的载波聚合（即大规模 MIMO），增强的机器类型通信（MTC，machine-type communication），物联网（IoT）应用，公共安全功能特性，设备到设备（D2D，device to device）通信，以及邻近业务（ProSe，proximity service）、全双工蜂窝与布局、增强的 LTE-WLAN 聚合（eLWA，enhanced LTE-WLAN aggregation）；授权频谱辅助接入（LAA，licensed assisted access）（在 5 GHz 频段），MulteFire 技术[①]，室内定位技术，3D 空间/全维度（FD）FD-MIMO，基于蜂窝网络的车用无线通信技术（C-V2X，cellular vehicle-to-everything），以及不断寻找为各种垂直用户提供服务的机会（即在远程企业管理、远程医疗和娱乐、汽车领域中的应用）。LAA、eLWA、MulteFire 这些标准背后的动机都是希望让那些使用授权频谱的传统 LTE-A Pro 移动终端能够适时地使用 WLAN 中未经授权的频谱资源，从而进一步提升 4G 网络的覆盖能力及网络容量。

业界普遍认为上述的这些标准和技术之所以能够实现，是多方参与和协同努力的结果。行业内的多方人士群策群力，为更好地服务垂直市场提供了跨学科、融合性的解决方案。2012 年，ITU-T 和它的合作伙伴接受了 IMT-2020 建议，将原有的国际移动通信（IMT）标准更新为面向 2020、甚至未来的版本。这些是为了定义新的技术要求和需求，从而为能够实现和采用 5G 技术做出的努力。向着 5G 时代第一阶段的平滑过渡能够丰富现有 4G 网络技术的参数规格和特性。IMT-2020/5G 这种对端到端（E2E）通信灵

---

① MulteFire 是一种基于 LTE 的技术，它由 MulteFire 联盟建立，作为一个独立实体在未经授权的共享频谱中运行；主要针对全球的 5 GHz 频段。根据公开的 Rel-13 和 Rel-14 中所描述的 3GPP 标准，MulteFire 技术支持"先听后说"（Listen-Before-Talk）的载波监听技术，以便与运行在相邻频谱范围内的 WiFi 和其他技术共存。

活性的极大提升，对于现有的 4G 网络而言将是一次革命性的飞跃。5G 网络的关键性使能技术将被软件定义，为我们提供了一个新的维度来实现对网络的管理，也能更好地承载新业务，为业务提供更高效的端到端连接。下一代的移动通信网络得益于网络的虚拟化和软件定义技术。这些关键技术将为移动通信网络提供一个具有更高灵活性和可编程性的平台，从而能使下一代移动通信网络实现很多新功能，比如网络切片 (network slicing) 和其他功能。这种新的网络特质还能为第三方运营商带来新的商业机会，比如虚拟移动通信网络运营商，这使得他们可按需及时地获得网络的资源。

IMT-2020/5G 的主要应用包括为了适应物联网垂直应用而引入的海量机器类型通信 (MTC)，它能提供大量的 MTC 连接；还有为了适应互动媒体、增强视觉体验的高速数据连接而引入的增强移动宽带 (eMBB, enhanced mobile broadband) 应用，比如 4K 或 8K 超高清 (UHD) 视频、虚拟现实/增强现实 (VR/AR) 等；以及为支持那些对于信息往返传输时间要求非常苛刻的应用 (如雾计算、自动驾驶汽车、触觉互联网和交通控制等) 而引入的超可靠和低延时通信 (URLLC, ultra-reliable and low latency communication) 技术。在编写本书时，世界上诸如 ITU、5G 基础设施公私合作伙伴 (5G-PPP)、3GPP、宽带论坛 (BBF)、GSM 联盟 (GSMA) 和下一代移动网络 (NGMN) 等多个参与技术研发的组织还在进行现场的技术实验，预期将形成第一阶段的技术标准——Rel-16。然而可以肯定的是，5G 标准一定会包含一个新的 5G 核心 (5GC) 和一个 5G 新空口 (NR, new radio) 无线接口，从而能在毫米波频段提供高速的业务连接。而且 3GPP 小组提出了 7 个部署 5G 网络的场景，包括用于一个平滑升级阶段的 5G 独立部署场景和将 5G 与现有逐步演进的分组交换核心 (EPC) 进行协同的非独立部署场景。显然，为了实现下一代移动通信网络的技术指标和需求，无线与光纤网络基础设施的融合势在必行。这种融合将会给移动网络运营商 (MNO) 带来诸多好处，如降低网络的资本支出 (CAPEX) 和运营支出 (OPEX)，以及带来更高的网络可升级性与灵活性。

本书的主旨是与读者分享作者对于 5G 网络时代和有关无线-光网络基础设施融合中光纤通信网络所扮演角色的独到见解。本书将主要聚焦于整体的网络架构和技术发展，以及 5G 网络中的光纤-无线融合的需求。此外，本书还将向读者介绍能够使得实时 IoT 应用与触觉互联网成为现实的许多智能的、动态的和自动化的协议。在此背景下，我们认为光学处理、存储和互联系统将会不断地聚合为一个统一的、由具有可互操作性的硬件构成的平台，而且该平台将基于一组分布式的自治控制器来实现。该平台将能够同时处理按不同时间顺序到达的事件。而对动态变化的业务需求和用户需求进行自动响应，则是实现上述这一愿景的基础。本书以工业界和学术界的研究成果为基础，分 13 章对上述的这一主题展开阐述。

第 1 章依据 IMT-2020 中提出的应用场景介绍了 5G 和后 5G (B5G) 网络部署的解决方案。这一章介绍了前传/回传与路由相互集成的 5G 网络。这一章还介绍了

5G网络的需求和所面临的挑战，包括如何实现网络的灵活性、可升级性及获得更高的网络吞吐量，从而可以提升网络的能效、降低网络的成本，以及实现光纤网络与5G和后5G网络的融合。这一章还介绍了一些新技术，包括数字/模拟光载无线电（D-RoF/A-RoF，digital/analog radio-over-fiber）技术，光空分复用（SDM，spatial-division multiplexing）技术、混合射频/自由空间光（FSO，free space optical）通信技术，以及有可能会集成到5G网络的中继辅助的FSO传输技术。

第2章介绍了面向5G的GPON混合光纤-无线（HFW，hybrid fiber-wireless）拓展技术和面向5G网络中端到端连接的相干RoF（C-RoF）光子集成收发机，并给出了相关的现场实验结果。这些研究工作的目的是为了将吉比特无源光网络（GPON，gigabit passive optical network）的下行与上行链路的数据传输速率分别提高到2.5 Gbps和1.25 Gbps。因此，本章所介绍的C-RoF结构实现了光纤-无线融合网络中的光学物理层，为最终实现集成的HFW网络打下了基础。上述的收发机模块已被用于网络中无缝实现光-射频转换和射频-光转换的无线接入单元（RAU）。实验结果表明，我们所研发的组件达到了优良的性能指标，比如其延时抖动小于0.0015 ms、信号往返延时（RTT）达到了1.1 ms的低延时标准，这些都符合IMT-2020的严格要求。在现场实验[①]中，我们采用了通过E波段链路实现无线连接的RAU来拓展商用GPON（由Orange Polska公司提供）的覆盖范围。本章还对这些专为5G网络开发的关键性的光电技术进行了详细的介绍。

第3章的主题是融合接入网-城域网中的软件定义网络（SDN，software defined networking）和网络功能虚拟化（NFV，network function virtualization）技术。主要介绍了5G技术对于接入网与城域网中数据平面和控制平面融合的新要求及其对网络架构设计的改变。本章的内容不仅关注了接入网-城域网，而且也重点阐述了移动网络和云边缘生态系统集成的重要性。此外，本章还从物理层的角度阐述了进一步降低网络延时上界的解决方案，包括集中式/云无线接入网（C-RAN）和光纤接入网-城域网中的波长交换技术，及其通过城域网中的不同计算中心为5G移动基站动态提供容量的全过程。网络功能虚拟化技术对于上述的这些业务提供了进一步的支撑，从而实现了多个不同类型网域的功能集成。最后，本章还分享了作者对于网络中心局（CO，central office）虚拟化的见解，并介绍了全球范围内研发人员所开发的一些主要的软件框架。

第4章介绍了采用多芯光纤（MCF，multicore fiber）来实现5G网络中的前传链路的解决方案，它是未来5G网络前传技术中一种极具前景的解决方案。本章首先介绍了基于同构和异构类型的MCF来实现前传的一种新思路[该思路基于空分复用（SDM）的原理]，并对SDM技术进行了回顾与讨论。然后，本章提出了采用MCF来实现5G网络

---

① 该实验在波兰的加尔沃林进行。——译者注

中的 C-RAN 的一种方案，讨论了 MCF 在其中应用的可用性。这种基于 MCF 的 C-RAN 解决方案具备足够的灵活性，可以支持数字/模拟 RoF 链路、支持基于载波聚合的容量升级、大规模 MIMO，以及精确的云操作，从而能够满足 IMT-2020 的要求。更重要的是，基于 MCF 的信号传输所具有的这种空分复用能力还可以与配置于网络中心局 (CO) 的电子空分交换能力相配合，从而有效地实现上述功能，也使得 SDN 和 NFV 功能的实现成为可能。而且基于 MCF 的 C-RAN 配置与光纤中的波分复用 (WDM, wavelength division multiplexing) 技术相兼容，从而还可支持 PON 功能的叠加。本章还详细介绍了在采用上述这种 MCF 的条件下，传输链路中微波信号的处理。

第 5 章的主题为"面向 5G 的 VLC 与 WiFi 网络技术及架构"。这一章回顾了用于可见光通信 (VLC, visible light communication) 系统的无线光通信 (OWC, optical wireless communication) 技术。本章还将 VLC 系统的原理、技术、结构、应用及其所面临的挑战和与之相对应的 RF 技术做了对比。此外，除了单纯采用 VLC 技术的应用场景，本章还介绍了混合使用 VLC 和 RF 技术的解决方案在 5G 无线通信中的应用，该混合方案结合了 VLC 较高的数据传输速率与其照明功能合二为一的优势和 RF 技术所拥有的泛在覆盖能力的优势。

第 6 章介绍了 5G RAN 的关键射频技术及其应用，该技术被认为是支持 5G NR 标准中所描述的 eMBB 应用场景所需要的固定无线接入 (FWA, fixed wireless access) 融合技术的一种候选解决方案。我们认为将 5G NR 关键技术的理论与其硬件实现结合起来介绍是本章的一大特色。因为据作者了解，在以往的文献报道中，有关这两方面的内容大多都是分开讲述的。因此，本章更为精准地解释了网络的硬件配置及其相关的信号损伤对 5G NR 技术性能有所限制的原因。而且，本章进一步讨论了一些可用于减轻这些信号损伤的技术，以及硬件设计方面所面临的挑战。

第 7 章介绍了可用于未来 5G 网络中的毫米波宽带单极天线，这些天线工作于 30～45 GHz 的频段。这些天线在回波损耗、功率增益、表面电流和效率方面均具有较高的性能，在未来的 5G 无线通信系统中极具应用前景。此外，本章还介绍了一系列可用于 5G 网络的下一代天线技术。

第 8 章介绍了一种可用于 5G 异构蜂窝网络的灵活、低延时的信号前传解决方案，该方案具有广阔的发展前景。特别地，本章介绍了无线信号在光纤-毫米波无缝融合系统中 DL 和 UL 方向传输的现场实验。研究结果表明，该系统还可进一步升级，从而满足未来多种无线业务在带宽、业务数量等方面的需求。此外，通过采用多种先进的技术，比如光通信系统中的波分复用、阵列天线、波束成形技术和无线通信中的多跳传输技术等，还可以进一步提升该方案的容量与覆盖范围。最后，本章还讨论了多种不同的信号传输方案及其中的信号传输损伤对信号传输性能的影响。

安全性将是 5G 网络所面临的最重要的挑战之一，尤其是当网络中用到了 IoT 组件与传感器时，更容易受到来自外界的攻击。因此，当使用了基于光纤的传感器技术时，网络中尤其需要考虑光纤网络的物理层安全性。本书的第 9 章介绍了针对网络安全性的提升而采用的光纤传感器，包括相位调制传感器、强度调制传感器和基于散射的传感器，以及它们在入侵检测系统中的应用。

第 10 章介绍了触觉互联网对于人类社会的价值和为人们生活所带来的好处。与 IoT 不同，触觉互联网旨在充分利用人在回路(HITL，human-in-the-loop)的触觉交互属性。而且由于在其网络底层的机器到机器通信过程中，不需要人类的参与，因此可以实现以人为中心的网络设计，进而通过互联网为用户营造一个新的沉浸式业务体验环境。此外，这一章还介绍了基于可靠光纤-无线通信(FiWi)增强的 LTE-A 异构网络(HetNets)设计案例，该网络具有嵌入了人工智能的多接入边缘计算(MEC, multi-access edge computing)能力，可满足以 HITL 为中心的本地或非本地远程互操作系统中的用户体验质量(QoE)需求，包括实现 1～10 ms 的低延时性能。本章还介绍了我们提出的以人-代理-机器人团队合作(HART, human-agent-robot teamwork)为中心的多机器人任务分配策略。该策略采用了我们提出的基于 FiWi 的触觉互联网平台，其中采用了适当的宿主机器人选择策略和将计算任务迁移至协作节点的策略。本章所提出的基于协作计算的人-机器人(H2R, human-to-robot)任务分配策略与资源管理机制将在未来低延时、多机器人的触觉互联网的实现中发挥重要作用。

第 11 章介绍了 5G 网络中的 C-RAN 所面临的能效(EE, energy efficiency)问题。本章主要关注了 C-RAN 的实现中 MIMO 与毫米波技术的应用，并对那些有助于提升 5G 网络 EE 增益的技术进行了全面回顾与讨论。本章还讨论了为通信网络实体实现节能供电的策略，其目的是实现网络为用户提供泛在的业务连接，同时节约能源。此外，本章还介绍了通过降低系统功耗来实现绿色无线通信与组网的不同方案。本章还对那些不仅能提高 5G EE 增益，而且还有助于降低绿色无线网络中 OPEX 和二氧化碳(CO_2)排放的技术进行了回顾与讨论。最后，本章还进一步给出了网络能耗的解析表达式，并进行了相应的数据分析，研究结果表明，5G 网络 EE 还有很大的提升空间。

第 12 章介绍了基于以太网 PON(EPON)、WLAN 和雾计算(FC)集成的 FC-FiWi 网络，该网络的目标是提升网络的多重价值。本章提出了多种网络保护机制，并对网络中的 FiWi 和雾计算功能如何更好地适应其周边环境并确保其生存性进行了分析。本章推导了用于分析 FiWi 和云业务数据包延时性能的分析框架。所得结果验证了在 FiWi 网络中集成雾计算的有效性。具体而言，作者所提出的方案可在 FC-FiWi 网络的边缘提供更低的 E2E 负载迁移延时和更高的可靠性，而不会对宽带 FiWi 的网络性能造成负面影响。这些研究结果表明：对于一个典型的 32 ONU-AP/MPP 网络配置，在网络的归一化 FiWi 流量负载为 0.6 的条件下，其雾和云的数据包延时可分别达到 33.41 ms 和 133.41 ms,这不会降低网络处理 FiWi 业务的性能。此外,本章还介绍了一个 FC-FiWi 网络实验,并在此基础上进行了相关的实验研究。其研究结果展示了采用基于雾计算增强的 FiWi 网络来降低网络延时、提高网络可靠性这一方案的有效性和可行性。

最后,作为对全书内容的一个提升与完善,我们在第 13 章介绍了 5G 网络参与者的技术-经济框架。我们在这一章给出了一个市场分析的模型,并基于此对不同的商业参与者做了一个全面的市场分析,该分析结果适用于同构网络和异构网络的任何一种移动接入网部署方案。本章还给出了该技术-经济框架的一个应用案例的分析,在案例研究中考虑了无线网络部署的两种不同的回传技术方案(即基于微波技术和基于光纤技术的方案),所得结论同样适用于同构网络或异构网络的部署。研究结果表明,光纤技术可以经济有效地实现用户密集地区异构网络的大容量回传解决方案。而在收益率方面,对于净现值(NPV,net present value)的分析结果表明:更低的整体拥有成本(TCO,total cost of ownership)未必能带来更高的利润。

目　　录

第 1 章　5G 及未来通信网络中面向光纤–无线融合的前传/回传解决方案

本章作者：Isiaka Ajewale Alimi, Nelson JesusMuga, Abdelgader M. Abdalla, Cátia Pinho, Jonathan Rodriguez, Paulo PereiraMonteiro, Antonio Luís Teixeira

1.1　简介

近年来，无线移动通信网络中的业务量激增，究其原因是联网智能移动终端数量的不断增加和各种带宽业务的不断涌现。这就迫切需要移动通信网络的容量不断增加，为了满足这一需求，无线接入网（RAN，radio access network）不断发展，从一代变革至下一代。如今，人们提出的第五代（5G）移动通信网络能够提供更高的网络容量及超可靠和低延时通信（URLLC，ultra-reliable low-latency communication）连接，为满足不断增长的网络容量与性能需求提供了解决方案。为了能使这样一种高性能的新一代移动通信网络成为现实，人们需要研究三个不同方面的课题。其中之一是如何提升点到点射频传输系统的频谱效率（SE）。为此人们提出了多输入多输出（MIMO）技术、高阶信号调制方式，以及先进的信道编码方案，如 Turbo 码和低密度奇偶校验码（LDPC），这些技术已经得到了应用。然而，通过使用认知无线电等新技术，点到点射频传输系统的 SE 还可以得到进一步的提升，该技术能动态地获取未被充分利用的频谱资源或"空白频段"[Liu et al. - 2014; Alimi et al. - 2017c, b, 2018a, 2017d]。

此外，人们还可以使用协调式多点传输（CoMP，coordinated multipoint）技术来实现网络中临近蜂窝之间的协调，从而使其能够协同工作，将业务信号传递至蜂窝边缘用户。通过该技术的使用，我们能减轻蜂窝之间的干扰和提升蜂窝边缘用户的数据传输速率，从而明显地提升传输系统的 SE。此外，除了那些有限的、受到多种规范约束的、已经拥挤不堪的 RF 低频段频谱资源，更高频段的 RF 资源还存在大量未被开发利用的频谱资源，比如毫米波（mm-wave）频段[Liu et al. - 2014; Chang et al. - 2013]。这些高频段的 RF 频谱资源不仅能够提供高达若干 Gbps 的无线信号传输速率，而且往往还不必采用复杂、耗时的调制与编码技术[Chang et al. - 2013]。而且，基于该频段，人们还可以考虑采用更小的移动蜂窝来提高系统的性能，尤其是容量性能。其核心思想是通过减小蜂窝的覆盖范围来进一步提升蜂窝之间的频率复用率。然而，当移动通信网络中采用了覆盖范围更小的蜂窝时，人们除了要考虑蜂窝之间的干扰管理问题（当蜂窝变得更小时，这个问题变得更具挑战性），网络的资本支出(CAPEX)和运营支出(OPEX)的控制也变得更加棘手[Liu et al. - 2014; Chang et al. - 2013]。

　　本章的内容安排如下：1.2 节讨论了蜂窝网络的接口与实现方案；1.3 节全面讨论了 5G 网络的关键性使能技术；1.4 节介绍了光纤–无线网络融合的概念；1.5 节概要介绍了基于光载无线电的信号传输方案；1.6 节详细介绍了光传送网中的复用技术；1.7 节介绍了无线传送网；1.8 节介绍了信道测量与分析实验；1.9 节全面总结和讨论了所得的仿真和实验结果；最后，1.10 节对本章进行了总结。

1.2　蜂窝网络的接口与实现方案

　　本章主要讨论集中式/云无线接入网(C-RAN)架构，因为该结构有诸多优势，比如成本有效性高、集中处理效率高、具有更好的业务提供能力、支持动态网络资源分配和移动业务流量均衡。本节主要讨论 C-RAN 的接口，包括移动回传(MBH, mobile backhaul)和移动前传(MFH, mobile fronthaul)。而且本节将更多地讨论 MFH 接口，因为它在当前和未来的移动通信网络中都需要满足很苛刻的性能要求。为此，本章还集中讨论了可用于在中心单元(CU，central units)和分布单元(DU，distributed units)之间实现 IQ 调制数据传输的射频接口。

1.2.1　MBH/MFH 架构

　　本小节介绍了 C-RAN 中 MBH 和 MFH 网络连接的基本概念。

1.2.1.1　移动回传(MBH)

　　在 C-RAN 架构中，核心网与基站(BS)之间一般通过 MBH 连接。这种连接在典型的情况下是基于 IP/以太网连接实现的。以长期演进(LTE)网络为例：演进型基站(eNB, evolved node B，即 LTE 中基站的名称)之间通过 X2 接口连接。而且eNB 经过 S1 接口连接到演进分组核心网(EPC, evolved packet core)。然后，eNB又分别经过 S1-MME 接口和 S1-U 接口连接到移动管理实体(MME, mobility management entity)和服务网关(S-GW)。值得注意的是，S1 是一个可在多个MME/S-GW 和 eNB 之间保持多对多关系的逻辑接口。总体来说，MBH 是用于在EPC 和 eNB 之间进行用户数据和控制管理数据传输的介质，而且它还是越区切换和 eNB 之间协调信号传输的手段[Alimi et al. - 2018a]。

1.2.1.2　移动前传(MFH)

　　MFH 网络是指连接基站中的基带单元(BBU, baseband unit)和射频拉远头(RRH, radio remote head)之间的网络，它是一种将基带处理功能进行集中化的架构。如此不仅可以简化远端天线单元(RAU，remote antenna unit)的信号处理，还能增强 BS 之间的协作。总体来说，基于光纤的 MFH 可以分为模拟 MFH 和数字 MFH 两类。

在移动通信网络中，BBU 和 RRH 之间的信号传输主要基于数字光载无线电(D-RoF)技术来实现。这样做的目的是确保信号波形能够实现透明传输且提高其成本有效性。此外，BBU 和 RRH 之间的连接主要基于通用公共无线通信接口协议(CPRI)来实现。然而，随着 5G RAN 中 URLLC、增强移动宽带(eMBB，enhanced mobile broadband)和大规模机器类型通信(mMTC，massive machine type communication)的提出，要求实现射频载波的频谱多样化和载波聚合(CA)功能，以期能进一步提升系统的容量、吞吐量和效率。此外，毫米波和大规模 MIMO(M-MIMO)天线这两种极具前景的技术也将被纳入独立部署和非独立部署的 5G 网络中，以有效提升移动通信网络的容量。然而，这些技术的具体运用也会导致 MFH 网络的带宽需求进一步激增。

如 1.3.2 节所述，MFH 网络对带宽的渴求基于 CPRI 的前传方案无法满足带宽需求。因此，人们必须寻找替代方案来实现更加行之有效的 MFH。一种解决方案是使用模拟光载无线电(A-RoF)传输技术[Alimi et al. - 2018a]。1.5 节将介绍 A-RoF 技术的优势。接下来，将介绍 MBH/MFH 传送网的融合。

1.2.2　MBH/MFH 传送网的融合

如前文所述，由于无线频谱资源是有限的，而且成本很高，同时移动宽带业务对网络容量的需求不断提高。因此，射频信号的传输基础设施需要颠覆性的改变与重新设计。为了对网络进行有效的重新设计，人们采用了诸如整合了 BS 功能的 C-RAN 方案。而且 C-RAN 的采用也有助于实现 CoMP 和 CA，这些都有助于网络的优化和提升无线网络的覆盖范围。此外，由于 C-RAN 中实现了 BBU 和 RRU 的分离，它们之间的距离增加了，并且这二者之间不再仅仅是简单的一对一连接，由此产生的信号传输延时会在很大程度上影响其中射频传输的性能[Eri - 2018a]。因而 BBU 和 RRU 之间的连接采用了称为前传网络的新型网络通信链路。该前传网络主要基于 CPRI 来实现基带信号的分配。值得注意的是，除了开放式基站架构(OBSAI，Open Base Station Architecture Initiative)，增强的 CPRI(eCPRI)也可用于实现 eCPRI 无线电设备和 eCPRI 无线电设备控制单元之间的连接[Parties - 2017]。前传网络的主要功能是确保 BBU 与 RRU 之间的无缝连接而不影响无线电信号的性能。为了实现这一要求，人们必须以经济高效的方式来满足那些严格的无线电信号传输要求。而且在 LTE C-RAN 架构中，信号回传网络使得连接集中式 BBU 和 EPC 之间的互联网协议(IP)显得更加至关重要[Eri - 2018a]。

根据相关预测，5G 传送网将采用异构数据平面技术来支持前传和回传业务。因此，业界出现了不同的新型前传/回传集成传送网，比如 5G-Crosshaul 网络[Dei et al. - 2016;

Xhaul et al. - 2018; Anyhaul Nok - 2017]。该传送网主要是由软件进行控制的，能够对网络中新产生业务容量的不确定性实现灵活、高效的管理。为达到这一目的，行之有效的方法是采用一种通用的框架格式并对网络中的信息交换进行抽象转发[Dei et al. - 2016]。

1.3　5G 的关键性使能技术

国际移动通信 2020(IMT-2020)设想了面向移动宽带通信需求的 5G 应用场景/用户案例，这是前所未有的。它们考虑了高数据传输速率、超低延时和无处不在的业务接入场景，这些场景包括 URLLC、eMBB 和 mMTC。为实现 5G 的这些应用场景，需要用到很多关键性使能技术，目前存在多种可选的技术。一般而言，5G 网络中需要部署数量巨大、分布密集的蜂窝，需要使用 M-MIMO 技术，还需要集成基于毫米波技术的高数据传输速率 MFH 网络。除了无须许可证或对于许可要求还不算严苛，采用毫米波频段的优势还在于它能实现更高的频率再利用率。而且，C-RAN 架构也可以用来实现更好的无线资源管理与协调，从而减轻蜂窝之间的干扰。因此，本节将介绍这些关键技术的概念，包括超密度网络、毫米波蜂窝、M-MIMO、高级无线电区域协调、C-RAN 和 RAN 虚拟化，以及光纤-无线网络覆盖。

1.3.1　超密度网络

在 5G 和后 5G 网络中，存在着需要密集部署蜂窝的巨大需求。超密集网络的主要思想是通过在室内和室外场景中密集地部署低功耗、低成本的蜂窝来提高 RAN 的容量。这可以通过在传统的实现用户覆盖的较大蜂窝上叠加部署更小的蜂窝来实现。因此，无线网络中将出现互联网络单元数量激增的情况。网络单元连接数量的激增不仅意味着传送网的复杂度和成本会升高，而且其功耗也会增大。因此，我们需要努力在 5G 和后 5G 网络中采用更加节能和低成本的传送网解决方案[Fiorani et al. - 2015]。

1.3.2　C-RAN 和 RAN 虚拟化

从概念上讲，C-RAN 的概念基于将传统蜂窝中数字化的 BBU 与 RAU/RRH 进行分离，其中后者大多数是模拟的。而且，对于集中式的信号处理与管理，BBU 被重新部署到"云"(即 BBU 池)中。这种分离对传统的、比较复杂的蜂窝基站进行了简化，同时也实现了高功率效率和低成本的 RRH。如此，通过减小所有蜂窝基站设备的尺寸和制冷/功耗要求，也有助于减小其对环境的影响和部署大规模蜂窝的 CAPEX。而且，基于集中式的信号处理，也使得网络管理得到了明显的简化。此外，还可以实现先进和更高效的蜂窝间协调，以提升系统的性能并降低其 OPEX [Liu et al. - 2014]。

为了实现 C-RAN 这一目标，我们有不同的候选方案可以采用，例如采用称为 BBU centralization 或 BBU hoteling 模式的 BBU 集中方式（即实现 BBU 池）。在这种方案中，若干个共处一处的 BBU 之间共享专用的硬件（HW）。此外，我们还可以采用一个 C-RAN 平台。在该方案中，专用的 HW 资源可在配置在一起的 BBU 之间共享。在该方案中，BBU 的功能由云中所配置的商用硬件支持，并在其上得以运行。需要注意的是，BBU 池和 C-RAN 平台都与现有的网络功能虚拟化（NFV，network function virtualization）相关联。NFV 的思想是通过对网络功能的抽象和分离来实现资源共享。基带处理功能的集中化对于硬件资源的共享和虚拟化是至关重要的。这有助于在 RAN 虚拟化方案中基于通用处理器（GPP）来实现硬件资源的应用。C-RAN 和 RAN 的虚拟化方案具有诸多优势，其中一个突出优势是它可以基于硬件共享和使用低成本的 GPP 来降低网络的 CAPEX 和 OPEX。而且，它支持基带处理、控制和管理功能的集中化。这有助于实现更加密集和动态的蜂窝间协调，从而实现 CoMP [Liu et al. - 2014]。

此外还应该注意到，人们已经预见到了 5G 和后 5G 网络中 RRH 的超密集部署。这会导致 MFH/MBH 网络部署中的光纤使用在可获得性和成本方面遭遇挑战。值得注意的是，前传链路中必然存在信号抖动、延时和需要实现多路双工无线传输等方面的严苛要求。这对于 CoMP 的应用将更具挑战性，因为在同一时间可接入同一 BBU 池的 RRH 数量会受到限制。

对于 C-RAN 的前传链路中数字基带过采样 I/Q 数据信号的传输，基于 D-RoF 的 CPRI 是目前最为广泛使用的方法。然而，采用 CPRI 的光链路需要满足前传/回传网络具备巨大的容量和吞吐量要求[Kuwano et al. - 2014; Chang et al. - 2013]。此外，由于 BBU 和 RRH 的媒体访问控制（MAC，media access control）层和 PHY 层实现了功能的分离，这使得信号的抖动和延时成为基于数字采样的 C-RAN MFH 链路中一个相当重要的问题[Liu et al. - 2014; Chang et al. - 2013]。与此同时，多路数据流的传输、多 RRH 的联合处理、大量的无线信道，以及对信道的监控与估计等都往往需要高达 Tbps 量级的数据传输速率[Monteiro and Gameiro - 2016, 2014]。

在实际应用中，多天线和多无线接入技术（RAT，radio access technology）通常都由移动网络运营商（MNO，mobile network operator）的 MFH 网络来支持。因此，我们希望通过 CPRI 将若干个连接到同一 BBU 池的链路的数据传输速率聚合为几十 Gbps。此外，连接所能达到的比特率要根据载波的带宽和所采用的 RAT 所采用的天线数量来确定。综合以上考虑，多扇区和多天线配置的 CPRI 所需的带宽可根据下式来定义[Alimi et al. - 2018a]：

$$B_{\mathrm{CPRI}} = N_{\mathrm{s}} M f_{\mathrm{s}} \upsilon N C_{\mathrm{w}} C \tag{1.1}$$

其中 N_{s} 表示每个 RRH 的扇区数，M 表示每个扇区中的天线数，f_{s} 表示数字采样的速率或频率，其单位是 sample/s/carrier（采样/秒/载波），N 表示 I/Q 的采样位宽，其单位是 bits/sample（比特/采样），数字 $\upsilon = 2$ 是考虑了 I/Q 数据的倍增因子，C_w 表示 CPRI 的控制码因子，C 表示编码因子（可以是 10/8，表示 8B/10B 编码；或者是 66/64，表示 64B/66B 编码）。

图 1.1 给出了一个多扇区、多天线配置条件下 CPRI 所需的数据传输速率随天线数量、扇区数量的变化规律。从图中可以看出，CPRI 所需的数据传输速率随着扇区数量或/和每个扇区中的天线数量 M 的增加而增加。例如，当 $N_\mathrm{s} = 3$ 时，对于 4×4 的天线配置，它所需要的数据传输速率为 14.75 Gbps，而这种数据传输速率的需求在使用 8×8 的天线配置时增至 29.49 Gbps。

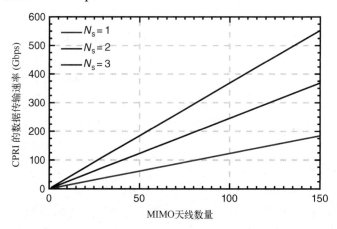

图 1.1   多扇区、多天线配置条件下 CPRI 所需的数据传输速率随天线数量、扇区数量的变化规律

在 5G 和后 5G 网络中，CPRI 所需的数据传输速率将更高，其实现也更具挑战性。比如，对于 5 个 20 MHz LTE 的 CA 而言，对于 8×8 的 MIMO 天线配置和 $N_\mathrm{s} = 3$ 的情况，CPRI 需要的前传速率约为 147.5 Gbps。因此，为了满足当前和未来移动前传链路的带宽需求，我们需要铺设新光纤或者需要配置大量的高速光开关键控（ON-OFF key）收发机来支持高速率的 MFH 应用[Liu et al. - 2016]。为此，我们需要使用先进的技术来实现高带宽效率的 MFH，以突破其在带宽和灵活性方面的限制[Liu et al. - 2014]。而且，人们已经预见到 5G RAN 将具有基于 M-MIMO 的 100 MHz 信道，这将会导致 MFH 巨大的带宽需求。因此，考虑到可升级能力，基于 CPRI 的过采样技术的实现也许会充满挑战。因此，这也就导致了人们会去采用传统的模拟 A-RoF 传输技术，如 1.5 节中所述。

1.3.3   高级无线电区域协调

未来的通信网络势必会采用具有不同创新性的无线电协调方案来提升系统的性能，比如增强的蜂窝内干扰协调方案（eICIC，enhanced inter-cell interference coordination）

和 CoMP，这是人们已经能够预料到的。这些方案均可用于邻近蜂窝之间的协调。它可以确保信号能被联合且有效地传输至蜂窝边缘用户。该方案可以显著地提升无线网络的频谱效率，特别是通过降低蜂窝内的干扰和提升蜂窝边缘用户的数据传输速率来提升无线网络的频谱效率[Fiorani et al. - 2015; Alimi et al. - 2018a]。此外，目前还存在不同的协调级别，比如适度的协调、严格的协调和非常严格的协调，这些差异给传送网带来了一定的限制。诸如 eICIC 的适度协调技术并不对传送网的性能提出明确的要求，然而严苛的协调机制则对网络提出了严格的延时限制条件（即延时必须为 1~10 ms 之间），但它对容量的约束（如 < 20 Mbps）没有提出非常严格的要求。此外，与适度和严格的协调机制不同，非常严格的协调方案对网络的容量和延时都提出了非常具有挑战性的要求（即在使用 CPRI 时，容量需达到若干 Gbps，而延时则需 < 0.5 ms）[Fiorani et al. - 2015]。

1.3.4　毫米波蜂窝

人们早已看到了 RF 频谱资源是很有限的，而且在使用时存在诸多的规定与限制，也非常拥挤。因此，5G 通信将采用更高的频段，这些频段有些已经得到了应用，但有些还未曾使用。目前，人们对于 5G 通信所考虑的频段为毫米波频段（30~300 GHz）。人们之所以关注这一频段，是因为该频段具有充足的频谱资源，而且能根据 5G 网络的需求提供 1000 倍的吞吐量。值得注意的是，在频率为 70~80 GHz 的 E 波段中，60 GHz 频段拥有 7 GHz 的带宽，而且其使用是不需要许可的，该频段对于 5G 通信而言更加适合，也成为 5G 通信重点关注的频段[Liu et al. - 2014; Kalfas et al. - 2016; Stephen and Zhang - 2017; Zhang et al. - 2016; Alimi et al. - 2018a]。

在该频段，人们可以实现紧凑和高维度的传输与接收天线阵列设备，这也是它备受关注的原因[Kalfas et al. - 2016; Stephen and Zhang - 2017; Alimi et al. - 2018a]。此外，该频段得到重视的另一个原因还在于：人们已经制定了工作在 60 GHz 处，可支持吉比特（高速）通信系统的无线通信标准，比如 WiHD（无线高清联盟）、802.11ad（无线吉比特联盟）和 802.15.3c（IEEE 802.15.3 任务组 3c）[Alimi et al. - 2018a]。而且，人们除了在 MFH/MBH 中采用基于光纤的通信技术，还考虑了在 RAN 系统中采用毫米波通信技术。这是因为毫米波会带来一些好处，比如易于部署。与基于光纤这种有线通信的解决方式不同，毫米波的这一好处使得人们可以在未来 5G 网络中部署超密集的蜂窝 RRH。然而，在移动蜂窝通信中采用毫米波也会带来一些挑战。毫米波信号只能支持视距（LOS）传输，而且要基于毫米波技术来实现通信速率高、但却低成本的 MFH/MBH 链路，并以此来支持若干个蜂窝 RRH 是相当具有挑战性的。此外，蜂窝内的信号干扰和移动性管理也需要进一步的研究。此外，由于毫米波信号在空气中具有较高的传输损耗，因此毫米波通信只能支持短距离的网络覆盖范围，尽管这对于 5G 蜂窝 C-RAN

的部署而言算是个优点[Liu et al. - 2014; Chang et al. - 2013; Kalfas et al. - 2016; Stephen and Zhang - 2017; Zhang et al. - 2016; Alimi et al. - 2018a]。这是因为采用蜂窝 C-RAN 架构不仅可以确保毫米波频段得到充分利用，而且还可以将相关蜂窝内的信号干扰和移动管理的代价降至最低[Chang et al. - 2013]。

1.3.5　大规模 MIMO（M-MIMO）

传统 MIMO 的概念在 802.11ac（WiFi）、802.11n（WiFi）、WiMAX、HSPA+和 LTE. M-MIMO 标准中已经得到了应用，一种关于传统 MIMO 的增强技术将在 5G 和后 5G 网络中扮演重要角色，并成为其关键性使能技术之一。由于人们已经预见到 5G 和后 5G 网络将支持巨大的业务量，以及各种设备、应用和服务，因此在通信的物理层采用多用户终端空分复用的大天线阵列 M-MIMO 将成为一种极具潜力和高效的技术，能够更好地满足下一代网络的需求。一般而言，M-MIMO 是一种至少采用了 16×16 天线阵列和多发射机（Tx）及接收机（Rx）来实现更多数据传输的无线技术。M-MIMO 技术为 4G 网络向 5G 和后 5G 网络的演进提供了切实可行的技术方案[Eri - 2018b]。

M-MIMO 通常利用用户终端的多样性和传输信号特征的唯一性，在相应的阵列通过智能信号处理来实现优异的性能，能够使多个用户在空间上复用相同的时间-频谱资源，为 MNO 和用户提供卓越性能和更好的频谱利用率[Eri - 2018b]。而且，M-MIMO 技术可利用阵列增益提高能效，也能降低天线的辐射功率。此外，采用大天线阵列也有助于基于微小的元件更精确地实现信号能量在空间的集中，从而可以显著地提升系统的吞吐量并降低天线的辐射功率。这些特性使得 M-MIMO 基站能提供更好的性能，同时也有助于减少无线网络中的干扰，并最终提升终端的用户体验。然而，对于一个传送网，M-MIMO 能提供巨大的传输容量，这对于基于 CPRI 的前传网络而言也许又是一个挑战，如 1.3.2 节所述[Fiorani et al. - 2015]。

1.3.6　5G 网络中的新型多载波调制

为了适应 5G 网络的需求，人们研究了新型的调制和多址接入方案。应该注意的是，现有的无线网络主要基于正交频分复用（OFDM）的传输方案，因为该方案简单、有效。然而，OFDM 调制在系统中应用时存在一些缺点。其中一个明显的缺点是它需要循环前缀冗余，因而导致了信号功率效率和频谱效率的降低。此外，窄带干扰的存在和它对频率偏移/同步错误的低容忍度也是 OFDM 的劣势。这些限制在非协调的多用户环境中可能会成为极具挑战性的问题。这些缺点也导致了在 5G 和后 5G 网络中必须采用新型的调制方式。为了减少带外（OOB）功率辐射或 OFDM 旁瓣泄漏，研究人员提出了一些基于预编码的调制方式及脉冲整形与滤波方案。然而，减少 OOB 泄漏的一种简单的方法就是滤波。因此，研究人员提出了一些集成了滤波功能的多载波方案，比如滤波器组多载波技术、广义频分复用和通用滤波多载波方案，而且这些方案中的信号波形都根据其应用场景进行了折中设计[Cai et al. - 2018; Maliatsos et al. - 2016]。

1.4　光纤–无线网络覆盖

随着 C-RAN 的出现，移动通信网络的架构被划分为集中式单元(BBU 池)、传送网和远端单元(RU, remote unit)三个部分，其中 RU 通常指的就是 RRH。如前文所述，为了应对网络业务的持续增长，RAN 系统呈现出不同的演进模式。因此，对传送网也进行相应的升级和演进便显得尤为重要。从根本上说，MFH 传送网就是 5G C-RAN 中必不可少的一部分，因此移动通信网络对它也提出了严苛的要求[Liu et al. - 2014]。

传送网部分通常由 T1 链路、微波点对点链路和光纤链路来实现。然而，随着 RAN 系统的演进和对大容量传送网的需求，光纤传输技术因其固有的大传输容量和容量可升级的特性而成为 5G 和后 5G 网络中实现前传、中传链路的一种更具吸引力与发展前景的解决方案[Liu et al. - 2014]。因此，由于 MFH 对高速数据传输的需求，网络的集中化需要采用大量的光纤，而目前移动通信网络中已有的光纤资源比较稀少且昂贵。如果采用光传送网和波分复用(WDM)技术，那么就可以为业务提供保护机制并节省光纤资源。但这需要引入额外的光信号传送设备，又会带来成本方面的问题[Chih-Lin et al. - 2015]。因此，对于固定–移动传输的融合，人们开始积极研究基于不同无源光网络(PON)结构的、更有效的解决方案，比如采用 10 Gbps 量级的 PON 和下一代 PON(NG-PON2)来实现移动通信网络中的固定接入部分和回传网络部分[Liu et al. - 2014]，这些技术已由 IEEE、全业务接入网(FSAN)论坛和国际电信联盟–电信标准化组织(ITU-T)予以定义。

此外，对于微波光子技术，可采用光纤链路为光纤到 x(FTTx)应用提供超高速的互联网接入，同时还可以通过使用基于 C-RAN 和毫米波 MFH/MBH 的蜂窝实现高速的无线业务接入。值得一提的是，在室内和室外条件下都可以实现上述通信技术的融合。比如，除了目前在室内局域网采用可见光通信来提供高能效和高速、短距离的无线通信[Gupta and Chockalingam - 2018]，也可采用基于高速率、楼内光纤网络的 WiFi 系统和毫米波蜂窝来拓展室内链路的吞吐量。此外，还可采用那些在宏蜂窝和 C-RAN 系统中用来实现移动 MFH/MBH 的光纤系统来实现室外网络[Liu et al. - 2014]。

一般而言，传送网部分应该由大容量的交换机和异构传输链路构成，这些异构传输链路应包括诸如连接 RRH 和 BBU 等不同网络单元的大容量有线(比如铜缆、光纤)和无线(比如毫米波、无线光通信)链路。而且，传送网还应能支持 5G 和后 5G 网络中不同的蜂窝类型，比如宏蜂窝和微蜂窝。此外，在网络中采用异构传输链路的另一个重要原因是实现更可靠的通信。比如，在 5G 网络中，室外蜂窝设备往往安装在灯柱上而不是屋顶上。因此要实现可靠的通信连接，可能会遇到一些挑战。比如在农村-城市环境中，由于各种障碍物的存在，可能存在网络中的信号发送单元与接收单元之间的LOS 链路受到阻挡的情况。为此，我们还有必要考虑那些可作为替代/补充方案的非视距信号传输技术[Oliva et al. - 2015]。

1.5   光载无线电传输方案

C-RAN 的出现对蜂窝移动通信系统带来了重大的架构与功能性的变化，其中一个变化就是 BBU 的集中化，其简化了 RRH 在提高功率效率和降低成本方面的设计[Monteiro et al. - 2015; Maier and Rimal - 2015]，而且这一点还有助于将 RRH 部署在尽量靠近网络用户的地方，从而可提升用户的业务质量体验。

在基于 C-RAN 的架构中，基站信号处理和 MAC 层的功能都被转移到了 CO BBU 中[Liu et al. - 2014; Chang et al. - 2013]。此外，由于采用了智能天线系统，C-RAN 架构可在低功耗的条件下显著地提升系统的容量[Zakrzewska et al. - 2014]。

1.5.1   数字光载无线电（D-RoF）传输

如 1.2.1.2 节所述，在 C-RAN 中，BBU 池和 RRH 之间的信号传输主要基于 D-RoF 技术实现。由于其高效的信号映射方案，该传输技术通常采用串行恒定比特率的接口协议（即 CPRI）来实现。CPRI 的 PHY 层通常由光纤且主要基于小型可插拔的连接件而构成。此外，RAN 架构中基带处理功能的集中化也充分利用了处理能力复用所带来的增益，并且实现了更好的节能冷却系统。相比过去的网络而言，这些优点使得 C-RAN 架构成为一个更加节能的系统。此外，值得一提的是，C-RAN 的这种架构也开启了 RRH 和 BBU 之间低延时、高速率信号前传链路不断创新的新局面。但是，正如 1.3.2 节所述，基于 D-RoF 的 CPRI 需要满足严苛的性能要求。此外，业界又出现了另一种数字化的无线传输技术，即在光纤上传输数字化的中频信号。但这些数字化的无线传输技术所存在的性能限制，迫使人们设计更加高效的 MBH/MFH 网络。此外，采用模拟的无线传输技术，比如 A-RoF 和 IFoF 技术，也可以实现高效的信号传输链路。需要注意的是，上述这些传输技术都有其各自的优点和缺点，选择时需要视其具体的应用情况而定[Urban et al. - 2016; Alimi et al. - 2018a]。

1.5.2   模拟光载无线电（A-RoF）传输

通过采用 A-RoF（RoF）传输技术，RAN 架构还可以得到进一步的简化。基于 A-RoF 的方式有助于将昂贵的模数转换（ADC）和数模转换（DAC）系统转移至 BBU 池[Urban et al. - 2016; Alimi et al. - 2018a]。这便产生了另一种称为云 RoF（C-RoF）的接入系统。

值得注意的是，与 C-RAN 架构相比，C-RoF 接入系统不仅将 ADC/DAC 转移至 BBU 池，而且还将射频前端功能转移到 BBU 池，从而大大简化了 RU 功能。此时，带有 O/E 和 E/O 转换器的 RF 天线就成为 RU 中所剩的主要部件[Urban et al. - 2016; Liu et al. - 2014; Chang et al. - 2013]。

此外，C-RoF 接入方案还具备一些其他优势，使其成为信号传输中的一种非常有吸引力的解决方案。由于射频前端已转移到 BBU 池，因此在 BBU 处产生的 RF 信号将通过光纤前传链路传输到 RU。如此，通过共享的 C-RoF 基础设施进行 RF 信号传输时，信号的频率范围得到了拓展(可达到约 1～100 GHz 的频率范围)。此外，与通常一次只允许传输一个频带或一种业务的数字基带传输方案相比，RoF 方案可基于共享的基础设施而同时支持多业务、多频带和多运营商的共存。RoF 方案的这种不依赖于具体协议和可实现基础设施共享的属性，有助于降低蜂窝部署的成本。通过使用 IFoF 系统，可以将多个无线信号分配给多个 IF，并在频域中多路复用，以支持 MIMO 业务[Cho et al. - 2014]。此外，现有业务与未来业务之间的兼容性问题也可通过 RoF 方案得到解决[Urban et al. - 2016; Liu et al. - 2014; Chang et al. - 2013]。

1.6　光纤 MBH/MFH 传送网中的复用方案

当前 MBH/MFH 传送网主要基于光纤来实现，具体可以采用单模光纤(SMF)和/或多芯光纤(MCF) [Alimi et al. - 2018a]。在随后的章节中，我们会详细阐述那些可用于提高 MBH/MFH 传送网性能的波分复用(WDM)和空分复用(SDM)技术。而且我们会重点阐述 SDM，因为它的一些重要特性有助于缓解网络容量紧张的问题。

1.6.1　基于波分复用(WDM)的方案

为了确保网络的灵活性，在 MFH 网络中可以采用光波分复用 PON (WDM-PON)、粗 WDM (CWDM) PON 及密集 WDM (DWDM) PON 方案[Alimi et al. - 2018a]。在文献[Alimi et al. -2018a]中，我们对 PON 方案的应用进行了全面的讨论。这些方案的应用使得多个共享同一基础设施的 MNO 可以共存，其中不同的 MNO 占用不同的波长信道来实现复用，从而进一步提高了 C-RoF 系统的性能。而且，对于每一路无线业务而言，多个子带及多个 MIMO 的数据流可在 RoF 链路中共存，而不会产生有碍于高速率业务的信号干扰。类似地，基于集中化的管理还可以实现多种业务、多个运营商及多种无线应用方案在共享的蜂窝基础设施中共存，同时仍然保持各自的独立可配置性。因此，这种集中式的管理方案不仅有助于快速部署创新性的无线电技术，如毫米波无线电和 CoMP，而且有助于实现更高效的网络管理。此外，随着软件定义网络和 NFV 等技术方案的实施，人们还可以进一步降低网络的 CAPEX 和 OPEX [Liu et al. – 2014; Chang et al. - 2013]。

但是应该注意的是，C-RoF 网络中也存在一些设计方面的技术难题。RU 和 BBU 侧光电接口（即 O/E 和 E/O）的设计与典型的光载数字基带系统有着很大的不同。例如，C-RoF 的部署要求在网络中产生、检测和传输光信号时，系统需具有很高的线性度。而且值得注意的是，RoF 系统中由于非线性而引起的干扰可能会对 RoF 系统的性能造成严重的损害。这一点在考虑多频段、多载波的 RoF 信号时将会变得更加复杂[Liu et al. - 2014; Chang et al. - 2013]。

1.6.2　基于空分复用（SDM）的方案

当前，我们正处在一个通信业务快速增长的时代，以高清视频流、多媒体文件共享和其他信息技术为主导的业务流量的增长速度已经超过了通信系统可用容量的增长速度[Cisco - 2017]。据相关估计，2020 年有 300 亿台设备连接到基于 5G 的物联网中 [Cisco - 2017]。宽带业务的增长加之连接网络的终端器件规模的不断增加，很快就会导致网络容量紧张的局面。这样，进一步增加光纤通信网络的容量也就成为必然。如此大的容量需求压力终将会传导至核心网、城域网和接入网，以及承载 5G 基础设施的光纤网络，即 5G 移动通信网络中的前传与回传连接。

SDM 是缓解网络容量紧张问题的一种新的方法。SDM 技术一经提出，便在全球范围内迅速发展，并被认为是打破传统基于单芯、单模光纤通信系统的传输容量限制的关键技术之一。由于受到信号入纤功率和信号之间干扰的限制[Mizuno et al. - 2016]，单芯、单模光纤通信系统的传输容量的上限被设置为约 0.1 Pbps（拍比特/秒）[Qian et al. - 2011]。

1.6.2.1　5G 基础设施中先进的 SDM 方案

由于 SDM 技术在提升光通信容量方面所具有的巨大潜力，不断有人提出将 SDM 技术用于短距离的通信网络中，例如数据中心网络或 5G 基础设施网络中的传送网。需要注意的是，除了能缓解未来网络容量紧张的问题，SDM 技术还可为实现有效的基础设施运营/管理和降低功耗等问题提供关键性的解决方案[Nakajima et al. - 2016]。在文献[Llorente et al. - 2015]中，作者提出了下一代 RAN，它在光纤-无线前传链路中使用了 MCF，而在回传链路中使用了模分复用技术以克服单模光纤通信系统的容量限制。这种光纤前传方案是基于 MCF 的 RoF 信号传输系统。RoF 和 MCF 的结合有效地支持了实际 4G 蜂窝系统中的低成本、高能效的 MIMO 无线系统，这也是下一代 5G 无线通信技术关键的要求之一。近几年，基于 MIMO 和 SDM 的技术已经在多天线 LTE 的先进通信系统中得到了实验验证[Morant and Llorente - 2018]。MCF 也被提出作为一种紧凑的介质来实现分布式的光纤信号处理，它既可以提供无线接入信号的分配（包括 MIMO 天线连接），也可以实现 RF 信号的处理[García and Gasulla - 2016]。此类解决方案的应用对于 5G 和后 5G 通信系统而言是尤为需要的。

1.6.2.2 5G 空分复用技术的使能性组件

SDM 技术可基于模式复用来实现，此时需要采用少模式光纤(FMF，few-mode fiber)；或者基于光纤中的不同纤芯来实现，即使用 MCF[Richardson et al. - 2013]。实际上，人们还可以通过设计 MCF，使它的每一个纤芯都支持多个模式[Mizuno et al. - 2016]。MCF 可大致分为纤芯耦合的 MCF 和非耦合的 MCF。在前一种 MCF 中，纤芯之间的距离(即芯间距)比非耦合 OFC 的小，这就导致了更高的纤芯空间密度。在这种情况下，光纤中的所有光空分信道之前都存在强耦合。此时，光空分信道对于一个给定的波长来说可以描述为超级模式或空间超级信道。此外，在非耦合的 MCF 中，每个纤芯都可被用作一个单独的波导，不同纤芯之间的信号耦合与相互作用都可以忽略。由于使用这种 MCF 有可能避免 MIMO 中的信号处理，因此这种非耦合的 MCF 方案在所有基于 SDM 的技术中都受到了最广泛的关注[Fernandes et al. - 2017b]。一般而言，SDM 系统中总的传输比特率随其光纤模式/纤芯数的增加而增加。人们正在探索不同的 SDM 传输系统，所取得的研究成果创造了一个个单根光纤传输容量和容量距离乘积进展的里程碑，从而不断展示出其光明的发展前景[Mizuno et al. - 2016]。例如，文献[Puttnam et al. - 2015]中报道了使用 399 × 25 GHz 信道范围、速率为 6.468 Tbps 的空间超级信道且每个纤芯中采用 24.5 GBaud PDM-64QAM 调制的方案，在均匀 22 芯单模多芯光纤中实现了 31 km、2.15 Pbps 的高速数字信号传输。近几年，文献中又报道了在 12 芯 3 模式 MC-FMF 上实现了 2500 km 的长距离信号传输和在单芯 FMF 上实现了 6300 km 的长距离信号传输。这些基于 WDM/SDM 传输实验都刷新了长距离信号传输的世界纪录。此外，有文献报道了分别在 12 芯 3 模式的 FMF 和单芯的 FMF 中进行超过 2500 km 和 6300 km 的长距离 WDM/SDM 传输实验[Shibahara et al. - 2018]，实验结果在当时创造了新的世界纪录。此外，文献[Rademacher et al. - 2018]中所报道的实验还基于 3 模式光纤实现了高达 159 Tbps 的数据传输速率和 1045 km 的信号传输距离。如此高的传输容量之所以得以实现，主要是因为采用了模分复用和 16-QAM(正交幅度调制)技术。正交幅度调制是一种高密度的多电平光信号调制技术，该技术已经实用化，而且可支持 348 个波长的复用系统。值得一提的是，上述实验中所使用的 FMF 都具有标准化的光纤外径尺寸，即 125 μm，这是一个关键的优势，因为这意味着 FMF 光纤可以使用现有的光缆制造设备来成缆。

图 1.2 给出了一种基于光相干检测和先进数字信号处理(DSP)的 SDM 传输系统的原理图。其中，在发送端(Tx 侧)，光载波信号由四路 DP-正交幅度调制(DP-QAM)驱动的双偏振 IQ 调制器(DP-IQM)进行调制，然后经过光空分复用传输，即进入 SDM 传输链路。在接收端(Rx 侧)，信号经过 SDM 解复用得到各个支路的信号，然后每个支路的信号再由数字光相干接收机(coherent Rx)进行检测。其中，光相干接收机由光前端、模数转换单元和先进的 DSP 子系统构成。

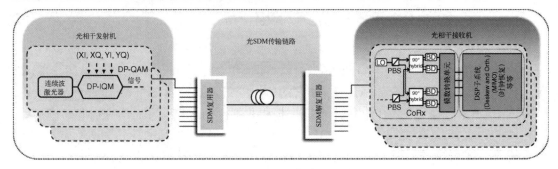

图 1.2   一种 SDM 传输系统的原理图

与基于普通单模光纤的光纤通信系统的情况类似，基于 SDM 的通信系统也需要同时借助光域和数字域的技术来实现。这些技术可以实现为系统中的关键光学子系统，例如光开关/耦合器或放大器，或者也可作为补偿/缓解信号传输损伤的技术。如文献[Fernandes et al. - 2015]中所报道的，通过使用声光效应，可以将多芯光纤的某个纤芯中传播的光信号切换到任何一个其他的纤芯中，或将信号分散到其他所有的纤芯中。研究还表明，通过调整声波的振幅，人们还可以调节不同纤芯之间信号的功率比例[Fernandes et al. - 2015]。

基于在非均匀多芯光纤上串联式地刻制长周期光栅，我们也可以实现光转换/开关[Rocha et al. - 2016]。上述这两种技术的优势在于它们都是串联式的，因此可以避免器件之间连接时信号的耦合/解耦合过程，也就避免了耦合损耗。文献[Wakayama et al. - 2018]基于这种串联技术和光放大技术，实现了一种使用 6 个模式和 580 个波长复用的光传输实验，实验中使用了光纤的 C＋L 波段和包层泵浦的少模式掺铒光纤放大器（EDFA）。该系统可实现的总信号传输容量为 266.1 Tbps，传输距离超过 90.4 km，频谱效率达到 36.7 bps/Hz。在实际应用中，机械振动会在毫秒的时间尺度上导致模式之间信号耦合的变化，这需要在可接受的计算复杂度范围内采用快速的自适应数字 MIMO 技术来进行补偿[Arik et al. - 2014]。这样，基于 SDM 的技术必须使用与无线通信系统和 SMF 通信系统中不同的信号处理方法，以确保在可容忍的计算复杂度内实现最优化的 DSP。

与基于单模光纤的通信系统情况类似，基于 SDM 的光纤通信技术也可受益于相干检测和先进 DSP 技术的组合[Fernandes et al. - 2017a]。基于该技术组合来补偿模式串扰和模式色散的自适应 MIMO 均衡就是一个典型的例子。该技术既可以在时域中实现，也可以在频域中应用，两者在性能和计算复杂度之间可取得不同的折中。文献[Arik et al. - 2014]对最小均方算法和递归最小二乘频域均衡算法进行了深入的分析。最近，相关文献中提出了一种基于 Stokes 空间分析的新方法，可用于在经典单模光纤通信系统[Muga and Pinto-2015]和 SDM 传输系统中实现信号均衡。同样，该方法也可以在时域[Fernandes et al. - 2017a]或频域[Caballero et al. - 2016]中实现。基于高阶庞加莱球（Poincaré sphere）的空间解复用算法与同类算法相比具有重要优势，例如与调制方式无关、无须训练序列和对本振的相位波动和频率偏移不敏感[Fernandes et al. - 2017a]。图 1.3 (a) 给出了用于具有偏振、相位和空间分集的相干收发机中基于高阶庞加莱球的数字-空间解复用子系统的框图。此外，图 1.3 (b) 还给出了误差矢量幅度 (EVM，左 y 轴) 和残余代价 (右 y 轴) 随空间解复用信号采样点数变化的函数曲线。而且，图 1.3 (b) 上方插图中还分别给出了解复用之前与解复用之后其中一个支路的正交相移键控 (QPSK) 信号的星座图。结果表明，当采样点数小于 1000 时，该算法的收敛速度很快，而且其算法的代价可以忽略不计。

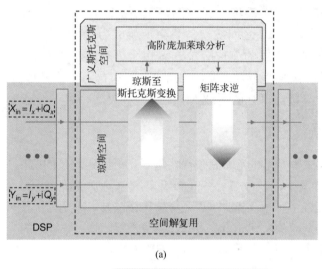

(a)

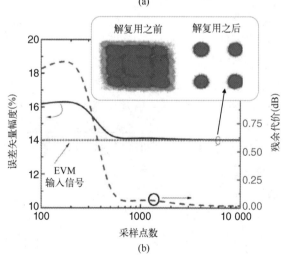

(b)

图 1.3　(a) 基于高阶庞加莱球的子系统的框图，(b) 误差矢量幅度 (EVM，左 y 轴) 和残余代价 (右 y 轴) 图，上方插图为解复用前后正交相移键控 (QPSK) 信号的星座图

1.7　基于无线技术的 MBH/MFH 方案

如前文所述，C-RAN 中 MFH 的实现存在许多可选的解决方案，然而由于前传链路有低延时和大容量的要求，使得基于光纤传输的解决方案具有吸引力。但是，需要注意的是，基于光纤的超密集 RRH 部署方案可能会影响 C-RAN 灵活性和成本效益优势的发挥。一般而言，在超密集网络的部署中，使用光纤是一种非常耗时且成本高的方案，尤其是在需要挖光缆沟埋设光缆的情况下更是如此。鉴于此，基于无线传输的 MFH 解决方案在 CU 和 DU 之间实现信息交换就成为一种极具吸引力的解决方案。其吸引力在于它与固定、有线的前传解决方案相比具有更高的灵活性和更低的成本，也更容易部署。因此，诸如毫米波（如 1.3.4 节所述）和自由空间光（FSO）通信系统的解决方案成为实现高效、切实可行的无线 MFH 的一种灵活、可升级方案。

1.7.1　FSO 系统

FSO 系统是一种基于无线光通信来替代基于光纤固定连接的前传网络技术。与 1.5 节中所讨论的 RoF 方案不同，FSO 系统的实现不依赖于光缆的使用。因此，在没有光纤介质的情况下，FSO 在自由空间中实现发射孔径与接收孔径之间的 RF 信号传输。此外，作为一种无线光通信技术，其部署不需要挖光缆沟。与传统的光纤通信技术相比，这一特点使其在成本和时间的耗费方面都极具优势。

此外，FSO 系统还可以应用于那些无法使用光缆建立物理连接的场合，这也是它的主要优势之一。而且 FSO 系统还具有很多其他方面的固有优势，如高数据传输速率、全双工传输、易于部署、协议透明性和通信安全性高等，因此 FSO 已被广泛认为是一种有效的宽带接入方案，能够满足 MFH 和 MBH 网络的带宽需求[Alimi et al. - 2017a, 2016, 2017e]。

图 1.4 给出了一个 FSO 系统的框图，包括其链路两端的典型组件。无缝连接的 FSO 系统在通过自由空间传输信号时，在发射机之后与接收机之前不需要信号从光域转换到电域，反之亦然。因此信号在自由空间的传输过程不需要光电或电光转换。这一特性有助于数据传输速率的提高和实现协议透明的 FSO 链路。此外，该系统可与 EDFA 和 WDM 等其他先进的光通信方案一起使用，以显著提高系统的容量[Alimi et al. - 2018a; Kazaura et al. - 2010, 2009; Dat et al. - 2010]。

此外，基于 FSO 传输无线电信号（RoFSO，radio signals over FSO）的概念可以充分利用光学系统传输容量大的优势和无线通信技术易于部署的优势。DWDM RoFSO 系统能够同时支持多路无线信号。然而，FSO 系统很容易受到诸如当地天气条件和大气湍流等因素的影响。应该注意的是，大气湍流主要是由传输路径的空气中折射率的变化引起的[Alimi et al. - 2017a, 2016, 2017e, f; Sousa et al. - 2018; Alimi et al. - 2018b]。

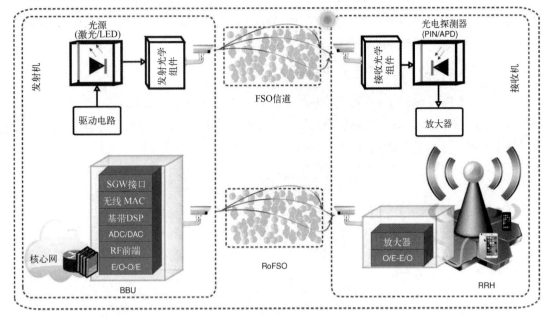

图 1.4　FSO 系统的框图

目前，已有许多用于研究大气中传输的 FSO 信号强度在不同大气湍流状态中的波动变化的统计模型。例如，对数-正态(LN)分布模型因其与实验测量结果比较拟合而得到了广泛应用。其他得到广泛应用的模型还有伽马-伽马(ΓΓ)、负指数、K 和 I-K 分布模型[Alimi et al. - 2017c, b]。本节主要研究 LN 和 ΓΓ 分布模型。

1.7.1.1　对数-正态(LN)分布模型

LN 分布模型仅适用于大气弱湍流和链路连接长度约为 100 m 的情况。如此，LN 分布模型的弱湍流强度波动的概率密度函数(pdf，possibility density function)定义为 [Alimi et al. - 2016, 2017c, b]

$$f_{h_a}(h_a) = \frac{1}{2h_a\sqrt{2\pi\sigma_x^2}}\exp\left(-\frac{(\ln(h_a)+2\sigma_x^2)^2}{8\sigma_x^2}\right) \tag{1.2}$$

其中 h_a 表示大气湍流导致的衰减，$\sigma_x^2 = \sigma_l^2/4$ 定义了平面波和球面波的对数幅度变化，如下式所示，详见文献[Alimi et al. - 2016, 2017c, b]：

$$\sigma_x^2|_{\text{plane}} = 0.307C_n^2k^{7/6}L^{11/6} \tag{1.3a}$$

$$\sigma_x^2|_{\text{spherical}} = 0.124C_n^2k^{7/6}L^{11/6} \tag{1.3b}$$

$$\sigma_l^2|_{\text{plane}} = 1.23C_n^2k^{7/6}L^{11/6} \tag{1.3c}$$

$$\sigma_l^2|_{\text{spherical}} = 0.50C_n^2k^{7/6}L^{11/6} \tag{1.3d}$$

其中 σ_I^2 表示对数照度方差，$k = 2\pi/\lambda$ 表示光载波的波数，L 表示距离，C_n^2 表示与海拔高度有关的大气折射率结构参数。

1.7.1.2　伽马–伽马（ΓΓ）分布模型

ΓΓ 分布模型一般用于在强湍流区对光信号的闪烁效应进行建模，而此时 LN 分布模型是无效的。此外，ΓΓ 分布模型还适用于建模光信号从弱湍流区传输到强湍流区的衰落增益。ΓΓ 分布模型的 h_a 的 pdf 可以表示为[Alimi et al. - 2017c, b]

$$f_{h_a}(h_a) = \frac{2(\alpha\beta)^{(\alpha+\beta)/2}}{\Gamma(\alpha)\Gamma(\beta)}(h_a)^{\frac{(\alpha+\beta)}{2}-1} K_{\alpha-\beta}(2\sqrt{\alpha\beta h_a}) \tag{1.4}$$

其中 $\Gamma(\cdot)$ 表示伽马函数，$K_\nu(\cdot)$ 表示 ν 阶第二类变态贝塞尔函数，α 和 β 分别表示大气散射过程中的大尺度和小尺度涡旋的有效数字。其中参数 α 和 β 对于平面波定义如下，详见文献[Alimi et al. - 2016, 2017c, b]：

$$\alpha = \left[\exp\left(\frac{0.49\sigma_R^2}{(1 + 1.11\sigma_R^{12/5})^{7/6}}\right) - 1\right]^{-1} \tag{1.5a}$$

$$\beta = \left[\exp\left(\frac{0.51\sigma_R^2}{(1 + 0.69\sigma_R^{12/5})^{5/6}}\right) - 1\right]^{-1} \tag{1.5b}$$

对于球面波，上述的参数定义为[Alimi et al. - 2017c, b]：

$$\alpha = \left[\exp\left(\frac{0.49\sigma_R^2}{(1 + 0.18d^2 + 0.56\sigma_R^{12/5})^{7/6}}\right) - 1\right]^{-1} \tag{1.6a}$$

$$\beta = \left[\exp\left(\frac{0.51\sigma_R^2(1 + 0.69\sigma_R^{12/5})^{-5/6}}{(1 + 0.9d^2 + 0.62d^2\sigma_R^{12/5})^{5/6}}\right) - 1\right]^{-1} \tag{1.6b}$$

其中，$d \triangleq (kD^2/4L)^{1/2}$，$D$ 表示接收机孔径的直径，σ_R^2 表示衡量湍流波动强度的 Rytov 方差。下式分别给出了 σ_R^2 对于平面波和球面波的表达式，详见文献[Alimi et al. - 2017c, b]：

$$\sigma_R^2|_{plane} = 1.23 \quad C_n^2\ k^{7/6}\ L^{11/6} \tag{1.7a}$$

$$\sigma_R^2|_{spherical} = 0.492 \quad C_n^2\ k^{7/6}\ L^{11/6} \tag{1.7b}$$

此外，照度的归一化方差也称为闪烁指数（σ_N^2），可根据 σ_x^2 和散射过程的涡旋来分别定义，详见文献[Alimi et al. - 2017c, b]：

$$\sigma_N^2 \triangleq \frac{\langle h_a^2\rangle - \langle h_a\rangle^2}{\langle h_a\rangle^2} \tag{1.8a}$$

$$= \frac{\langle h_{\mathrm{a}}^2 \rangle}{\langle h_{\mathrm{a}} \rangle^2} - 1 \tag{1.8b}$$

$$= \exp(4\sigma_x^2) - 1 \tag{1.8c}$$

$$= 1/\alpha + 1/\beta + 1/(\alpha\beta) \tag{1.8d}$$

如前所述，大气湍流会引起信号的衰落，当地的天气条件会引起接收光信号强度的波动变化。这些信号传输损伤都使得基于无线光通信的解决方案不如基于光纤通信技术的解决方案那样可靠。这不仅限制了 RoFSO 系统的性能，而且也阻碍了 FSO 成为一种独立且有效的 MFH 解决方案。目前有几种方案，如最大似然序贯检测、分集方案和自适应光学的 PHY 层方案，可用于缓解大气湍流所导致的信号衰落[Alimi et al. - 2018a]。本章将在后续的内容中介绍可用于提高基于 FSO 的 MFH 系统性能的先进技术。

1.7.2　混合 RF/FSO 技术

混合 RF/FSO 技术的提出是为了帮助 FSO 成为一种性能更好的技术。RF/FSO 系统是一种混合方案，它同时集成了光通信方案高传输容量的优势和无线通信易于部署的优势，同时也充分考虑了这两种技术各自的弱点。这使得同时、可靠地传输不同类型的无线业务(多路模拟和数字信号)成为可能。类似地，该方案的核心思想是将射频解决方案的可扩展性和成本效益与 FSO 解决方案的低延时和高数据传输速率优势有机地结合起来。因此，这种混合方案为满足未来通信网络低延时和高吞吐量的需求提供了一种成本有效的解决方案。在混合 RF/FSO 系统中，考虑到具体的应用需求和部署场景，需要在其信号发射端(Tx)和信号接收端(Rx)之间建立两个具有数据传输能力的并行链路。此时，其中任何一个链接都可在适当的电磁干扰水平和天气条件下实现数据的传输。

1.7.3　中继辅助的 FSO 传输技术

空间分集技术是缓解大气湍流所导致信号衰落的有效手段之一。这需要部署多部发射机/接收机，以充分利用信号传输的空间自由度。该技术通过引入冗余度来提升信号传输的性能，已被广泛应用于大气传输中来减少信号衰落的影响。然而，由于需要部署多部接收机和发射机，这给系统的复杂性和成本方面都带来了挑战。此外，接收机和发射机之间还必须保留足够的孔径间距，以防止信号在空间中的串扰。

在射频通信中，双跳中继方案得到了广泛应用，它不仅简化了空分复用技术的具体实现，而且也显著提高了接收机的信号接收质量，从而扩大了系统中的信号覆盖范围。而且,通过中继辅助传输技术,在其中创建虚拟多孔径系统,还可以充分发挥 MIMO

方案的优势。在 FSO 系统中也可以引入这种双跳中继方案，人们称其为中继辅助方案。该方案通过同时运用 FSO 和 RF 技术，提升了系统的效能。此外，RF/FSO 双跳中继技术是一种混合技术，其中信号发射端到中继站的链路是 RF 链路，而中继站到信号接收端的链路是 FSO 链路。

　　值得注意的是，混合 RF/FSO 双跳中继系统与前面提到的混合 RF/FSO 方案是不同的，主要是后者在 Tx 和 Rx 之间存在并行 RF 和 FSO 链路，而前者则不是这样的。而且，在混合 RF/FSO 双跳方案中，FSO 链路的主要功能是使 RF 用户能够连接骨干网，其作用是为接入网的"最后一千米"与骨干网之间建立连接。该方案通过将多个射频用户的业务复用和汇聚到一个共享的高速 FSO 基础设施中，从而充分利用了光信号的带宽。此外，由于系统中的 FSO 和 RF 信号处于不同的频段，因此还能有效防止多方面的信号干扰。该方案与传统的 RF/RF 传输系统相比，大大改善了系统的性能。在图 1.5 中，我们针对以上所讨论的光纤无线接入网给出了一个应用场景（图中 MEC 表示移动网络边缘计算平台）。

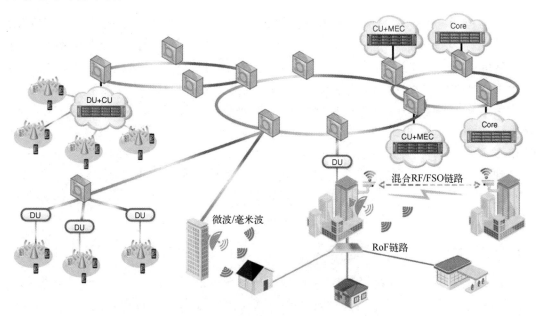

图 1.5　5G 网络中的光纤-无线混合接入网应用场景

1.8　信道的实验测量与特性分析

　　我们通过实验研究了 FSO 链路在真实大气湍流条件下的性能。基于从信道中所获得的信号采样结果，我们测量了 σ_N^2，从而确定了大气湍流的强度及其对 FSO 链路性能的影响。实验采用了图 1.4 中的系统配置。该系统中包含一个基于强度调制/直接检测的点到点链路。实验基于 $2^{23}-1$ 伪随机二进制序列产生了 10 Gbps 非归零信号。该信号被注入激光器进行信号调制，激光器的工作波长为 1548.51 nm。调制后的光信号经一段标准单模光纤(SSMF)注入 3 mm 光准直器。注入光准直器的光功率被设置为 0 dBm。接下来，经过准直处理的光束被发送到长度为 54 m 的 FSO 信道中。在系统的接收端，经过汇聚的信号光束被聚集到另一个准直器上，再经 SSMF 连接至光电探测器。最后，光信号经过带宽为 10 Gbps 的光电探测器转换为电信号。最终实现了对前文所述的 C_n^2 进行估计。

1.9　实验结果与讨论

图 1.6 给出了弱大气湍流条件下信号经 54 m 链路传输的理论分析结果与实验结果。图 1.6(a) 给出了对数照度方差为不同值时 LN 分布照度的 pdf，图中采用了对数坐标。从图中可以明显看出，当 σ_l^2 增加时，该 pdf 的分布明显倾斜。这一现象揭示了系统中光信号照度波动的幅度。此外，通过将获得的数据拟合到最近的 LN 和 ΓΓ 分布照度的 pdf 曲线，便可获得折射率结构参数 C_n^2 的特性。图 1.6(b) 给出了实验数据与 2015 年 11 月 18 日下午 9:30 的测量数据拟合的结果。所获得的闪烁指数 σ_N^2 的值为 0.0052。在该条件下，即 $\sigma_N^2 = 0.0052$ 时，LN 和 ΓΓ 分布模型与测量到的信道采样值 σ_N^2 完美拟合。该结果表明，上述两种模型都适合于描述弱的大气衰减特性。

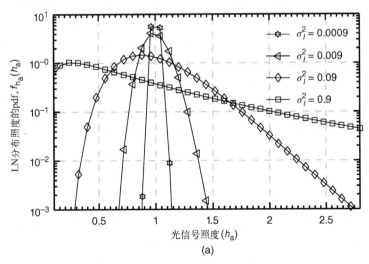

图 1.6　(a)LN 分布照度的 pdf；(b)LN 和 ΓΓ 分布照度数据拟合

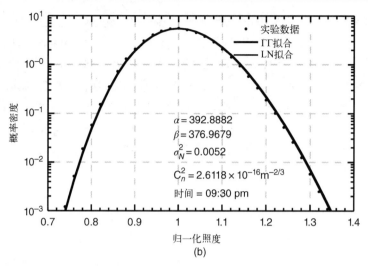

图 1.6(续)　(a)LN 分布照度的 pdf；(b)LN 和 ΓΓ 分布照度数据拟合

1.10　结论

　　本章介绍了 5G 网络的一些基本特性和一些推进 5G 网络有效部署的关键性技术。本章集中讨论了蜂窝 C-RAN 和相关的 RAN 虚拟化技术，它们都是 5G 和后 5G 网络的主要支撑性技术。同时，我们还强调了 5G 网络中需要大容量、低延时的网络架构，以及节能、成本有效的前传链路。此外，本章还全面讨论了在共享的网络基础设施中支持多业务、多频段、多运营商共存的基于毫米波和光学传输的解决方案。同时，考虑到光与无线接入网的融合，本章还提出了 5G 和后 5G 网络对 MFH/MBH 网络的要求。此外，我们还研究了大气湍流所导致的光信号衰落及其影响，不仅给出了解析表达式，还给出了数值分析与实验结果。这些影响会阻碍可同时接入同一 BBU 池的 RRH 数量的增加。同时，我们还讨论了如何采用更经济的方法来满足 5G 网络对于信号抖动、容量和延时等方面的性能需求，以及这一主题所面临的研究挑战和一些尚未解决的问题。

致谢

　　本章的写作是在科学技术基金会(FCT)博士基金 PD/BD/52590/2014 的支持下完成的。此外，本章还得到了欧洲区域发展基金(FEDER)的里斯本区域发展计划(POR LISBOA 2020)和葡萄牙 2020 框架 5G 项目 (POCI-01-0247-FEDER-024539)、ORCIP (CENTRO-01-0145-FEDER-022141) 及 SOCA(CENTRO-01-0145-FEDER-000010) 的竞争

力和国际化业务计划(COMPETE 2020)的支持。本章的写作还得到了 FCT 的 COMPRESS-PTDC/EEI-TEL/7163/2014 项目下的国家基金和欧洲区域发展基金(FEDER)的葡萄牙 2020 框架区域中心运营计划(CENTRO 2020)的资金支持[项目编号 017942(CENTRO-01-0247- FEDER-017942)]。此外，本章中所介绍的主要研究工作还得到了 FCT 的国家基金、FEDER-PT2020 合伙协议下的 UID/EEA/50008/2013 (COHERENTINU-OUS 行动和 OPTICAL-5G)项目共同出资支持。此外，我们还要感谢如下资助机构与项目：Ocean12-H2020-ECSEL-2017-1-783127、FCT 和 ENIAC JU (THINGS2DO- GA n. 621221)项目。

参考文献[①]

I. Alimi, A. Shahpari, V. Ribeiro, N. Kumar, P. Monteiro, and A. Teixeira. Optical wireless communication for future broadband access networks. In *2016 21st European Conference on Networks and Optical Communications (NOC)*, pages 124-128, June 2016.

I. A. Alimi, A. M. Abdalla, J. Rodriguez, P. P. Monteiro, and A. L. Teixeira. Spatial Interpolated Lookup Tables (LUTs) Models for Ergodic Capacity of MIMO FSO Systems. *IEEE Photonics Technology Letters*, 29(7):583-586, April 2017a. ISSN 1041-1135.

I. A. Alimi, A. L. Teixeira, and P. P. Monteiro. Toward an Efficient C-RAN Optical Fronthaul for the Future Networks: A Tutorial on Technologies, Requirements, Challenges, and Solutions. *IEEE Communications Surveys Tutorials*, 20(1):708-769, Firstquarter 2018a.

Isiaka Alimi, Ali Shahpari, Vítor Ribeiro, Artur Sousa, Paulo Monteiro, and António Teixeira. Channel characterization and empirical model for ergodic capacity of free-space optical communication link. *Optics Communications*, 390:123 -129, 2017b. ISSN 0030-4018.

Isiaka Alimi, Ali Shahpari, Artur Sousa, Ricardo Ferreira, Paulo Monteiro, and António Teixeira. Challenges and opportunities of optical wireless communication technologies. In Pedro Pinho, editor, *Optical Communication Technology*, chapter 02, pages 5-44. InTech, Rijeka, 2017c. ISBN 978-953-51-3418-3.

Isiaka A. Alimi, Paulo P. Monteiro, and António L. Teixeira. Analysis of multiuser mixed RF/FSO relay networks for performance improvements in cloud computing-based radio access networks(CC-RANs). *Optics Communications*, 402: 653-661, 2017d. ISSN 0030-4018.

Isiaka A. Alimi, Paulo P. Monteiro, and António L. Teixeira. Outage Probability of Multiuser Mixed RF/FSO Relay Schemes for Heterogeneous Cloud Radio Access Networks(H-CRANs).

Wireless Personal Communications, 95（1）: 27-41, Jul 2017e. ISSN 1572-834X.

Isiaka A. Alimi, Ali Shahpari, Paulo P. Monteiro, and António L. Teixeira. Effects of diversity schemes and correlated channels on OWC systems performance. *Journal of Modern Optics*, 64（21）:2298-2305, 2017f.

Isiaka A. Alimi, Akeem O. Mufutau, António L. Teixeira, and Paulo P. Monteiro. Performance Analysis of Space-Air-Ground Integrated Network（SAGIN）Over an Arbitrarily Correlated Multivariate FSO Channel. *Wireless Personal Communications*, 100（1）:47-66, May 2018b. ISSN 1572-834X.

Sercan Ö. Arik, Daulet Askarov, and Joseph M. Kahn. Adaptive frequency-domain equalization in mode-division multiplexing systems. *J. Lightwave Technol.*, 32（10）:1841-1852, May 2014.

Common Public Radio Interface（CPRI）: Requirements for the eCPRI Transport Network. C. Parties, August 2017. eCPRI Transport Network D0.1.

F. J. V. Caballero, A. Zanaty, F. Pittala, G. Goeger, Y. Ye, I. Tafur Monroy, and W. Rosenkranz. Efficient SDM-MIMO Stokes-Space Equalization. In *ECOC 2016; 42nd European Conference on Optical Communication*, pages 1-3, 2016.

Y. Cai, Z. Qin, F. Cui, G. Y. Li, and J. A. McCann. Modulation and Multiple Access for 5G Networks. *IEEE Communications Surveys Tutorials*, 20（1）: 629-646, Firstquarter 2018.

Gee-Kung Chang, C. Liu, and Liang Zhang. Architecture and applications of a versatile small-cell, multi-service cloud radio access network using radio-over-fiber technologies. In *2013 IEEE International Conference on Communications Workshops（ICC）*, pages 879-883, June 2013.

Seung-Hyun Cho, Heuk Park, Hwan Seok Chung, Kyeong Hwan Doo, Sangsoo Lee, and Jong Hyun Lee. Cost-effective next generation mobile fronthaul architecture with multi-IF carrier transmission scheme. In *OFC 2014*, pages 1-3, March 2014.

Cisco. Cisco Visual Networking Index: Global Mobile Data Traffic Forecast Update, 2016-2021 White Paper, 2017.

P. T. Dat, A. Bekkali, K. Kazaura, K. Wakamori, and M. Matsumoto. A universal platform for ubiquitous wireless communications using radio over FSO system. *Journal of Lightwave Technology*, 28（16）:2258-2267, Aug 2010. ISSN 0733-8724.

T. Deiß, L. Cominardi, A. Garcia-Saavedra, P. Iovanna, G. Landi, X. Li, J. Mangues-Bafalluy, J. Núñez-Martínez, and A. de la Oliva. Packet forwarding for heterogeneous technologies for integrated fronthaul/backhaul. In *2016 European Conference on Networks and Communications（EuCNC）*, pages 133-137, June 2016.

Ericsson Fronthaul. Ericsson, Mar 2018a.

Going Massive with MIMO. ricsson, January 2018b.

G. Fernandes, N. J. Muga, Ana M. Rocha, and A. N. Pinto. Switching in multicore fibers using flexural acoustic waves. *Optics Express*, 23(20):26313-26325, October 2015. ISSN 1094-4087.

G. Fernandes, N. J. Muga, and A. N. Pinto. Space-demultiplexing based on higher-order Poincaré spheres. *Optics Express*, 25(4):3899-3899, February 2017a.

G. Fernandes, N. J. Muga, and A. N. Pinto. *Optical Fibers: Technology, Communications and Recent Advances*, chapter Space-Division Multiplexing in Fiber-Optic Transmission Systems. Nova Publisher, New York, 2017b.

Matteo Fiorani, Björn Skubic, Jonas Mårtensson, Luca Valcarenghi, Piero Castoldi, Lena Wosinska, and Paolo Monti. On the design of 5G transport networks. *Photonic Network Communications*, 30(3):403-415, Dec 2015. ISSN 1572-8188.

Sergi García and Ivana Gasulla. Dispersion-engineered multicore fibers for distributed radiofrequency signal processing. *Opt. Express*, 24(18): 20641-20654, Sep 2016.

Ivana Gasulla, Sergi García, David Barrera, Javier Hervás, and Salvador Sales. Fiber-distributed signal processing: Where the space dimension comes into play. In *Advanced Photonics 2017 (IPR, NOMA, Sensors, Networks, SPPCom, PS)*, page PW1D.1. Optical Society of America, 2017.

A. K. Gupta and A. Chockalingam. Performance of MIMO Modulation Schemes With Imaging Receivers in Visible Light Communication. *Journal of Lightwave Technology*, 36(10):1912-1927, May 2018. ISSN 0733-8724.

C. L. I, H. Li, J. Korhonen, J. Huang, and L. Han. RAN Revolution With NGFI(xhaul) for 5G. *Journal of Lightwave Technology*, 36(2):541-550, Jan 2018. ISSN 0733-8724.

G. Kalfas, N. Pleros, L. Alonso, and C. Verikoukis. Network planning for 802.11ad and MT-MAC 60 GHz fiber-wireless gigabit wireless local area networks over passive optical networks. *IEEE/OSA Journal of Optical Communications and Networking*, 8(4):206-220, April 2016. ISSN 1943-0620.

K. Kazaura, K. Wakamori, M. Matsumoto, T. Higashino, K. Tsukamoto, and S. Komaki. RoFSO: A universal platform for convergence of fiber and free-space optical communication networks. In *Innovations for Digital Inclusions, 2009. K-IDI 2009. ITU-T Kaleidoscope:*, pages 1-8, Aug 2009.

K. Kazaura, K. Wakamori, M. Matsumoto, T. Higashino, K. Tsukamoto, and S. Komaki. RoFSO: A universal platform for convergence of fiber and free-space optical communication networks. *IEEE Communications Magazine*, 48(2):130-137, February 2010. ISSN 0163-6804.

S. Kuwano, J. Terada, and N. Yoshimoto. Operator perspective on next-generation optical access for future radio access. In *2014 IEEE International Conference on Communications Workshops*

(ICC), pages 376-381, June 2014.

I. Chih-Lin, Y. Yuan, J. Huang, S. Ma, C. Cui, and R. Duan. Rethink fronthaul for soft RAN. *IEEE Communications Magazine*, 53（9）:82-88, September 2015. ISSN 0163-6804.

C. Liu, J. Wang, L. Cheng, M. Zhu, and G. K. Chang. Key Microwave-Photonics Technologies for Next-Generation Cloud-Based Radio Access Networks. *Journal of Lightwave Technology*, 32(20):3452-3460, Oct 2014. ISSN 0733-8724.

X. Liu, H. Zeng, N. Chand, and F. Effenberger. Efficient mobile fronthaul via DSP-based channel aggregation. *Journal of Lightwave Technology*, 34(6): 1556-1564, March 2016. ISSN 0733-8724.

Roberto Llorente, Maria Morant, Andrés Macho, David Garcia-Rodriguez, and Juan Luis Corral. Demonstration of a Spatially Multiplexed Multicore Fibre-Based Next-Generation Radio-Access Cellular Network. In *International Conf. on Transparent Optical Networks - ICTON*, volume 1, page Th.A1.4, 2015.

M. Maier and B. P. Rimal. Invited paper: The audacity of fiber-wireless(FiWi) networks: revisited for clouds and cloudlets. *China Communications*, 12(8): 33-45, August 2015. ISSN 1673-5447.

Konstantinos N. Maliatsos, Eleftherios Kofidis, and Athanasios G. Kanatas. A Unified Multicarrier Modulation Framework. *CoRR*, abs/1607.03737, 2016.

T. Mizuno, H. Takara, A. Sano, and Y. Miyamoto. Dense space-division multiplexed transmission systems using multi-core and multi-mode fiber. *Journal of Lightwave Technology*, 34(2):582-592, 2016.

P. P. Monteiro and A. Gameiro. Hybrid fibre infrastructures for cloud radio access networks. In *2014 16th International Conference on Transparent Optical Networks(ICTON)*, pages 1-4, July 2014.

P. P Monteiro and A. Gameiro. Convergence of optical and wireless technologies for 5G. In F. Hu, editor, *Opportunities in 5G Networks: A Research and Development Perspective*, chapter 9, page 179-215. CRC Press, CRC Press, 2016.

P. P. Monteiro, D. Viana, J. da Silva, D. Riscado, M. Drummond, A. S. R. Oliveira, N. Silva, and P. Jesus. Mobile fronthaul RoF transceivers for C-RAN applications. In *2015 17th International Conference on Transparent Optical Networks (ICTON)*, pages 1-4, July 2015.

M. Morant and R. Llorente. Performance Analysis of Carrier-Aggregated Multiantenna 4 x 4 MIMO LTE-A Fronthaul by Spatial Multiplexing on Multicore Fiber. *Journal of Lightwave Technology*, 36(2):594-600, 2018.

N. J. Muga and A. N. Pinto. Extended Kalman Filter vs. Geometrical Approach for Stokes Space Based Polarization Demultiplexing. *J. Lightw. Technol.*, 33(23):4826-4833, 2015.

K. Nakajima, T. Matsui, K. Saito, T. Sakamoto, and N. Araki. Space division multiplexing technology: Next generation optical communication strategy. In *2016 ITU Kaleidoscope: ICTs for a Sustainable World（ITU WT）*, pages 1-7, Nov 2016.

Mobile Anyhaul. Nokia, Dec. 2017.

A. D. La Oliva, X. C. Perez, A. Azcorra, A. D. Giglio, F. Cavaliere, D. Tiegelbekkers, J. Lessmann, T. Haustein, A. Mourad, and P. Iovanna. Xhaul: toward an integrated fronthaul/backhaul architecture in 5G networks. *IEEE Wireless Communications*, 22（5）:32-40, October 2015. ISSN 1536-1284.

B. J. Puttnam, R. S. Luís, W. Klaus, J. Sakaguchi, J. M. Delgado Mendinueta, Y. Awaji, N. Wada, Y. Tamura, T. Hayashi, M. Hirano, and J. Marciante. 2.15 pb/s transmission using a 22 core homogeneous single-mode multi-core fiber and wideband optical comb. In *2015 European Conference on Optical Communication（ECOC）*, pages 1-3, Sept 2015.

Dayou Qian, Ming-Fang Huang, E. Ip, Yue-Kai Huang, Yin Shao, Junqiang Hu, and Ting Wang. 101.7-tb/s（370×294-gb/s）pdm-128qam-ofdm transmission over 3×55-km ssmf using pilot-based phase noise mitigation. In *2011 Optical Fiber Communication Conference and Exposition and the National Fiber Optic Engineers Conference*, pages 1-3, 2011.

Georg Rademacher, Ruben S. Luís, Benjamin J. Puttnam, Tobias A. Eriksson, Erik Agrell, Ryo Maruyama, Kazuhiko Aikawa, Hideaki Furukawa, Yoshinari Awaji, and Naoya Wada. 159 Tbps c+l band transmission over 1045 km 3-mode graded-index few-mode fiber. In *Optical Fiber Communication Conference Postdeadline Papers*, page Th4C.4. Optical Society of America, 2018.

D. J. Richardson, J. M. Fini, and L. E. Nelson. Space-division multiplexing in optical fibres. *Nature Photonics*, 7:354-362, 2013.

Ana M. Rocha, R. N. Nogueira, and M. Facão. Core/wavelength selective switching based on heterogeneous mcfs with lpgs. *IEEE Photonics Technology Letters*, 28（18）:1992-1995, 2016.

K. Shibahara, T. Mizuno, L. Doowhan, Y. Miyamoto, H. Ono, K. Nakajima, S. Saitoh, K. Takenaga, and K. Saitoh. Dmd-unmanaged long-haul sdm transmission over 2500-km 12-core x 3-mode mc-fmf and 6300-km 3-mode fmf employing intermodal interference cancelling technique. In *Optical Fiber Communication Conference Postdeadline Papers*, page Th4C.6. Optical Society of America, 2018.

Artur N. Sousa, Isiaka A. Alimi, Ricardo M. Ferreira, Ali Shahpari, Mário Lima, Paulo P. Monteiro, and António L. Teixeira. Real-time dual-polarization transmission based on hybrid optical wireless communications. *Optical Fiber Technology*, 40:114-117, 2018. ISSN 1068-5200.

R. G. Stephen and R. Zhang. Joint millimeter-wave fronthaul and OFDMA resource allocation in ultra-dense CRAN. *IEEE Transactions on Communications*, 65(3): 1411-1423, March 2017. ISSN 0090-6778.

P. J. Urban, G. C. Amaral, and J. P. von der Weid. Fiber Monitoring Using a Sub-Carrier Band in a Sub-Carrier Multiplexed Radio-over-Fiber Transmission System for Applications in Analog Mobile Fronthaul. *Journal of Lightwave Technology*, 34(13): 3118-3125, July 2016. ISSN 0733-8724.

Yuta Wakayama, Daiki Soma, Shohei Beppu, Seiya Sumita, Koji Igarashi, and Takehiro Tsuritani. 266.1-Tbps Repeatered Transmission over 90.4-km 6-Mode Fiber Using Dual C+L-Band 6-Mode EDFA. In *Optical Fiber Communication Conference*, page W4C.1. Optical Society of America, 2018.

A. Zakrzewska, S. Ruepp, and M. S. Berger. Towards converged 5G mobile networks-challenges and current trends. In *ITU Kaleidoscope Academic Conference: Living in a converged world - Impossible without standards ? Proceedings of the 2014*, pages 39-45, June 2014.

H. Zhang, Y. Dong, J. Cheng, M. J. Hossain, and V. C. M. Leung. Fronthauling for 5G LTE-U ultra dense cloud small cell networks. *IEEE Wireless Communications*, 23(6):48-53, December 2016. ISSN 1536-1284.

第2章 面向5G的GPON混合光纤-无线(HFW)拓展技术

本章作者：Rattana Chuenchom, Andreas Steffan, Robert G. Walker, Stephen J. Clements, Yigal Leiba, Andrzej Banach, Mateusz Lech, Andreas Stöhr

2.1 简介

近十年来，人们开发了大量的通信业务和应用，而且诸如网络电话(VoIP)、视频点播(VoD)、网络电视(IPTV)和一些需要高速互联网接入的应用得到了广泛的使用[Osseiran et al. - 2014; Cisco - 2016]，因此数据业务传输的带宽需求也在不断增加。这些对数据通信需求的日益增长，使得宽带互联网的接入能力对于城市中的用户变得至关重要。当然，这对于生活在农村地区的人们来说也是非常重要的。因此，为了对所有的用户(包括生活在农村或欠发达地区的用户)提供宽带互联网接入，人们需要不断开发新的互联网接入技术。

无缝的混合光纤-无线(HFW)架构给出了一种可供选择的互联网接入方式，该接入方式对于生活在农村或欠发达地区的用户而言更为有利。HFW系统充分结合了光纤技术的高数据传输速率和无线网络技术的灵活性，它为运营商提供了这样一种可能性：几乎可以ad hoc方式部署无线宽带互联网接入，而无须事先部署新的光纤基础设施。这不仅避免了部署光纤基础设施所需耗费的时间，也为运营商提供了一种更加经济的商业运营模式[Chuenchom et al. - 2017]。

因此，HFW技术在接入新商业用户的应用方面引起了业界极大的兴趣与关注，例如，连接那些在新商业区工作的用户或者居住在农村或欠发达地区的用户就是一个典型的应用场景，因为在这些地区，无法建设光纤基础设施，或者在经济上是不可行的。

在光纤基础设施方面，如今吉比特无源光网络(GPON)技术已在欧洲乃至全球都得到了广泛应用。

目前GPON主要采用粗波分复用(CWDM)技术来实现双向通信，以及使用一点对多点的拓扑结构。如今，全球范围内的各大运营商都在其光纤基础设施中使用了GPON技术。通常，GPON为最终用户提供光纤接入，包括家庭和商业用户。目前，它也是无源光网络(PON)的主流技术。与标准的铜线连接相比，GPON可在单根光纤上提供高达1:64的分光比[Syambas and Farizi - 2015]。显然，全球运营商对于如何通过低成本的解决方案将新城区、新建企业或多人住宅连接至现有GPON基础设施这一商机都是非常感兴趣的。

2.2   无源光网络

随着通信网络中所使用的光纤及光纤通信设备的容量及性能的不断提高，通信技术的性能得到了持续的升级。光纤介质在通信网络中的广泛使用得益于光纤能够更好地满足用户高速率、大带宽的通信需求。光纤之所以在通信网络中能够得到广泛的应用，是因为它具有传输噪声小的优点，而且与铜缆传输线相比，光纤不易受到电磁干扰的影响。然而，光纤接入网的使用也存在一些限制，例如铺设光纤的成本很高，而且对于商业和用户连接的应用而言，光纤接入网的建设需要占用较大的区域。

在过去的十年里，PON 已成为一种最吸引网络供应商的技术，至今已有若干代高速双向通信的 PON 标准得到了实际的应用和部署[Srivastava - 2013]。

一般而言，PON 主要分为两大类：GPON 和基于以太网的无源光网络(EPON)。GPON 标准的演进为若干代 GPON 技术能够满足不断增加的网络上、下行容量的需求铺平了道路。一般而言，标准的 PON 由一个光线路终端(OLT)和一个光网络单元(ONU)组成。从 OLT 到 ONU 方向的通信称为下行通信；相应地，从 ONU 到 OLT 的另一个方向的通信称为上行通信。GPON 支持双向通信，但对下行和上行通信业务使用了不同的波长，即使用了 CWDM 技术[ITU-T-2008; Effenberger et al. - 2007]。

EPON 标准融合了低成本的以太网技术和低成本的光纤网络架构，可以实现对下一代接入网技术的支持。IEEE 于 2002 年批准的第一个 EPON 标准是 IEEE 802.3ah，它支持速率为 1.25 Gbps 的下行和上行通信[Srivastava - 2013]。

2.2.1   GPON 和 EPON 标准

GPON 的第一个标准是基于异步传输模式(ATM，asynchronous transfer mode)的 PON(ATM-PON 或 APON)。APON 标准由 FSAN 起草，随后得到了 ITU-T 的批准。APON 使用单模光纤，分别用 1310 nm 和 1550 nm 波长来实现上行和下行通信。继 APON 之后的下一个无源光网络标准是 BPON(broadband passive optical network)。BPON 使用了与 APON 类似的拓扑结构。其主要的区别是相对于 APON 而言，BPON 改变了上行与下行通信的波长。在 BPON 中，人们使用 1490 nm 波长实现上行通信，使用 1310 nm 波长进行下行通信；而 1550 nm 波长被用于传输额外的 RF 视频信号。对于 APON 和 BPON 这两种标准，其上行和下行业务的数据传输速率分别为 155 Mbps 和 622 Mbps。

由于用户巨大的带宽需求，网络通信的线速率不得不继续提高。这就促使了 GPON 标准的提出，它支持 2.488 Gbps 的下行速率和 1.24 Gbps 的上行速率。GPON 利用了时分多址的方案为每个 ONU 分配一个特定的时隙，以实现它与 OLT 进行上行通信。其最大的上行数据传输速率为 1.24 Gbps，但其信号传输带宽在连接到同一个 OLT 的其他所有 ONU 之间共享。对于一个典型的 GPON 而言，其中通常会使用 1:32 或 1:64 分光器，即一个 OLT 最多可连接到 32~64 个 ONU[ITU-T - 2008]。

　　EPON 基于 IEEE 标准。GPON 使用基于 IP 的协议及 ATM 和 GEM(GPON 中的数据封装方法)来编码；EPON 支持的光纤连接长度可达 20 km。EPON 完全兼容所有的以太网标准，这意味着当需要将 EPON 连接到其他基于以太网标准的网络时，不需要进行额外的数据封装或转换。在 EPON 中，上行和下行的数据传输速率均为 1.25 Gbps。EPON 提供双向 1.25 Gbps 的链路连接，其中下行链路使用 1490 nm 波长，上行链路使用 1310 nm 波长；同时使用 1550 nm 波长来支持运营商的附加业务，如 RF 视频、可选的叠加服务等[Kramer and Pesavento - 2002; Jiang and Zhang - 2010]。

2.3　基于无线技术的光链路实现透明的无线接入延伸

　　光载无线电(RoF)是一种通过将模拟 RF 信号调制到光载波上，再通过光纤进行信息传输的技术。例如，将无线通信信号从 OLT 传输到远端天线就可以采用该技术[Jiang - 2012]。图 2.1 显示了光纤-无线接入网架构的原理图。RoF 技术已成为众多无线网络接入技术中一个极具吸引力的选择，它不仅可以降低接入网基础设施的成本和天线的复杂性，还可以通过光学方法来产生高频的微波信号，从而克服电子器件的瓶颈问题。

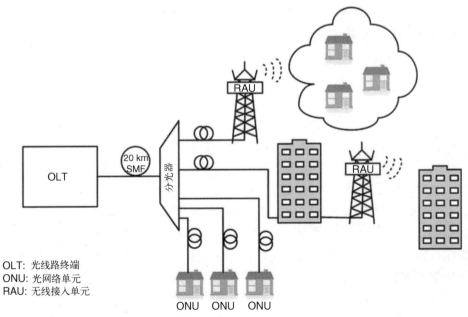

图 2.1　在无线接入单元(RAU)处使用了 RoF 技术的光纤-无线接入网架构的原理图

2.3.1 基于相干 RoF(CRoF)的光链路实现透明的无线接入延伸

图 2.2 显示了一个双向无线链路的一般架构，图中的两个远端天线都通过光纤和 RoF 技术分别连接至 OLT 和 ONU [Pooja et al. - 2015]。这种架构可以实现无线网桥，例如用于 GPON 的无线网桥。在该图中，我们假设 OLT 位于左侧，则在下行通信中，数据信号经过光-电(O/E)转换，产生 RF 信号，然后进行无线传输。由于从 OLT 输出的信号是光学基带信号，因此上述的 O/E 转换器不仅要实现对光学基带信号的检测，还需要将基带电信号上变频至所需的 RF 载波频率。而在对端接收天线处，则必须先将 RF 信号下变频至基带，然后再调制到标准波长的光载波上，这样信号才能被后续的 ONU 正常接收。

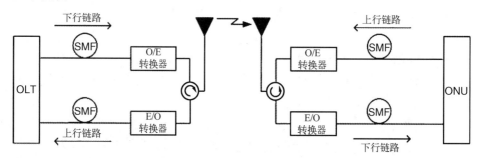

图 2.2   基于 RoF 技术的双向无线链路的一般架构

上述链路中的 O/E 转换器可以采用不同的方案来实现。来自 OLT 的下行基带信号可以通过光学手段直接、透明地(即无须再调制)转换为下行的 RF 信号。但在这种情况下，链路中传输的基带光信号需要先与来自本振(LO)激光器的另一连续波(CW)光信号进行复用，然后共同传输至光混频器进行相干检测。在这种相干 RoF(CRoF)方案中，OLT 基带信号与 LO 激光器输出光信号之间的波长差便决定了最终所产生的 RF 信号的载波频率 [Stöhr et al. - 2014]。图 2.3 显示了使用全双工 CRoF 方案实现无线桥接的 GPON。根据具体的应用场景，系统中所需的 LO 激光器既可以配置在靠近天线的地方，也可以配置在距离天线较远的 OLT 处。为了能让标准的 ONU 正常进行信号的接收，需要首先使用肖特基势垒二极管(SBD)将接收到的无线信号变频到基带，然后再透明地重新将其调制在光载波上。此处的信号再调制过程可以通过对激光器进行直接调制或采用外部调制的方法来实现。与模拟 RoF(ARoF)传输相比，CRoF 方法在抗光纤色散影响的方面具有天然的优势，因为在 CRoF 方案中，光纤中传输的是基带信号(即 BBoF，baseband-over fiber)[Babiel et al. - 2014]。此外，CRoF 方案中允许采用与 OLT 激光器不相关的 LO 激光器，这易于实现。对于未来基于波分复技术进行扩容的 PON 而言，这种相干 WDM-PON 系统特别有用，因为它允许人们对光信道和无线信道进行灵活的重新配置。在下面的内容中，我们将介绍为扩展 GPON 覆盖范围而构建的 CRoF 无线接入单元(RAU)及其所需的关键组件。

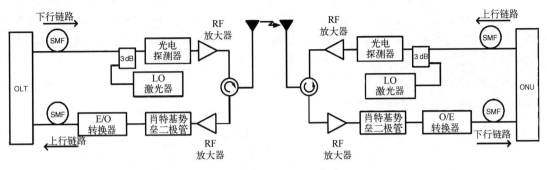

图 2.3　全双工 CRoF 方案

2.4　关键光子学与电子学使能技术

2.4.1　相干光子混频器

图 2.4 给出了用于接收 RF 信号的相干光子混频器(CPX，coherent photonic mixer)的原理图[①]。它由一个 2×2 多模干涉(MMI，multi-mode interference)光耦合器、两个平衡配置的波导集成光电探测器及一个偏置网络和两个 $100\ \Omega$ 的匹配电阻组成。人们在 MMI 输入波导的设计中添加了两个模斑转换器(SSC，spot-size converter)。如此，通过将标准单模光纤(SMF-28)模式与 SSC 输入模式进行匹配，使光纤/芯片的耦合过程得到了简化 [Chuenchom et al. - 2015]。为了让 CPX 中分别负责两路信号输出的所有功能元件之间实现良好的平衡特性，这些元件都被集成在一个 InP(磷化铟)芯片上。

光电二极管基于渐逝场效应实现耦合，其有源区的面积为 $4\ \mu m \times 15\ \mu m$。在制作时它经过 MOVPE(金属有机物气相外延生长)方法生长于半绝缘波导层上，并通过集成的偏置电路对其施加偏置电压。

最后所获得的 CPX 芯片尺寸为 $3\ mm \times 0.6\ mm$。该芯片的输入端波导间距和共面 RF 输出间距为 $250\ \mu m$。MMI 光耦合器和每个光电二极管(PD1 和 PD2)之间由等长度设计的波导相连，其中光电二极管采用反平行配置实现了电气连接，从而实现了片上两个光电二极管输出 O/E 转换电流之间的相减。

---

① 此处的相干光子混频器在有关光纤通信技术的参考书中也常常称为平衡光电探测器。——译者注

$$P_{\text{RF,out}} \propto (I_{\text{PD1}} - I_{\text{PD2}})^2 \propto P_{\text{opt,signal}} \times P_{\text{opt,LO}} \qquad (2.1)$$

如果只有一路光输入信号(即光信号或光本振信号)输入到 CPX，则它的两个光电二极管将检测到相同的光信号，只是 CPX 的 PD1 和 PD2 输出的光信号可能同相位，或者相位差为 180°，并且信号具有良好的对称性，即具有较高的共模抑制比。二者的电流之差为零，此时无论输入信号为何值，最终的 RF 信号输出为零。

而如果输入的 LO 光信号的功率保持恒定，则从式(2.1)中可以看出，其 RF 输出功率随光功率的增加而线性地增加。

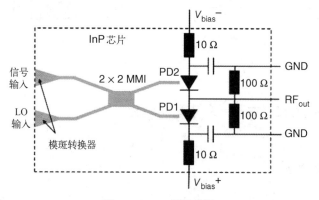

图 2.4 　CPX 的原理图

整个 CPX 芯片被安装在一个标准金盒封装中，它带有同轴电缆 V 形连接头，且光纤/芯片分别与两个 SMF-28 耦合。PD1 和 PD2 在 1.55 μm 波长处的响应度均为 0.3 A/W，它们的偏振相关损耗(PDL)仅为 0.5 dB。其输出电信号由一个短共面波导(CPW)导出，该短共面波导在石英基底上通过多条短连接线连到后续的低损耗 CPW，最终连至信号输出连接器。该模块的照片如图 2.5 所示。

图 2.5 　带有 V 形连接头的 CPX 模块装配于印刷电路板(PCB)上，更便于 DC 连接

如图 2.5 所示，与一般的商用光电二极管不同，CPX 由一个 3 dB 耦合器和一个平衡毫米波光电二极管构成。由于采用了平衡配置，光信号总的相干功率都被用于信号的光-射频转换，由 LO 信号所引入的较大 DC 电流也会在芯片上被去掉。这就与单个

的光电二极管形成了鲜明的对比,如果采用光电二极管检测光信号,则需要使用光学 3 dB 耦合器,这样检测后便会丢失一半的 RF 信号功率。因此在假设 CPX 中的每个光电二极管的性能都相同的前提下,采用平衡光电二极管的信号转换效率或响应度与传统的商用光电二极管相比,至少可提高 3 dB[Chuenchom et al. - 2016]。

图 2.6 给出了在外差检测配置条件下测得的 CPX 的 RF 输出功率与输入光功率的变化关系。其中两个光纤输入端分别加载了光信号和 LO 光信号。由于光电二极管的 S21 响应(即端口 2 到端口 1 之间的响应)的滚降特性,当信号频率从 70 GHz 升高到 90 GHz 时,其最大输出功率从几乎 0 dBm 下降到了-6 dBm。

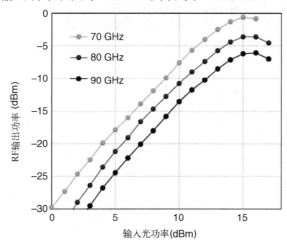

图 2.6　在外差检测配置条件下测得的 CPX 的 RF 输出功率与输入光功率的变化关系

在第二步的配置中,我们将该芯片和一个功率放大器(HMC-AUH320 放大器,频率范围为 71～86 GHz,GaAs HEMT,模拟器件,规格:74 GHz 时增益为 16 dB,$P_{1\,dB}$ = +15 dBm)及 CPW-WR12 转换器封装在一个新设计的封装结构中,以适合芯片与矩形波导直接连接的需求。

CPW-WR12 转换器是为了匹配平衡光电二极管的 CPW RF 输出端口,并能在封装中将 RF 信号功率输入至矩形波导端口(WR12)而设计的,如图 2.7 所示。

图 2.8 给出了最终封装好的 WR12 CPX 模块,这里没有装盖子并带有额外的 WR12-W1 适配器,是为了便于对其进行特性的测量。由于天线和 WR12 波导具有带通特性,因此该模块的 RF 输出功率的频响也呈现带通特性,且功率响应在 78 GHz 附近达到最大值,而在 60 GHz 和 90 GHz 处呈现明显的滚降趋势(见图 2.9)。在图 2.10 所示的 RF 输出功率与输入光功率的变化关系中,也可以观察到类似的变化趋势。在 77.5 GHz 中心频率附近,该模块的饱和 RF 输出功率略低于 15 dBm,而在 73 GHz 和 83 GHz 频率处,其饱和 RF 输出功率为 10 dBm 左右。

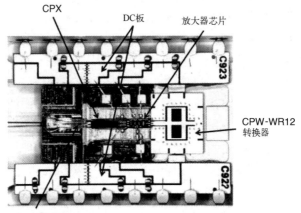

图 2.7　与功率放大器和 CPW-WR12 转换器封装在一起的 CPX 的俯视图

图 2.8　带有 WR12 输出和 WR12-W1 适配器的 CPX 模块

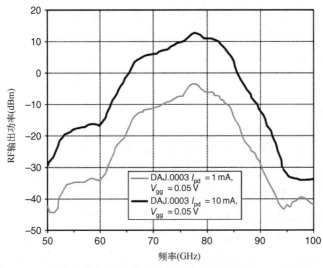

图 2.9　RF 输出功率与频率的变化关系（电流分别为 1 mA 和 10 mA）

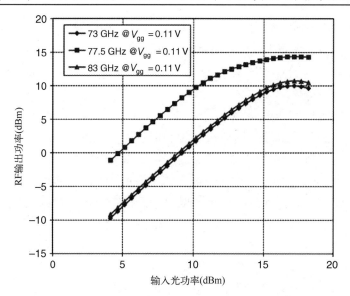

图 2.10　在 73 GHz、77.5 GHz 和 83 GHz 频率处，RF 输出功率与输入光功率的变化关系

2.4.2　单边带马赫-曾德尔调制器

单边带(SSB)调制方式丢弃了传统双边带(DSB)调制信号频谱的一半，因此频谱效率更高、抗光纤色散能力更强。所剩下的边带信号可以看作调制 RF 信号在光域中的频谱搬移，通常可以通过外差或零差方法与 LO 激光器混频来恢复原始 RF 信号。本节所设计的 GaAs SSB 调制器模块采用 I-Q(同相-正交)结构，即采用两个集成的马赫-曾德尔(Mach-Zehnder，MZ)干涉仪进行双平行并联组合的结构。对于两个完全相同但相位相差 90° 的 RF 输入，调制器产生 SSB 调制信号，该信号实际上是由两组载波抑制的 DSB 信号频谱叠加而成的(见图 2.11)。

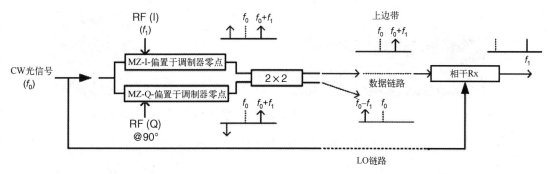

图 2.11　GaAs SSB 调制器的原理图，其中用虚线展示了 SSB 调制过程

该调制器的结构是将两个行波调制器与一个 2×2 耦合器单片集成到 MBE 生长的

GaAs/AlGaAs 外延层中而形成的。整个结构位于一个 6 英寸[①]的 Si GaAs 衬底上。所采用的技术是制作单片微波集成电路（MMIC，monolithic microwave integrated circuit）和假晶高电子迁移率晶体管（p-HEMT，pseudomorphic high electron mobility transistor）的标准化技术。

　　这里所介绍的项目的研究重点主要针对 E 波段（70～80 GHz）的信号调制，这就为调制器技术带来了困难与挑战，以前，当调制信号频率达到 40 GHz 时就会出现这种挑战。设计模型表明，通过减少有源区的长度来降低 RF 损耗的影响，就可以在 E 波段使驱动电压达到最小。通过优先考虑 E 波段内的 RF/光信号的传输速率匹配，可以牺牲低频段响应的平坦度，从而在所需的频段获得最佳的性能。由于行波电极结构有其固有的色散特性，因此要实现上述这一点，需要非常好的 RF 模型和电性能控制。

　　在本节所介绍的设计中，我们首次采用了一种紧凑的折叠结构；在此设计中，我们将位于芯片一端的短直 RF 馈源与信号的行波传播方向对齐。同时，我们也将光路折叠，通过芯片的另一端实现全光的信号输入/输出（I/O），如图 2.12 所示。该设计在 RF 信号输入的简化、损耗的降低（因为没有 RF 信号的 90° 弯曲）和光纤管理方面都得到了性能的提升。由于我们在低损耗光学 90° 弯曲技术和其他波导元件研发方面的大量投入，才使得上述这一调制器配置得以实现。

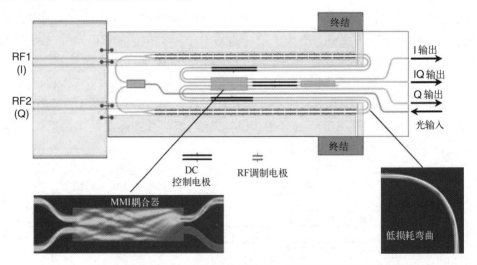

图 2.12　采用了折叠光路的 GaAs SSB 调制器，使得 RF 信号具有直通的链路

　　尽管上面介绍的这个单边带调制器模块实现了高达 70 GHz 的频响，但是我们的研究发现，要让它的频响扩展到整个 E 波段还是比较困难的。我们的分析表明，高频段信号的 RF 损耗效应（包括芯片内和芯片外的损耗）在最初的研究中就被低估了。

---

① 1 英寸=2.54 厘米。

此外，在信号频率很高的情况下实现这种速率匹配是很困难的，这也是实现该器件的主要困难所在。在 50 GHz 频率处，双偏振 I-Q 调制器(DP-IQM)应用的一些变体结构可以获得最佳的响应(如图 2.13 中的曲线所示)。基于这一研究成果，加入现有的改进模型，我们提出一种新的、更短的单个 MZ 调制器(也是工作于 50+ GHz 频率)，它在高达 70 GHz 的频率处也显示出了更好的响应特性(如图 2.13 中的曲线所示)。该模块结合了封装和 RF 接口两方面的改进，以及采用一种新的芯片设计；然而，通过 RF 探针对其进行芯片上的载波测量的结果表明：由于封装的影响，当频率超过 50 GHz 时，该器件仍存在显著的 RF 损耗开销。

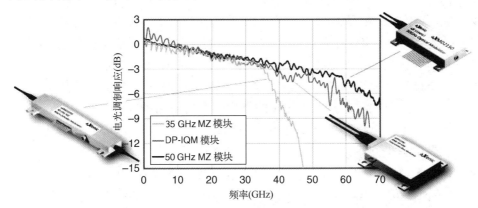

图 2.13 拉直设计的 GaAs MZ 调制器的电光调制响应及其与过去
35 GHz RF 边注入设计调制器的响应对比。图中所示的 DP-IQM
使用了 SSB 芯片的一种变体结构，但其封装与原来的相同

2.4.3 用于 GPON 扩展的 E 波段高功率放大器

对无线 GPON 系统进行扩展需要实现低成本的目标，这使得有源组件的深度集成是必需的。扩展 GPON 系统所需的 RF 放大器链路包括功率放大器、低噪声放大器和可变增益的放大器及其控制电路，这些放大器必须使用能够支持集成到一个芯片上的工艺来实现，以满足低成本的要求。该放大器链工作于 70/80 GHz 的毫米波频段。低成本的目标加之高频率的工作波段，促使我们选择了 IBM 的硅锗(SiGe)工艺作为实现放大器组件的工艺。

SiGe 8HP 工艺是基于 130 nm CMOS 技术的一种 BiCMOS 工艺。针对一些有高性能需求的 RF 应用，包括微波和毫米波无线应用、最后一千米通信和密集的城域网及先进的光传输(40~100 Gbps)，人们对 SiGe 8HP 工艺进行了优化。因此，该工艺可用于实现将下一代光接入网中的诸多集成光子宽带无线接入单元集成到单个芯片上且极具发展前景。SiGe 工艺的一个主要替代方法是使用 III-V 族工艺，如砷化镓(GaAs)工艺，但这些技术的制造成本更高，且不具备 SiGe 工艺潜在的集成能力。SiGe 工艺支持 SiGe 异质结双极晶体管(HBT，heterojunction bipolar transistor)，它比基于 CMOS 工艺的晶体管具有更高的线性度、更高的击穿电压和工作电压，因此 SiGe 工艺可以支持更高功率的放大器和更好的低噪声放大器(LNA)。SiGe 8HP 工艺由 IBM 公司研发，自 2005 年开始已经投入使用。从那时起，该工艺已经成熟和稳定，并可用于大规模的商业制造。

形成上述系统的主要放大器构建块是高功率放大器，但它也可以作为通用增益模块。放大器的规格如下。

- 物理尺寸无须复杂的封装。
- I/O 使用单端配置类型，免除了 PCB 上复杂的平衡连接至非平衡连接设计。
- 使用 71～76 GHz 工作频段，减少了工作频段的带宽，从而获得了更好的优化。高功率放大器(HPA)在 81～86 GHz 频带范围内很容易实现调谐。
- 工作温度范围为–40℃～85℃，扩展了其工业级的工作温度范围。
- 单个芯片集成时，不产生振荡的最大安全增益为 40 dBi。
- 具有大范围的增益控制，使得一个单独的放大器就可以为许多不同的增益需求提供解决方案。
- 根据 SiGe 工艺的击穿电压设置的饱和输出功率 P_{SAT} 为 15 dBm。
- $P_{1\,dB}$(12 dBm)被设置为尽量接近于 P_{SAT}，从而使得其线性的功率输出尽量高。

高功率放大器由三个增益级组成，如图 2.14 所示。基于 SiGe 技术的功率放大器(PA)主要用于毫米波频段，它在概念上与那些工作在低频段的 PA 类似。它所面临的挑战与 SiGe 工艺的特点有关。PA 需要输出晶体管有较高的工作电压，以便能向负载实现大量的功率输出，但基于 SiGe 工艺的 HBT 晶体管的集电极-发射极击穿电压(BVCEO)约为 2 V，而集电极-基极击穿电压(BVCBO)约为 6 V。器件的性能高度依赖于它的实现工艺和温度扩散性能，为了稳定偏置电流，通常都需要采用动态的偏置控制。如果没有实现良好的匹配，功率放大器也可能会受到恶劣电压驻波比(VSWR)条件的影响。如果不采取保护措施，这种情况可能会降低、甚至破坏输出级的性能。除了这些问题，由于 PA 的工作频率与由其所包含的晶体管的截止频率(约为 200 GHz)相距不远，这使得高增益的实现变得更加困难。

该高功率放大器系统的设计由三级放大器串联组成，它们彼此通过差分信号实现了内部的连接，并通过单端接口连接至芯片外部。输出和输入负载设计为 50 Ω，但还需要考虑额外的阻抗匹配，因为芯片在使用时还需要通过引线连接至 PCB 上，这些引线的特性取决于它们的尺寸及芯片安装到 PCB 上的方式。

该高功率放大器系统中的每一个放大级所需的电压为 2.5 V,但最后一级可能需要用到 2.5~3.5 V 范围内更高的电压。最后一级输出电压的最终选择决定了整个放大器的功率输出能力与线性度,而这个电压需要根据芯片的测试结果来确定。所设计的放大器的输出增益压缩性能通常是在 3 V 的额定电压下获得的。在这种情况下,当没有信号时,其预期的总 DC 电流约为 350 mA;而当放大器接入负载或被驱动至饱和状态时,其输出的电流可能会略高一些。

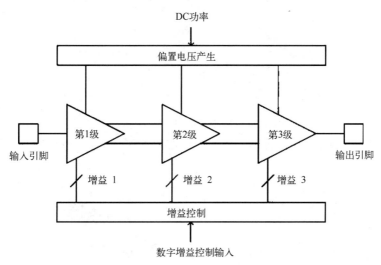

图 2.14 高功率放大器的框图

起初,我们设计了一个基本的放大器,在其设计与布局过程中只考虑了最基本的原理。随后,我们对该布局进行优化设计,考虑了其中的寄生参数,并在后续的设计与布局过程中继续改进,以减少寄生参数的影响。该设计过程经过不断的迭代,直至达到我们所期望的性能。我们尽量确保不同级放大器在布局中的对称性,以确保各级放大器都能获得最优化的性能。

功率放大器的偏置配置是性能提高的关键因素之一。因为确保性能稳定和偏置的一致性是确保最终芯片在工艺和温度差异情况下仍具有较高性能和可靠性的关键因素。对于功率放大器的每一级,我们都需要为之配备芯片上的带隙电压基准电压源和稳定的本地电流源,还需要通过数字控制接口更精细地实现偏置控制。这样当放大器被安装于目标系统之后,我们仍可以实现对器件的精细调节。这种数字控制接口也被用于控制其他本地电流源,这些电流源通过每一级的增益晶体管来确定偏置电流,从而实现对每级放大器的增益控制。

图 2.15 和图 2.16 给出了放大器参数的一些测量结果。

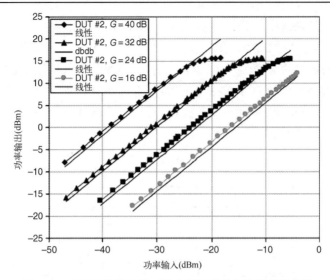

图 2.15 在不同增益条件下放大器的增益与增益压缩性能

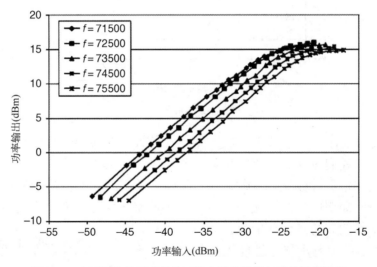

图 2.16 在不同信号频率条件下放大器的增益与增益压缩性能

2.4.4 集成无线接入单元

在本节中，我们将讨论在 E 波段(71~76 GHz)用于无线点到点链路透明桥接 GPON 的无线接入单元(RAU)的发展情况。采用了上述光学单边带调制器的 RAU 的原理图如图 2.17 所示，它主要用于在网络中实现至 OLT 的上行通信。而在系统的下行链路传输中，我们使用了相干光外差检测器和频率可捷变的窄线宽激光器来生成光本振信号。通过使用 2.4.1 节所介绍的 CPX 模块，系统将来自 OLT 的下行光基带信号(即 BBoF)透明地转换至所需的

RF 载波频率。接下来，该 RF 信号被放大，然后再以无线方式传输到位于 ONU 侧的 RAU。注意，位于 ONU 侧的 RAU 架构与图 2.17 中所示的 RAU 类似。因此，经过无线传输之后，接收到的 RF 信号再基于 SSB 调制，实现了光信号至 RF 信号的转换，最后传输至 ONU。

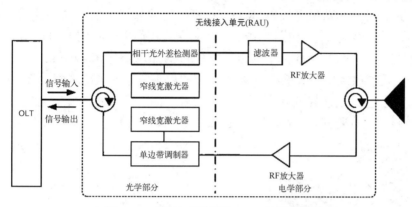

图 2.17　系统中所使用的 RAU 的原理图

图 2.18 展示了一个略微不同的 RAU 概念，该 RAU 特别适用于 GPON 的无线拓展。对于下行链路传输，这种 RAU 也使用了 CRoF 方案。但需要注意的是，此处的 LO 激光器并没有与来自 OLT 发射机的激光器之间实现相位锁定。这使得系统的复杂度较低，因此成本也较低，但它也导致了最终所生成的 RF 信号频率不稳定。因此，我们提出使用包络检测器作为无线信号接收机，而不是使用外差接收机。尽管图 2.18 所示的 RAU 架构更加灵活，而且在原理上也可用于更先进的相干 WDM-PON（NG-PON2），但图 2.17 所示的 RAU 在功耗和成本方面更具优势，它允许使用低成本的标准 GPON 激光二极管来代替 RF 单边带调制器。此外，它不再需要高功率 RF 放大器来驱动单边带 MZ 调制器，这对于降低 RAU 的总功耗而言是十分有利的。

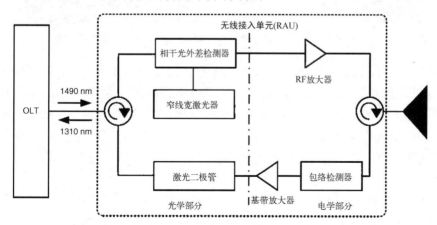

图 2.18　用于 GPON 拓展的混合 RAU 的原理图

2.5 基于无线拓展的 2.5 Gbps GPON 现场实验

现场实验的目的是对所开发的 RAU 在真实通信环境中的工作性能进行验证。为此，我们选择了两座天线塔(如图 2.19 所示)来安装我们所开发的 RAU，以演示它对无线 GPON 的扩展。这两座塔都位于靠近波兰华沙的加尔沃林(Garwolin)的一个小镇里。在实验之前，我们已经申请并获得了天线安装的权限。为了实现端到端(E2E)连接，两座塔之间预留了已经安装好的暗光纤(ODF，optical dark fiber)链路。在检查天线塔的过程中，我们事先对所开发 RAU 的安装和相关的风险进行了准备与评估。

图 2.19 为发射机天线安装的发射塔(左图)和为接收机天线安装的接收塔(右图)

与 OLT 相连的发射(Tx)塔高 40 m，其基座的海拔高度为 127 m(127 MASL)。所安装的 RAU 天线的地面高度为 30 m。接收(Rx)塔的地面高度为 30 m，接收天线安装于该塔顶，即天线的地面高度也为 30 m。Rx 塔基座的海拔高度为 128m(128 MASL)，两座塔之间的距离为 445 m。

除了这两座塔，我们在 Tx 塔附近还预留了一个办公室(作为中心局，即 CO)，用于部署商用的 GPON 和测试设备。

为了现场实验的顺利进行，我们还有必要向波兰的相关管理机构(UKE，电子通信办公室)申请无线电传输许可证。为此，我们在现场实验期间获得了 UKE 的无线电通信许可。由于实验所用的频谱资源(71~76 GHz)不仅包括了商业频谱,而且还包括了部分军用频谱,因此事先还必须确保波兰军方也收到了我们的申请。

实验中所使用的两座塔的基本参数如下:

Tx 塔	Rx 塔
基座高度: ~127 MASL	基座高度: ~128 MASL
高度(总高度): ~40 m	高度(总高度): ~30 m
设施安装: 靠近 CO 建筑	设施安装: 设备室
ODF(在 CO 里,采用 SC/APC 连接器)	ODF(采用 SC/APC 连接器)
距离 CO 的光纤长度: 60 m	距离 CO 的光纤长度: 658 m

如前文所述,GPON 和测试设备的主体位于靠近 Tx 塔的 CO 建筑中,这包括 GPON 的 OLT 设备。GPON 的光 Tx 接口经单模光纤(SMF)连接至 Tx 塔上的 RAU 传输模块,下行链路传输所使用的波长为 1490 nm。传输天线安装在 Tx 塔上,位于高出地面 30 m 的平台上,方位角为 141.85°。Rx 塔安装在位于电梯机房的屋顶平台上。该平台也用于 3G/4G 移动网络设备的安装,因此该平台上已经存在连接至 CO 的 644 m ODF。为了实现现场实验中的 E2E 连接,该 ODF 被用于实现位于 Rx 塔的 RAU 和 ONU 之间的连接,ONU 也位于 CO 中。从用户设备到 OLT 的反向连接则为纯光纤连接。

图 2.20 给出了现场实现的系统配置图,包括上述的两座塔和实验场地的位置标记。

为了测试系统的性能,我们使用了一台 IP 测试仪在实验过程中负责生成并监视系统中的业务流量,如图 2.20 所示。除了 IP 测试仪所产生的业务流量,我们还采用了一个视频流信号源,并将其产生的视频流量与上述的 IP 业务流量进行复用传输,以达到 GPON 系统的满容量负载。具体而言,对于下行链路传输,我们将 IP 测试仪所生成的两倍的 1 Gbps 通信量与来自视频流信号源的通信量复用在一起,其中的视频流信号源基本上就是一台计算机。如此,系统中下行信号的总流量达到了 2.5 Gbps。对于上行链路传输,IP 测试仪生成了两倍的 0.6 Gbps 业务流量,因此也达到了 GPON 中上行链路传输的最大线速率。

注意,实验中所有 OLT 和 IP 测试仪的端口都采用了商用的 SFP+模块。在 OLT 之后和 ONU 之前,我们采用了两个光波分解复用器来分离下行(1490 nm)和上行(1310 nm)光信号。对于上行链路,OLT 和 ONU 之间的分光器直接通过光纤连接。对于下行链路,载波为 1490 nm 的光信号被连接至 RoF 单元以实现无线传输。在实验系统中,我们使用了波长转换器将光信号的波长从 1490 nm 转换为 1550 nm。这一步是必要的,因为我们所使用的 CPX 针对 1550 nm 进行了性能优化。它也能在 1490 nm 和 1310 nm 波长条件下工作,但在 1490 nm 和 1550 nm 之间的波长上工作时,会产生 12.73 dB 的功率代价。因此为了避免该功率代价,在现场实验中我们使用了一个透明的波长转换器。在实际的商用中，这种分层的结构和 CPX 的光封装必须优化，以支持其在 1310 nm 和 1490 nm 波长条件下工作。在波长转换器之后，我们采用了自己开发的 CPX，并在 Tx RAU 中使用了一个 LO，将 2.5 Gbps 的下行链路信号透明地转换为 E 波段(71～76 GHz)的 RF 信号。

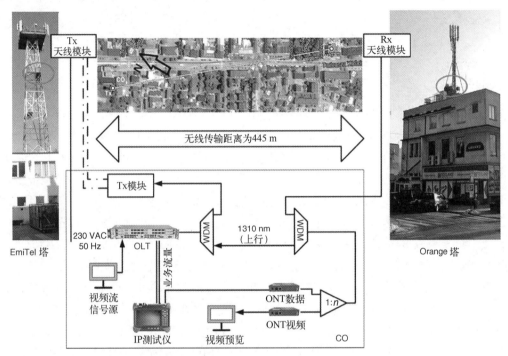

图 2.20　具备 445 m 无线传输距离的 2.5 Gbps GPON 无线拓展现场实验的系统配置图

　　为了对所开发的 RAU 能够支持的无线链路的最长距离进行评估，我们首先在实验室中进行系统测试，使用一个衰减器来模拟信号的无线传输损耗。图 2.21 给出了实验室中的系统配置。从图 2.21 可以看出，CPX 之后 HPA 的电信号输出被直接连接到一个 RF 衰减器(图中的 ATT)，然后被连接到 Rx RAU 中的 SBD。接收端收到的 E 波段信号经过 SBD 下变频至基带之后，又采用商用 SFP B+模块的激光器将该信号重新调制于 1490 nm 下行链路的光载波上，其中 SFP B+模块的激光器的输出光功率为 +3 dBm。接下来，重新调制于 1490 nm 光载波的信号又被连接至 3 个 ONU，如图 2.22 所示。为进行误码和帧丢失测试，其中两个 ONU 又被再次连接到 IP 测试仪，而传输视频信号的 ONU 被连接至另一台播放视频的计算机。这样便可以直接看出信号传输的质量，因为如果传输中出现了大量的数据包丢失，必然会导致计算机上较差的视频图像质量。

　　系统可支持的最大无线传输距离取决于系统中可获得的信号增益和信噪比

(SNR)。就信号功率而言，商用 SBD 和 SFP 模块所能容许的信号功率成为瓶颈。如果注入 SFP 的光功率低于预设的限值，ONU 就无法与 OLT 同步。此外，所能容许的最大功率水平由位于 SFP 模块之前 SBD 的最大安全输入功率决定。图 2.23 给出了输入 SFP 模块的基带信号功率的范围，该范围为−19.72 dBm 至−12.72 dBm。从图 2.23 可以看出，输入 SFP 模块的基带信号功率与输入 SBD 的接收到的 RF 信号功率呈平方律变化，这是因为 SBD 为平方律检测器。

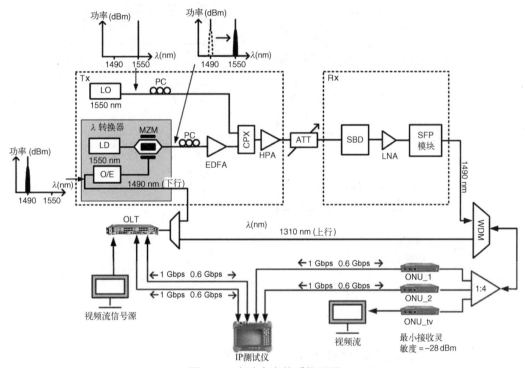

图 2.21　实验室中的系统配置

在现场实验中，我们使用了一个 HPA 来配合无线传输，其最大增益和输出功率分别为 70 dB 和 17.33 dBm。另外，我们在接收端安装了一个 LNA，其最大增益和饱和输出功率分别为 20 dB 和 0 dBm。我们在 Tx 和 Rx 的 RAU 上安装了两个 43 dBi 的卡塞格伦天线。根据对功率变化的测量，我们估计该系统可实现的最大无线传输距离达 2 km 以上。

表 2.1 和表 2.2 中总结了采用上述天线进行现场实验的实验结果，尤其是详细地列出了 RAU 与 ONU1 之间传输链路的实验结果。从表 2.1 中可以看出，传输至 ONU1 的 1 Gbps 下行链路中的丢包率仅为每秒约一个数据包，这对链路的信号传输质量几乎不构成影响。实验中测量到的最大延时和抖动分别为 0.064 ms 和 0.015 ms。在上行链路传输中，信号没有丢包，如表 2.2 所示，最大延时测量的结果为 1.047 ms，最大抖动测量的结果为 0.293 ms。

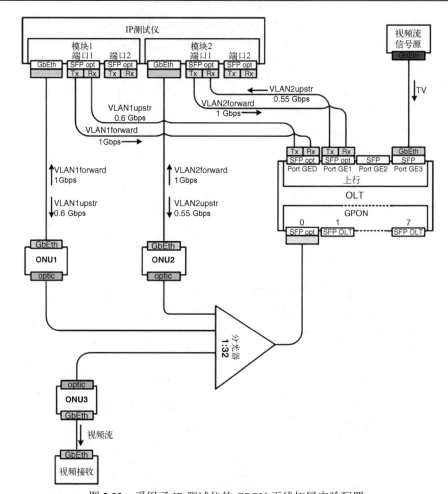

图 2.22　采用了 IP 测试仪的 GPON 无线拓展实验配置

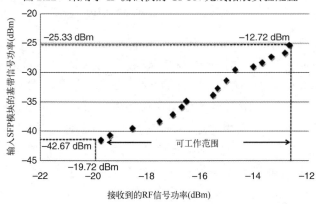

图 2.23　背靠背配置条件下，RF-光 RAU 单元中输入 SFP 模块的
基带信号功率与接收到的 RF 信号功率的变化关系

表 2.1　OLT 至 ONU1 下行链路的实验结果

	平均	最小	最大	单位
吞吐量	999.999	999.975	1000.012	Mbps
抖动	< 0.015	< 0.015	0.015	ms
延时	0.064	0.052	0.064	ms
	秒	计数	比率	
丢包率	8	9	7.35E − 07	
失序	0	0	0.00E + 00	

表 2.2　ONU1 至 OLT 上行链路的实验结果

	平均	最小	最大	单位
吞吐量	600.12	600.12	600.139	Mbps
抖动	< 0.015	< 0.015	0.293	ms
延时	0.095	0.045	1.047	ms
	秒	计数	比率	
丢包率	0	0	0.00E + 00	
失序	0	0	0.00E + 00	

2.5.1　Rx 吞吐量与丢包

从表 2.1 和表 2.2 可以看出，我们所开发的 RAU 可支持 2.5 Gbps 的速率，表 2.2 中 GPON 的无线扩展使用了商用的 OLT、ONU 和 SFP 模块。ITU-T Rec. G.984.2 (03/2003) 要求系统的误码率不高于 1×10^{-10}。为了能观察到下行的帧丢失，在给定有效负载的条件下，前向纠错帧中的错误必须达到 8 个字节(64 比特)以上。据此，我们可以估计系统最多每隔 258 秒的时间间隔丢失一帧。

2.5.2　延时

延时对于 GPON 性能的诸多方面而言都是至关重要的。ITU-T Rec. G.984.1 (03/2008) 定义了 ONU 下行链路和 OLT 上行链路参考点之间的最大平均信号传输延时为 1.5 ms。因此，GPON 中的任何传输链路都必须确保其延时性能达到这个要求。在一些诸如甚高宽带(VHBB，very high broadband)的新业务中，基于 TCP 协议的收发机在工作时需要等待确认。因此，为达到预期的 TCP 性能要求，必须确保信息传输的往返时间(RTT，round trip time)满足一定的要求。下面的这个简单公式可用于计算在满足预期性能要求的条件下，可容许的最大 RTT 延时：

$$\frac{\text{TCP窗口大小(比特)}}{\text{预期的吞吐量(bps)}} = \text{最大RTT延时} \tag{2.2}$$

为了实现上述的性能要求，当系统中采用标准的 64 kbps 窗口时，需要达到 1000 Mbps 的下载线速率，而且 E2E 的 RTT 需要小于 0.52 ms。当然，我们已经实现了对 TCP 协议的增强，使得系统在如此高的吞吐量条件下依然能容忍更高的 RTT 延时。但是一般而言，上面的公式代表了高速传输条件下一般系统对延时的要求。在实际应用中，传统的 GPON 系统中总的平均延时约为 0.2 ms，并且我们所开发的无线扩展系统可以支持 VHBB 业务。

2.5.3 抖动

系统中的另一个问题是 E2E 传输中的信号抖动，该指标会影响一些实时性的业务，比如 VoIP 或 IPTV。如果信号传输中出现较大的抖动(比如超过 40 ms 时)，那么系统中的语音传输质量会出现问题，或者(当抖动超过 100 ms 时)在 IPTV 业务的使用中，会在视频接收系统的屏幕上出现一些伪影/像素丢失。

R/S(ONU 上行链路)和 S/R(OLT 下行链路)之间的抖动也会带来不良影响。相对于业务传输的最小限制而言，该抖动的影响很小，但对于上行和下行传输而言，抖动对于无损的信号传输都是其关键性的因素。GPON 系统中的信号传输延时可被认为是常数。定时信息的计算精度为 1μs。如果上行传输窗口的时间漂移超过 7 ns，则系统会发出警告并导致 ONU 停用。此外，GPON 系统中单个比特的下行传输大约需要 0.42 ns，上行传输大约需要 0.84 ns。如果系统的发射机/接收机中存在定时问题，则可能会导致传输错误和帧丢失。为了对这种时间抖动进行估计，我们还必须在接收机侧进行额外的眼图测量。

2.6 结论

在本章中，我们介绍了一种 CRoF 系统。我们开发了该系统，并在现场实验中对其进行了实验测试，该系统可无缝扩展标准 GPON 的覆盖范围，并且其下行和上行传输线速率分别达到了 2.5 Gbps 和 1.25 Gbps。因此，我们提出的 CRoF 架构代表了光纤与无线网络融合的一种物理层实现方式，有望最终形成集成的 HFW 网络标准。

我们还开发了用于实现光基带信号与 E 波段(71~76 GHz)无线信号相互融合的一些新的关键光电组件。包括用于从光学基带信号到 RF 信号转换的 CPX、用于实现 RF 信号到光学基带信号转换的单边带 MZ 调制器，以及工作在 E 波段的 HPA。对于我们所开发的 CPX，当信号频率从 70 GHz 升高到 90 GHz 时，其最大输出功率从几乎 0 dBm 下降到−6 dBm。单边带 MZ 调制器的频响带宽可达 70 GHz。而对于 HPA，其工作频段为 E 波段(71~76 GHz)，可调谐到 81~86 GHz 波段。HPA 的最大增益为 40 dBi，这在

P_{SAT}(15 dBm)和 $P_{1\,dB}$(12 dBm)条件下，对于单芯片上的使用而言是安全的，没有形成振荡的风险。

我们开发的这些组件可用于进一步实现 RAU 的开发，以实现光信号到 RF 信号的无缝连接，反之亦然。在现场实验中(该实验在波兰的加尔沃林开展)，我们在 RAU 中采用了无线 E 波段链路来拓展 Orange Polska 运营的商用 GPON 的覆盖范围。我们还使用了 IP 测试仪来生成并监控系统中的流量。该实验成功地展示了 71～76 GHz 波段、距离为 445 m 的无线桥接链路，并以 2.5 Gbps 的速率传输了 GPON 下行数据，其丢包率仅为每秒约一个数据包。

参考文献

A. Stöhr, O. Cojucari, F. van Dijk, G. Carpintero, T. Tekin, S. Formont, I. Flammia, V. Rymanov, B. Khani, and R. Chuenchom. Robust 71-76 ghz radio-over-fiber wireless link with high-dynamic range photonic assisted transmitter and laser phase-noise insensitive sbd receiver. In *OFC 2014*, pages 1-3, March 2014.

S. Babiel, R. Chuenchom, A. Stöhr, J. E. Mitchell, and Y. Leiba. Coherent radio-over-fiber (crof) approach for heterogeneous wireless-optical networks. In *Microwave Photonics (MWP) and the 2014 9th Asia-Pacific Microwave Photonics Conference (APMP) 2014 International Topical Meeting on*, pages 25-27, Oct 2014.

R. Chuenchom, X. Zou, V. Rymanov, B. Khani, M. Steeg, S. Dülme, S. Babiel, A. Stöhr, J. Honecker, and A. G. Steffan. Integrated 110 ghz coherent photonic mixer for crof mobile backhaul links. In *2015 International Topical Meeting on Microwave Photonics (MWP)*, pages 1-4, 2015.

R. Chuenchom, X. Zou, N. Schrinski, S. Babiel, M. Freire Hermelo, M. Steeg, A. Steffan, J. Honecker, Y. Leiba, and A. Stöhr. E-band 76-ghz coherent rof backhaul link using an integrated photonic mixer. *Journal of Lightwave Technology*, 34(20):4744-4750, Oct 2016. ISSN 0733-8724.

R. Chuenchom, A. Banach, Y. Leiba, M. Lech, N. Schrinski, M. Yaghoubiannia, A. Steffan, J. Honecker, and A. Stöhr. Field trial of a hybrid fiber wireless (hfw) bridge for 2.5 Gbps gpon. In *2017 19th International Conference on Transparent Optical Networks (ICTON)*, pages 1-4, 2017.

Cisco. Global mobile data traffic forecast update. In *2015-2020 White paper*, 2016.

F. Effenberger, D. Cleary, O. Haran, G. Kramer, R. D. Li, M. Oron, and T. Pfeiffer. An introduction to pon technologies [topics in optical communications]. *IEEE Communications Magazine*, 45(3): S17-S25, March 2007. ISSN 0163-6804.

ITU-T. Gigabit-capable passive optical networks. Technical report, International Telecommunication Union, 2008.

H. Jiang. Based on the rf rof technology in the property of the wireless network. In *2012 2nd International Conference on Consumer Electronics, Communications and Networks (CECNet)*, pages 197-199, April 2012.

J. Jiang and X. Zhang. Research on epon of broadband access technology and broadband network deployment. In *2010 3rd International Conference on Advanced Computer Theory and Engineering (ICACTE)*, volume 3, pages V3-148-V3-152, Aug 2010.

G. Kramer and G. Pesavento. Ethernet passive optical network (epon): building a next-generation optical access network. *IEEE Communications Magazine*, 40(2):66-73, Feb 2002. ISSN 0163-6804.

A. Osseiran, F. Boccardi, V. Braun, K. Kusume, P. Marsch, M. Maternia, O. Queseth, M. Schellmann, H. Schotten, H. Taoka, H. Tullberg, M. A. Uusitalo, B. Timus, and M. Fallgren. Scenarios for 5g mobile and wireless communications: the vision of the metis project. *IEEE Communications Magazine*, 52(5):26-35, May 2014. ISSN 0163-6804.

Pooja, Saroj, and Manisha. Advantages and limitation of radio over fiber system. In *International Journal of Computer Science and Mobile Computing Computer Science and Mobile Computing*, 2015.

Anand Srivastava. Next generation pon evolution. In *Proceedings of SPIE - The International Society for Optical Engineering*, 2013.

N. R. Syambas and R. Farizi. Performance analysis of gigabit passive optical network with splitting ratio of 1:64. In *2015 1st International Conference on Wireless and Telematics (ICWT)*, pages 1-5, Nov 2015.

第3章 融合接入网–城域网中的软件定义网络和网络功能虚拟化技术

本章作者：Marco Ruffini, Frank Slyne

3.1 简介

为了开发一个能够支持 5G 服务的网络，所需要的努力远不仅仅是使用新一代高容量的无线接入网。由于移动通信网络中许多即将推出的新服务需要有质量保证的端到端连接，导致网络架构设计过程已经从移动接入网扩展到了固定接入网和城域网，并要求实现相互协调的网络运营。网络技术和网络域间的大规模融合对于应对网络容量的大幅增加和其他网络性能指标(如延时、可用性等)的提升，以及降低网络成本都是至关重要的。上述这些要求需要通过设计经济高效的网络架构来满足，也需要通过使用自动化和智能化的灵活资源分配来高效地使用网络中的可用容量，从而缓解业务对网络容量的压力。

本章介绍了新的 5G 需求对网络架构设计过程的影响，它将导致接入网和城域网中数据与控制平面的融合。3.2 节简要介绍了 5G 的关键性能指标(KPI, key performance indicators)所带来的技术-经济挑战，这些关键性能指标包括：网络容量的大规模增加、联网设备数量的大规模增加、网络可靠性需求的增加和网络延时的减小。3.3 节深入探讨了固定接入网与城域网的融合，我们首先介绍了这一趋势是如何出现的，然后介绍了利用光纤接入网技术的长距离传输能力来覆盖和填补接入网与核心网之间的缝隙。最初的解决方案包括长距离无源光网络(LR-PON)，它实现了超过 100 km 的光纤接入距离，并且实现了网络中心局(CO)功能的 2～3 个数量级的增强。接下来，我们描述了那些新的延时限制服务(如 C-RAN 和那些需要高可靠性、低延时的业务)对于网络性能提出的要求，以及这些要求是如何驱使网络的设计原则逐渐偏离了最初 LR-PON 中大规模增强 CO 的目标，并最终形成了分布式的解决方案，其中多个数据处理单元被分布于整个网络的边缘。从物理层的角度出发，我们讨论了在光接入城域网中使用波长交换技术来动态地利用城域中不同的计算中心，从而为 5G 移动基站提供容量(比如使用统计复用方案)的解决方案。随着网络功能虚拟化方案的进一步扩展，该方案也得到了进一步的发展与实现，因为网络虚拟化使得多个不同的网络域之间实现了功能的融合。最后，本章给出了作者对于 CO 虚拟化的见解，并探讨了目前世界范围内在这一领域中正在开发的一些软件框架。

3.2　5G 需求驱动网络的融合与虚拟化

　　5G 网络是下一代移动通信网络，人们对它的期盼在过去几年中一直不断地推动着移动通信网络需求的发展。2015 年，国际移动通信(IMT，International Mobile Telecommunications)和下一代移动网络(NGMN，Next Generation Mobile Networks)论坛分别发布了相关的建议[ITU-RM - 2015]和白皮书[Hattachi and Erfanian - 2015]，总结了 5G 移动通信网络的主要需求及其可能的应用领域。在网络延时方面，人们对于 5G 通信网络延时性能的期望是 10 ms 左右，而对于那些需要超低延时的业务，人们所预期的网络延时应达到 1 ms 及以下。在网络容量方面，人们希望在户外用户密集区域，用户所能体验的数据传输速率应达到 100～300 Mbps 之间；在室内，用户所能体验的数据传输速率应达到 1 Gbps；而在蜂窝内，用户的峰值通信速率可达 20 Gbps。如果将这些指标与 4G 移动通信网络进行比较，我们可以看到 5G 网络的性能在容量方面增加了 20 倍，而在延时方面则减少为原有的 1/5 至 1/50(对于超低延时业务而言)。随着 5G 网络技术和网络架构的不断发展，上述这些性能目标都得到了人们进一步的研究与关注。最近，有关 5G 网络可能存在的延时性能分析发表于有关 5G RAN 功能分解的 NGMN 白皮书中[MacKenzie - 2018]。该分析在网络中不同功能处于不同网络位置的条件下，给出了不同网络架构可提供的端到端延时性能。这些分析结果如图 3.1 所示[MacKenzie - 2018]。该图给出了在一个 RAN 功能分解的案例中，不同网络虚拟功能可能处于的网络位置。其中执行 MAC 和无线链路控制功能的分布式单元(DU，distributed unit)可以与远端单元(RU，remote unit)处于同一位置，而且 DU 在某些情况下可执行部分物理层处理功能(high-PHY)。RU 主要包括天线、RF 单元，并执行所有或部分物理层处理功能(low-PHY)；它还可以部分地集中在为多个 RU 提供服务的聚合站点，或者位于第 1 级网络节点(该节点可为大量的 RU 提供服务)。中央单元(CU，central unit)则有更多的选择，它执行分组数据汇聚协议和无线资源的控制功能，并且可以与 DU 和 RU 共处同一位置，或者集中在第 1 级或第 2 级网络节点，从而为更多的 RU 提供服务。最后，用户平面功能(UPF，user plane function)和多接入边缘计算(MEC，multi-access edge computing)功能可以与 RU 共处同一位置，或者也可位于第 1 级和第 2 级网络节点[①]。

[①] 在 5G 网络的接入部分，不再是由前面提到的 BBU、RRU 构成的，而是被重构为 CU、DU 两个功能实体。其中 CU 是将原来 BBU 中负责处理非实时性业务和协议的部分分割出来，仍然负责非实时性协议和服务的处理；而 BBU 中剩余的部分被重定义为 CU，主要负责处理物理的协议和实时的服务。此外还有一个功能实体被称为有源天线单元，是由 BBU 的部分物理层处理功能与原 RRU 及无源天线合并构成的。——译者注

从图 3.1 中可以看出，当我们将业务的处理从网络边缘（第 1 级）移至更深入的网络核心处（第 3 级）时，网络的节点数量减少了（此处所提到的网络节点数量减少是相对而言的，比如，第 3 级网络节点的数量是第 2 级网络节点的数量的 1/10）。如此，在深入网络核心的地方进行业务处理就可以节省数据处理资源。例如，如果业务的处理由第 3 级网络节点负责，则该业务就不需要在 100 个第 1 级节点之间进行复制。然而，从图 3.1 中还可以看出，将业务传输至网络核心进行处理时，业务传输延时也会增加。因此，我们必须在业务处理所需的计算资源量和预期获得的端到端连接延时之间进行权衡考虑。但是，对于那些需要超低延时的业务，我们无法在除第 1 级网络节点外的地方进行处理，这就意味着网络对于此类业务必须采取本地化处理的原则，即对于需要超低延时的业务，只能在本地进行连接。

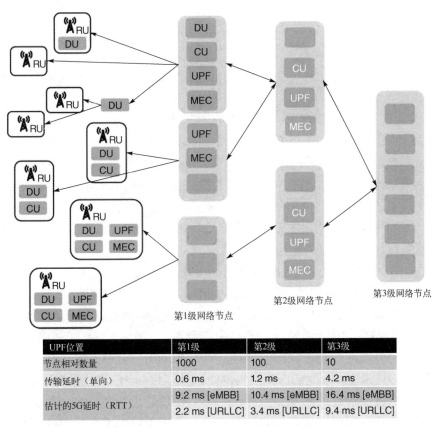

UPF位置	第1级	第2级	第3级
节点相对数量	1000	100	10
传输延时（单向）	0.6 ms	1.2 ms	4.2 ms
估计的5G延时（RTT）	9.2 ms [eMBB]	10.4 ms [eMBB]	16.4 ms [eMBB]
	2.2 ms [URLLC]	3.4 ms [URLLC]	9.4 ms [URLLC]

图 3.1　5G 网络中不同网络层级处理业务的延时[MacKenzie - 2018]

5G 网络技术能够为移动网络带来史无前例的性能提升，但关于 5G 网络的实际应用，人们还经常提及的另一个问题是它的盈利性，即它是否能够产生足够的收入来负担网络成本，同时也能为其投资者创造足够的利润？假设网络业务能继续保持过去 20

年的增长率不变，图 3.2 预测了未来移动通信网络中可能出现的网络容量增长趋势(假设网络的成本保持不变)。图中的曲线是基于文献[Hagel et al. - 2013]中的数据生成的。该文献指出，从 1999 年到 2012 年，网络业务的年平均增长率约为 36%。图中位于下方的曲线预测了在网络收入与当前网络收入情况持平时，网络容量随时间的增长趋势；而上方曲线则预测了在网络收入增长为当前网络收入的四倍时，网络容量随时间的增长趋势(这是一种非常乐观的估计)①。

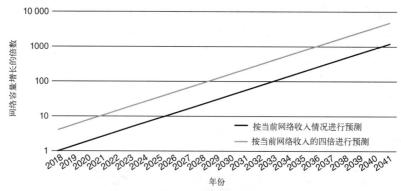

图 3.2   网络容量随时间推移的预测

需要注意的是，从图中可以看出在网络成本不变的条件下，网络容量随时间推移的变化情况。这就意味着随着时间的向前推移，网络中每比特信息的传输成本在下降，其原因是全球范围内人们对通信网络技术的投资和网络技术的不断创新。尽管我们希望这种网络技术的创新趋势能够持续下去，但是在今后的中短期内，其技术的提升不太可能进一步加快了(对此我们虽然无法给出肯定的判断，但通信处理器的性能增长率已经开始变慢，这一点就很能说明问题)。

比如，从图中曲线的变化趋势可以看出，如果网络收入保持不变，则再过十几年，即到 2033 年左右，网络容量已经无法增长 100 倍。因此，如果我们希望这样的容量快速增长能早日到来，那么就要进一步降低网络的成本(但如前文所述，这不太可能)，或者进一步增加网络收入(如图中上方的曲线所示)。网络功能(和网络本身)虚拟化(NFV)是目前大多数网络设备供应商和运营商为推动下一代移动通信网络的发展而不断接纳的网络新技术之一，他们希望能将网络的性能推向 5G 网络的要求甚至更远。下一代网络发展的一个潜在的趋势就是要降低成本，这是因为供应商之间的竞争加剧，而且网络的管理功能也将实现自动化。这一点需要以促进新业务的产生和提高端到端的网络连接性能为支持。然而，虽然 NFV 必定能有助于降低网络成本和提高网络性能，但有人可能会认为，这种成本下降的因素已经在图 3.2 的曲线中考虑过了(例如，它仅

---

① 由于本书为黑白印刷，所以原版书中所提的曲线颜色，如 blue curve, orange curve 均失效。——译者注

仅是在一定程度上抵消了处理器性能增长速度变慢这一困境)。

以上分析的目的并不是要对 5G 网络的未来做出悲观的预言,而是想要强调单靠网络成本的降低还不足以获得人们所预期的 5G 网络迅速增长。为了要让 5G 网络增长,还需要依靠新的商业模式来产生新的收入增长点才行。如果 5G 网络所带来的收入增长在 GDP 中所占的比例太小(对于发达国家而言,平均只有几个百分点),则该技术很难形成明显的影响力。从近些年的情况来看,运营商还无法直接将网络容量的增加转化为利润。例如,大多数运营商都尝试过以更高的价格销售 4G 网络连接,但最终都不得不作罢,并向用户提供免费的业务升级。同样,固定宽带网络运营商发现,在网络连接速率很容易达到 100 Mbps 的地区,也很难再向用户销售更高通信速率的业务。其中一个主要原因是,即使将网络的速率进一步升级到上述这个速率值以上,对于用户而言,所能带来的好处也很有限,尤其是当原有的一些业务还不一定能保证无缝升级的时候;这些业务主要包括那些需要实时双向交互的业务,它们都有较低的延时和连接稳定性的要求。

因此,除了传统的移动和固定宽带市场,还需要通过吸引新类型的服务进入网络来提供新的收入来源,才能真正促进 5G 网络的增长。5G 网络架构通过将移动、固定网络及强大的计算功能实体(如边缘云和云 CO)统一起来,从而提供更高级别的业务性能,并以此来支撑新服务的实现。例如,由自动化控制平面执行的端到端资源编排可以提供较低延时和高可用性的服务质量(QoS),以及可实现对 QoS 更动态和更细粒度的控制(例如,在应用程序流级别实现 QoS 控制);同时又可以启用 AR 和 VR 等应用程序,甚至可以支持那些关键业务,并为自动驾驶等业务提供支持[①]。

然而,5G 网络的目标并不是要用大量的端到端的 QoS 保证来代替现有基于最大努力交付的互联网,因为这么做在很大程度上是无效的,尤其是考虑到当今的绝大多数业务已经适应了互联网的特点,在没有专门的 QoS 条件下仍可以工作且性能尚可。5G 和下一代移动通信网络的愿景是通过构建一个更好的网络来进一步增加收入,而且该网络除了能适应未来的宽带服务(如可支持基于虚拟现实的更高清晰度的流媒体、多流媒体等),还可以支持那些无法在今天的移动通信网络上运行的新的高价值业务。

3.3 接入网与城域网的融合

网络融合的一个主要特征是在网络的多个层面上(如数据平面、控制平面和管理平

[①] 所谓关键业务(mission critical services),是指在电信、银行、政府、医院、交通管制等社会基础设施行业必须保证 365 天、24 小时不间断运行的核心业务。如果此类业务中断,不仅会直接影响运营商的利润和收益,还会对其声誉造成重大的负面影响,甚至会面临被追责或赔偿的风险。——译者注

面)实现资源共享(包括基础设施资源和人力资源)。例如,在过去二十年中,通过采用 IP 语音技术(VoIP),人们将电话语音服务从同步的 TDM 传输系统(即 Sonet 和 SDH 传输系统)转移到了基于分组交换原理实现数据传输的互联网中,这一过程就实现了网络的融合,并推动了网络成本的降低[Ruffini - 2017]。这也让运营商看到了为用户提供业务融合(如语音、互联网、电视和移动通信的融合)的机会,从而实现了规模经济效益。

近些年,随着光纤通信技术在网络接入部分的大规模应用,人们看到了网络融合的新契机:光纤接入技术的应用。光纤接入消除了传统铜缆接入技术对于接入网传输距离、带宽的限制,从而让运营商实现了将网络中的多个 CO 进行整合[Ruffini - 2016]。如此,接入网的业务传输距离被提升了一个数量级以上,这就引发了业界对网络新架构的研究热潮。因为更长的接入网网络传输距离就意味着运营商为相同数量的终端用户提供服务时,可以使用较少的 CO。此外,当每个 CO 所能服务的用户的数量变得更多时,其接入网中所使用的无源光网络部分就可以使用光纤共享技术,从而可以实现多个用户(通常为 32~64 个)之间共享网络侧的端口,这样就减少了端口的数量,如此还能克服因大量用户业务在 CO 处的融合而带来的设备尺寸问题,有效地减小了设备的封装尺寸。人们普遍认为,网络的接入部分往往是网络中最昂贵的部分(就每个用户的成本而言),而接入网设施共享的可能性也较低(相比于城域网和核心网而言)。因此我们可以直观地发现,网络接入技术的选择有可能会改变网络其余部分的架构。例如,当前大多数网络架构的选择都是由网络接入部分中铜缆传输距离的限制而决定的(铜缆接入的传输距离平均仅为 1 英里[①]左右)。因为接入网的传输距离决定了网络终端用户和 CO 之间的最大距离(这也就相应地决定了 CO 的数量及其连接链路的数量)。类似地,今天的接入网技术由未来网络中所运行的(产生盈利的)业务所决定;相应地,它也将决定着整个移动通信网络中城域网和核心网部分的发展走向。

3.3.1 长距离无源光网络

由于光纤通信技术可以覆盖上千千米的信号传输距离而无须电子中继,因此人们可能会提出这样一个问题:通信网络的光纤接入部分应该覆盖多少传输距离比较合适?为了回答这样一个比较复杂的问题,文献[Payne et al. - 2002]提出了 LR-PON 架构,它从端到端连接的视角对网络进行了分析[Ruffini et al. - 2017]。如前文所述,光接入技术的选择在很大程度上决定了网络中其余部分的架构,LR-PON 基于将接入网、城域网和核心网部分的成本降到最低为目标来优化接入网的传输距离。图 3.3 给出了一种典型的长距离无源光网络(LR-PON)架构。

---

① 1 英里=1.609 千米。

　　由于当接入网的传输距离加长时，网络中所需的 CO 的数量就会成比例地减少，因此 LR-PON 架构的主旨是要增加接入网的传输距离，直到 CO 的数量变得足够小，从而使它们之间通过当前波分复用系统中所使用的全部波长就能实现彼此之间的连接。例如，对于一个典型的欧洲国家规模而言，相关研究表明，如果接入网实现了 100 km 左右的最大覆盖范围，则网络中所需的 CO 的数量就可以减少到大约 100 个，甚至更少。当无源光网络的覆盖范围被延伸至 100 km 及以上时，就需要在光分配网络(ODN)中的第一级分光器(业界通常认为采用三级分光器就可实现512 路的光信号分配)之前再放置一个光放大器。LR-PON 使得业务信号旁路了城域网中的传输部分，而通过光纤接入将用户直接接入核心 CO 节点(称为城域核心节点)。再加上目前扁平化的核心网架构(即通过波分复用系统中所使用的全部波长就实现了完全互联、网状连接的核心网架构)，这就使得信号传输所经历的光-电-光(OEO)接口大量减少。因为此时，在任意两个业务的源与目标 CO 节点处，业务仅经历两次 OEO 转换就能从一个端点连接到另一个端点。

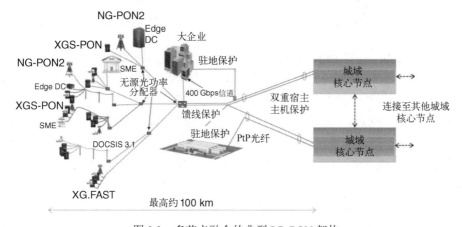

图 3.3　多节点融合的典型 LR-PON 架构

　　有关现有的分层化核心网向扁平化核心网的变迁的研究结果[Raack et al. - 2016]表明，这种变迁的平稳过渡确实是可能的，并且该研究的结果还确定了这种网络架构变迁的临界点。在这个临界点的变化阶段，在保持终端用户的平均容量为 5 Mbps 的条件下，采用扁平化核心网所带来的经济效益将超过分层化核心网[1]。这些研究成果已被证明是有效的，因为近年来一些大型的国家网络，例如 BT(英国电信)，都在其核心网中采用了完全网状连接的扁平化网络设计[Lord - 2018]。

　　LR-PON 中所提出的一个重要问题是业务保护。通常接入网所服务的住宅用户不采用任何业务保护措施(PON 尤其如此)，其业务等级协定通常也比较宽松。然而，人

---

① 此处所说的平均容量是指整个核心网容量除以网络用户数量的结果。

们所提出的 LR-PON 不仅要取代接入网，还要取代城域传送网，而后者通常是需要提供业务保护的。因此，LR-PON 中需要引入一定程度的业务保护，至少需要在 ODN 中馈线光纤的第一级分光器以上的部分提供业务保护。目前，已有的研究工作都涉及对这些课题的研究，相关的研究成果涵盖了以将全网范围内的保护设备数量最小化为目标的低成本负载转移技术研究[Ruffini et al. - 2010; Nag et al. - 2016]，基于 SDN 的技术以加速 PON 保护的技术研究[McGettrick et al. - 2013a, b]，以及跨越大规模传送网，使用 SDN 控制平面来对接入网和核心网的保护进行协调的研究[McGettrick et al. - 2015; 2016]。

  总体来说，虽然 LR-PON 架构已经显示出一些吸引人的成本优势(因为它减少了网络中电子设备的使用)，但是由于网络中长距离的光纤传输，它很难满足未来 5G 网络的低延时要求，当网络中的信号需要经过光纤长距离传输时，其产生的信号往返传输延时很容易超过 1 ms。下面我们将探讨不仅能使接入网-城域网融合，同时还能兼顾 5G 严格延时要求的新型网络架构。

3.3.2 支持 5G 网络、网络虚拟化和移动功能分割的新型网络架构

  5G 网络大大地改善了前几代移动网络的关键性能指标(KPI)。到目前为止，绝大多数网络业务的延时需求都以人类的反应时间作为参照。例如，对于大多数业务而言，其延时大约为几十毫秒，这是相对于人类反应很小的延时。但当使用网络连接多个虚拟网络功能(VNF)或实现机器到机器类的业务连接时(例如，与自动驾驶相关的业务和其他关键性业务)则需要更低的网络延时。此外，人们还预期 5G 网络能为终端用户提供新的业务类型，包括先进的传感功能，如触觉信息反馈和增强/虚拟现实等，这些业务往往都要求最大的端到端业务连接的延时低于 15 ms[Elbamby et al. - 2018]。

  集中式/云 RAN(C-RAN)将移动基站处的硬件和软件分离，使得网络中的数字信号处理功能被集中化。C-RAN 被认为是降低网络持有者整体拥有成本的主要备选网络架构之一。它对于需要采用高密度蜂窝的 5G 应用而言尤为总要。与目前在城市地区的网络部署相比，采用 C-RAN 架构可以将蜂窝密度提高 100 倍。提高蜂窝密度也被普遍认为是提高网络容量的主要机制(就像我们在过去 50 年中移动通信网络的发展情况所体现的那样。网络容量不断提高的这一趋势被称为 Cooper 的频谱效率定律[①])。C-RAN 最初的实现方法是将配置于一个位置的天线单元与另一个位置上的所有基带单元相分离，并通过一些标准接口[CPRI Specification - 2013]在这两个位置之间传输 I/Q 信号。而如今，这一概念已经演变成为移动协议栈提供其他分离选项的方案[MacKenzie - 2018]。不同的分离方案可在远端无线电单元的复杂度、网络延时要求、前传链路的容

---

① Cooper 定律的内容是：通信网络的频谱效率，即给定无线电频谱所能支持的最大信息量，每 30 个月就要翻一番。——译者注

量要求，以及高级物理层的不同处理功能(例如 MIMO 和其他跨基站的协调功能)之间进行不同的折中考虑。

这些配置中有一些需要用到功能链上两个以上的信息处理点，包括连接天线单元与第 1 级分布式单元(DU)处理点的前传链路(F2 接口)和将 DU 连接至中央单元(CU)的第二条链路(F1 接口)，其中的 CU 负责处理剩余的协议栈。即使在这种双分离的配置中，还存在几个不同的选择，这取决于协议栈的功能是如何分配给 DU 和 CU 的。

为了以成本高效的方式来支持新兴的业务，我们需要新的光纤互联架构，即需要有利于资源共享和容量统计复用的技术。这方面已开展的研究工作有很多，在此我们介绍两种有趣的研究方向，如图 3.4 所示。

1. 用绕过光线路终端(OLT)的光网络单元(ONU)间通信机制来升级传统无源光网络(PON)配置[Pfeiffer - 2010]。如此，当采用 PON 连接远端 RU 时，它们可以直接进行信息交换，避免了信息受到 OLT 或其他 CU 延时的影响，从而使得传输延时最小化。这一点对于需要在基站之间实现低延时信息交换协调多点(CoMP)功能而言是很有用的，尤其是在 RAN 并非完全实现了集中化配置的场合[Dötsch et al. - 2013](即当 CoMP 的功能需要在分布式的 RU 处进行处理时)。ONU 之间的通信配置如图 3.4 左侧所示，在叠加于 PON 之上的一个本地广播网络中使用多个波长信道来实现相邻 ONU 之间的连接。通过使用 N 个波长信道，可以在 $N+1$ 个相邻的 ONU 之间实现无阻塞的连接。

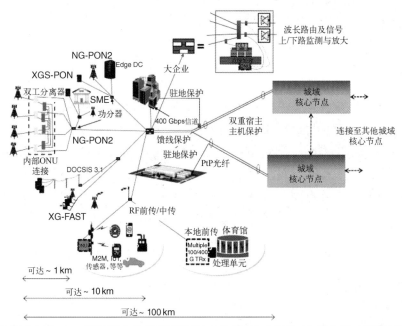

图 3.4　可支持内部 ONU 通信和本地信号下路(比如边缘云)功能的 5G 接入网-城域网融合网络架构

2. 将边缘处理设备配置在同一地点,并且将无源光网络(PON)分为若干级[Ruffini - 2017],可为终结于本地的、具有低延时要求的业务提供灵活性;同时允许将其他服务汇聚到网络中功能更为集中化的部分进行处理,这一点尤为重要。因为业务处理的位置及其聚合程度在很大程度上会影响网络的成本。如图 3.1 所示,将业务处理功能在节点(第 1 级到第 3 级)中进行聚合与实现业务传输和处理的最小延时之间总是需要权衡考虑。例如,位于边缘节点(第 1 级)的功能可为业务处理提供最低的延时,但是它只能供本地的连接(即第 1 级的业务仅能覆盖一个很小的区域),这种情况在每一个其他需要运行特定业务的第 1 级节点中都是如此。相反,在第 3 级节点中可以实现的业务处理功能虽然会经历更大的延时,但它将提供更大的业务覆盖区域(例如,根据图中的示例,这些节点可以覆盖 100 个第 1 级节点)。该配置如图 3.4 的顶部所示,其中分光器节点包括一个(或多个)OLT,它可在本地终结一个波长信道以执行边缘处理(例如,用于 NFV 和应用程序级的处理)。

尽管到目前为止,我们都将 C-RAN 描述为光纤接入网-城域网创新发展背后的动力,但要注意的是,这其实只是"冰山一角"。C-RAN 确实可被认为是内涵更广的网络虚拟化框架的一个特例,加上 CO 重构为数据中心(CORD,CO re-architected as data center)[Peterson et al. - 2016],它被扩展并包含了更多的 CO 功能。CORD 作为虚拟化或云化 CO 概念的一个实例(将在后面详细介绍),它将大多数 CO 的功能虚拟化了,为动态服务分配和网络的持有与运营模型提供了前所未有的灵活性。的确,NFV 基于创造新的软件应用实例,打开了动态生成新服务的可能性,而且这些新软件应用的所有权可以在多租户的网络环境中转移给指定的虚拟网络运营商[Cornaglia et al. - 2015; Elrasad et al. - 2017]。网络功能的"软件化"和网络功能的分割对于实现网络的融合至关重要,而这也是 5G 网络的一个重要方面,它使得网络更高层的协调机制能跨多个域,并为终端用户提供资源的共享和通往数据处理中心的端到端业务连接(或"链路"),这一点很重要。正如本章前面所提到的,一旦端到端业务连接的质量保证得到了落实,就可以为网络运营带来新的收入。考虑到当前的大多数用户终端都会以无线的方式连接到网络,例如使用密集的 5G RAN,因此端到端服务质量保证的落实至少需要以下三个域之间的配合与协调:无线边缘域、计算设施域和用于连接这两个域之间的固定光纤网络。

此外,为了适应一些具有更低延时要求的新型盈利性业务,人们需要将一些网络功能和应用转移到网络的边缘(例如,转移到图 3.1 中的第 1 级)。这一发展趋势称为多接入边缘计算[Taleb et al. - 2017](在过去的文献中称为移动边缘计算),其目的是将分散在城域范围内的计算资源全部整合到一个统一的系统中,从而可以实现资源的动态分配以满足业务在延时、带宽、存储及处理等方面的要求。

　　然而，这种服务创建和资源分配的灵活性需要配套地实现物理资源的灵活分配。虽然网络虚拟化方法可以将所提供资源中一些指定的资源进行切片并部分地进行重新分配，而且可以并确保它们之间互相不影响，但是网络物理层的容量只能通过对物理层进行操作来增加，例如减轻网络拥塞或创建新的低延时路径。一个典型的应用案例是将光网络容量重新分配给一些移动蜂窝，因为在一天中业务对网络容量的利用率是不同的。如果我们可以动态地实现容量分配(例如，在几十到上百毫秒的时间范围内重新分配容量)，即将网络的光纤传输资源和计算资源在多个移动基站之间实现统计复用，那么就能更进一步有效地提升网络资源的利用率。

　　这就需要人们开发一个灵活的光纤接入网-城域网，而且要实现一种分布式的光网络。通过开放光纤通信系统的控制层，可以实现它与移动和计算域的集成，这使得网络控制机制对整个端到端的路径(从移动用户到云)进行控制。虽然对于网络光层的分布式设计的深入探讨已超出了本章的范围，但我们想指出的是，目前这一问题尚存在很多争论。一方面，对网络光层的分布式设计开放了网络光层设备的资源，因而更加节约了网络成本，提升了网络的可扩展性[Ruffini and Kilper - 2018]，这也使得网络能够集成到上述的网络聚合架构中。另一方面，这么做会导致信号传输的物理损伤呈现更高的不确定性，因此需要网络提供更多的富裕度。当然，信号传输的物理损伤问题也可以通过对光网络的物理层进行监测来解决。出于这种原因，一些人认为对网络光层的分布式设计更适合于网络的接入部分和城域部分，因为这些地方对网络光层富裕度的要求比较宽松[Belanger et al. - 2018]。

　　与此同时，人们也在进行关于机器学习在光网络中应用的研究工作[Musumeci et al. - 2018]，例如，通过增加对光信道的监测而获得相应的数据，从而能更好地对信号的传输质量进行估计。这一点有利于缩小开放系统(即分布式网络)和传统封闭的网络系统之间的性能差别。

　　下一节将介绍网络虚拟化的需求，并给出一些网络架构的解决方案，然后还将详细介绍人们正在开发的一些主要的 NFV 和 SDN 网络架构的细节。

3.4　CO 的功能整合与虚拟化

　　电信运营商的中心局(CO)在传统意义上一直都是其关键基础设施的中心，通常位于运营商网络的边缘。由于受到空间的限制和现有运营商和供应商主导地位的制约，CO 在物理上和功能上都受到限制。随着 SDN 和 NFV 模式的出现，CO 已经成为技术创新的竞技场(类似的情况在有线网络运营商的前端也很明显)。本节深入地探讨了 NFV 和 SDN 领域中的一些技术创新的细节，试图对最近出现的许多新功能和网络框架进行一些详细的介绍。图 3.5 所示的 Linux 基金会的开源网络栈[Linux Foundation - 2018]全面展示了各网络组件在网络栈中运行的位置，还给出了如何聚合这些组件，从而为实现一个具有完全虚拟化的基础设施、控制和管理的 CO 提供了指南。

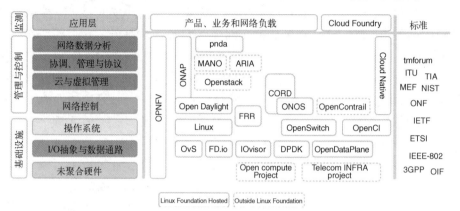

图 3.5   Linux 基金会的开源网络栈和 NFV 相关的发展框架分类[Linux Foundation - 2018]

3.4.1   基础设施

我们首先描述图中网络底层的技术创新，即图 3.5 中未聚合硬件部分。其目的是通过简要介绍该领域的主要项目来对虚拟化如何改变网络的硬件层做一个概括性的描述。

3.4.1.1   未聚合硬件

传统的光传输系统(例如 OTN)是一种复杂的垂直集成系统，它迫使网络运营商部署单一供应商的网络设备，以确保其互操作性和可管理性。其中所采用的密集波分复用(DWDM)转发器硬件包括 DSP、ASIC 和复杂的光电器件。这些组件的技术日趋成熟，最近的技术革新主要体现在功能的集成上，以降低功耗、减少尺寸和成本。转发器中所运行的软件在传统上都是与其硬件捆绑在一起的，其技术的创新只能发生在系统级别。此外，对于网络的更高层(例如分组或电子交换层)而言，其下层的传输系统相当于一个黑盒。分组光聚合的概念正是针对这一问题而提出的，其目的是为运营商提供跨越多个供应商的网域实现网络容量的调整与查找、网络的动态重构，以及具备在短时间内(例如以秒为单位)响应网络故障或流量需求的能力。分组光聚合可在很大程度上受益于非聚合的底层传输系统(光转发器和光线路系统)和能控制多供应商设备的开放软件。在非聚合的传输系统中，通信系统的转发器从光线路系统中被分离出来，从而有利于人们加快对转发器的技术革新，可将网络运营商从不得不对来自多个供应商的技术进行混合与匹配的困扰中解放出来，可对其基础设施实现更好的控制，并减少供应商锁定的问题。

电信基础设施项目(TIP)[Telecom Infrastructure Project - 2018]开包(Open Packet)DWDM 采用了分组与 DWDM 组合的技术,并将其用于城域和长途光纤传送网,它实现了网络软件与硬件的清晰分离。TIP 定义了一个分组转发器和具有开放光学规范的开放线路传输系统,这使得任何的利益相关方能够对系统、组件或软件的开发做出自己的贡献。OOPT 项目已经形成了四个工作组:光线路系统(OLS, Optical Line System);非聚合的转发器与芯片(DTC, Disaggregated Transponder & Chip);通用 API(C-API, Common API)、网络管理系统及系统集成与解决方案开发(Network Management System and System Integration and Solution Development);物理层模拟环境(PSE, Physical Simulation Environment)。

与此同时,开放网络基金会(ONF)[Open Networking Foundation - 2018]的开放和非聚合的传送网(ODTN, Open and Disaggregated Transport Network)项目使用了基于意图的组网与聚合拓扑图,以可编程的方式定义网络容量和网络路径的可用性。ODTN 使用了传输 API(TAPI)作为跨域协调和 OpenConfig 的北向接口[July - 2018],并作为 ONOS (Open Network Operating System)控制器和光链路之间的南向接口。网络中使用插件在 OpenConfig 和 Openflow 之间进行协调,并通过现有的交换协议进行通信,如 TL1 和路径计算单元协议(PCEP)。ODTN 可自动发现非聚合的组件并控制整个传送网。TAPI 利用更高级别的应用将光传送网的控制与监控集成在一起,这些应用包括跨越多运营商网域的端到端的动态带宽服务,并可支持网络切片以实现高带宽或超低延时 5G 业务的连接。ODTN 项目建立在 TIP 开放光与分组传输组(Open Optical and Packet Transport Group)关于网络规划工具和 API 方面的工作之上。TIP 开放线路系统包括系统中每个组件的 YANG 软件数据模型和一个连接到控制平面软件的开放北向接口[NETCONF Enns - 2006; Thrift Paolucci et al. - 2018]。这使得多个应用程序可以在开放的网络软件层运行,从而实现了 DWDM 系统控制算法和网络管理系统的软件创新。ODTN 项目还对光学系统互操作性的实现运用了多源协议(MSA)规范[OpenROADM MSA - 2016],特别是可重构光分插复用器(ROADM)、转发器和可插拔光模块。ODTN 软件栈可以与 TIP 兼容的硬件配合使用,如 Voyager 光开关与传输平台。在未来,ODTN 项目可能会采用 Open ROADM YANG 的一些数据模型,以确保属于不同控制域的数据平面之间可实现互操作性。

3.4.1.2　I/O 抽象与数据通路

CO 数据平面可分为由专用硬件(例如基于 ASIC 的专用硬件)处理的数据平面和由通用处理器(即 CPU)处理的数据平面。传统意义上,人们会在前一种数据平面所能提供的稳定性和后一种数据平面所能提供的灵活性之间进行折中考虑。对于基于专用硬件处理的数据平面,开放数据平面(ODP)[Open Data Plane - 2018]项目定义了至 SoC(片上系统)网络的应用程序接口(API),以构建网络的数据平面。ODP 的应用程序通常不依赖于硬件且可移植,此外可以利用位于其下层的硬件加速器技术。Openflow 数据平面抽象(OF-DPA)[Belter et al. - 2014]是 Openflow 兼容的控制器与 Broadcom 的 StrataXGS 和 StrataDNX 高性能交换机架构之间的硬件抽象层。与 OpenNSL(Network Switch Library,网络交换机库)的功能类似,OF-DPA 需要 Indigo Openflow 代理(由美国 BigSwitch 公司开发的一项技术)与北向的 Openflow 控制器之间进行对接。OF-DPA 作为 Broadcom Silicon 的软件开发工具包(SDK)而被发布,其中包括库、API 和一个支持桥接、路由的抽象交换机功能,以及数据中心隧道网关,一个提供 MPLS 的边缘设备且支持标签交换路由和 QoS 数据包流。

P4(Programming Protocol-Independent Packet Processors,协议独立的数据包处理器编程语言)[Bosshart et al. - 2014]是一种基于行为描述的编程语言,它可用于描述一个可编程的转发单元(如硬件或软件交换机、网络接口卡或路由器)。P4 定义了数据平面如何识别、解析和匹配协议数据单元的头部,以及之后所应采取的后续操作。除了可在现有的协议中执行,P4 还可以执行那些更有利于实现网络控制与网络可视性的新协议和新功能。目前,一些 P4 编译器的目标已经得以实现,包括 XDP(eXpress Data Path)、Netcope VHDL FPGA、Xilinx PX FPGA、P4GPU(Cuda)、P4FPGA(Verilog) Netronome SmartNIC 及 ODP。T4P4S[Laki et al. - 2016]作为一种 P4 编译器,它所生成的应用程序能将数据平面开发工具(DPDK)、Freescale NPU 和 OpenWRT [O. Team - 2016]的接口进行抽象,而不影响其对数据包的处理性能。一些设备制造商,如 Juniper,便采用了 P4 作为其路由器和交换机中控制平面与数据平面之间控制交互的编程语言。Stratum 作为一种与设备无关的交换机操作系统,允许交换机通过 P4、P4Runtime 和 OpenConfig 实现本地或远程的网络操作系统(NOS)对其进行控制。Stratum 项目的目标是避免网络的供应商锁定问题,避免依赖于原有供应商专属设备接口和封闭式 API 的数据平面架构。DPDK[Intel - 2012]是一组用户空间库,它可绕过 Linux 内核来提高数据包处理的性能,通过使用直接内存访问、轮询模式驱动程序(Poll Mode Driver)、大页内存(Huge Page)和优化的缓存,可最大程度地减少数据包处理所需的时间。FD.io(快速数据输入/输出)在网络的 I/O 层中使用了 DPDK[从(v)NIC 和线程/内核输入/获取数据包]。FD.io 基于 Cisco 矢量数据包处理(VPP,Vector Packet Processing)项目,专注于确保开源网络的部署,具有最高的吞吐量、最低延时和最高效的 I/O 服务。FD.io 组件通常与其他项目(如 Open-Daylight、OpenNFV 和 OpenStack)结合使用。IO Visor 项目关注于内核中数据平面功能动态运行时间的可扩展性。I/O Visor 旨在创建可以跨越多种可能的数据平面(如 Linux 内核中的 eBPF[Miano et al. - 2018])和在网络框架之间(如 FD.io)进行移植的 I/O 模块。

现在，我们已有一系列的工具和技术可用于桥接数据平面在硬件中运行或者使数据平面借助于 CPU 在软件中运行。例如，OpenFastPath 协议[Open Fast Path - 2018]作为 ODP 的一种变体，它使用 DPDK 来加速信息的路由和转发，并通过 Linux 内核来对协议进行封装和终止处理。PISCES[Shahbaz et al. - 2016]是一个由开放式虚拟交换机（OVS，Open vSwitch）和硬件连接的虚拟机监视器交换机所创建的软件交换机，其主要功能是使用 P4 进行功能定制。PISCES 没有对协议进行特殊限定，这使得我们很容易给它添加新的功能。此外，支持 SDN 的宽带接入（SEBA，SND-enabled Broadband Access）是 R-CORD 的一种变体，它主要对原有协议进行优化，允许业务经"快速路径"通过主干网，而无须在服务器上进行 VNF 处理。SEBA 在运营商网络的边缘支持一系列虚拟化接入技术，包括 PON、G.Fast 和最终的 DOCSIS（有线电缆数据服务接口规范）。SEBA 不仅支持住宅接入，也支持无线回传。

3.4.1.3　数据中心交换结构

ONF Trellis 是一种用于数据中心的 L2/L3 层无阻塞交换结构，它采用白盒交换机硬件和开源软件[1]。与传统的组网方式不同，该交换结构本身不运行控制协议（例如 BGP、OSPF 或 RSTP），而是将所有的智能模块都转移到聚集的 ONOS 控制器上运行。这样，交换结构就可以得到简化，其整个交换矩阵的结构可充分利用网络运行的整体视图来进行优化，并且可在不需要升级交换机的条件下部署新的特性与功能。

3.4.1.4　结构优化的基础设施工程

大多数数据中心都购买并使用了大量来自不同设备供应商的廉价、通用型服务器。开放计算工程（OCP，Open Compute Project）[Heiliger - 2011]是 Facebook 公司设立的一个项目，旨在设计和构建定制软件、服务器和其他数据中心组件，以满足其多样化的基础设施需求。业界围绕 OCP 成立的团体与其他开源软件项目进行合作，成功开发了节能服务器、空气侧节能器和蒸发冷却系统，以支持它的服务器工作，此外还设计了服务器机架和电池柜、集成的 DC/AC 配电方案和一个与交换机无关的操作系统[开放网络安装环境，即 ONIE（Open Network Install Environment）]。

3.4.2　管理与控制

本节介绍为实现网络控制和管理而开发的主要软件组件，如图 3.5 中的上半部分所示。

---

① "白盒"即 white box，是一种行业术语，意思就是开放，相对于封闭的黑盒而言。在本章中就是指交换机等网元设备的接口、架构和功能等均为开放的，也可以使用通用的硬件来实现。——译者注

3.4.2.1　网络控制

在过去的十年中，业内出现了大量的 Openflow 和 SDN 控制平面的解决方案，并不断增长。总体来看，SDN 控制平面包括只管理若干组交换机的分立控制器（如 Floodlight[GitHub - July 2018]、POX 和 RYU），以及管理整个数据中心、电信网络和广域网的完整架构。在此，我们主要对后一类产品感兴趣，它包括 OpenContrail [Singla and Rijsman - 2018]、OpenDayLight [Medved et al. - 2014]和 ONOS[Berde et al. - 2014]。

OpenContrail 是一个非常高明的 SDN 框架，Juniper 公司将其作为与其 SDN 设备兼容的网络控制框架。在整体架构上，它由以下四个子系统组成：vRouters 处理网络切片、流量控制和基于 MPLS 或 VXLAN 的覆盖网络；配置子系统负责将高层的服务数据模型处理为可供设备使用的形式；控制器组件管理和监视网络状态；最后，分析子系统收集并汇总有关系统性能的数据。OpenContrail 使用一种开放的标准 IT 编制协议 IF-MAP（元数据访问点接口）作为模型的定义。而 IF-MAP 迟早将会被基于 YANG 的配置格式所取代。

OpenDayLight（ODL）是一种开源的 SDN 结构框架，它基于 Cisco 可扩展网络控制器（XNC）。不同服务提供者的 ODL 略有不同，但是都具有 IETF 的 NetConf 配置、BGP 和 PCEP。用于设备发现的拓扑查询、主机跟踪和资源管理都通过 REST API 实现。SDN 模型都通过基于 YANG 的 MD-SAL（模型驱动的服务抽象层）来定义，其中应用被定义为数据模型，需要接入的 API 都可以作为集成过程的一部分而自动生成。

ONOS 是一款专门为服务提供商开发的 SDN 网络操作系统，由开放网络基金会（ONF）推动并提供支持，它仍然保留了 Openflow 标准。ONOS 是一个特定的 ONF 项目，它的开发与维护资源由 AT&T 和 NTT 等服务提供商来分配。ONOS 项目的目标是为服务提供商和企业提供一个具有电信级性能与可用性的 SDN 网络操作系统，并支持一些必要的用户案例，以彰显其业务运营能力。这些案例包括很多，例如，SDN IP Peering（对等互联）用户案例，网络功能即服务（NFVaaS）用户案例，以及一个基于 IETF 分段路由（segment routing）展示故障转移的用户案例（Spring 项目）。NFVaaS 用户案例演示了用于 GPON 中的一种虚拟 OLT（vOLT）解决方案。ONOS 并不完全依赖 Openflow 和它的 SDN 控制平面技术，正如分段路由用户案例中所展示的那样。PCE 用户案例主要关注了当前传送数据包的光网络交换核心的过度配置问题，以处理网络中断和峰值业务突发的情况。ONOS PCE 应用程序主要用于配置、协调和监视传输数据包的光网络交换核心，从而实现更高的网络资源利用率，且不会增加冗余。

3.4.2.2　云与网络虚拟管理

云与网络虚拟管理功能的核心组件是 CO 重构的数据中心（CORD）项目。其目标是将运营商网络的边缘转变为一个灵活的服务提供平台。CORD 平台使用 SDN、NFV 和云技术的架构，通过在网络边缘提供快速响应的数据中心来将原有的网络平台解聚（disaggregate），并对业务进行聚合。这使得运营商能够为最终用户提供最佳的体验，并激发下一代创新服务的产生。在 CORD 接入网中使用的技术包括 GPON[G. Fast B. Telecom - 2013]、XGPON 和 DOCSIS。CORD 有多种不同的风格，可适应不同的市场需求：M-CORD 用于移动中心局，E-CORD 用于企业中心局，R-CORD 用于向住宅提供宽带服务。R-CORD 作为在通用数据中心基础设施上运行的一组虚拟机和容器的集合来实现完整的住宅区 GPON 解决方案。传统的 OLT 基于有限的几家供应商所提供的单片硬件，并实现定制化的功能，但在 R-CORD 中，OLT 是分离的，因为只有 OLT 的物理层和 MAC 层是基于专用的硬件实现的(称为 OLT-MAC)，而其他所有的功能都运行在分布于整个 CORD 云的软件中。vOLT(虚拟 OLT)运行在具有 GPON MAC、GPON OMCI[Effenberger et al. - 2007]及与 802.1ad 兼容的 VLAN 桥接和以太网 MAC 功能的商用服务器上。在每个白盒 OLT 的物理端口处，都配有 32 个或 64 个 ONU。

VOLTHA[Walter - 2018](虚拟 OLT 硬件抽象)函数将 OLT-MAC 封装成一个 Openflow 可管理的资源。在其南向接口侧，VOLTHA 通过与供应商关联的协议和基于适配器的协议扩展与 PON 的硬件设备进行通信。实现 vOLT 的功能需要两个软件的协同工作。第一个软件是运行在一个容器或 VM 中的 vOLT 代理，它促成了 ONOS 和硬件之间的连接。该代理公开了一个北向 Openflow 接口，使其能够由 ONOS 来控制，并将 Openflow 消息映射到硬件设备的本机 API。vOLT 代理由 Indigo 硬件抽象层、Netconfd daemon[Sun Mi Yoo et al. - 2005]、PON 物理层的专有 API 和 ONU 管理与控制接口 (OMCI)栈组成。该代理将整个 PON 系统抽象为控制器的单个交换机。代理能够理解来自控制器的 Openflow 消息的有限消息子集，并适当地进行硬件配置。第二个软件是一组 ONOS 功能，它有助于用户连接与身份验证，并建立和管理 VLAN，以便针对每个用户建立用户设备到中心局交换机的连接，并对 OLT 的其他控制平面功能进行管理。在此，vOLT 模拟了传统 OLT 的功能，如 802.1X[Congdon et al. - 2003]、IGMP 侦听[Wang et al. - 2002]和 VLAN 桥接。用户的业务流由中心局中的两个 VLAN 标记进行标识。内部标签(C-tag)被用来标识 PON 内的一个特定用户；外部标签(S-tag)被用来标识 PON。将其结合起来，这两个标签可以在系统中的所有 OLT 设备中唯一地标识某一用户。ONOS 通过 OpenFlow 消息来指示 OLT 具体该使用哪一个 VLAN。

R-CORD 虚拟化的用户驻地设备称为虚拟用户网管，它在 Linux 容器中运行这些用户的定制功能，而这些都在位于中心局的商用硬件中实现。这些功能包括 DHCP 和 NAT，以及一些可选业务，如防火墙和家长控制服务等。其实，R-CORD 不仅支持基本的互联网连接，还支持一系列的可选功能，如业务暂停与恢复、家长控制、宽带业务计费、防火墙和网络访问诊断等。

3.4.2.3　调度、管理与策略

所谓调度(orchestration)指网络跨多个域、规程和时间进行资源的协调，从而可为用户提供并保持端到端的服务。为此，网络调度器需具备全网的拓扑结构和容量信息，以及跨不同的垂直和水平网域(例如光纤、无线和计算资源)来实现特定服务目标的具体机制。MANO[Ersue - 2013]是一个欧洲电信标准化协会(ETSI)项目，它主要针对软件定义网络(SDN)的管理与资源调度及网络功能虚拟化(NFV)。MANO 致力于对多站点部署的支持、NFV 功能的装载及在 SDN 控制器上进行虚拟网络功能的打包、升级与安装，还有创建开发环境与服务建模等。

另一个网络调度器 ECOMP[Ersue - 2016]扩展了 ETSI MANO，并引入了资源控制器和策略组件的概念及元数据的概念，用于实现网络灵活性和弹性的虚拟环境的全生命周期管理。ECOMP 定义了一个主服务调度器，负责网络中端到端业务连接的自动化。该调度功能实现了网络配置过程、编程规则和策略驱动操作管理的自动化。为此，ECOMP 支持开放云标准，比如 OpenStack 和 OPNFV，还有用户的 Netconf(网络配置)、YANG 配置与管理模型，以及 Restful API。

最后，基于应用程序的网络操作(ABNO，application based network operation)[Aguado et al. - 2015]是一个 IETF SDN 框架，它不仅被限于使用 Openflow 作为数据平面组件的通信协议，ABNO 还能与 MPLS 和使用 PCE 作为控制代理、以 PCEP 作为控制协议的 GMPLS 多域网进行通信。ABNO 还拥有一个策略管理器、一个 I2RS(路由系统接口)客户端、用于多层网络协调的虚拟网络拓扑管理器(VNTM)和应用层流量优化服务器。与 Openflow 等组件的南向通信是基于业务提供管理器而实现的。应用程序功能的状态性(statefulness)由 LSP-DB 和 TED 数据库实现。举个例子，ABNO 已被用于实现商业设备(如 ADVA、Juniper 节点和 OTN 400 Gbps 信道设备)多域和多层的配置[Napoli et al. - 2015]，以及对 PCEP 扩展的校验以支持远程 GMPLS 的 LSP 建立。

3.4.3　交叉层组件

和那些在 Linux 基金会网络(Linux Foundation Network)栈的特定网络层上的组件并肩工作的，还有许多横跨多个功能级别的组件，如图 3.5 所示。ECOMP 和 Open-O 调度已被纳入一种称为开放网络自动化平台(ONAP，Open Network Automation Platform)的开源调度器项目中[ONAP - 2018]。ONAP 提供了一个统一的架构，并提供了一个策略驱动、软件自动化的 VNF 和网络功能，使得软件、网络和云提供商能快速创建并高效地调度新的服务。ONAP 的主要目标是为服务提供商，特别是电信运营商提供开源自动化，以及提供一个调度平台来运行 SDN 并提供虚拟的网络功能。

另一方面，OPNFV[Price and Rivera - 2012]建立了一个参考 NFV 平台，以促进多

运营商 NFV 组件的开发与发展。OPNFV 关注于性能和那些基于当前标准规范的测试结果，以及针对特定 NFV 用户的开源社区的用户案例。OPNFV 的目标是加速新兴 NFV 产品与服务的发展，从而确保网络主要性能目标和互操作性的实现。OPNFV 的工作主要集中于 NFV 接口（NFVI）和 NFV 虚拟化的基础设施管理器，并依赖于其他开源项目的组件，如 OpenDaylight、ONOS、OpenStack、Ceph Storage、KVM、OpenvSwitch、DPDK 和 Linux。

3.5　结论

本章主要介绍了当下业界正在推进的有关网络融合方面的研究工作。这些工作主要集中在接入网–城域网融合，但也强调了与移动网和云边缘系统集成的重要性。本章首先描述了推动城域网融合与虚拟化背后的 5G 需求和推动力，然后又描述了网络在物理网络架构方面的融合（彰显了节点整合概念的演变），最后又详细介绍了当前所采用的网络聚合解决方案中的主要软件框架。

参考文献

A. Aguado, V. Lopez, J. Marhuenda, O. Gonzalez de Dios, and J. P. Fernandez-palacios. Abno: a feasible sdn approach for multivendor ip and optical networks [invited]. *IEEE/OSA Journal of Optical Communications and Networking*, 7(2):A356-A362, 2015.

G. fast B. Telecom. Release of bt cable measurements for use in simulations. Technical report, ITU-T SG15, 2013.

M. P. Belanger, M. O'Sullivan, and P. Littlewood. Margin requirement of disaggregating the dwdm transport system and its consequence on application economics. In *2018 Optical Fiber Communications Conference and Exposition (OFC)*, pages 1-3, March 2018.

B. Belter, A. Binczewski, K. Dombek, A. Juszczyk, L. Ogrodowczyk, D. Parniewicz, M. Stroi nski, and I. Olszewski. Programmable abstraction of datapath. In *2014 Third European Workshop on Software Defined Networks*, pages 7-12, 2014.

Pankaj Berde, Matteo Gerola, Jonathan Hart, Yuta Higuchi, Masayoshi Kobayashi, Toshio Koide, Bob Lantz, Brian O'Connor, Pavlin Radoslavov, William Snow, and Guru Parulkar. Onos: Towards an open, distributed sdn os. In *Proceedings of the Third Workshop on Hot Topics in Software Defined Networking*, HotSDN '14, pages 1-6, 2014. ISBN 978-1-4503-2989-7.

Pat Bosshart, Dan Daly, Glen Gibb, Martin Izzard, Nick McKeown, Jennifer Rexford, Cole Schlesinger, Dan Talayco, Amin Vahdat, George Varghese, and David Walker. P4: Programming protocol-independent packet processors. *SIGCOMM Comput. Commun. Rev.*, 44(3):87-95, 2014. ISSN 0146-4833.

P. Congdon, B. Aboba, A. Smith, G. Zorn, and J. Roese. Ieee 802.1 x remote authentication dial in user service (radius) usage guidelines(no. rfc 3580). Technical report, No. RFC 3580, 2003.

Bruno Cornaglia, Gavin Young, and Antonio Marchetta. Fixed access network sharing. *Optical Fiber Technology*, 26:2-11, 2015.

U. Dötsch, M. Doll, H. Mayer, F. Schaich, J. Segel, and P. Sehier. Quantitative analysis of split base station processing and determination of advantageous architectures for lte. *Bell Labs Technical Journal*, 18(1):105-128, 2013.

F. Effenberger, D. Cleary, O. Haran, G. Kramer, R. D. Li, M. Oron, and T. Pfeiffer. An introduction to pon technologies [topics in optical communications]. *IEEE Communications Magazine*, 45(3):S17-S25, 2007.

M. S. Elbamby, C. Perfecto, M. Bennis, and K. Doppler. Toward low-latency and ultra-reliable virtual reality. *IEEE Network*, 32(2):78-84, 2018.

A. Elrasad, N. Afraz, and M. Ruffini. Virtual dynamic bandwidth allocation enabling true pon multi-tenancy. In *2017 Optical Fiber Communications Conference and Exhibition (OFC)*, pages 1-3, March 2017.

Rob Enns. Netconf configuration protocol. no. rfc 4741. Technical report, Network Working Group, 2006.

M. Ersue. Etsi nfv management and orchestration-an overview. Ietf meeting proceedings, institution, 2013.

M. Ersue. Ecomp: the engine behind our software-centric network. Technical report, AT&T's, 2016.

GitHub. Floodlight sdn openflow controller, July. 2018.

J. Hagel, J. S. Brown, T. Samoylova, and M. Lui. *From exponential technologies to exponential innovation*. Deloitte Consulting white paper, Report 2 of the 2013 Shift Index series, 2013.

Rachid El Hattachi and Javan Erfanian. *NGMN 5G white paper*. NGMN Alliance, NGMN Ltd, 2015.

J. Heiliger. Building efficient data centers with the open compute project. Technical report, Facebook Engineering Notes, 2011.

Fast Pata input output, 2018.

Intel. Packet processing on intel architecture. Data plane development kit, Intel Network Builders, 2012.

2083-0 ITU-R M. Imt vision: Framework and overall objectives of the future development of imt for 2020 and beyond. Technical report, ITU-R, 2015.

Sándor Laki, Dániel Horpácsi, Péter Vörös, Róbert Kitlei, Dániel Leskó, and Máté Tejfel. High speed packet forwarding compiled from protocol independent data plane specifications. In *Proceedings of the 2016 ACM SIGCOMM Conference*, SIGCOMM'16, pages 629-630, 2016. ISBN 978-1-4503-4193-6.

Linux Foundation, 2018.

A. Lord. The evolution of optical networks in a 5g world[keynote talk]. In *2018 International Conference on Optical Network Design and Modeling (ONDM)*, May 2018.

Richard MacKenzie. *NGMN Overview on 5G RAN Functional Decomposition*. NGMN Alliance, NGMN Ltd, 2018.

S. McGettrick, L. Guan, A. Hill, D. B. Payne, and M. Ruffini. Ultra-fast 1+1 protection in 10 gb/s symmetric long reach pon. In *39th European Conference and Exhibition on Optical Communication (ECOC 2013)*, pages 1-3, Sept 2013a.

S. McGettrick, D. B. Payne, and M. Ruffini. Improving hardware protection switching in 10gb/s symmetric long reach pons. In *2013 Optical Fiber Communication Conference and Exposition and the National Fiber Optic Engineers Conference (OFC/NFOEC)*, pages 1-3, March 2013b.

S. McGettrick, F. Slyne, N. Kitsuwan, D. B. Payne, and M. Ruffini. Experimental end-to-end demonstration of shared n:1 dual homed protection in long reach pon and sdn-controlled core. In *2015 Optical Fiber Communications Conference and Exhibition (OFC)*, pages 1-3, March 2015.

S. McGettrick, F. Slyne, N. Kitsuwan, D. B. Payne, and M. Ruffini. Experimental end-to-end demonstration of shared n:m dual-homed protection in sdn-controlled long-reach pon and pan-european core. *Journal of Lightwave Technology*, 34(18):4205-4213, 2016.

J. Medved, R. Varga, A. Tkacik, and K. Gray. Opendaylight: Towards a model-driven sdn controller architecture. In *Proceeding of IEEE International Symposium on a World of Wireless, Mobile and Multimedia Networks 2014*, pages 1-6, June 2014.

S. Miano, M. Bertrone, F. Risso, M. Tumolo, and M.V. Bernal. Creating complex network service with ebpf: Experience and lessons learned. In *2018 IEEE International Conference on High*

Performance Switching and Routing (HPSR), 2018.

Open ROADM MSA. ROADM Network Model and Device Model. Open ROADM Multi-Source Agreement.

Francesco Musumeci, Cristina Rottondi, Avishek Nag, Irene Macaluso, Darko Zibar, Marco Ruffini, and Massimo Tornatore. A survey on application of machine learning techniques in optical networks. *CoRR*, abs/1803.07976, 2018.

A. Nag, D. B. Payne, and M. Ruffini. N:1 protection design for minimizing olts in resilient dual-homed long-reach passive optical network. *IEEE/OSA Journal of Optical Communications and Networking*, 8(2):93-99, 2016.

A. Napoli, M. Bohn, D. Rafique, A. Stavdas, N. Sambo, L. Poti, M. Nölle, J. K. Fischer, E. Riccardi, A. Pagano, A. Di Giglio, M. S. Moreolo, J. M. Fabrega, E. Hugues-Salas, G. Zervas, D. Simeonidou, P. Layec, A. D'Errico, T. Rahman, and J. P. F. P. Giménez. Next generation elastic optical networks: The vision of the european research project idealist. *IEEE Communications Magazine*, 53(2):152-162, 2015.

O. Team. Openwrt: A linux distribution for wrt54g. Technical report, O. Team, 2016. ONAP. *Open Network Automation Platform (ONAP) Architecture white paper*. ONAP, ONAP a Series of LF Project, 2018.

Open Data Plane, 2018.

Open Fast Path, 2018.

Open Networking Foundation, 2018.

OpenConfig, July, 2018.

F. Paolucci, A. Sgambelluri, F. Cugini, and P. Castoldi. Network telemetry streaming services in sdn-based disaggregated optical networks. *Journal of Lightwave Technology*, 36(15):3142-3149, 2018.

D. B. Payne, and R. P. Davey. The future of fibre access systems? *BT Technology Journal*, 20(4):104-114, 2002.

L. Peterson, A. Al-Shabibi, T. Anshutz, S. Baker, A. Bavier, S. Das, J. Hart, G. Palukar, and W. Snow. Central office re-architected as a data center. *IEEE Communications Magazine*, 54(10):96-101, 2016.

T. Pfeiffer. Converged heterogeneous optical metro-access networks. In *36th European Conference and Exhibition on Optical Communication*, pages 1-6, 2010.

C. Price and S. Rivera. *Opnfv: An open platform to accelerate NFV white paper*. A Linux Foundation Collaborative Project, A Linux Foundation, 2012.

C. Raack, R. Wessälly, D. Payne, and M. Ruffini. Hierarchical versus flat optical metro/core networks: A systematic cost and migration study. In *2016 International Conference on Optical Network Design and Modeling*(*ONDM*), pages 1-6, May 2016.

M. Ruffini. Access-metro convergence in next generation broadband networks. In *2016 Optical Fiber Communications Conference and Exhibition*(*OFC*), pages 1-61, March 2016.

M. Ruffini. Multidimensional convergence in future 5g networks. *Journal of Lightwave Technology*, 35:535-549, 2017.

M. Ruffini and D. C. Kilper. From central office cloudification to optical network disaggregation. In *2018 IEEE Photonics Society Summer Topicals*, July 2018.

M. Ruffini, D. B. Payne, and L. Doyle. Protection strategies for long-reach pon. In *36th European Conference and Exhibition on Optical Communication*, pages 1-3, Sept 2010.

M. Ruffini, M. Achouche, A. Arbelaez, R. Bonk, A. Di Giglio, N. J. Doran, M. Furdek, R. Jensen, J. Montalvo, N. Parsons, T. Pfeiffer, L. Quesada, C. Raack, H. Rohde, M. Schiano, G. Talli, P. Townsend, R. Wessaly, L. Wosinska, X. Yin, and D. B. Payne. Access and metro network convergence for flexible end-to-end network design [invited]. *IEEE/OSA Journal of Optical Communications and Networking*, 9(6):524-535, 2017.

Muhammad Shahbaz, Sean Choi, Ben Pfaff, Changhoon Kim, Nick Feamster, Nick McKeown, and Jennifer Rexford. Pisces: A programmable, protocol-independent software switch. In *Proceedings of the 2016 ACM SIGCOMM Conference*, SIGCOMM'16, pages 525-538, 2016. ISBN 978-1-4503-4193-6.

CPRI Specification. Common public radio interface(cpri) v6.0: Interface specification. Technical report, CPRI Specification, 2013.

Sun Mi Yoo, Hong Taek Ju, and James Won Ki Hong. Web services based configuration management for ip network devices. In *2005 Management of Multimedia Networks and Services, 8th International Conference on Management of Multimedia Networks and Services (MMNS)*, pages 1-12, 2005.

T. Taleb, K. Samdanis, B. Mada, H. Flinck, S. Dutta, and D. Sabella. On multi-access edge computing: A survey of the emerging 5g network edge cloud architecture and orchestration. *IEEE Communications Surveys Tutorials*, 19（3）:1657-1681, 2017.

Telecom Infrastructure Project, 2018.

E. Walter. Ofc 2018: At&t's pon & edge compute vision. In *2018 Optical Fiber Communications Conference and Exposition（OFC）*, pages 1-21, March 2018.

Jun Wang, Limin Sun, Xiu Jiang, and ZhiMei Wu. Igmp snooping: a vlan-based multicast protocol. In *5th IEEE International Conference on High Speed Networks and Multimedia Communication（Cat. No.02EX612）*, pages 335-340, 2002.

第4章　5G前传链路演进中的多芯光纤技术

本章作者：Ivana Gasulla, José Capmany

4.1　为何5G通信需要光空间复用技术

新兴的信息和通信技术将对我们未来的社会产生深远的影响，如5G无线通信网络和物联网，它们将对现有的电信网络带来巨大的挑战。人们可以预见未来网络将在蜂窝覆盖范围（从几米到几千米）、连接设备的数量（全球超过百亿台）、信息传输格式的多样性（从单输入单输出到多输入多输出）、多个频谱区域（从几百MHz到100 GHz）、所支持的多种业务类型、光纤与无线通信网络平滑和自适应的融合、单个用户所需带宽的增加（高达10 GHz）、高效的能耗管理[Samsung Electronics Co - 2015; China Mobile Research Institute - 2011; Pizzinat et al. - 2015]等方面遭遇更加急迫和苛刻的要求。鉴于5G网络中出现的这一系列颠覆性的网络性能要求，显然单靠光子或射频（RF）技术都不能解决问题，而是需要多学科交叉的技术。此外，还需要不同技术之间可以通过适当的软件定义来实现资源和功能的共享。

光纤-无线通信，40年前的一些专家称之为微波光子学（MWP），其实就是这样一种多学科交叉的技术。如今MWP已成为一种成熟的跨学科领域，它融合了RF、光子学和光电工程领域[Capmany et al. - 2013; Seeds - 2002; Capmany and Novak - 2007; Yao - 2009]。这种技术融合使得微波和毫米波信号的产生、处理与分发可以通过光子学手段来实现，并受益于光子学所固有的和广为人知的一些优点，如高带宽、损耗与射频信号的频率无关，而且抗电磁干扰。此外，MWP还为相关的系统带来了一些额外的关键性能，如可快速调谐和可重构的能力。而这些功能的实现若采用电子学方法，则要么十分复杂，要么根本不可能实现[Capmany et al. - 2013]。

正是由于这些优点，在过去40年中，业界和学术界对微波光子学的研究兴趣与日俱增，已有的研究成果主要集中于以下两个应用领域：

- 通信信号分配网络。该网络在中心局和一些远端的终端用户或基站之间分配宽带RF信号。MWP支持光载无线电（RoF，radio-over-fiber）信号分配，包括多输入多输出（MIMO）天线的连接。
- RF信号处理系统。MWP可实现多种不同的功能，如可调谐与可重构的微波信号光子滤波、相控阵天线中的 RF 波束控制、任意波形产生、光电振荡器和 Gbps 量级的模数转换器[Capmany et al. - 2013; Seeds - 2002; Capmany and Novak - 2007; Yao - 2009]。而且，这些功能在多种信息和通信技术的应用中都是必不可少的。

　　MWP 不仅给民用和军事应用领域中传统的 RF 系统带来了可观的附加价值，而且它对于那些需要有线与无线信号融合共存的众多未来的新兴领域而言，也有着广阔的发展前景。这其中就包括物联网、智能城市、医疗成像、传感、光学相干层析成像，以及光纤-无线融合的无线接入网等。在 5G 的应用背景下，微波光子学的潜力能否扩展到上述这些领域，主要取决于它是否能实现相关设备的小型化及见效器件的尺寸、质量和功耗，并且同时能确保多个功能的无缝连接，以及宽带 RF 信号产生与处理的可重构性、多功能性与其性能的稳定性。

　　上述这些挑战都需要我们不断地发展光子技术，而且这些技术不仅仅使用光纤来实现信号的分配和连接功能，它们还应该同时具有高性能的微波与毫米波信号处理功能，这对于 5G 网络中相关的智能 RF 信号系统至关重要。然而，如图 4.1 所示，目前的光纤-无线系统还存在如下问题：

● 静态、低效和重复的信号分配架构，即在中心节点(配有共享成本的设备)和多个远端天线或用户终端之间还存在多束光纤。

● 体积大、笨重且功耗较高的信号处理系统，因为都采用了分立的光电或基于光纤的器件。

　　值得一提的是，业界已经提出了集成微波光子学技术，它的目的是将尽可能多的光子元件集成于单片或某种混合平台上，并以此来解决上述分立元件系统的一些问题[Marpaung et al. - 2013]。尽管如此，信号的处理与分配功能必须作为一个整体来考虑，因为许多应用场景都需要以分布式的方式来实现并行的信号处理功能，而当前系统中的信号处理与分配往往都是非常"生硬地"拼接在一起。人们在寻找应对这一挑战性问题的新方法的过程中发现了一种具有革命性的方法，即利用光信号的空分复用技术——这也是当前光信号的复用技术中所剩的最后一个可用的维度①。最近，空分复用(SDM, space division multiplexing) 已被广泛认为是打破数字通信容量瓶颈的一个解决方案，它通过多芯光纤(MCF, multicore fiber)或少模光纤技术[Richardson et al. - 2013]在单根光纤中建立若干个

---

① 光信号的复用具有四个可用的维度，即波长(频率)、时间、偏振态、空间，这些维度在光纤通信系统中均早有涉及，其中光信号的时分复用技术因为难度很大，所以并未走向实用。但在微波光子学领域，光信号空分复用技术的应用相对于波分复用、偏振态复用而言，确实比较新，也是近几年才开始得到普遍重视，因此这里提到空分复用技术是最后一个可用的维度。——译者注

相互独立的光信号通路。虽然 SDM 最初被设想为一种用于核心和城域光网络场景中的技术，但它在下一代光纤-无线通信中也具有发展潜力，还有待开发。

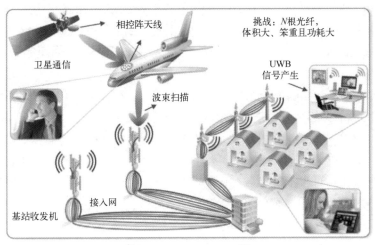

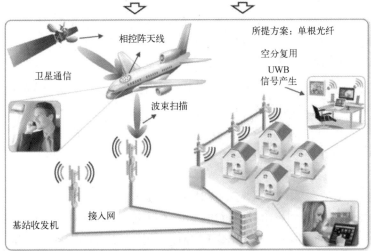

图 4.1　光纤空分复用解决方案在典型 5G 通信场景中的应用

4.2　多芯光纤传输技术回顾

将空间维度添加到光信号的多路复用技术领域，这一概念在光通信领域中已经受到了广泛的认可。目前业界普遍认为这是解决传统单模光纤(SMF)容量饱和问题的一个很有希望的解决方案[Richardson et al. - 2013]。对于单芯的 SMF 而言，在光纤的固定横截面积、固定带宽中扩大信号传输的容量，主要通过在其中增加光信号传输的通路来实现，其传输容量最大可达 100 Tbps。在过去的几年中，科研人员已经研究了不同的光纤空分复用（SDM）方法，包括多芯光纤（MCF）[Richardson et al. - 2013; Koshiba - 2014; Matsuo et al. - 2016]、少模光纤[Ryf et al. - 2015]，甚至是这两者的组合的复用技术[Sakaguchi et al. - 2015]。其中多芯光纤的解决方案是将 N 路不同的光信号在空间复用至同一根光纤的 N 个不同的纤芯中（以单模或少模的方式）来增加传输容量。

首先，MCF 可以分为非耦合传输型和耦合传输型。在非耦合传输型的 MCF 中，我们必须对光纤中的每个纤芯都进行适当的配置，以确保光信号在不同纤芯中传输时，芯间的信号串扰足够小，以支持光信号的长距离传输。对于这种非耦合传输型的 MCF，目前文献中已经报道了多种纤芯的配置方式，包括具有多个相同纤芯的同构 MCF、纤芯略有不同的准同构 MCF 和具有若干种不同纤芯的异构 MCF。图 4.2 总结了文献中报道的几种具有代表性的同构 MCF 与异构 MCF。

4.2.1 同构 MCF

MCF 链路允许不同的数据信号多路复用且分别沿同一根光纤中的不同纤芯传输，同时能确保不同信号通路之间较低的信号串扰水平。目前，绝大多数关于 MCF 的研究都集中于所谓的同构 MCF，即纤芯相同的 MCF。这种 MCF 的所有纤芯在理论上都是相同的。到目前为止，已经报道的最高容量的 MCF 中的芯间信号串扰值为−72 dB/100 km～−22 dB/100 km（非耦合传输），光纤的包层直径为 125～260 μm[Koshiba - 2014]。早期的 MCF 传输是基于六边形结构的 7 芯光纤，纤芯之间的距离（或称为芯间距）Λ 约为 46.8 μm，如图 4.2（a）所示，该 MCF 的芯间距足够大，其芯间的信号串扰可低于−40 dB[Zhu et al. - 2011]。

随后，科研人员又对 MCF 的折射率分布进行了优化，得到了沟槽辅助型（trench-assisted）折射率分布，其中 MCF 的每个纤芯都被折射率为 n_3 的沟槽包围，该折射率低于光纤包层的折射率 n_2，如图 4.3（a）所示。由于该结构能更好地对纤芯中光信号的光场进行限制，因此使得光纤中的信号串扰对于光纤弯曲半径的增加不敏感，并且使得 MCF 的芯间距降至 35 μm，例如，图 4.2（b）展示了纤芯排列紧密的 19 芯光纤的横截面图[Sakaguchi et al. - 2012]。如果能将 MCF 芯间的信号串扰降低至−50 dB/100 km，就能使其获得非常高的容量，最近一次报道的 MCF 传输容量记录是在包层直径为 260 μm 的 22 芯光纤中实现了 2.15 Pbps（传输距离为 31 km）的传输容量[Puttnam et al. - 2015]，如图 4.2（c）所示。另一个代表性的例子是在 12 芯双环结构的 MCF 中实现了容量超过 1 Ebps/km 的长距离传输（在 1500 km 的距离上实现了双向 344 Tbps 的传输），如图 4.3（b）所示[Kobayashi et al. - 2013]。

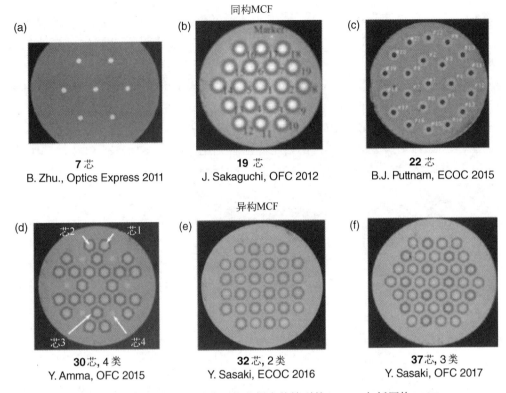

图 4.2　文献中报道的几种典型的非耦合传输型的 MCF，包括同构 MCF

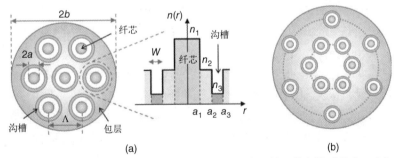

图 4.3　沟槽辅助型同构 MCF 结构的横截面图与折射率分布图：(a) 7 芯六边形分布；(b) 12 芯双环分布

4.2.2　异构 MCF

异构 MCF 由[Koshiba et al. - 2009]提出，目的是为了能在同构 MCF 的基础上进一步增加 MCF 纤芯的密度。该光纤中各个纤芯的结构不一样，它们的有效折射率也不同，并且被合理地安排在光纤内，从而能有效地防止模式之间的相位匹配，使得相邻纤芯中的信号串扰最小。如图 4.4(a) 所示，在一种典型的异构 MCF 横截面上，纤芯排列成两个或多个相互交错的三角形阵列，其中相邻纤芯的距离为 d。纤芯的整体布局为：相邻纤芯由不同的传播常数定义，具有相同传播常数的纤芯的芯间距 $\Lambda = d/\sqrt{3}$。最初基于这种三角形排列的 19 芯异构光纤的设计使得芯间距减小到 23 μm，光纤的包层直径仍为原来的 125 μm，而且该 MCF 可以包含三种不同的纤芯[Koshiba et al. - 2009]。此类光纤中采用了较高的纤芯-包层折射率差 Δ（Δ = 1.15%, 1.20%, 1.25%），随着纤芯排列密度的增加而增加，该异构 MCF 中最多可以容纳 19 个纤芯，芯间距 Λ = 23 μm。此外，[Kokubun and Watanabe - 2011]还提出若采用双包层结构，那么这种异构 MCF 能容纳 9 种不同等效折射率的纤芯，如图 4.4(b)所示。

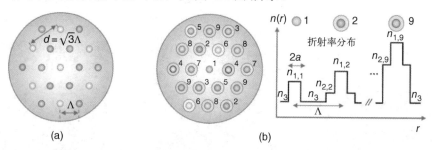

图 4.4   代表性异构 MCF 结构的横截面图与折射率分布图：(a) 19 芯六边形，两种纤芯呈相互交错的三角形阵列；(b) 19 芯六边形，具有 9 种不同的纤芯

由于加入了沟槽辅助型横截面设计 [Tu et al. - 2013, 2016; Hayashi et al. - 2011]，MCF 中纤芯的数量得以快速的增加。图 4.2(d)给出了一种包层直径为 228 μm 的异构 MCF，它包含 30 个纤芯，由 4 种沟槽辅助型纤芯组成[Amma et al. - 2015]。还有[Sasaki et al. - 2017]报道的包层直径为 243 μm、仅含两种不同纤芯类型的 MCF，其中还提出了 37 芯光纤，它的包层直径为 248 μm，包含 3 种沟槽辅助型纤芯，如图 4.2(f)所示。该领域进一步的研究进展是在多芯光纤的每个纤芯中又应用了少模光信号传输技术，在一根光纤中实现了破纪录的 100 个空分光信号传输信道，例如在包层为 306 μm、包含 36 个异质纤芯的异构 MCF 中，通过在纤芯中采用 3 个模式的少模信号传输技术，科研人员在单根光纤内实现了 100 个空分光信号传输信道[Sakaguchi et al. - 2015]。

4.3   多芯光纤链路在无线接入网中的应用

下一代全球 IT 互联技术，包括 5G 网络和物联网，都需要不断地发展现有的无线接入平台并加入新的技术。这需要借助于 MIMO 和波束成形技术，以及结合载波聚合技术和开拓新的 RF 频段来实现对现有带宽资源更加充分的利用。随着城市蜂窝密度的不断增加，天线发射功率的需求不断降低，这使得人们能实现更高的频谱资源的重用。宽带、高可靠性和低延时的特性将成为网络必备的性能，但还需要无线接入与有线通信之间通过 RF-光子接口实现完美的匹配。为了实现 5G 网络中的这种光纤-无线融合的接入网，业界提出了集中式无线接入网(C-RAN)的概念，即云无线接入网，以满足上述需求[China Mobile Research Institute - 2011; Pizzinat et al. - 2015; Chanclou et al. - 2013; Saadani et al. - 2013]。它们的实现将基于这样一个原则：根据不同的基站，将基带单元(BBU)所管理的所有资源在一个共享的中心局中进行集中管理。这就意味着网络需要在射频拉远头(RRH)(通常安置于基站处)和相应的 BBU 之间引入一个负责前传的光纤链路。这一 C-RAN 的概念带来了很多好处，其中最值得提及的一些好处包括：

- 降低了投资和运营的成本。
- 降低了能耗。
- 由于实现了协调多点(CoMP)协议，有可能减少基站之间的信号传输延时，从而改进了无线接入的性能。

如图 4.5 所示，在无线接入网中，中心局至不同 RRH 的远程信号馈线之间的连接需要一个前传光纤链路。起初，人们提出了数字光载无线电(DRoF)技术，其目的是直接将基带数字信号从一个位于中心局的 BBU 传输至相应的 RRH，反之亦然；同时还使用了公共无线电接口(CPRI)中定义的协议之一。然而 C-RAN 还面临着一些挑战，可以总结如下。

- 第一个挑战与比特率要求有关。相对于用户终端实际所需的数据传输速率而言，CPRI 协议可能会面临非常高的对称信号传输比特率。例如，为支持五个连续的 20 MHz 带宽的 LTE-A 信道，天线的每个扇区需要支持 6.144 Gbps 的比特率。此外，这个比特率还可能会增长至接近每扇区 50 Gbps，比如在使用了 8×8 MIMO 空间分集的条件下。如此高的比特率给传输链路带来了极大挑战。为了解决这一问题，在前传部分使用模拟的光载无线电(RoF)传输技术越来越受到人们的青睐[Mitchell - 2014; Liu et al. - 2014]。
- 第二个挑战与光纤的可用性有关。原则上，如果考虑三扇区天线，则至少需要 6 根光纤作为每根天线的信号馈线。此时可用光纤的数量成为一个约束条件。因此，如果我们考虑了具有多个辐射元件的 MIMO 配置，那么就必须考虑采用某种信号复用技术以减少可用光纤的数量，如采用波分复用(WDM)和 SDM，以适应不增加光纤数量这个约束条件。
- 此外，C-RAN 还应支持 5G 通信系统中一些能发挥关键作用的附加功能，如载波聚合、动态容量分配，以及集中式的监督与管理等。
- 最后，C-RAN 还必须具有足够的灵活性，以集成现有和/或其改进版本的信号分配网络，如无源光网络(PON)。

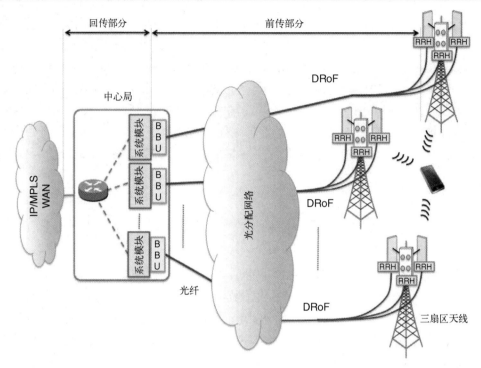

图 4.5　集中式无线接入网(C-RAN)架构

为了应对上述第二个挑战，科研人员在兼顾其他挑战的情况下已经提议使用 MCF 来支持 C-RAN 架构[Galvé et al. - 2016]。基于 MCF 的 C-RAN 解决方案具有足够的灵活性，可以同时支持数字的和模拟的 RoF 架构，还可以通过载波聚合和大规模 MIMO 实现系统容量的升级，以及真正意义上的云操作。更重要的是，MCF 传输所固有的空间复用特性能够通过配置在共享中心局的电子空分开关来实现，从而实现了软件定义网络(SDN)和网络功能虚拟化(NFV)。此外，基于 MCF 的 C-RAN 配置将与 WDM 兼容，并支持 PON 叠加。

4.3.1　中心局与基站之间的基本 MCF 链路

图 4.6 描述了基于 MCF 的 C-RAN 架构及其基本组件，系统中采用了单条链路连接中心局和一个位于远端的天线扇区(由包含 N 个辐射单元的阵列构成)。在此，我们考虑一种包含 $2N+1$ 个相同纤芯的同构 MCF，暂不考虑异构 MCF，因为不同的纤芯会产生不同的光信号相位传播常数，这会导致 MIMO 天线各单元的并行性能对时间敏感。

在图 4.6 中，MCF 上半部分的连线描述了系统中的下行信号传输，其中来自单个激光器的输出功率(输出光波长为 λ_D)被分成 N 路功率相等的载波。然后每路载波被不同的数据信号调制,调制方式可以是基带 I-Q 调制、中频调制或 RF 调制。该图显示了一个典型的 MIMO 传输场景,其中每路调制信号被分别注入 MCF 的不同纤芯中。此处,我们假设每路信号使用了相同的 RF 子载波 f_{RF1}。在该光纤链路的另一端(基站侧),每个数据信号由不同的信号接收机检测并送入 RRH 处理,然后再被分配至天线,向空间辐射。需要注意的是,该光纤链路必须具备足够的通用性,可以传输具有不同RF 载波中心频率的信号。尤其值得注意的是,MCF 的每一个纤芯都可用于信号的分配,比如将连续(CW)激光载波(光波长为 λ_U)分配到基站(这也是下行信号传输的要求);甚至还可用于传输一路独立的控制和监督信道。在上行方向(图中 MCF 下半部分的连线),公共光载波信号(CW 信号)被分成 N 个部分。天线中的 N 个天线辐射单元中的每一个都接收其特定的信号,RRH 分别对其进行处理并对共同载波做相应的调制。然后,接收到的数据再经由该 N 芯 MCF 送入中心局[1]。

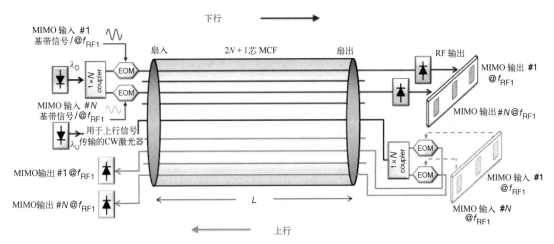

图 4.6　连接中心局和基站的同构 $2N+1$ 芯 MCF 链路[Galvé et al. - 2016]

4.3.2　基于 MCF 的 RoF C-RAN

前面我们所描述的网络中,连接中心局到基站的单条 MCF 链路也可以用作 5G 无线接入网中 BBU 与给定天线扇区之间建立连接的解决方案。图 4.7 给出了一种典型的C-RAN 分布架构,其中心局通过 $2N+1$ 芯 MCF(其中有 N 芯用于上行信号传输,另外的 N 芯用于下行信号传输)连接到不同基站的天线扇区。为了简单起见,图 4.7 中考虑了三扇区天线。基站 BS_k 中的第 j 个天线扇区的第 i 个输入(或输出)纤芯被标记为 $S_i^{k,j}$,如图 4.7 中下半部分的 MCF 链路所示。置于中心局的集中式交换机可以将下行用户的

---

① 因为本书为黑白印刷,所以原版书在描述图 4.6 时所采用的"蓝色线""绿色线"这样的说法失效。——译者注

子载波信道和频带动态地映射至空间端口，或者实现反方向的动态映射。RF 子载波的频率标记为 f_{RF}^{m,S_m}，对于第 m 个频带（$1 \leq m \leq M$，M 表示频带的总数），S_m 表示第 m 个频带中的子载波数。该架构还包含一个内部电子交换核心，在此 SDN 的交换功能在下行 λ_D 光载波被调制之前和上行数据信号被检测之后实现。

在中心局中引入上述的空间复用维度会带来如下的若干好处：首先，在一个给定的基站内，每个天线扇区都可以独立地寻址，而且配置单根光纤就可以实现，避免了采用多光纤束的麻烦；其次，中心局可以电子方式实现资源分配，兼容动态载波聚合和 MIMO 方案；最后，在一个给定的天线扇区内，MIMO 辐射单元的数量可以在中心局中独立地、动态地设置为 1 至 N 的任何一个数，从而可在需要的时候启用相邻基站中不同扇区之间的 CoMP 协议。

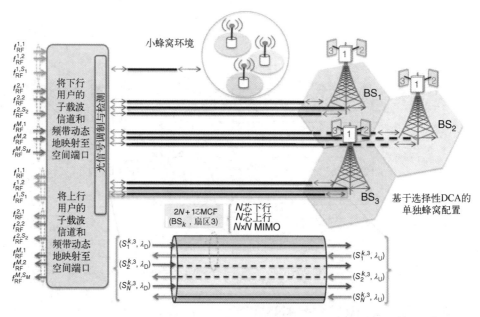

图 4.7　基于 MCF 的 C-RAN 配置用于 BBU 至天线扇区的 RoF 信号传输[Galvé et al. - 2016]

为了更好地理解上述方案的性能，我们以图 4.8 所示的资源分配表为例。图中，我们展示了包含三个基站的一个典型的资源分配方案。这三个基站分别为：基站 BS_1（资源分配如表中上部所示），所有天线辐射单元都分配了频带 1（$f_{RF}^{1,1}$），并且采用了 $N \times N$ MIMO 扩容技术；基站 BS_2（资源分配如表中中部所示），在频带 2 内使用了含有三个 RF 载波（$f_{RF}^{1,1}$，$f_{RF}^{1,2}$，f_{RF}^{1,S_1}）的 RF 载波聚合扩容技术，对于天线的三个扇区，每个扇区中仅激活了一个 RF 辐射单元；基站 BS_3（资源分配如表中下部所示）采用了具有如下特色的混合平台扩容方案，它在频带 1 内使用了 $N \times N$ MIMO 扩容技术，在频带 2 内使用了 RF 载波聚合扩容技术（$f_{\mathrm{RF}}^{2,2}$, f_{RF}^{2,S_2}），而在频带 M 中使用了 $2 \times 2\mathrm{MIMO}$ 扩容技术（$f_{\mathrm{RF}}^{M,2}$）[①]。

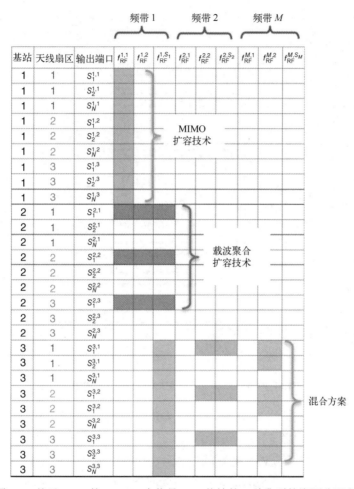

图 4.8　基于 MCF 的 C-RAN 中信号 RoF 传输的一种典型的资源分配方案

4.3.3　基于 MCF 的 DRoF C-RAN

图 4.9 给出了在使用 DRoF 的条件下，我们所提出的基于 MCF 的 C-RAN 架构中的资源分配方案。在下行方向（或在上行方向，来自电子交换机的输出也是如此），位于中心局的电子交换机的输入对应于 BBU 池，其中一组虚拟 BBU 由软件定义，并为基站 BS$_1$ 到 BS$_M$ 的连接提供服务。其中每个虚拟 BBU$_m$（$m = 1, \cdots, M$）都被连接到一组

---

① 因为本书为黑白印刷，所以原版书中在描述图 4.8 时所采用的有关颜色的描述均失效。——译者注

特定的 MCF 纤芯，可以动态地实现重构和不同的资源分配方案。可以采用一个总体资源管理器给虚拟的 BBU 分配容量。

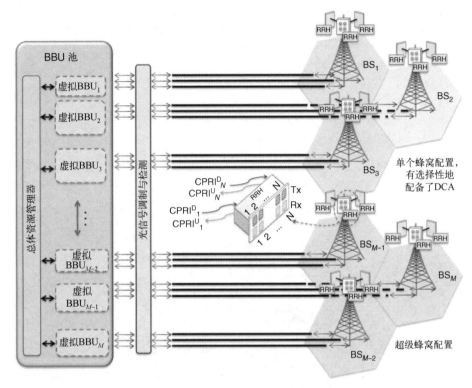

图 4.9   在使用 DRoF 的条件下，基于 MCF 的 C-RAN 配置[Galvé et al. - 2016]

图 4.10 所示的资源分配表给出了在使用 DRoF 条件下进行资源分配的两个典型的例子。在这两个例子中，我们假设每个基站的每个扇区的容量都相等。其中第一个例子(例 1)表示使用了不同 MIMO 配置的 LTE-A 方案中，在多频带、非连续(800 MHz 和 900 MHz 频带)的 (10 + 10) MHz 带宽上的载波聚合配置。当只有一个天线处于工作状态时，CPRI 的比特率为 1.536 Gbps，这被描述为一个基本的 CPU 单元。例如，基站 BS_1(容量分配如表中第一行所示)和 BS_2(容量分配如表中第二行所示)使用了独立的 4×4 MIMO 和 2×2 MIMO，其每个扇区的总容量分别为 6.14 Gbps 和 3.07 Gbps。另一方面，这些由基站 BS_{M-2}、BS_{M-1} 和 BS_M(BS_M 的容量分配如表中最后一行所示)构成了集合，形成了一个 8×8 MIMO 的超级蜂窝(supercell)，每个扇区的总容量为 12.28 Gbps。以 BBU 池 CPU 使用率的百分比所表示的累积容量也在表中给出(以每行表格中由不同灰度占据的格子总长度表示)。

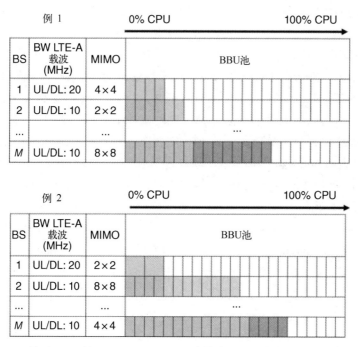

图 4.10　基于 MCF 的 DRoF C-RAN 配置中的资源分配方案[Galvé et al. - 2016]

让我们再看一个例子(例 2),其中的容量进行了重新分配。我们仍考虑一个单频带、非连续(900 MHz 频带)的(5 + 5)MHz 带宽,并且采用了若干 MIMO 的配置。当只有一个天线处于工作状态时,其基本单元对应于 CPRI 的比特率为 0.768 Gbps。对于基站 BS_1,其每个单元的比特率保持在 1.536 Gbps,而每个扇区的总容量为 3.07 Gbps,其辐射单元的数量减少为 2 个;对于基站 BS_2,其辐射单元的数量增加到 8 个,每个单元的比特率为 0.768 Gbps,而每个扇区的总容量增加到了 6.14 Gbps。对于由基站 BS_{M-2}、BS_{M-1} 和 BS_M 实现的超级蜂窝,其每个扇区的总容量达到了 3.07 Gbps。

4.4　基于多芯光纤的微波信号处理

对于大多数基于微波光子学的信号处理系统,我们几乎都能在其最核心的部分中找到真延时线(TTDL,true time delay line),这是一种可在一个给定的信号频带内对信号进行与频率无关的可调延时操作的光学子系统[Capmany and Novak - 2007; Yao - 2009]。这一关键组件实现了很多的重要功能,如可控的 RoF 信号分配、可调谐与可重构的 RF 信号滤波、相控阵天线中的无线电波束控制、光电振荡器、RF 任意波形产生和速率为 Gbps 量级的模数转换模块[Capmany et al. - 2013; Seeds - 2002; Capmany and Novak - 2007; Yao - 2009]。而这些功能对于多种信息技术的应用而言都是必不可少的，例如宽带无线通信、卫星通信、分布式天线系统、信号处理、传感、医学成像和光学相干层析成像等。

在过去的 40 年中，业内报道了用于实现上述微波光子系统的多种不同的技术与方法，其中所涉及的对信号的分集延时处理(即对于一组不同频率的 RF 信号采样分别实现不同的群延时操作)要么在时域中实现，要么在波长域中实现。具体采用的系统有基于标准单模光纤的实现方案，包括采用了不同的光纤链路或色散光纤，并在二者之间切换[Wilner and van den Heuvel - 1976]，有的采用了光纤布拉格光栅(FBG)[Capmany et al. - 1999; Zeng and Yao - 2005; Wang and Yao - 2013]来实现，还有的利用诸如受激布里渊散射的非线性效应来实现[Morton and Khurgin - 2009]。这些方案使得我们可对 0.1～40 GHz 范围的 RF 信号实现 0.4～8 ns 的延时量。另一方面，基于集成光子学技术，包括在硅载绝缘体(silicon on insulator)中使用环形腔结构[Marpaung et al. - 2013]、在 Si_3N_4 中使用赛道型谐振器(race-track resonator)[Marpaung et al. - 2013]、使用光子晶体结构[Sancho et al. - 2012]，以及使用基于磷化铟材料的半导体光放大器结构[Ohman et al. - 2007]，均可对带宽范围处于 2～50 GHz 的 RF 信号实现 40～140 ps 的延时操作。

近年来，学术界提出了一种与上述方案完全不同的信号延时线实现方案，它基于空分复用(SDM)光纤所固有的并行信号处理特性来实现 TTDL，产生了所谓的"光纤分布式信号处理"。这一概念在光纤-无线融合通信的背景下显示出了巨大的发展潜力。尽管人们最初所考虑的 MCF 应用主要针对核心网(和城域网)，但我们必须知道，此类光纤也可以应用于其他更广泛的领域。这些领域不仅包括本章前面所介绍的无线接入网和多天线连接，还包括 RF 信号处理和多参数传感[Capmany et al. - 2013; Seeds - 2002; Capmany and Novak - 2007; Yao - 2009]。尤其是在 MWP 信号处理方面，该技术不仅得益于其系统在体积小和质量轻等方面的优势，而且其功能的多样性和抗电磁干扰的优势也是显而易见的。但是，一方面目前的 MWP 系统和技术都依赖分立的光纤子系统或光子集成电路来处理微波信号；另一方面，它们也依赖于分立的光纤链路来实现所需的信号分配。而 SDM 技术的使用将实现并行的信号处理，且能将信号同时、并行地分配给多个终端用户(无线基站、室内天线、雷达天线等)。

下面，让我们来看看如何基于一个 MCF 来实现离散采样的 TTDL 的一般结构。如图 4.11 所示，该延时线的目的是在基于 MCF 的链路(或组件)的输出端获得某一特定调制信号多个具有不同延时量的信号采样。这一系列的信号采样必须满足：其相邻采样之间的相对延时差是恒定的(这个延时量称为基本差分延时，用 $\Delta\tau$ 表示)。如果系统中只有一个波长的光载波，如图 4.11 所示，则该 TTDL 具有 1D(一维)的性能，此时所有的信号采样都是基于光纤空间分集原理产生的。

如果 MCF 的每个纤芯具有不同的群延时和色散特性，我们就可以采用一根异构的 MCF 来实现 TTDL [Gasulla and Capmany - 2012; Garcia and Gasulla - 2015; García and

Gasulla - 2016]。而如果要使用所有纤芯都相同的同构 MCF 来实现 TTDL，则还需要给它的每个纤芯配合使用一个适当的色散元件[Gasulla et al. - 2017]。

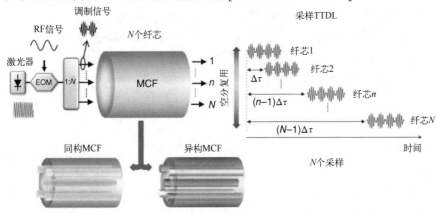

图 4.11　基于 MCF 实现的 TTDL 的一般结构(基于空分复用实现)

　　另外，这种基于 MCF 的方法还可提供 TTDL 的 2D(二维)运行模式，只要我们将不同纤芯所提供的空间分集能力与使用多个光波长的光源时系统所具有的波长分集能力二者结合起来即可。图 4.12 给出了一种使用包含 M 个激光器的激光器阵列而实现的二维 TTDL 方案。当使用波长分集时，延时线的基本差分延时是由给定纤芯 n 中两个相邻波长 λ_{m+1} 和 λ_m 所经历的传输延时差造成的。而与此同时，空间分集的应用又使得同一个特定波长 λ_m 在 MCF 的两个相邻纤芯 $n+1$ 和 n 中传输而产生上述的基本差分延时。也就是说，信号的延时可以同时来自波长分集与空间分集两个维度，因此构成了二维 TTDL。

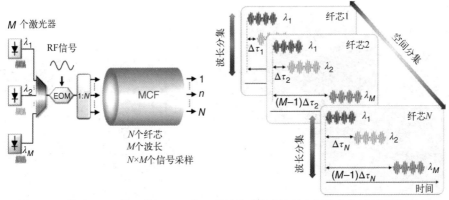

图 4.12　基于 MCF 的二维 TTDL 的一般结构(同时基于空间分集与波长分集实现)

4.4.1　同构 MCF 链路中的信号处理

　　如 2.2 节所述，当前大多数有关 MCF 链路的研究都集中在实现大容量的数字通信。

大容量数字信号的传输与分配通常要求 MCF 的所有纤芯都具有相似的传播特性，但在考虑可调谐 TTDL 的设计与实现时，需要某一特定的波长在 MCF 的不同纤芯中传输时应具有不同的群延时。在这样的应用领域中，就要求我们能够定制具有这种特性的异构 MCF：在保持较低的芯间信号串扰和相对较大的抗弯曲损耗能力的同时，MCF 的每个纤芯的色散值都能够进行定制。在参考波长 λ_0 附近，我们可以对纤芯 n 的群延时 $\tau_n(\lambda)$ 依据二阶泰勒级数展开如下：

$$\tau_n(\lambda) = \tau_n(\lambda_0) + D_n(\lambda - \lambda_0) + \frac{1}{2}S_n(\lambda - \lambda_0)^2 \qquad (4.1)$$

其中 D_n 表示色散，S_n 表示参考波长处纤芯 n 的色散斜率。为了实现适当的群延时可调谐性，我们需要其满足如下特性：首先，光谱的群时延特性与光载波的波长呈线性变化关系；其次，色散 D_n 随纤芯序数 n 的增加而线性地增加。如果在所有纤芯中，信号在参考波长 $\tau(\lambda_0)$ 处都具有相同的基本群延时，则可以对其基本差分延时 $\Delta\tau = \tau_{n+1}(\lambda) - \tau_n(\lambda)$ 进行控制，以实现从 0 到每秒几十（甚至数百）ps 的连续可调延时。这就使得我们可以在长度为几千米的光纤传输链路中实时地实现分布式的信号处理。

上述所需的异构 MCF 设计需要我们对 MCF 中每个纤芯的折射率分布实现定制化的设计，其中沟槽辅助设计是首选方案，因为它提供了更大的设计灵活性。[Gasulla and Capmany - 2012; García and Gasulla - 2015; García and Gasulla - 2016]中报道了用于实现 TTDL 的异构 7 芯光纤的不同设计方案。[García and Gasulla - 2016]中提出了一种在群延时可调谐性和芯间信号串扰两方面均达到最优化的设计方案，图 4.13 的左图给出了该 MCF 的横截面图。图 4.13 的右图给出了每个纤芯参数的计算值，其中 α_1 为纤芯半径，α_2 为纤芯-沟槽距离，w 为沟槽宽度，Δ_1 为纤芯-包层折射率差，n_{eff} 为有效折射率。芯间距为 35 μm，而光纤的包层直径为标准的 125 μm。

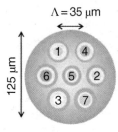

纤芯	纤芯半径 α_1 (μm)	纤芯-包层折射率差 Δ_1 (%)	纤芯-沟槽距离 α_2 (μm)	沟槽宽度 w (μm)	群时延 τ_0 (ps/m)	色散 D (ps/km/nm)	有效折射率 n_{eff}
1	3.42	0.3864	5.48	3.02	4918.333	14.75	1.453384
2	3.60	0.3762	5.03	2.61	4918.333	15.75	1.453465
3	3.62	0.3690	4.35	3.32	4918.333	16.75	1.453386
4	4.26	0.3588	4.92	4.67	4918.333	17.75	1.453881
5	3.49	0.3476	2.81	5.41	4918.333	18.75	1.452878
6	4.79	0.3435	3.35	3.32	4918.333	19.75	1.454041
7	4.98	0.3333	2.42	4.05	4918.333	20.75	1.453979

图 4.13　左图，人们设计的异构 MCF 的横截面图；右图，该 MCF 的参数和每个纤芯传播特性参数的计算值

如图 4.14(a) 所示，在该 7 芯光纤中，从一个纤芯跨越到另一个纤芯时，MCF 的光谱群延时呈线性增长。也就是说，该光纤满足可调谐延时线的应用需求，还可用于实现多种 MWP 信号处理系统的基本功能单元，比如可用于相控阵天线中的信号滤波和

无线电波束成形。作为一个原理性的验证与展示，图 4.14 (b) 中给出了一个基于上述光信号延时线的光学波束成形系统的频响特性 (即阵列因子，如图中上半部分所示) 和信号滤波功能频响特性的计算结果 (如图中下半部分所示)，其中的延时线由一段基于上述设计实现的 10 km MCF 构成。通过调节光源的光波长，我们可以看到该滤波器频响的自由频谱范围 (FSR) 和相控阵天线的波束指向随波长的变化情况。可以看到，当工作波长从 1560 nm 增加到 1575 nm 时，滤波器的 FSR 从 10 GHz 降低至 4 GHz (如图中下半部分所示)，同时波束成形系统的波束指向角从 180° 变化到 90° (如图中上半部分所示)，在该过程中没有因高阶色散而引起的非线性信号畸变。

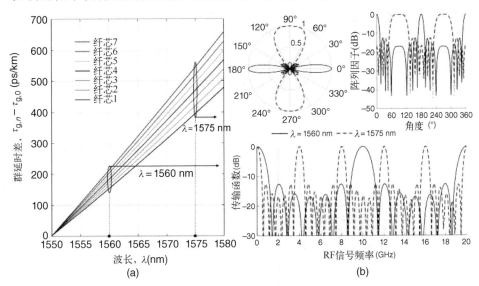

图 4.14　(a) 经过色散管理设计的 MCF 的群延时随波长的变化曲线 (不同的曲线表示在参考波长 1550 nm 处的群延时)；(b) 相控阵天线的阵列因子随波束指向角的变化曲线 (图中上半部分) 及滤波器传输函数随 RF 信号频率的变化曲线 (图中下半部分)，图中光载波的波长分别为 1560 nm (如图中实线所示) 和 1575 nm (如图中虚线所示)。本图取自 MDPI

4.4.2　同构 MCF 多腔器件中的信号处理

如果要基于同构 MCF 来实现可调谐的 TTDL，我们需要为其每个纤芯额外配备一个光学色散元件，因为同构 MCF 中所有纤芯的传输特性都是相同的。为了实现这种结构，我们可以在沿着纤芯的一些选定位置上刻入 FBG 来形成一种多腔器件。在单芯的单模光纤中刻入 FBG 来实现具有 1D 功能的延时线已经得到了广泛的研究 [Wang and Yao - 2013]。如果我们充分考虑 MCF 的空分复用特性，那么还可以实现 2D 功能的延时线，如此还可以实现更高级的器件性能及实现更多类型的应用。在 [Gasulla et al. - 2017] 中，作者采用移动相位掩模技术制造了不同的多腔 TTDL 器件，在该方案中作者或是将相同的光栅同时刻入 MCF 所包含的一组纤芯中, 或是将单个光栅刻入 MCF 的单个纤芯中。图 4.15(a)给出了一种基于 MCF 的多腔器件的示意图, 它是基于将独立的 FBG 刻入 MCF 的三个外层纤芯中而实现的(在图中标识为纤芯 4、5 和 6)。这里所使用的光纤为商用同构 7 芯光纤, 光纤的包层直径为 125 μm, 芯间距为 35 μm。所选定的这三个纤芯中的每一组光栅都包含了由三个均匀光栅构成的光栅阵列(三个均匀光栅的中心反射波长分别为 $\lambda_1 = 1537.07$ nm, $\lambda_2 = 1541.51$ nm, $\lambda_3 = 1546.26$ nm), 这些光栅分别被刻在纤芯 4、5 和 6 的不同纵向位置。为了实现波长分集的功能, 在同一纤芯中不同光栅之间的纵向距离依次增加, 即对于纤芯 6, 不同光栅之间的距离为 20 mm; 对于纤芯 5, 不同光栅之间的距离为 21 mm; 对于纤芯 4, 不同光栅之间的距离为 22 mm。另一方面, 为了在该器件中实现空间分集功能, 具有同一反射波长的光栅在相邻纤芯之间的相对距离也不同, 即对于反射波长为 λ_1 的光栅, 它在不同纤芯之间的相对距离为 6 mm; 对于反射波长为 λ_2 的光栅, 它在不同纤芯之间的相对距离为 7 mm; 对于反射波长为 λ_3 的光栅, 它在不同纤芯之间的相对距离为 8 mm。从图 4.15(b)的归一化光栅反射谱中可以看出, 所有光栅的反射强度水平基本一致, 最大差别为 3 dB。

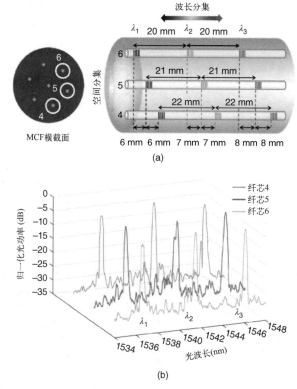

图 4.15　(a)通过在一个同构 7 芯光纤中选择三个外层纤芯刻入 FBG 而实现的多腔器件; (b)该器件的归一化光栅反射谱的测量结果。本图取自 MDPI

图 4.16(a)给出了基于上述 MCF 多腔器件实现的微波信号滤波器的实验配置。在实验中，既可以使用三个窄线宽激光器阵列，也可以使用一个宽带光源再加一个带宽为 2 nm 的光学滤波器。请注意，我们之所以需要宽带光源，是为了防止来自不同纤芯的信号采样在光电探测器处一起检测时发生相互干涉(如果采用激光器阵列，则各信号采样之间的差分延时需小于窄线宽激光光源的相干时间)。图 4.16(b)给出了当我们考虑波长分集特性时该滤波器的频响特性，此时实验中收集了来自某一给定纤芯的不同信号采样。如果实验中我们考虑来自另一个纤芯的信号，那么还能实现对滤波器的重构。在这个特定的例子中，依次选择纤芯 4 至纤芯 6，滤波器的 FSR 将从 4.45 GHz 增加到 4.97 GHz。

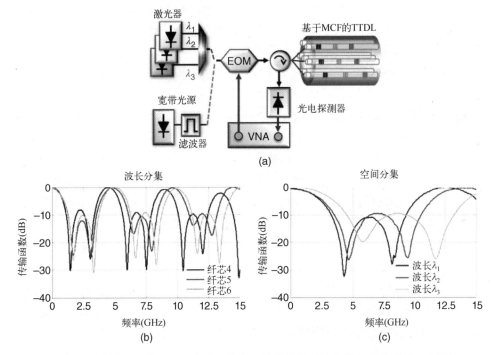

图 4.16　(a)基于同构 MCF 多腔器件实现的微波信号滤波器的实验配置；(b)基于波长分集功能时滤波器的频响特性(使用了不同的纤芯)；(c)基于空间分集功能时滤波器的频响特性(使用了不同的波长)；本图取自 MDPI

另一方面，如果在器件的输出端我们检测的是来自不同纤芯的采样信号，并且它们的波长相同，则此时该器件工作在空间分集模式，空间分集基于 MCF 的不同纤芯实现。这一点可以从图 4.16(c)中看出，在该图中所展示的实验结果实际上汇集了由三个波长分别产生的频响。通过对波长进行调谐，即从 λ_3 调谐至 λ_1，可将该滤波器的 FSR 从 12.50 GHz 增加到 17.76 GHz。虽然实验结果与理论结果能较好地吻合，但在此我们必须要强调一下，此器件的相邻纤芯输出的差分延时之间存在微小差异，这是由于纤芯折射率的理论值与实际值之间存在差异(此外，各纤芯的折射率也不完全相同)，而且 MCF 中各光栅的反射率强度也存在微小的不均匀性。

4.5 结论

  未来的光纤-无线接入网很可能会得益于本章所介绍的这些基于 SDM 的信号传输与处理方案，因为它与以往平行地使用多根单模光纤的方案相比，会使系统变得更紧凑；对于外界的机械振动或环境扰动而言，其性能的稳定性也会更好，而且基于 MCF 的信号处理方案还可以同时利用信号的空间分集与波长分集所提供的灵活性来实现功能的多样性。此外，本章所介绍的光纤 SDM 技术(可以理解为"水平方向上的集成")还可以与光子集成电路(可以理解为"垂直方向上的集成")进行协同、组合，将有助于进一步减小系统与器件的尺寸、质量和功耗，这些都将进一步推动未来微波光子学技术的发展。

  光纤 SDM 技术在微波光子学链路和系统中的应用引发了"光纤分布式信号处理"这个概念的产生，利用这一点，我们可以在整个无线接入网中进行信号分配的同时实现对信号的处理。在信号分配方面，基于 MCF 来实现 C-RAN 架构将能有效地解决未来 5G 通信所面临的主要挑战，促使 SDN 和 NFV 技术得以实现，同时还能兼容 WDM 技术及 PON 的覆盖与扩展。在 DRoF 和 RoF 方案中，每个基站的每个扇区的业务流量和容量特性都可以通过位于中央局的电子交换机的资源管理器在电域中通过软件进行重新配置，这为 SDN 和 NFV 的实现提供了必要的支持。此外，如果在中央局中引入架构可按需重构的网管节点[Amaya et al. - 2014]，则上述方案就有可能与基于 MCF 技术的城域网解决方案集成。在 RF 信号处理方面，我们可以采用带有色散管理的异构 MCF 链路和基于商用同构 MCF 的多腔器件来实现 5G 通信环境中所急需的一些基于微波光子学的功能，包括任意波形产生、可重构的信号滤波、相控阵天线中的光波束成形网络及模数转换等。

参考文献

Y. Amma, Y. Sasaki, K. Takenaga, S. Matsuo, J. Tu, K. Saitoh, M. Koshiba, T. Morioka, and Y. Miyamoto. High-density multicore fiber with heterogeneous core arrangement. In *2015 Optical Fiber Communications Conference and Exhibition (OFC)*, pages 1-3, 2015.

N. Amaya, et al. (2014). Software defined networking over space division multiplexing optical networks: features, benefits and experimental demonstration. *Optics Express*, 22 (3): 3638-3647.

J. Capmany, et al. (1999). New and flexible fiber-optic delay-line filters using chirped Bragg gratings and laser arrays. *IEEE Transactions on Microwave Theory Technologies*, 47 (7): 1321-1326.

J. Capmany and D. Novak. Microwave photonics combines two worlds. *Nature Photon*, 1, 2007.

J. Capmany, J. Mora, I. Gasulla, J. Sancho, J. Lloret, and S. Sales. Microwave photonic signal processing. *IEEE/OSA Journal of Lightwave Technology*, 31, 2013.

P. Chanclou, A. Pizzinat, F. Le Clech, T. L. Reedeker, Y. Lagadec, F. Saliou, B. Le Guyader, L. Guillo, Q. Deniel, S. Gosselin, S. D. Le, T. Diallo, R. Brenot, F. Lelarge, L. Marazzi, P. Parolari, M. Martinelli, S. O'Dull, S. A. Gebrewold, D. Hillerkuss, J. Leuthold, G. Gavioli, and P. Galli. Optical fiber solution for mobile fronthaul to achieve cloud radio access network. In *2013 Future Network Mobile Summit*, pages 1-11, 2013.

China Mobile Research Institute (2011). C-ran: The road towards green ran. White paper, China Mobile Research Institute, 2011.

J. M. Galvé, I. Gasulla, S. Sales, and J. Capmany. Reconfigurable radio access networks using multicore fibers. *IEEE Journal of Quantum Electronics*, 52 (1):1-7, 2016.

S. García and I. Gasulla. Design of heterogeneous multicore fibers as sampled true-time delay lines. *Opt. Lett.*, 40 (4):621-624, Feb 2015.

S. García and I. Gasulla. Dispersion-engineered multicore fibers for distributed radiofrequency signal processing. *Opt. Express*, 24 (18): 20641-20654, 2016.

S. García, D. Barrera, J. Hervas, S. Sales, and I. Gasulla. Dispersion-engineered multicore fibers for distributed radiofrequency signal processing. *Photonics*, 4 (49), 2017.

I. Gasulla and J. Capmany. Microwave photonics applications of multicore fibers. *IEEE Photonics Journal*, 4 (3):877-888, 2012.

I. Gasulla, D. Barrera, J. Hervas, and S. Sales. Spatial division multiplexed microwave signal processing by selective grating inscription in homogeneous multicore fibers. nature, Scientific Reports, 2017.

T. Kobayashi, H. Takara, A. Sano, T. Mizuno, H. Kawakami, Y. Miyamoto, K. Hiraga, Y. Abe, H. Ono, M. Wada, Y. Sasaki, I. Ishida, K. Takenaga, S. Matsuo, K. Saitoh, M. Yamada, H. Masuda, and T. Morioka. 2 × 344 tb/s propagation-direction interleaved transmission over 1500-km mcf enhanced by multicarrier full electric-field digital back-propagation. In *39th European Conference and Exhibition on Optical Communication (ECOC 2013)*, pages 1-3, 2013.

Y. Kokubun and T. Watanabe. Dense heterogeneous uncoupled multi-core fiber using 9 types of cores with double cladding structure. In *17th Microopics Conference (MOC)*, pages 1-2, 2011.

M. Koshiba. Design aspects of multicore optical fibers for high-capacity long-haul transmission. In *Microwave Photonics (MWP) and the 2014 9th Asia-Pacific Microwave Photonics Conference (APMP) 2014 International Topical Meeting on,* pages 318-323, 2014.

M. Koshiba, K. Saitoh, and Y. Kokubun. Heterogeneous multi-core fibers: proposal and design principle. *IEICE Electronics Express*, 6(2):98-103, 2009.

C. Liu, J. Wang, L. Cheng, M. Zhu, and G. K. Chang. Key microwave-photonics technologies for next-generation cloud-based radio access networks. *Journal of Lightwave Technology*, 32(20):3452-3460, 2014.

D. Marpaung, C. Roeloffzen, R. Heideman, A. Leinse, S. Sales, and J. Capmany. Integrated microwave photonics. *Lasers Photonics Review*, 7, 2013.

S. Matsuo, K. Takenaga, Y. Sasaki, Y. Amma, S. Saito, K. Saitoh, T. Matsui, K. Nakajima, T. Mizuno, H. Takara, Y. Miyamoto, and T. Morioka. High-spatial-multiplicity multicore fibers for future dense space-division-multiplexing systems. *IEEE/OSA Journal of Lightwave Technology*, 34(6):1464-1475, 2016.

J. E. Mitchell. Integrated wireless backhaul over optical access networks. *Journal of Lightwave Technology*, 32(20):3373-3382, 2014.

P. A. Morton and J. B. Khurgin. Microwave photonic delay line with separate tuning of the optical carrier. *IEEE Photonics Technology Letters*, 21(22): 1686-1688, 2009.

F. Ohman, K. Yvind, and J. Mork. Slow light in a semiconductor waveguide for true-time delay applications in microwave photonics. *IEEE Photonics Technology Letters*, 19(15): 1145-1147, 2007.

A. Pizzinat, P. Chanclou, F. Saliou, and T. Diallo. Things you should know about fronthaul. *Journal of Lightwave Technology*, 33(5):1077-1083, 2015.

B. J. Puttnam, R. S. Luís, W. Klaus, J. Sakaguchi, J. M. Delgado Mendinueta, Y. Awaji, N. Wada, Y. Tamura, T. Hayashi, M. Hirano, and J. Marciante. 2.15 Pb/s transmission using a 22 core homogeneous single-mode multi-core fiber and wideband optical comb. In *2015 European Conference on Optical Communication (ECOC)*, pages 1-3, 2015.

D. J. Richardson, Fini J. M., and L. E. Nelson. Space-division multiplexing in optical fibres. *Nature Photonics*, 7, 2013.

R. Ryf, H. Chen, N. K. Fontaine, A. M. Velzquez-Bentez, J. Antonio-Lpez, C. Jin, B. Huang, M. Bigot-Astruc, D. Molin, F. Achten, P. Sillard, and R. Amezcua-Correa. 10-mode mode-multiplexed transmission over 125-km single-span multimode fiber. In *2015 European Conference on Optical Communication (ECOC)*, pages 1-3, 2015.

A. Saadani, M. El Tabach, A. Pizzinat, M. Nahas, P. Pagnoux, S. Purge, and Y. Bao. Digital radio over fiber for lte-advanced: Opportunities and challenges. In *2013 17th International Conference on Optical Networking Design and Modeling (ONDM)*, pages 194-199, 2013.

J. Sakaguchi, B. J. Puttnam, W. Klaus, Y. Awaji, N. Wada, A. Kanno, T. Kawanishi, K. Imamura, H. Inaba, K. Mukasa, R. Sugizaki, T. Kobayashi, and M. Watanabe. 19-core fiber transmission of 19×100×172-gb/s sdm-wdm-pdm-qpsk signals at 305 tb/s. In *OFC/NFOEC*, pages 1-3, 2012.

J. Sakaguchi, W. Klaus, J. M. D. Mendinueta, B. J. Puttnam, R. S. Luis, Y. Awaji, N. Wada, T. Hayashi, T. Nakanishi, T. Watanabe, Y. Kokubun, T. Takahata, and T. Kobayashi. Realizing a 36-core, 3-mode fiber with 108 spatial channels. In *2015 Optical Fiber Communications Conference and Exhibition (OFC)*, pages 1-3, 2015.

Samsung Electronics Co. 5G vision. White paper, Samsung Electronics Co, 2015.

J. Sancho, J. Bourderionnet, J. Lloret, S. Combrie, I. Gasulla, S. Xavier, S. Sales, P. Colman, G. Lehoucq, D. Dolfi, J. Capmany, and A. De Rossi. Integrable microwave filter based on a photonic crystal delay line. *Nature Communications*, 3, 2012.

Y. Sasaki, R. Fukumoto, K. Takenaga, K. Aikawa, K. Saitoh, T. Morioka, and Y. Miyamoto. Crosstalk-managed heterogeneous single-mode 32-core fibre. In *ECOC 2016; 42nd European Conference on Optical Communication*, pages 1-3, 2016.

Y. Sasaki, K. Takenaga, K. Aikawa, Y. Miyamoto, and T. Morioka. Single-mode 37-core fiber with a cladding diameter of 248μm. In *2017 Optical Fiber Communications Conference and Exhibition (OFC)*, pages 1-3, 2017.

A. J. Seeds. Microwave photonics. *IEEE Transactions on Microwave Theory and Techniques*, 50, 2002.

J. Tu, K. Saitoh, M. Koshiba, K. Takenaga, and S. Matsuo. Optimized design method for bend-insensitive heterogeneous trench-assisted multi-core fiber with ultra-low crosstalk and high core density. *IEEE/OSA Journal of Lightwave Technology*, 31(15):2590-2598, 2013.

J. Tu, K. Long, and K. Saitoh. An efficient core selection method for heterogeneous trench-assisted multi-core fiber. *IEEE Photonics Technology Letters*, 28(7):810-813, 2016.

C. Wang and J. Yao. Fiber bragg gratings for microwave photonics subsystems. *Opt. Express*, 21:22868-22884, Sep 2013.

K. Wilner and A. P. van den Heuvel. Fiber-optic delay lines for microwave signal processing. *Proceedings of the IEEE*, 64(5):805-807, 1976.

J. Yao. Microwave photonics. *IEEE/OSA Journal of Lightwave Technology*, 27, 2009.

F. Zeng and J. Yao. All-optical microwave filters using uniform fiber bragg gratings with identical reflectivities. *Journal of Lightwave Technology*, 23(3):1410-1418, 2005.

B. Zhu, T. F. Taunay, M. Fishteyn, X. Liu, S. Chandrasekhar, M. F. Yan, J. M. Fini, E. M. Monberg, and F. V. Dimarcello. 112-tb/s space-division multiplexed dwdm transmission with 14-b/s/hz aggregate spectral efficiency over a 76.8-km seven-core fiber. *Opt. Express*, 19(17): 16665-16671, Aug 2011.

第 5 章 面向 5G 的 VLC 与 WiFi 网络技术及架构

本章作者: Isiaka Ajewale Alimi, Abdelgader M. Abdalla, Jonathan Rodriguez, Paulo Pereira Monteiro, Antonio Luís Teixeira, Stanislav Zvánovec, Zabih Ghassemlooy

5.1 简介

机器到机器(M2M，machine-to-machine)的通信技术被认为是新兴物联网(IoT)中的一项关键技术，它对于当前业界兴起的一些智能性应用领域，如智慧医疗保健、智能安全和智能工业等，显得尤为重要。有了 M2M 技术，信息可在一些自主设备之间实现自动交换，而不需要人工干预。这些自主设备包括一些执行器、移动电话、传感器和射频识别标签等，目前它们已被广泛地部署于网络中。此外，在下一代物联网应用中，人们期望会有更多、更智能和高效的无线物联网设备与互联网实现可靠的连接。在业界，物联网被认为是一种能在多种环境和应用中提供一个可支持多种带有嵌入式元件(如传感器和执行器)的异构设备的互联平台。该技术的主要目标是利用这些元件所采集的数据来实现信息的收集、共享和自适应的转发。据统计，2020 年全球的物联网设备已经超过 300 亿台，这就导致了大量的设备要与互联网连接[Shahin et al. - 2018; Lv et al. - 2018; Parne et al. - 2018]。因此，如此大量的设备要连接互联网，这不仅会对网络中的数据流量产生显著的影响，而且还将对信息传输信道的可用性和延时性等方面带来更高的要求。此外，它们还将对第五代(5G)和后 5G(B5G)网络的设计与应用产生巨大的影响[Lv et al. - 2018]。

此外，为了确保这些设备能够有效地运行，人们势必要对连接这些设备的互联网在大量设备连接的性能和低延时等方面提出更加严格的要求[Lv et al. 2018]。与此同时，无线通信技术在为世界各地的用户不断提供泛在连接的过程中，其性能也得到了显著的发展。然而，对于通过无线网络来实现异构设备的互联，并实现其之间高效的通信方面，人们还需要对无线通信技术做进一步的改进。在 IoT 中，设备和用户可在信息交换技术的支持下进行通信，这里所说的通信包括了设备到设备(D2D，device-to-device)/终端到终端(T2T，erminal-to-terminal)、人与人(H2H，human-to-human)和/或人与设备(H2D)的通信 [Parne et al. - 2018]。

值得注意的是，就其本质而言，人们还需要对 M2M 技术做进一步分析，以便更好地理解它能为哪些基本的人类需求提供服务。例如，无线局域网（WLAN）或 ZigBee 技术可以非常低的数据传输速率来支持小规模部署的 M2M 设备之间的互联。然而，对于大规模的 M2M 通信，人们就应采用蜂窝网络进行连接。此外，IoT 和 M2M 通信构建了一个能够支持多种应用和大量异构设备大规模互联的网络，这些异构设备包括自动售货机、传感器和车辆等。这些设备彼此互联，而且能实现自动的数据传输[Lo et al. - 2013]。此外，M2M 通信在许多不同的领域中都有广泛的应用，如计算机、智能手机、医疗监控系统、生产车间、能源网、仓库、医疗保健、云系统、交通运输、交通灯、智能跟踪和追踪系统等。它也适用于其他智能系统的应用，如智慧城市、智能交通、智能电网和智能电表[Parne　et al. - 2018]。对于上述的每一种应用需求，M2M 系统都需要采用一系列的通信技术来确保其最后一千米的网络连接。

对于上述需求，无线技术是最有前景的技术，因为它支持设备的移动连接，而且具有无处不在的覆盖范围和即插即用的优点[Lo et al. - 2013]。然而，我们不难发现，现有的 RF 无线频谱信道不仅受到相关当局的高度管制，而且业务还极为"拥挤"。IoT 和 M2M 通信的出现并不能缓解这一现象，反而会带来更多挑战。因此，在高用户密度区域的频谱拥塞问题可能会导致设备对网络的访问受限。此外，现有基于 RF 信号的通信链路性能还会受到信号传输多径效应的影响，尤其是在拥挤的城市应用场景中，这种影响更为明显。这些问题在室内的通信环境中会变得更为棘手，因为室内的可用频谱带宽往往更受限，有时不足以支持多种异构用户设备的有效运行。而有关统计表明：70%以上的无线数据流量传输实际上都发生在室内环境中，例如人们的办公室和住宅里[Ghassemlooy et al. - 2016]。通过将移动数据流量转移到无线保真（WiFi）和飞蜂窝（femtocell）等有效的微波承载技术，可以减轻当前移动基站的负荷[Alimi et al. - 2018]。然而，也有人指出密集部署的 WiFi 热点已成为限制系统容量进一步提高的瓶颈之一[Wu et al. - 2017]。因此，为了能够有效地实现无缝覆盖的无线网络，我们必须采用具有高可靠性和低成本的技术[Ghassemlooy et al. - 2016]。

另外，为满足网络的应用需求，我们还可以采用一些有效的技术来提高基于 RF 技术的方案的性能。应注意的是，无论采用何种技术，我们总可以考虑以下选项来增强无线通信系统的容量[Ghassemlooy et al. - 2016]。

1. 额外的频谱（资源信道或频带）分配，通过分配更多的资源获得更多的可利用带宽。

2. 部署更多的无线接入节点[即在传统宏蜂窝上覆盖小型蜂窝，如飞蜂窝、皮蜂窝(picocell，也称微微蜂窝)和微蜂窝(microcell)]，这样有助于频谱资源的重用。不仅能提供有效的网络容量，而且能提供无缝的无线信号覆盖。

3. 通过采用创新的方案来提高频谱效率，这些方案包括有效的频率重用、资源调度、频谱分配、数据/信道聚合和信息压缩技术等，以增加网络容量[Tayade - 2016]。

4. 显著提升系统在功耗(能耗)、资源利用和成本等方面的性能。

然而，上述这些可供选择的方案在使用中都需要进行严格的折中考虑，因为这些选择可能会带来一些好处，但同时也会带来一些问题。例如，对于上述第一种方案，人们获取并利用新的频谱资源可以增加网络的容量，但是同时也会增加网络的成本，所以人们需要考虑如何让这种方案更加有效[Ghassemlooy et al. - 2016]。同样，通过采用更小的蜂窝，我们可以更加密集地部署无线接入节点。然而，这么做除了需要考虑相关的成本，密集部署的网络对于蜂窝间/不同层之间的信号干扰及 5G 和 B5G 网络中频谱资源的重用与管理等问题又提出了额外的挑战[Alimi et al. - 2018]。此外，在过去几年中，很多科研人员在提高基于 RF 信号的无线通信系统的频谱效率方面都做出了共同努力；然而，随着不同的带宽密集型应用和业务的不断发展，这些努力似乎还显得不够[Ghassemlooy et al. - 2016]。此外，目前基于 RF 技术的无线通信系统还不能满足日益增长的业务带宽需求。因此，基于 RF 技术的无线通信系统要适应未来业务的需求，其带宽和容量还不够。面对 RF 技术方案所面临的各种挑战，我们还需要采用创新性的、成本有效的和更加可行的技术[Ghassemlooy et al. - 2016; Alimi et al. - 2018, 2017a]。5.2 节介绍的无线光通信技术可作为一种备选方案和/或补充方案来应对上述挑战。该技术这不仅有助于问题的解决，而且还有助于减轻当前 RF 频谱资源的负荷。

5.2　无线光通信(OWC)系统

无线光通信(OWC，optical wireless communication)系统是一种创新的、很有前途的无线宽带接入技术，它提供了一种可扩展的、超高速的、容量提升的、成本有效的且易于部署的解决方案，同时仍然保持了光纤通信解决方案所固有的大容量优势。因此，OWC 系统可以在某些应用领域中以较低的成本满足下一代网络中不同业务和应用的带宽需求。此外，OWC 系统可使用包括紫外光、可见光(VL)和红外光(IR)等一切可用于通信的带宽资源，因而它几乎拥有不受任何管制的可用带宽。

在人们所知的广阔的电磁频谱中还存在着巨大的带宽资源，而大部分尚未得到开发，尤其是在光波频段。因此，为了满足业务不断增长的带宽需求，OWC 系统成为当前人们研究的一个焦点。这主要是得益于它相比传统的基于 RF 技术的无线通信系统所固有的一些优势。例如，OWC 系统可提供一些卓越的功能，例如易于部署、超高容量/带宽(达 THz)、较低的功耗(也就是较高的能效)、设备更紧凑/质量轻、产品上市时间短、抗 RF 电磁干扰(EMI)能力强、可提供更好的抗干扰保护；不必获得相关部门的许可，因而成本低；拥有固有的/高效的防窃听安全性；由于其空间波束方向集中，因此可以实现几乎不受任何限制的高频率重用率[Alimi et al. - 2017d, e, c]。此外，OWC 系统因其卓越的性能在遥感/监测/监视等各种应用和照明、数据通信、灾难恢复、射电天文学、高清晰度电视传输、城域网扩展、医学成像信息的实时共享，以及蜂窝网络的前传/回传链路等多种应用领域中都极具吸引力[Ghassemlooy et al. - 2016; Alimi et al. - 2018, 2017a; Ghassemlooy et al. - 2012]。

此外，OWC 系统还符合以下 5G 基础设施公私合作伙伴(5G PPP)在[Horizon 2020 - 2014]中所确定的关键性能指标(PPP)：

1. 提供比 2010 年高出 1000 倍的无线区域容量，并提供进一步的多样化服务能力。
2. 在移动通信系统中，在主要能耗来自无线接入网的情况下，使得单个业务连接的能耗减少约 90%。
3. 将平均服务响应时间周期从 90 小时减至 90 分钟。
4. 创建一个安全可靠的互联网，使服务停机时间接近"零感知时间"。
5. 促进无线通信链路的超密集部署，可连接超过 7 万亿台无线设备，为超过 70 亿的用户提供服务。
6. 能启用高级用户可控的隐私设置。

OWC 一般可分为两种技术方案，即室内和室外方案。对于室内的 OWC 方案，人们通常采用 IR 波段(780～950 nm)或 VL 波段(380～780 nm)的系统作为楼内(室内)的无线通信解决方案[Ghassemlooy et al. - 2015]。室内的 OWC 方案主要在那些不方便使用物理接线提供网络连接的场景中具有非常重要的意义。此外，室内的 OWC 方案还可分为散射式、追踪式、视距通信(LOS，line of sight)和非视距通信(non-directed LOS)的方案。在用于室外的 OWC 系统中，人们通常使用一路光载波在无导引的信道中将信息从一个节点/站点传输到另一个节点/站点。其传输信道可以是大气或自由空间。因此，室外的(即室外地面点对点的)OWC 系统也称为自由空间光(FSO, free space optical)通信系统。需要注意的是，FSO 系统通常工作在近红外波段。而且，它们也被分为地面和空间光链路两种应用，具体包括从建筑物到建筑物的链路、从地面到卫星的链路、从卫星到地面的链路、从卫星到卫星及从卫星到机载平台的链路[Ghassemlooy et al. - 2016; Alimi et al. - 2018, 2017a; Ghassemlooy et al. - 2012]。图 5.1 中的树形图给出了 OWC 系统的分类。本章重点介绍用于 5G 环境中的可见光通信(VLC, visible light communication)技术。

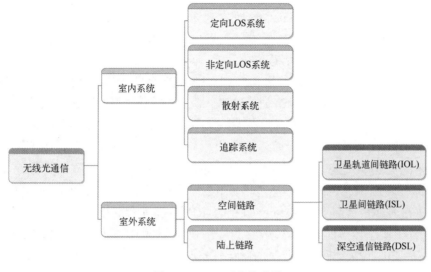

图 5.1　OWC 系统的分类

5.3　可见光通信(VLC)系统基础

如 5.1 节所述,当前 RF 频谱资源受到了严格的管制,而且已经十分拥挤。在高密度用户的区域,业务连接的拥塞会导致网络用户不良/受限的网络访问体验。这一点对于那些处于蜂窝边缘用户而言更为明显,因为他们所能获得的信噪比/数据传输速率非常低,从而导致了较差的服务质量(QoS)。这种影响主要归因于较高的路径损耗、蜂窝间的干扰和由无线信道条件引起的信号衰落效应等因素。因此,人们需要创新的和更加可行的技术来解决上述这些问题[Ghassemlooy et al. - 2016; Alimi et al. - 2018, 2017a]。如 5.2 节所述,采用诸如 VLC 的无线光通信方案不仅可以解决上述问题,还有助于缓解 RF "频谱资源紧张" 的问题。这是因为 OWC 系统使用了与 RF 不同的电磁频谱资源,并且能够支持不同的 5G 部署/使用场景,例如它可用于移动和固定无线通信的增强移动宽带(eMBB)场景和大规模机器型通信(mMTC)场景(该场景主要适用于物联网),以及超可靠和低延时通信(URLLC)场景(该场景主要用于一些关键性的业务,我们将在 5.4 节讨论)。

现有的发光二极管(LED)芯片正被不断地改进,目前已具有纳秒级的高速开关能力,而且 LED 因其能效高而得到了广泛的应用,这些利好因素都为 VLC 系统的应用铺平了道路[Sevincer et al. - 2013; Rajagopal et al. - 2012]。因此,VLC 系统似乎已被公认为是无线通信系统应对带宽限制、能源效率、电磁辐射和安全性等多方面挑战的一种极具吸引力的技术[Ying et al. - 2015; Yang and Gao - 2017]。目前,它已经成为一种适用于多种短距离和中等距离通信应用的解决方案,如 M2M 通信、无线个人区域网

（WPAN，wireless personal area network）、无线体区域网（WBAN，wireless body area network）、无线局域网（WLAN）、无线接入点，以及车载和水下网络等。在 5.4 节中，我们前瞻性地介绍了 VLC 系统在各种当前和未来所预期的多种场合中的应用 [Ghassemlooy et al. - 2016; Alimi et al. - 2017a; Uysal and Nouri - 2014]。

　　此外，VLC 已被公认是应对诸如 WiFi 等基于 RF 技术的无线通信系统所面临的挑战的一种十分有吸引力的替代方案。在 VLC 系统中，人们可以使用那些尚未开发和未授权的电磁频谱，这不仅可以为通信系统提供更多的可用带宽，而且还可以有效地缓解频谱紧张的问题。在室内的应用场景中，VLC 系统可支持的数据传输速率远高于 WiFi 的。此外，由于光信号很难穿过墙壁传播，因此它为通信提供了更高的物理安全性。此外，它对 RF 无线通信系统所引起的 RF 干扰具有高度的免疫性。其优越的抗 RF EMI 能力使其在一些对 RF 干扰敏感的应用场景/环境中成为一种优良的通信解决方案，如扫描中心、航空线路、水下通信和一些视电磁辐射为不安全因素的医院（如其中的 RF 信号限制区域）[Alimi et al. - 2017a; Papanikolaou et al. - 2018]。但需要注意的是，VLC 技术的出现并不是要淘汰无线 RF 技术，它的目的是要用于那些已存在照明系统且这些系统很容易被改造并附加通信能力的场合，从而建立起补充 RF 技术的通信系统。表 5.1 对 VLC 和 RF 技术各自所具有的一些特性进行了比较。本书将在 5.5 节进一步讨论混合 LiFi 和 WiFi 系统的好处。

表 5.1　VLC 与 RF 技术的对比[Ghassemlooy et al. - 2015; IEEE 802.15.7 VLC Task Group - 2008]

	参数	VLC	RF
	可用频谱	400～800 THz	3 kHz～300 GHz
	设备尺寸	小	大
	功耗	低	中等
	安全性	高	中等
	传输距离	短	短或长
	移动性	受限	较好
	带宽	不限	受限
	是否为 LOS 通信	是	否
	标准	IEEE 802.15.7	成熟
	是否有危险性	否	是
	是否存在 RF EMI	否	较高
红外至移动连接	是否可见(信息安全)	是	否
	红外	LED 照明	接入点
	是否有移动性	受限	是
	覆盖范围	较窄	较宽
移动至移动连接	是否可见(信息安全)	是	否
	功耗	相对较低	中等
	连接距离	短	中等

　　此外，各国政府纷纷出台相关政策，明确要求以更节能的照明方式来取代白炽灯，这也为 LED 在未来相关行业中的广泛应用奠定了基础。当前，LED 已被广泛应用于多个不同的领域，如家庭、办公室、工业领域，以及与市政相关的多种应用领域，如照明、广告展示、路灯、室外灯、汽车尾灯/前照灯、交通标志和智能交通系统等。这些应用的诞生也为移动设备通过 VLC 技术与互联网的连接铺平了道路[Ghassemlooy et al. - 2016; Uysal and Nouri - 2014; Hass et al. - 2016]。因此，随着 LED 在不同环境中的广泛部署，VLC 系统可以充分利用已有的照明基础设施来实现高速的无线通信，并为用户有效地提供通信服务。

　　此外，在全球范围内的研究机构，如 IEEE 标准化机构、世界无线研究论坛(Wireless World Research Forum)、VLC 联盟、欧洲 OMEGA 项目和英国研究理事会(UK research council)，都因 VLC 所固有的卓越特性而认为它是一种非常有吸引力的解决方案[Ghassemlooy et al. - 2015]。

　　一般而言，VLC 系统采用了 LED 灯作为接入点(AP)，并且采用光电探测器或基于图像传感器的接收机来接收信号，整个系统往往都基于强度调制和直接检测(IM/DD)的技术方案。值得一提的是，在 VLC 的 IM/DD 方案中，位于系统收、发两侧的信号收发机(即 LED 和光电探测器)都可采用相对便宜的光电器件构成。LED 发出的光作为信息流传输的载波，而流数据通过 IM 方式进行编码。对于光信号的检测，基本上都采用了 DD 方案。这就需要在接收孔径(适配器)处将光信号微小的幅度变化都转化为电流信号。然后对该信号进行适当的处理，最后再将所得的数据流传递给后续的无线设备。图 5.2 描述了一个 VLC 系统的运行示意图。

　　值得注意的是，VLC 系统中也可以采用不同的信号调制方式。因为 VLC 也是依赖于电磁辐射来进行信息传输的，所以它与 RF 通信的很多原理是相通的，经过一些简单的改进，那些通常用于 RF 通信系统中的调制技术也可用于 VLC 系统中。而且，由于使用了可见光(VL)，VLC 系统中还可以采用一些独特的和可见光波段所特有的信号调制方式，比如脉冲幅度调制、脉冲位置调制(PPM)和开关键控的单载波调制，这些调制方式在红外无线通信系统中都得到了广泛的研究。这些调制方式易于实现，而且都可以支持 kbps 至 Mbps 量级的典型通信速率。

　　此外，基于正交频分复用(OFDM，orthogonal frequency division multiplexing)的多载波调制和多频带无载波幅相调制(mCAP，multi-band carrier-less amplitude and phase modulation)也可用于 VLC 系统中。例如，直流偏置光 OFDM 和非均匀限幅的光 OFDM 等格式也已被用于高数据传输速率的 VLC 系统中[Haas et al. - 2016; Yamazato - 2017]。还有一些专为 VLC 设计的调制方式也在 VLC 系统中得到了应用，例如 IEEE 802.15.7 中提出的用于提高数据传输速率的色移键控(color shift keying)调制方式[Haas et al. - 2016; Khan - 2017]。通过使用 mCAP，VLC 系统还可以最大程度地获得数据传输速率

的提升。已有的研究结果表明，当采用上述这两种调制方式时，VLC 系统的带宽效率
可分别提高 10%和 40%[Chvojka et al. - 2017]。

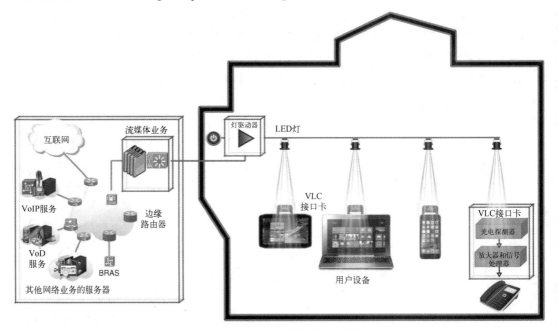

图 5.2　VLC 系统的运行示意图

5.4　VLC 当前和未来可能的应用领域

无线光通信(OWC)技术在通信与信息系统领域具有很多可行的应用。而具体采用
哪种无线光通信技术主要取决于具体的应用场景。5G 所预设的不同部署/应用场景，
如 eMBB、mMTC、URLLC 和其他的一些应用中都需要实现很高的数据传输速率，这
就可以借助 OWC 技术来实现。eMBB 应用场景需要对传统的 MBB 在覆盖率、容量和
平均/峰值/蜂窝边缘数据传输速率方面均实现性能的增强。此外，URLLC 应用场景需
要所采用的技术支持不断发展的关键性应用，如智能电网、工业互联网、远程手术、
基础设施保护和智能交通系统等。此外，mMTC 应用场景需要支持 5G 中所预期的物
联网应用场景，其中存在数百亿个传感器和设备的网络连接[Teyeb et al. - 2017]。

图5.3中描述了5G技术的多种应用案例及其典型的用户数据传输速率需求[Teyeb et al.
- 2017; 5G America - 2017]。值得注意的是，OWC 系统能够相对比较容易地支持图中所列
出的这些应用。例如，当前的 OWC 系统已经拥有支持 10 Gbps 以太网的能力。相比之下，
它所支持的数据传输带宽明显超过了 60 GHz 射频无线以太网所能提供的 1.25 Gbps 速率。

此外，它的数据传输速率还超过了个人通信系统和吉比特红外通信系统，因为这些通信系统所支持的数据传输速率分别为 512 Mbps 和 1.024 Gbps[Ghassemlooy et al. - 2016]。

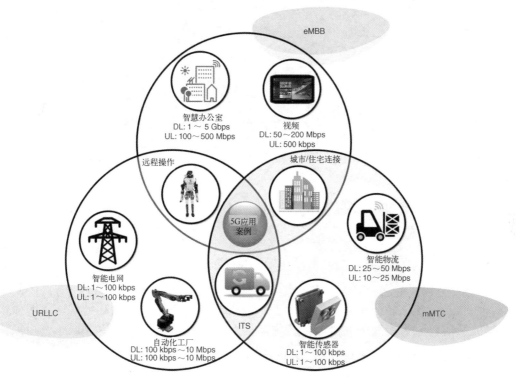

图 5.3　5G 技术的多种应用案例

类似地，无线吉比特(WiGig)技术可提供大约 7 Gbps 的数据传输速率，同时人们已确定单个微型 LED 可以在 Gbps 速率范围(3 Gbps)内实现高速的数据传输。但目前这些技术的信号传输距离都很短，预计随着相关器件(主要指 LED)的成熟，其传输距离会继续增长。此外，更高带宽的通信方式可以通过激光二极管与光学扩束器的结合来实现。这种系统配置能够提供大约 100 Gbps 的数据传输速率[Haas et al. - 2016; Wang and Haas - 2015]。另外，由于基于 LED 的 VLC 可同时支持通信和照明的应用，而 LED 的应用在全球范围内都逐渐占据了一些应用领域中的主导地位，这使得通信业务可以被部分地转移到光谱波段来承载，明显降低了通信业务对 RF 频谱资源的压力。因此，这些基于 VLC 的技术为实现大规模的移动设备至互联网的连接开辟了新的道路，而这种大规模的连接也正是 5G 和 B5G 无线网络部署场景(如 eMBB 和 mMTC 等)中所期望的。图 5.4 中给出了 VLC 系统的一些潜在的应用领域。接下来，我们将介绍 VLC 技术在解决无线网络最后一千米连接的传输瓶颈方面的不同应用场景。这些都以事实说明了该技术在当前和未来无线通信系统中的应用前景。

水下通信　　　　医院　　　　　军事　　　　敏感区域　　　　工业

定位　　　　　　航空　　　　交通工具　　　零售商店　　消费电子产品

图 5.4　VLC 系统的一些潜在的应用领域[5G Americas - 2017]

5.4.1　水下无线通信领域中的应用

水下无线通信是指在没有波导的水下环境中通过无线载波实现军事水下设施(如潜艇)之间或潜水员至潜水员的数据传输[Alimi et al. - 2017a]。在目前的水下通信系统中,人们通常采用的技术主要基于声波传输,这是因为声波可以覆盖数千米的传输范围。然而,这种依靠声学技术的通信方式会受到诸如极低的带宽和较高的延时等不利因素的影响,因为声波的传播速度很慢。因此水下声波的通信速率仅限于几百或几千kbps 量级[Ghassemlooy et al. - 2016; Uysal and Nouri - 2014]。

同样需要指出的是,无线电波也无法有效地应用于水下通信。这是由于无线电波在水中会被强烈地吸收,导致其传输距离仅能达到几英尺的范围[Johri - 2016; Kuppusamy et al. - 2016; Soni et al. - 2016]。近年来,我们注意到有关水下无线光通信的研究得到了越来越多的关注,该技术与基于声学和 RF 的无线通信技术相比,可以提供更高的传输带宽[Zeng et al. - 2017]。因此,VLC 系统(在水下主要采用蓝-绿光波段)是一种很有前途的水下通信解决方案,它可在中、短距离范围内提供更高的数据传输速率。这是由于水对于可见光波段而言是相对透明的,水对一些波段(如蓝-绿光波段)的光波吸收较少。因此,基于 VLC 的水下系统可在短距离内实现 Mbps 量级的数据传输速率。这对于具有更长传输距离的水下声学通信技术而言是一个很好的补充[Ghassemlooy et al. - 2016; Uysal and Nouri - 2014]。

此外,VLC 技术还有助于部署水下无线传感器网络(UWSN, underwater wireless sensor network)。该技术可为配置了 UWSN 的一些实体,如自主水下航行器、遥控水下航行器(ROV)、中继浮标和海底传感器之间提供有效的网络连接。除了可用于通信领域,VLC 技术还有助于防止 ROV 受到撞击,而且还能帮助这些航行器更好地进行水下勘探[Alimi et al. - 2017a]。

5.4.2　民航与航空领域中的应用

VLC 的另一个潜在的应用是在航空领域。目前，航空公司已经能在其飞机上向乘客提供互联网接入和电影、游戏等多媒体服务。此类应用通常需要人们在飞机上部署大量的通信线缆，这通常会导致很高的成本并增加飞机的质量。在该应用领域，人们可以采用 VLC 解决方案在飞机上为乘客提供宽带业务接入。这种方案不仅具有较高的数据传输速率，还具有其他一系列的优势，如可使系统的质量减轻、系统的复杂度降低，并且消除了大量布线，提高了业务传输的可靠性，此外还避免了对飞机上关键航空电子设备的 RF 干扰，从而具有更高的安全性。此外，机场对于 RF 设备的使用往往也具有严格的要求，因为这些设备可能会干扰飞机的通信系统或控制塔的工作。因此，在这些应用场景中基于 VLC 的系统也可提供一种更加安全的通信技术备选方案[Firefly LiFi - 2018]。

5.4.3　医院中的应用

在许多医疗环境中，如在医院的手术室，WiFi 的使用引起过人们的担忧。这是因为 WiFi 会对一些较为敏感的电子设备，如磁共振成像扫描仪及其他医疗和监测仪器带来 RF 干扰。因此，在这些场合中诸如手机这样的电子设备通常是被禁止使用的。VLC 技术为解决这里的 RF 干扰问题提供了一种有效的手段，从而为医院及工作场所和家庭等的医疗设备提供了一种更加安全的通信技术。而且，它还是一种成本高效的通信技术，可在设备之间(M2M)或在医务工作者/患者和监测站(H2M)之间提供更加可靠的通信保障。此外，它还可用于监视/跟踪/传感/检测设备或佩戴了相关设备的患者。当设备/患者(佩戴了可穿戴设备)的位置离开了预定的视野或发生了危险，可借助警报系统向护理站发送通告信息[Firefly LiFi - 2018]。目前常用的一些医疗测试设备，如心脏压力测试器，都可以重新设计，以便在其传感器单元上集成 LED。这将使 VLC 技术在其中发挥出更好的性能[Ghassemlooy et al. - 2016; Uysal and Nouri - 2014]。目前，基于 RF 信号的无线技术是用于脑电图(EEG)或临床应用领域中唯一可行的通信技术，该技术所面临的问题是缺乏可用的频谱资源，而且容易受到电磁干扰的影响[Dhatchayeny et al. - 2015]。而且需要注意的是，电磁干扰还有可能会对患者的健康和医疗设备产生不利的影响，尤其是在一些 RF 辐射限制的区域，如重症监护室(ICU)[Dhatchayeny et al. - 2015]。将 VLC 与光学摄像通信相结合，可用于 EEG 信号的传输、检测、分析与分类。我们所设想的大量业务与应用，如 5G 无线通信系统、无线物联网、可穿戴设备和其他具有数据收集功能的医疗制动器/传感器将会实实在在地受益于 VLC 系统，这些应用都非常引人注目。上述这些应用系统的设计都应符合当前的辐射暴露限制，以防止对人体健康产生可能的危害。因此，基于 VLC 的技术对于医院中的通信系统提供了一种有效的解决方案，它比起基于 RF 信号的技术而言更可靠、更安全[GSMA - 2017]。

5.4.4　车载通信系统中的应用

从车辆到其他任何事物 (vehicular-to-everything) 之间的通信是未来社会的一个重要应用系统，它使得车辆具有通信连接和安全、可靠、高效的自动化运输服务能力，同时还拥有避免车辆交通事故的潜力。VLC 系统在 5G 车联网领域也有许多潜在的应用，如车辆-车辆互联、车辆-基础设施互联、车辆-行人互联，以及车辆-网络通信等 [Luo et al. - 2017]。例如，基于 VLC 的通信系统可以安装在车辆的头灯和尾灯中，使车辆之间能够相互通信。而且，该技术还可以实现车辆与路边基础设施 (RSI, road side infrastructure) 之间的通信，如交通信号灯和路灯。此外，基于 LED 的 RSI 通信技术还可用于发送信令，以及在车联网中广播与安全相关的信息。值得注意的是，基于 LED 的通信系统能够满足一些车辆安全功能所需的低延时需求，如紧急电子制动灯、车辆编队、车载标牌、碰撞前感应、交通信号违规告警、停车标志、移动/左转辅助、弯道速度/变道警告，以及协同前方/交叉口碰撞预警等。因此，VLC 系统不仅可以用来预防交通事故，而且可以通过有效的信息交互来减少交通拥堵。此外，该技术还能支持一些娱乐资讯应用所需的高数据传输速率，如高速互联网接入、媒体下载、景点通知、多人游戏、协同下载、地图下载与更新等 [Ghassemlooy et al. - 2016; Uysal and Nouri - 2014]。

此外，基于 VLC 的技术还可为车辆提供充电与通信系统。该技术使得车辆能通过 VLC 系统连接到充电站或基站。另外一个重要的应用是 VLC 系统还可用于车内通信，从而减少或消除了车内为实现 5G 和 B5G 网络提供的网络接入和多媒体业务所需的布线。这些应用都能带来诸多优势，例如降低了系统制造的成本，降低了车辆的燃油消耗。该技术还适用于火车站和其他公共交通站点，以实现各种手推车、火车和其他设备之间的通信。这些都有助于防止 RF 干扰和缓解频谱资源拥塞的问题 [Firefly LiFi - 2018]。

5.4.5　一些敏感区域中的应用

由于存在电磁干扰，WiFi 并不适用于一些敏感或危险的场所，如工业燃气站/核电站/发电厂、军事设施、化工或石油储存工厂等。这些区域中的控制室和相关设备担负着重要的功能，任何类型的故障都有可能危及数百万人的生命。此时，在其他信号传输介质有可能存在危险隐患的情况下，VLC 则可以提供更加安全的无线连接，因为它不会干扰相关的电子设备 [Kuppusamy et al. - 2016; Soni et al. - 2016; Firefly LiFi - 2018; Alimi et al. - 2017a]。

5.4.6　制造和工业中的应用

VLC 技术可用于在工业和自动化工作区域内提供 M2M 无线连接。在这样的工业环境中，我们需要对大量的设备进行充分的监测与控制；对于这些应用，VLC 方案相对于 RF 和有线通信而言，是一种更好的解决方案。有线通信的解决方案不仅价格昂贵，而且由于一些设备经常要处于运动状态，因此可能无法采用。而 RF 方案容易受到信号干扰和频谱资源拥塞问题的影响，并且其安全性较低。因此，VLC 无线通信系统可用于大量的工业场景中，并提高其系统的可靠性、安全性和生产效率[Firefly LiFi - 2018]。例如，在第四次工业革命(Industry 4.0)中，人们需要强大的无线通信连接来互联各种数字化的物理资产(如机器设备)，从而在数字生态系统中实现虚拟的无缝连接体验。这使得机器设备、输送机和提供物流功能的机器人等生产实体之间能够实现无缝地、自动化地适应指定生产步骤的要求[Verzijl et al. - 2014; Pricewaterhouse Coopers - 2016]。

5.4.7　零售商店中的应用

大量的 LED 灯已被安装在不同的零售商店中。安装这些 LED 灯的目的主要是为了美化与照明。其实除了这些应用，LED 灯还可用于互联网接入和其他通信连接的目的。鉴于此，在各种商店中都可使用基于 LED 的技术来实现触摸屏亭、交互式触摸屏、柜台、视频屏幕、数字标牌/电视监视器、计算机、扫描仪和打印机等设备之间有效、实时的通信。此外，VLC 所具有的运动检测功能还可用于监控商店内人员的移动情况[Firefly LiFi - 2018; Soni et al. - 2016]。

5.4.8　消费电子领域的应用

当前，消费电子产品的数量空前增长，如平板电脑、数码摄像机、健康监视器、智能手机、耳机、笔记本电脑和智能电视等在市场上随处可见。这就要求在设备之间(D2D)和海量云存储设备之间建立无缝、成本高效、高速率的数据传输连接，而不必顾及 RF 干扰或频谱资源拥塞的问题。除了能满足这些应用需求，VLC 还可为敏感的数据信息提供高安全性的数据传输。此外，值得注意的是，LED 技术已经被集成到各种消费电子产品的用户界面中，这使得 VLC 通信解决方案的部署变得简单和廉价。此外，嵌入各种消费电子产品中的 LED/LCD 屏幕和传感器/摄像头都可以作为 VLC 连接的一部分，而无须以往那些复杂的网络配置[Firefly LiFi - 2018]。例如，一款智能手机的摄像头也可以用于通信目的。在此场景中，嵌入式的图像传感器(如手机的摄像头)可用于多种 M2M 通信，例如手机-电视、手机-手机和手机-自动售货机等[Ghassemlooy et al. - 2016; Uysal and Nouri - 2014]。

5.4.9　物联网中的应用

物联网是一个拥有大量互联的且都拥有唯一标识的实体的网络系统，这些实体包括平板电脑、智能手机、冰箱、恒温器等，它们都能通过互联网在彼此之间自发地进行数据传输。在这样的一个网络系统中，设备之间需要建立低成本且无干扰的通信。在此场景中，RF 和有线连接的方式均不可行且成本较高。而 VLC 则是该应用场景中一种很有前途的解决方案，可用于这些设备和云之间的大规模数据传输[Firefly LiFi - 2018]。那些布置在教室、商店、街道、户外灯具、市场、窗户、墙壁、标牌、交通标志和车辆头灯/尾灯中无处不在的 LED 灯都可基于 VLC 技术用于接入互联网的应用领域，这就使得基于 VLC 的物联网成为现实[Kuppusamy et al. - 2016]。

5.4.10　其他领域中的应用

VLC 还可用于芯片内和芯片间高速、低延时的通信。类似地，VLC 收发机还可以集成到可穿戴设备和衣服中，作为 WBAN 的一部分，比如实现音乐信号的传输。因此，VLC 技术可用于传感器与中央单元的无线连接，以及作为到后续互联网连接的解决方案。此外，VLC 技术也适用于 WPAN 连接。当前 WiFi 这样基于 RF 信号的系统已成为室内主要的 WLAN 解决方案，然而随着 LiFi 等基于 VLC 技术的出现和不断发展，室内的红外 WLAN 有可能在某些场合下成为未来主流的解决方案。这也得益于人们对高效节能 LED 照明技术的需求，而且 LED 具有耐潮湿环境的性能和较长的寿命[Ghassemlooy et al. - 2016; Uysal and Nouri - 2014]。此外，VLC 还可以作为一个良好的室内定位/定位系统解决方案，以应对目前基于 RF 信号的全球定位系统所面临的一些挑战，如 RF 信号传输的高衰减性和多径效应问题，这些都导致了基于 RF 信号的定位系统在室内和地下(例如隧道中)等封闭环境中的定位精度较低[Li et al. - 2018]。值得一提的是，OWC 链接的安装和部署较为容易。这一显著的优势使它们在一些诸如龙卷风、地震、飓风或海啸等自然灾害期间，以及在一些本地基础设施不可靠的灾难性环境中具有重大的意义。类似地，OWC 链接也适用于一些国防公司和军事组织的研究与战术应用领域[Ghassemlooy et al. - 2016; Uysal and Nouri - 2014; Kuppusamy et al. - 2016]。由于各种照明设施的应用，比如室内/外照明灯、交通标志、车辆头灯/尾灯、商业显示器、电视等，VLC 还有可能在智能设备、智能家居、智能城市、智能工厂的智能电网中泛在的计算与网络连接等领域大显身手[Ghassemlooy et al. - 2015; Alimi et al. - 2017a]。

5.5　混合 VLC/RF 网络

如前文所述，VLC 系统采用了基于 LED 的高能效信号发射机，同时实现数据通信、室内定位和照明等功能。其数据传输速率与 LED 灯的照明强度有关[Alimi et al. - 2017a; Papanikolaou et al. - 2018]。此外，用 VLC 实现联网功能的主要缺点是其覆盖范围有限。在一些存在信号接收机移动、旋转或因光线被阻断而导致链路/信道中断(即共信道干扰)情况的室内场景中很容易发现这一缺点。另一方面，基于 RF 信号的 WiFi 能够提供无处不在的服务，因此它可提供更可靠的业务覆盖。然而，WiFi 在效率、容量和安全性方面都存在许多问题。因此，为了支持日益增长的业务需求，提高系统的性能，使用户间的通信能获得更高的 QoS 性能，有必要将 VLC 技术和 RF 技术进行融合。由此，人们已经开始关注 VLC 与 RF 的混合系统，该系统可以充分利用这两种方案各自的优点，同时也能弥补它们各自的缺点[Alimi et al. - 2017a; Papanikolaou et al. - 2018]。

混合 VLC/RF 网络已被认为是下一代室内无线通信领域中的一项新兴技术。该技术充分利用了 VLC 固有的高数据传输速率特性和 RF 所具有的无处不在的覆盖能力[Wu et al. - 2017]。此外，VLC 与 RF 的混合系统还可通过在 VLC 网络上叠加 WiFi 技术来实现。值得一提的是，VLC 和 RF 系统之间不存在干扰，因为它们分别工作于不同的电磁波段。这一点使得混合 VLC/RF 网络的吞吐量可以达到 VLC 网络和 RF 网络各自独立部署时所能达到的网络吞吐量总和。因此，混合 VLC/RF 网络不仅能够提高通信业务的 QoS，而且还能显著地提升用户的吞吐量和通信体验。此外，这种混合的配置方案还有助于减少 WiFi 的频谱资源竞争和由此所导致的频谱效率降低的问题。该技术有效地将通信业务的承载压力迁移至没有管制的光谱波段，从而也有助于减少 RF 频谱的业务负荷。另一方面，VLC 系统的应用还能有效地弥补网络中的业务覆盖盲点。这有助于确保网络中的所有地点都能实现较高的业务吞吐量[Ghassemlooy et al. - 2016; Haas et al. - 2016]。

在室内场景中，人们可以部署大量的基于 VLC 的接入点(AP)，以期在网络中实现较高的区域频谱效率，这就显著提高了该混合系统的总吞吐量。应该注意的是，基于 VLC 的 LiFi attocell(光通信蜂窝，attocell 已成为业界广泛接受的术语)与 WiFi AP 相比，其覆盖的区域要小得多，即 LiFi attocell 的覆盖范围很小。这意味着根据位置的不同，用户的任何微小的移动都可能导致 LiFi attocell 之间多次的越区切换。因此，这样过度/重复的越区切换很有可能会严重影响系统的吞吐量。动态的负载平衡技术可以缓解这一问题。该技术确保了网络中那些不经常移动的准静态用户由 LiFi attocell 提供服务，而对于那些经常处于移动状态的移动用户，则由 WiFi AP 提供服务。然而，由于用户的移动有可能会发生局部过载情况，这会妨碍越区切换，从而导致较低的吞吐量[Wang and Haas - 2015]。在 5.6 节中，我们讨论了基于 VLC 的系统所面临的各种挑战，并提出了一些可能的解决方案，从而使得 VLC 系统能更好地适应下一代网络的需求，成为一种更优秀的解决方案。

5.6　挑战与尚未解决的问题

如 5.4 节所述，VLC 系统有许多实际的应用；然而，若要让该技术在 5G 和 B5G 无线网络的部署场景(如 eMBB、mMTC 等)中实现兼容并能发挥效用，则会遇到一些挑战和尚未解决的问题，需要引起人们的高度重视。在本节中，我们将介绍 VLC 系统所面临的主要挑战，并试图提供一些可行的方案或建议，以期能解决 VLC 系统在实际应用中所面临的问题。

5.6.1　光源的闪烁与调光

将用于照明的光源同时用于数据通信会带来很多挑战，值得人们关注。VLC 系统所面临的主要挑战是光源的闪烁(flicker)与调光(dimming)问题。现有的照明系统都配备了光源的亮度控制机制，允许用户根据所需的亮度水平来调谐光源的平均亮度。对于 LED 光源而言，将其发出的光调节为所希望的亮度的做法就是调光。显然，在数据传输过程中，光源需要不断地被打开和关闭，以加载调制信息。人类裸眼所能感知到的光强变化被称为闪烁。在照明使用中，光源闪烁对人眼和心理都会带来一定的负面影响。因此在 LED 的使用过程中尽量减少这种闪烁以减少其对人体生理上所带来的伤害是非常有必要的，即 VLC 系统必须要能有效地降低这种闪烁并有效地控制光源的调光[Rajagopal et al. - 2012; Jan et al. - 2015]，才能更好地走入实用化并被更广阔的市场所接纳。研究表明，通过控制光源的强度变化，使其处于最大闪烁周期(MFTP)范围内，便可有效地减轻这种闪烁的影响。MFTP 是指在不引起人眼感知的条件下，光源强度变化所允许的最长时间周期[Rajagopal et al. - 2012; Alimi et al. - 2017a]。

此外，闪烁与调光在 VLC 的光源调制方案中也需要重点考虑。尤其是在 VLC 调制方案中必须有效地防止闪烁。而且更为重要的是，对于一种特定的调制方式，照明 LED 光源必须能够支持所选择的调制水平[Khan - 2017]。为此，人们提出了许多用于 VLC 系统的光信号调制方式，也都考虑了光源的调光控制和闪烁抑制。例如，在 IEEE 802.15.7 标准中，人们提出了可变脉冲位置调制(VPPM)方式，该调制方式具有很强的调光控制能力。VPPM 的一个显著的特点是它集成了脉冲宽度调制及 PPM 两种方案，从而可支持带有调光控制的光通信技术[Rajagopal et al. - 2012; Jan et al. - 2015; Alimi et al. - 2017a]。

5.6.2　数据传输速率的提升

VLC 是一项新兴技术，其中 LED 光源得到了广泛的应用。然而，LED 最初是为照明而设计的，因此它为通信应用服务的能力是有限的。其中一个最主要的问题是由于在它们设计中没有考虑高速信号调制的能力，因而其调制带宽往往仅限于几兆赫兹(MHz)。值得关注的是，这种硬件上的限制阻碍了它在高速通信 VLC 链路中的应用。然而，这种限制因素在实际应用中可通过采用诸如发射机和/或接收机均衡、高带宽效率/高阶的信号调制方式、多址接入方案和频率重用等技术来加以克服[Bawazir et al. - 2018; Jha et al. - 2017]。

此外，通过对 LED 进行重新设计，也可以提高它的数据传输速率。例如，微型 LED (μLED)可被设计成具有更小的尺寸，而且它在极低的功率水平下也能实现更快的上升时间。然后，还可以采用编码、调制和预均衡等方案来提高其数据传输速率。接着，还可以实现空间的资源重用，以及利用不同级别的空间复用技术等进一步提升其数据传输速率 [Jha et al. - 2017]。另外，人们还可以通过使用多输入多输出（MIMO）方案来进一步提高这种无线光通信系统的容量。具体可以通过将基于 LED 的多个收发机孔径用于 VLC 系统，以便利用 MIMO 方案来提供可观的空间复用增益[Alimi et al. - 2017b; Jha et al. - 2017; O'Brien et al. - 2008]。另一种可能的提升光信号发射机带宽的方法是在接收机处阻断磷光体组件的影响。这可以通过使用一个蓝光滤波器来实现。然而，这种方法的代价是使得接收机处所接收的功率略有降低，这是因为滤波器引入了额外的损耗[O'Brien et al. - 2008]。

此外，VLC 还面临着其他一些挑战，如光路阻挡、由于多径效应而引起的符号间干扰、较高的路径损耗，以及用户移动所带来的越区切换和其他人造光源对 VLC 通信的干扰等，而且 LED 电光调制响应的非线性也需要研究人员引起重视[Ghassemlooy et al. - 2015; Alimi et al. - 2017a]。

5.7　结论

本章介绍了 OWC 系统，它是一种新兴的技术，能够有效地解决基于 RF 频谱的无线通信系统中的信号干扰与频谱资源拥塞问题。本章介绍了可见光通信（VLC）技术所具有的几个显著特点：它不受频谱资源管制的约束，可在不需要获得相关的许可的条件下使用；它不仅可同时支持高速的数据通信和需求广泛的照明应用，还具有一系列切实可行且令人兴奋的应用场合。由于 VLC 在宽带通信应用领域中所具有的发展潜力，它必将成为一个十分有吸引力的研究领域。因此，人们预计它将会在 5G 和 B5G 无线通信系统的多个应用领域中走向主导地位。该技术可有效地将通信业务负荷从 RF 频谱搬迁至可在自由空间中实现信号传输的光波频谱，从而有效地减轻受到严格监管且十分拥挤的 RF 频谱所承载的业务负荷。此外，本章还介绍了一种基于 VLC 和 RF 的混合系统，该技术可充分地利用光通信和 RF 通信两种方案各自的优点，同时也能弥补它们各自的缺点。此外，本章还讨论了 VLC 系统发展所面临的一些技术挑战并给出了一些解决方案的建议。

致谢

本章得到 Ocean 12-H2020-ECSEL-2017-1-783127 和 FCT 及 ENIAC JU（THINGS2DO-GA n.621221）项目的支持。

参考文献

5G Americas. 5G Network Transformation. Technical report, 5G Americas, December 2017.

I. Alimi, A. Shahpari, A. Sousa, R. Ferreira, P. Monteiro, and A. Teixeira. Challenges and opportunities of optical wireless communication technologies. In Pedro Pinho, editor, *Optical Communication Technology*, chapter 2. InTech, Rijeka, 2017a.

I. A. Alimi, A. M. Abdalla, J. Rodriguez, P. P. Monteiro, and A. L. Teixeira. Spatial interpolated lookup tables (luts) models for ergodic capacity of mimo fso systems. *IEEE Photonics Technology Letters*, 29(7):583-586, April 2017b. ISSN 1041-1135.

I. A. Alimi, A. L. Teixeira, and P. P. Monteiro. Toward an efficient c-ran optical fronthaul for the future networks: A tutorial on technologies, requirements, challenges, and solutions. *IEEE Communications Surveys Tutorials*, 20(1): 708-769, Firstquarter 2018.

Isiaka Alimi, Ali Shahpari, Vítor Ribeiro, Artur Sousa, Paulo Monteiro, and António Teixeira. Channel characterization and empirical model for ergodic capacity of free-space optical communication link. *Optics Communications*, 390:123 -129, 2017c. ISSN 0030-4018.

Isiaka A. Alimi, Paulo P. Monteiro, and António L. Teixeira. Analysis of multiuser mixed rf/fso relay networks for performance improvements in cloud computing-based radio access networks (cc-rans). *Optics Communications*, 402:653-661, 2017d. ISSN 0030-4018.

Isiaka A. Alimi, Paulo P. Monteiro, and António L. Teixeira. Outage probability of multiuser mixed rf/fso relay schemes for heterogeneous cloud radio access networks (h-crans). *Wireless Personal Communications*, 95(1):27-41, Jul 2017e. ISSN 1572-834X.

S. S. Bawazir, P. C. Sofotasios, S. Muhaidat, Y. Al-Hammadi, and G. K. Karagiannidis. Multiple access for visible light communications: Research challenges and future trends. *IEEE Access*, 6:26167-26174, 2018.

P. Chvojka, K. Werfli, S. Zvanovec, P. A. Haigh, V. H. Vacek, P. Dvorak, P. Pesek, and Z. Ghassemlooy. On the m-cap performance with different pulse shaping filters parameters for visible light communications. *IEEE Photonics Journal*, 9(5):1-12, 2017.

D. R. Dhatchayeny, A. Sewaiwar, S. V. Tiwari, and Y. H. Chung. Experimental biomedical eeg signal transmission using vlc. *IEEE Sensors Journal*, 15(10): 5386-5387, 2015.

Firefly LiFi. Li-Fi. Technical report, Firefly Wireless Networks, December 2018.

Z. Ghassemlooy, W. Popoola, and S. Rajbhandari. *Optical Wireless Communications: System and Channel Modelling with MATLAB* . Taylor & Francis, 2012. ISBN 9781439851883.

Z. Ghassemlooy, S. Arnon, M. Uysal, Z. Xu, and J. Cheng. Emerging optical wireless communications-advances and challenges. *IEEE Journal on Selected Areas in Communications*, 33 (9):1738-1749, Sept 2015. ISSN 0733-8716.

Z. Ghassemlooy, M. Uysal, M. A. Khalighi, V Ribeiro, F. Moll, S. Zvanovec, and A. Belmonte. An overview of optical wireless communications. In M. Uysal, C. Capsoni, Z. Ghassemlooy, A. Boucouvalas, and E. Udvary, editors, *Optical Wireless Communications: An Emerging Technology*, Signals and Communication Technology, chapter 1, pages 1-23. Springer International Publishing, Springer International Publishing, 2016. ISBN 9783319302010.

GSMA. 5G, the Internet of Things (IoT) and Wearable Devices What do the new uses of wireless technologies mean for radio frequency exposure? Technical report, GSMA, September 2017.

H. Haas, L. Yin, Y. Wang, and C. Chen. What is lifi? *Journal of Lightwave Technology*, 34 (6):1533-1544, March 2016. ISSN 0733-8724.

IEEE 802.15.7 VLC Task Group. Visible Light Communication- Tutorial. Technical report, IEEE P802.15 Working Group for Wireless Personal Area Networks (WPANs), March 2008.

S. U. Jan, Y. D. Lee, and I. Koo. Comparative analysis of DIPPM scheme for visible light communications. In *2015 International Conference on Emerging Technologies (ICET)*, pages 1-5, Dec 2015.

Pranav Kumar Jha, Neha Mishra, and D. Sriram Kumar. Challenges and potentials for visible light communications: State of the art. *CoRR*, abs/1709.05489, 2017.

R. Johri. Li-fi, complementary to wi-fi. In *2016 International Conference on Computation of Power, Energy Information and Commuincation (ICCPEIC)*, pages 015-019, April 2016.

Latif Ullah Khan. Visible light communication: Applications, architecture, standardization and research challenges. *Digital Communications and Networks*, 3 (2):78-88, 2017. ISSN 2352-8648.

P. Kuppusamy, S. Muthuraj, and S. Gopinath. Survey and challenges of li-fi with comparison of wi-fi. In *2016 International Conference on Wireless Communications, Signal Processing and Networking (WiSPNET)*, pages 896-899, March 2016.

Y. Li, Z. Ghassemlooy, X. Tang, B. Lin, and Y. Zhang. A vlc smartphone camera based indoor positioning system. *IEEE Photonics Technology Letters*, 30(13): 1171-1174, 2018.

A. Lo, Y. W. Law, and M. Jacobsson. A cellular-centric service architecture for machine- to-machine (m2m) communications. *IEEE Wireless Communications*, 20(5):143-151, October 2013. ISSN 1536-1284.

P. Luo, H. M. Tsai, Z. Ghassemlooy, W. Viriyasitavat, H. Le Minh, and X. Tang. Car-to-car visible light communications. In Zabih Ghassemlooy, Luis Nero Alves, Stanislav Zvanovec, and Mohammad-Ali Khalighi, editors, *Visible Light Communications: Theory and Applications*, chapter 3, pages 253-282. CRC Press, CRC Press, 2017.

T. Lv, Y. Ma, J. Zeng, and P. T. Mathiopoulos. Millimeter-wave noma transmission in cellular m2m communications for internet of things. *IEEE Internet of Things Journal*, 5(3):1989-2000, June 2018.

D. C. O'Brien, L. Zeng, H. Le-Minh, G. Faulkner, J. W. Walewski, and S. Randel. Visible light communications: Challenges and possibilities. In *2008 IEEE 19th International Symposium on Personal, Indoor and Mobile Radio Communications*, pages 1-5, Sept 2008.

V. K. Papanikolaou, P. P. Bamidis, P. D. Diamantoulakis, and G. K. Karagiannidis. Li-fi and wi-fi with common backhaul: Coordination and resource allocation. In *2018 IEEE Wireless Communications and Networking Conference (WCNC)*, pages 1-6, April 2018.

B. L. Parne, S. Gupta, and N. S. Chaudhari. Segb: Security enhanced group based aka protocol for m2m communication in an iot enabled lte/lte-a network. *IEEE Access*, 6:3668-3684, 2018.

PPP in Horizon 2020. Advanced 5G Network Infrastructure for the Future Internet: Creating a Smart Ubiquitous Network for the Future Internet. Technical report, PPP/European Horizon 2020 framework, February 2014.

PricewaterhouseCoopers. Industry 4.0: Building the digital enterprise: 2016 Global Industry 4.0 Survey. Technical report, PwC, September 2016.

S. Rajagopal, R. D. Roberts, and S. K. Lim. IEEE 802.15.7 visible light communication: modulation schemes and dimming support. *IEEE Communications Magazine*, 50(3):72-82, March 2012. ISSN 0163-6804.

A. Sevincer, A. Bhattarai, M. Bilgi, M. Yuksel, and N. Pala. LIGHTNETs: Smart LIGHTing and mobile optical wireless NETworks- A survey. *IEEE Communications Surveys Tutorials*, 15(4):1620-1641, Fourth 2013. ISSN 1553-877X.

N. Shahin, R. Ali, and Y. T. Kim. Hybrid slotted-csma/ca-tdma for efficient massive registration of iot devices. *IEEE Access*, 6:18366-18382, 2018.

N. Soni, M. Mohta, and T. Choudhury. The looming visible light communication li-fi: An edge over wi-fi. In *2016 International Conference System Modeling Advancement in Research Trends (SMART)*, pages 201-205, Nov 2016.

Sudhanshu N. Tayade. Spectral efficiency improving techniques in mobile femtocell network: Survey paper. *Procedia Computer Science*, 78:734-739, 2016. ISSN 1877-0509.

Oumer Teyeb, Gustav Wikström, Magnus Stattin, Thomas Cheng, Sebastian Faxér, and Hieu Do. Evolving LTE to fit the 5G future. Technical report, Ericsson, January 2017.

M. Uysal and H. Nouri. Optical wireless communications- an emerging technology. In *2014 16th International Conference on Transparent Optical Networks (ICTON)*, pages 1-7, July 2014.

Diederik Verzijl, Kristina Dervojeda, Jorn Sjauw-Koen-Fa, Fabian Nagtegaal, Laurent Probst, and Laurent Frideres. Smart Factories: Capacity optimisation. Technical report. European Union, September 2014.

Y. Wang and H. Haas. Dynamic load balancing with handover in hybrid li-fi and wi-fi networks. *Journal of Lightwave Technology*, 33(22):4671-4682, Nov 2015. ISSN 0733-8724.

X. Wu, M. Safari, and H. Haas. Access point selection for hybrid li-fi and wi-fi networks. *IEEE Transactions on Communications*, 65(12):5375-5385, Dec 2017. ISSN 0090-6778.

T. Yamazato. Overview of visible light communications with emphasis on image sensor communications. In *2017 23rd Asia-Pacific Conference on Communications (APCC)*, pages 1-6, Dec 2017.

F. Yang and J. Gao. Dimming control scheme with high power and spectrum efficiency for visible light communications. *IEEE Photonics Journal*, 9(1): 1-12, Feb 2017. ISSN 1943-0655.

K. Ying, Z. Yu, R. J. Baxley, H. Qian, G. K. Chang, and G. T. Zhou. Nonlinear distortion mitigation in visible light communications. *IEEE Wireless Communications*, 22(2):36-45, April 2015. ISSN 1536-1284.

Z. Zeng, S. Fu, H. Zhang, Y. Dong, and J. Cheng. A survey of underwater optical wireless communications. *IEEE Communications Surveys Tutorials*, 19(1): 204-238, 2017.

第6章　5G RAN：关键射频技术与硬件实现的挑战

本章作者：Hassan Hamdoun, Mohamed Hamid, Shoaib Amin, Hind Dafallah

6.1　简介

随着广大用户对于各种应用和服务需求的快速增长，人们对于移动通信网络建立高数据传输速率、低延时的连接和始终保持连接能力的要求也越来越高，这些要求不断地推动着整个移动通信生态系统的技术创新，包括从用户设备到网络基础设施、协议、空中接口与核心网的各个方面，尤其是无线接入网（RAN，radio access network）的创新，已经成为上述技术创新中的关键一环，因为它能够根据需要可靠地实现大量数据的转移，并能为满足用户不断发展的应用与服务需求提供有力的支持。

蜂窝致密化一直是不同蜂窝通信系统演进的主旋律，该技术也是满足不断增长的容量需求最直接和最有效的解决方案[Dohler. et al. - 2011]。最初人们提出这种蜂窝致密化的动因是为了实现频谱资源的可重用性。通过比较 20 世纪 80 年代早期第一代移动通信系统中拥有数百平方千米覆盖范围的蜂窝和今天密集部署于城市地区、覆盖范围仅有约 200 平方米的蜂窝，就能很好地看出这种蜂窝致密化概念的有效性[Andrews et al. - 2014]。在 5G 系统中推行这种蜂窝致密化概念的一种方法是在其中进一步缩小蜂窝的覆盖范围，如使用飞蜂窝（femtocell）和皮蜂窝（picocell）。从提升通信覆盖范围与容量的角度来看，另一种类似的观点是提高空间无线频谱资源的可重用性，也就是利用大规模的天线阵列使得仅含单个处理单元的蜂窝发射很窄的波束[Andrews et al. - 2014]。

本章旨在阐明实现 RAN 的关键技术。本章的作者认为，这将有助于促进人们对 5G 新空口（NR，new radio）的理解。考虑到 3GPP 标准化的持续努力和来自行业供应商、移动网络运营商（MNO，mobile network operator）、原始设备制造商的不懈努力，以及目前 5G 市场中不断出现的激烈竞争，在此对关键性 RAN 无线电使能技术及其实现的研究和讨论实为及时之举。

本章作者长期从事无线网络和 RAN 及信号处理和射频集成电路（RFIC）产品开发与设计领域的研究工作，具备丰富的专业知识。在本章中，我们将介绍和讨论面向 5G 的 RAN 及其硬件实现，重点强调了它所面临的主要挑战并简述一些为满足用户高数据传输速率和低延时要求的相关研究课题。

我们认为，本章的主要特色是将 5G NR 关键技术的理论与其硬件实现进行了结合，而据我们所知，以往文献都是将这两方面分开论述的。而且，本章还简要介绍了这些硬件的实现与相关的信号损伤对于 5G NR 技术性能的影响和限制。此外，本章还讨论了一些用于缓解这些信号损伤的技术及其对硬件设计提出的挑战。

本章其余部分的安排如下：6.2 节介绍了有可能首先采用并部署于 5G 商用网络中的主要应用案例。6.3 节介绍了大规模 MIMO（M-MIMO）、分布式 MIMO（D-MIMO）、双连接（DC）、设备到设备（D2D）通信、载波聚合（CA）和授权频谱辅助接入（LAA）技术。6.4 节介绍了发射机、接收机和收发机的硬件缺陷，并讨论了它们对于有效实现上述无线电使能技术的影响。本章特别关注了 M-MIMO 技术和毫米波（mmWave）频段技术。

6.2　基于 5G NR 的应用案例

早期的用于增强移动宽带（eMBB，enhanced mobile broadband）非独立模式（NSA，non-standalone mode）的 5G NR 新 RAT 规范（第 1 阶段）发布于 2017 年 12 月的 Rel-15 中[3GPP - 2017]，其独立组网（SA，standalone）标准于 2018 年 6 月完成。此类标准化的进展为供应商和 MNO 开始规划和准备 5G 的推广及其在 5G 生态系统中各个方面的应用铺平了道路。Rel-16 中的第 2 阶段已于 2019 年完成。[3GPP - 2017]中的 3GPP 5G NR 发展路线图定义了 5G NR 的主要应用场合，重点突出了 eMBB 和超可靠低延时通信（URLLC，ultra reliable and low latency communication）。为此，本章重点介绍了关键的 RAN 无线电使能技术和频谱利用增强技术。

6.2.1　eMBB 与 URLLC

移动数据、连接设备数量急剧增长，以及用户对网络所能提供服务质量的期望也在不断变化，这些都是塑造 IMT-2020 5G 愿景的关键市场驱动因素[ITUR-REC- M.2083 - 2015; Rumney - 2018]。eMBB 是由其之前的蜂窝移动技术演进而来的，因此它被视为 5G 最成熟和最重要的应用案例，它使得 MNO 能够满足用户已有的期望，例如提供 10～20 Gbps 的峰值数据传输速率、提供 100 MGbps 的随时接入带宽，并支持高移动性。eMBB 的关键无线电能力与功能需求相比 Rel-14 长期演进（LTE）而言，可向 MNO 提供 100 倍的蜂窝致密化程度并实现网络能耗降为原有的 1/100。

目前，eMBB 技术已经以各种形式应用于早期的商用 5G 网络。这些都可被认为是 eMBB 应用案例的子集。例如，目前由 Verizon 公司部署的固定无线接入（FWA，fixed wireless access）就可被认为是一种 eMBB 技术，其甚至采用了不同的空中接口标准 [Verizon 5G 3GP - 2016]。但需要注意的是，5G 网络中的 eMBB 与 FWA 的主要区别在于：

FMA 没有严格的用户移动性和信号波束跟踪方面的要求,而且 FMA 的实验与部署基本上都安排在 3.5 GHz 以上的频段和毫米波频段(24.25~52.6 GHz,24~28 GHz,研究表明这些频段更有利),Verizon、AT&T、华为及 KT 公司的实验和部署就是实例。总体来看,已有的这些 FWA 的实验与部署都取得了不同程度的成功,然而也存在一些问题有待进一步研究和解决。FWA 所遇到的这些问题与 eMBB 的问题相同,将在 6.3 节中讨论。

URLLC 是另一个应用场景,它与 eMBB 互为补充;在 URLLC 应用中,空中接口的延时目标为 1 ms,端到端延时为 5 ms(与 4G LTE 的延时性能相比,4G LTE 的延时要求为 40~70 ms,其中空中接口部分的延时为 20 ms),同时提供了高可靠性的通信连接。

从用户的角度来看,eMBB 是提高用户服务质量体验的有效途径,因为它可提供无缝的网络连接体验、超快速的实时通信及可靠的、无所不在的万物通信。从 MNO 的角度来看,其所面临的挑战还在于其需要将各种技术像拼图一样无缝地衔接、组合在一起,以满足用户的期望,同时改进 RAN 和核心网以降低网络的成本、提高网络设计的效率。此外,最重要的是,人们所遇到的挑战是如何合理地设计并应用这些技术,从而使得网络能够提供和推动新的产品和服务,并增加收入。

6.2.1.1　mMTC

当前计算与存储的成本越来越低,智能机器技术也在不断进步,这些趋势加上机器学习与人工智能技术的迅速进展,加速了无源与智能传感器及各类传感设备在各种消费和工业界的应用。蜂窝移动产业也参与了这场变革。移动通信技术非常适合支持廉价的传感器和大规模机器类型通信(mMTC),此类通信系统中的器件分布密度极高(2×10^5 个/km^2)、覆盖范围广、连接成本低、电池寿命长,并支持异步访问[Bockelmann - 2016]。

3GPP 将 mMTC 的标准发布于 Rel-16,因为窄带物联网技术已经足以满足当前的应用需求。因此,本章不将 mMTC 作为重点,而是更多地聚焦于满足 URLLC 低延时需求的 RAN 技术。

6.2.2　向 5G 迁移

由于 LTE 所提供的移动宽带能力是 5G 网络中 eMBB 应用的基础,因此 3GPP 计划要通过提高 LTE 平台的效率来对该能力进行扩展,以支持 eMBB 应用 [Dahlman et al. - 2016]。该技术向 5G NR 的迁移过程需要经过如下的两个阶段:第一阶段是实现 NSA NR(非独立模式新空口),其目标是提高蜂窝网络的移动宽带容量,也就是说,NSA NR 将使用具有不同配置的 LTE 核心网和无线接入点,从而使得 NR 技术的应用得以实现;第二阶段是实现 SA NR(独立模式新空口),在该阶段 5G 的核心网和无线接入点将叠加于 LTE 且独立运行。在 SA NR 阶段，其目标是对整个无线网络的生态系统进行扩展，并将新的 5G 应用融入其中。而且，NSA NR 和 SA NR 正朝着边缘云增强的方向演进，但其具体实现还有待进一步全面的研究；本书的第 1、3、5、10 和 12 章讨论了此问题。边缘云汇集了网络边缘处分布式核心处理低延时的优势，即形成具有更加集中化无线处理能力的移动边缘计算，它将由集中式 RAN（C-RAN）提供。

6.3　5G RAN 的无线电使能技术

在过去的 50 年里，蜂窝网络的容量增长了一百万倍。其增长原因的分布情况如下：其中 25 倍的增长是由于频谱的增加，20 倍的增长是由于频谱效率的提高，2000 倍的增长是由于使用了覆盖范围更小的蜂窝，如[Rumney - 2018]中所述。[Rumney - 2018] 中的分析表明：为了实现 1250 亿比 1 的数据密度增长，需要在网络的多个方面实现最佳的参数优化/设计，包括覆盖率、移动性、资本支出/蜂窝和运营支出/蜂窝/年等，其中蜂窝的密度决定了移动蜂窝系统是否能够实现最佳的设计/应用。在本章中，我们认为，虽然蜂窝覆盖范围的大小是数据传输速率增长的主要贡献因素，但在讨论 5G NR RAN 的无线电使能技术时，考虑以下这三个参数的组合与优化则更为重要。

需要注意的是，3GPP 尚未完成针对用户设备(UE)RRM、UE RRM 核心和 UE 无线电核心及 UE 解调的 5G NR 规范，因此人们还需要进行更多的技术分析与研究，并有所突破，在本节中我们将对此进行阐述。随后，我们将讨论为支持 5G 网络需求所需的无线电技术，主要包括 eMBB 和 FWA 应用场景中的无线电技术，即 M-MIMO 技术，我们尤其关注了其在毫米波频段所扮演的角色，还有 D-MIMO、CA、双连接和 D2D 通信技术。

6.3.1　大规模 MIMO（M-MIMO）

即使采用了更小的蜂窝来提升移动网络的容量，但人们还是迫切需要新的技术来有效地利用蜂窝覆盖范围内的容量并有效地实现干扰管理。从历史的角度来看，其相关技术的演进经历了从单发单收(SISO)，到接收分集(SIMO)和发送分集(MISO)，以及 SIMO 和 MISO 两者的组合等阶段，最后发展到了 MIMO 系统。在 MIMO 系统中，一对发射机和接收机之间可在同一时间和同一频率上同时发送 n 个独立的信号流。这种带有预编码或波束成形空间复用的技术具有将数据传输速率增加 $x = \min(n, m)$ 倍的潜力，其中 n 和 m 分别是链路两端的发射机(Tx)和接收机(Rx)天线的数量。

对于一个具有 n 个 Tx 天线和 m 个 Rx 天线的 $n \times m$ MIMO 系统，存在着几种不同的实现方式：单用户 MIMO 方式(SU-MIMO)，它是指当一个设备上有 n 个 Tx 天线时，另一个设备上有 m 个 Rx 天线。当 $n \geqslant m$ 时，系统可提供 m 倍的峰值数据传输速率；多用户 MIMO 方式(MU-MIMO)，它是将上述的 SU-MIMO 配置扩展到了无须协调的 m 个 Rx 天线的情况，它具有相同的数据传输速率优势[①]。跨 n 个蜂窝来实现 Rx 天线的协调有助于提高上述数据传输速率的可靠性，尽管这需要集中化的基带与远端无线电前端，以及符号电平的协调。

蜂窝网络的无线电频谱资源还受限于 RF 干扰，能够实现时间-频率无线电资源重用的技术是 5G NR 的关键性使能技术。通过对发射信号进行预处理，使信号经过窄波束传播到预期的接收机而不是其他地方，这是对抗 RF 干扰的一种可行方案。此外，空间复用技术的加入又为无线电资源提供了一个新的维度，如此无线电资源就可以在时间-频率上同时实现重用。这种为了在空间维度实现无线电资源的重用而使用窄波束发射信号的技术称为波束成形技术，该技术被认为是成功运用 M-MIMO 技术的一个关键要素，如图 6.1 所示。

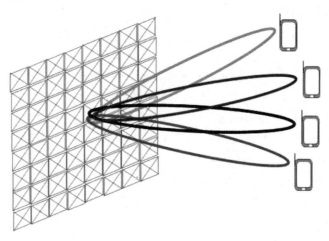

图 6.1　基于一个大规模天线阵列的波束成形技术示意图。图中不同的曲线表示不同的波束

Rel-13 文献中介绍了 M-MIMO，其中采用了全维度 MIMO 这个名称，它支持 64 个天线单元。然而，有的地方还对 M-MIMO 使用了不同的名称，如超级 MIMO、超大 MIMO、波束成形和高级天线系统(AAS，advanced antenna system)(在 6.4 节中介绍)。

---

① MU-MIMO 和 SU-MIMO 的区别在于：同时和基站联系的用户是一个还是多个。如果 MIMO 系统仅用于增加一个用户的速率，即占用相同时频资源的多个并行的数据流发给同一个用户或从同一个用户发给基站，则称之为单用户 MIMO(SU-MIMO)，否则就是多用户 MIMO，即 MU-MIMO 方式。——译者注

在本章中，我们介绍该技术在 eMBB 和 FWA 5G 场景中的应用，其中会交替使用 M-MIMO 和波束成形这两个术语。

波束成形可以通过相移的方法来实现，或通过将经过调整的信号馈送到天线阵列中的不同天线单元的方法也能实现波束成形，而且波束成形可以在数字域或模拟域中实现。数字波束成形技术通过在基带中进行普通的数学运算便可实现。另一方面，模拟波束成形技术可在模拟域中采用移相器来实现。虽然数字波束成形的优点是能够基于同一个 OFDM 符号的不同分配实现不同方向的波束发射，但与之相比，模拟波束成形则需要较少的前端接口。在 M-MIMO 中使用一种混合的多天线架构是降低训练开销和硬件成本的最有前景的方法[Molisch et al. - 2017]。该结构组合使用了模拟预处理和后处理，以及低维度的数字处理[Ratnam et al. - 2018]。这种架构的硬件实现是它所面临的主要研究挑战，我们在 6.4 节中将对此做进一步的阐述和讨论。

高效波束成形技术的实现需要系统及时了解信道状态信息(CSI，channel state information)，因为其实现需要系统为发送到天线阵列中不同天线端口的不同信号做复杂的权重分配。这个权重分配过程就称为预编码。一个预编码器和一个通道可以被看作两个系统，但当它们联合时，就可以向指定的用户发射窄波束。CSI 可在系统需要的时候进行周期或非周期性的上报，CSI 中包含一个或多个信息，如文献[Dahlman et al. - 2016]中所述：

- 等级指标。标识可用于下行链路的不相关信道数量，它也指示了下行链路传输的层数。
- 预编码器矩阵指标(PMI，precoder matrix indicator)。PMI 是一个预编码矩阵的索引，从一组称为码本的矩阵中选出。
- CSI 资源指标(CRI，CSR resource indicator)。如果设备被配置为监视多个波束的状态，则 CRI 用于指示在某一特定时间的首选波束。

如果读者想获得有关 CSI 信令信息的更全面的知识，包括相应的计算资源要求，以及由 CSI 产生的开销权衡及其在波束成形中的作用等，可参阅文献[Dahlman et al. - 2016]。

6.3.1.1　毫米波 M-MIMO

从传统意义上来看，人们将毫米波频段用于回传链路的原因有以下几方面：首先，毫米波信号在空气中传播具有严重的无线传播损耗，这一点使其不适用于传统的蜂窝宏基站覆盖，因为在传统的蜂窝宏基站中信号的覆盖范围是设计时需要考虑的主要因素。其次，在前传链路中并不需要毫米波所能提供的高带宽，相反，回传链路一直都需要这种具有高带宽的链路——直到今天仍是如此。请注意，在毫米波频段进行信号传输比采用低频率信号更加昂贵。相比之下，毫米波更多的可用频谱资源对于 5G 超密集网络而言的确具有一定的吸引力。此外，5G 网络中需要部署大规模、密集的微蜂窝，这一需求使得毫米波较大的信号传播损耗反而成为一个优势，因为它增加了无线电频谱资源的可重用性。对于 5G 中 M-MIMO 的实现而言，毫米波频段具有较短的波长，因而可制造出包含大量天线的小型阵列，这也有利于 M-MIMO 的具体实现。

6.3.1.2　工作于亚 6 GHz 的 M-MIMO

毫米波 M-MIMO 技术对于 eMBB 和 FWA 的实现都适用，因为这两者都需要较高的数据传输速率。然而，使用毫米波的系统来支持用户的移动性连接仍然是一个挑战[Björnson et al. - 2018]。因此，在亚 6 GHz 波段实现 M-MIMO 就成为解决 5G NR 难题的关键一环。而且，对于 mMTC 和 URLLC 的应用，使用亚 6 GHz 频谱相对于毫米波而言可以实现更廉价、更可靠的高速数据传输。

6.3.1.3　分布式 MIMO（D-MIMO）

D-MIMO 系统结合了传统分布式天线系统和 MIMO 系统的优势，即同时获得了空间复用和宏分集[Li et al. - 2017]。D-MIMO 也称为无蜂窝 MIMO，其中连接到相同基带和处理单元的分布式天线主要部署在那些覆盖率/容量较差的区域（比如商场、运动场等）内。图 6.2 展示了 D-MIMO 的概念。通常 D-MIMO 无线单元比普通蜂窝内所使用的无线单元更简单、规模也更小，这也给消除和校正系统硬件缺陷的影响带来了一定的挑战。

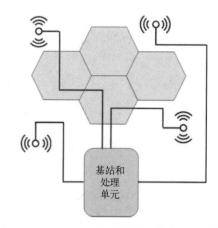

图 6.2　D-MIMO 的示意图，其中分布式的天线连接到单个基站和处理单元，以提升某一个特定区域的覆盖率/容量

D-MIMO 可被看作一种简化的 C-RAN，其中也用到了相同的集中化处理单元与分布式无线单元的概念。然而，这种规模上的差异导致了 C-RAN 和 D-MIMO 面临着不同的挑战。

6.3.2　载波聚合与授权辅助下的未授权频谱接入

Rel-10 中介绍了基于载波聚合（CA，carrier aggregation）来实现更高带宽的技术。CA 意味着使用多个载波[其中每个载波称为成员载波（CC，component carrier）]来发送上行链路和下行链路的数据。每个成员载波的带宽可以不同，也不一定是连续的。在此条件下，存在以下三种不同情况的 CA：

- 连续 CC 的带内 CA
- 不连续 CC 的带内 CA
- 不连续 CC 的带外 CA

图 6.3 展示了这三种不同情况的 CA。

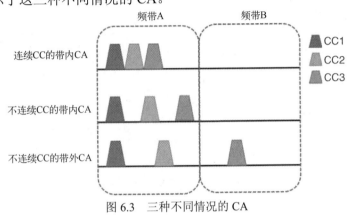

图 6.3　三种不同情况的 CA

Rel-10 中的 CA 要求所有 CC 采用相同的双工方案，即 FDD 或 TDD；而在 Rel-11 中，系统可以采用不同的上行/下行链路配置。而且在 Rel-12 中，系统支持同时使用 FDD 和 TDD 的 CC；在 Rel-13 以后的版本中，系统都支持最大数量（即 32 个）的 CC 聚合[Dahlman et al. - 2016]。在 Rel-13 中，CA 形成了授权辅助接入(LAA, licensed assisted access)的基础，并得到了标准化。在 LAA 技术的支持下，一些 CC 处于运营商授权的频谱范围之内，而一些则处于未授权的频谱范围(即可以接入未授权的频谱)之内。如此，既可使用独享的频谱，又可使用额外更多的频谱资源，而且互不影响。

LAA 的主要目标是在室内部署小型的即插即用系统的接入点，这些接入点称为飞蜂窝，它们具有接入未授权频谱的能力，比如通过动态频率选择和先听后送机制，就可实现对未授权频谱的接入[Dahlman et al. - 2016]。飞蜂窝与服务于相同地理区域的宏基站一起，在一个两层的异构网络中形成网络拓扑。文献[Adhikary et al. - 2011; Buddhikot - 2010]中深入研究和探讨了认知飞蜂窝的发展前景。

6.3.3　双连接

在传统的蜂窝移动通信网络中，一个移动设备在某一时间内通常只连接到某一个蜂窝，并由该蜂窝负责其上行链路和下行链路的控制与数据平面的信号处理。这种简单的方法适用于低数据传输速率的业务和应用。然而，如果允许一个设备同时连接到多个蜂窝，将会增加该设备的数据传输速率，这就是双连接(DC，dual connectivity)技术。Rel-12 中所报道的技术便实现了这一点。根据 Rel-13，当一个设备处于双连接模式时，其中一个 eNodeB(演进型 Node B，LTE 中基站的名称)为主 eNodeB，而另一个为次 eNodeB。以下是一些可以使用双连接的场景[Dahlman et al. - 2016]。

● 用户平面聚合。在此，一个设备面向不同的蜂窝发送/接收数据。

● 控制/用户平面分离。一个设备的控制平面由一个蜂窝处理，而其数据传输则由另一个蜂窝处理。

● 上行/下行分离。在这种双连接模式中，上行传输由一个蜂窝处理，而下行传输由另一个不同的蜂窝处理。

图 6.4 描述了上述三种双连接的应用场景。

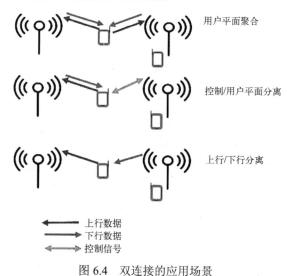

图 6.4　双连接的应用场景

6.3.4　设备到设备(D2D)通信

设备到设备(D2D，device to device)通信是能够满足下一代无线网络中大速率数据传输需求的技术之一[Doppler et al. - 2009]。基于 D2D 通信，彼此接近的设备可以通过短距离、低功率的无线电链路直接进行彼此之间的数据交换，而不再通过基站通信。另一方面，控制信号仍由服务基站来处理，这一点与传统的移动蜂窝系统中一样。相应地，当系统允许 D2D 通信模式时，D2D 通信模式与蜂窝通信模式之间的模式选择需集成于系统中[Doppler et al. - 2009]。图 6.5 解释了 D2D 通信的概念。

D2D 通信中无线电资源分配的最终目的是要实现对运营商可用无线电资源的充分利用，该问题引起了人们广泛的研究兴趣，在文献中已有很多相关的研究报道。在这方面，主要的研究结论是建议通过带内 underlay 模式的 D2D 通信来实现频谱资源共享 [Asadi et al. - 2014]。在蜂窝网络 underlay 模式下的 D2D 通信中，蜂窝用户与 D2D 用户共享同一频谱资源，D2D 用户确保其对蜂窝用户的干扰被控制在一定的限度内①。

图 6.5　D2D 通信的概念

在该方案下，大部分的研究工作都致力于减轻 D2D 用户与蜂窝通信之间的干扰 [Asadi et al. - 2014]。例如，业界目前所达成的主要共识是遵循[Pei and Liang - 2013]提出的带内 overlay 频谱共享方法，其中蜂窝频带中的部分资源被保留用于 D2D 通信。其他的研究工作则建议 D2D 通信工作于带外模式，以消除 D2D 用户对蜂窝用户的影响[Asadi and Mancuso - 2013]。

6.4　硬件的实现

在本节中，我们将讨论那些可能会导致 eMBB 和 FWA 应用场景中——与上述 RAN 无线电使能技术相关——高数据传输速率和低延时要求难以实现的各种硬件缺陷。为了与前文所讨论的各种 RAN 架构、干扰和无线电性能面临的挑战保持一致，本节将分别针对发射机、接收机和收发机来讨论这些损伤。

6.4.1　硬件缺陷——发射机

人们预计在工作于亚 6 GHz 频率范围和毫米波的通信系统中，天线阵列与 AAS 将会得到大量的应用。M-MIMO 所能提供的容量增益源于它能智能性地将天线发射功率在空间中进行聚焦，实现在空间中对不同的用户进行区分，从而可利用同一时间-频谱资源来

---

① underlay 是该领域中一个广为接受的术语，不必翻译成中文。蜂窝网络和 D2D 技术的结合包含 overlay 和 underlay 两种工作模式。在 underlay 模式下，D2D 节点和蜂窝节点共用同一频谱进行传输。相比 overlay 模式，underlay 模式可以获得更高的频谱效率。在 overlay 模式下，D2D 节点和蜂窝节点不占用相同的频谱资源，只在蜂窝节点空闲时接入频段。——译者注

为更多的用户提供服务，进而有助于提升系统的能力和容量[Gustavsson et al. - 2014]。

M-MIMO 由数百个 Tx 通道组成，每个通道都有其各自的一组有源组件。因此，为了降低系统的成本和复杂性，人们需要采用一个高度集成的设计方案，例如，移除功率放大器(PA)和天线之间的隔离器、使用共享的本地振荡器(LO)，以及通过采用带有子阵列的混合波束成形来减少数模转换通道的数量。然而，这种高度集成的硬件容易受到 IQ 不平衡[Khan et al. - 2017]、串扰[Amin et al. - 2014]、天线阻抗不匹配[Gustavsson et al. - 2014; Hausmair et al. - 2018]的影响及 PA 非线性的影响。由于受到这些硬件缺陷的影响，因此 M-MIMO 的性能也将大打折扣。

采用 TDD-M-MIMO 系统时，可以更好地利用互易性来估计上行 Rx 和下行 Tx 对有效负载数据进行预编码的信道响应和对所获取 CSI 的利用率[Kolomvakis et al. - 2017]。然而，前端模拟处理中的 IQ 不平衡对这种互易性会产生有害的影响[Kolomvakis et al. - 2017]。此外，由于带内和带外失真的产生，IQ 不平衡与 PA 的非线性效应组合在一起会对信号调制的质量产生负面的影响[Chung et al. - 2018; Khan et al. -2017]。此外，天线端口之间的相互耦合或串扰[Amin et al. - 2014; Gustavsson et al. - 2014; Hausmair et al. - 2018]与 PA 的非线性效应组合在一起，还会产生额外的信号失真。尽管如此，TDD M-MIMO 仍然为 FDD 技术的部署提供了一种备选方案，该解决方案对于 TDD 中间频带(3~5 GHz)的 eMBB 而言还是很有发展前景的。

诸如数字预失真(DPD, digital pre-distortion)等的信号补偿技术在缓解 SISO 系统中的非线性失真效应方面[Isaksson et al. - 2006]得到了广泛的应用。然而，由于 IQ 不平衡、串扰和 PA 非线性的共同影响，M-MIMO 所遇到的问题与 SISO 系统是不同的[Alizadeh et al. - 2017; Amin et al. - 2014; Gustavsson et al. - 2014; Khan et al. - 2017]。不过，已有的大多数补偿技术都是针对 4×4 MIMO 的，其中每个发射机链都有自己的反馈通路用于监测 PA 的输出。因此，如何扩展这些补偿技术并将其用于 M-MIMO 系统仍是一个主要的研究课题。大规模的天线空口(OTA, over the air)测量是了解 M-MIMO 可扩展性的潜在的解决方案。例如[Hausmair - 2018]报道了针对 64×64 MIMO 的基于 OTA 的 DPD 仿真，对存在天线串扰的情况下如何减轻非线性失真进行了研究。然而，当存在上述硬件缺陷时，对基于 OTA-DPD 的 M-MIMO 进行测量则是人们更为感兴趣的研究课题。

以上的讨论集中于 M-MIMO 实现的硬件缺陷，因此本节剩下部分将专门讨论 CA 中硬件实现方面所面临的挑战。带外 CA 的第一种情况(如 6.3.2 节所述)是增加 5G NR 蜂窝容量最有前景的方法。而且，采用带外 CA 有助于减小无线电设备的尺寸，即通过使用一个共享有源 RF 器件的无线电设备(例如 PA)来集成两个或两个以上的频带。一种很有前途的技术是在一个无线电设备中集成多个频带，并使用共同的有源 RF 组件以降低成本(在硬件与安装方面)及无线电设备的尺寸。然而，使用宽带 PA(也称为并行多频带 PA）的带外 CA 信号放大会引入自调制与交叉调制失真，并在 RFIC 的设计与实现中需要考虑复杂的权衡问题[Amin et al. - 2015]。

为了补偿并行多频带功率放大器所产生的非线性失真，仅采用 SISO 的线性化技术是不够的，因为没有考虑信号的交叉调制失真。目前已有文献提出了几种方案，可用于补偿并行双频带 PA 中所产生的非线性失真[Amin et al. - 2017a; Liu. et al. - 2013]。[Amin et al. - 2017b]中报道了一种双频带的 PA 模型，该模型引入了新的交叉调制项，这在以往发布的模型中尚未见报道。相关文献中报道了多种分析方法[Wood - 2014; Ghannouchi et al. - 2015]和模型[Morgan et al. - 2006]，深入分析了 SISO PA 中的非线性，这些研究最终产生了成熟的信号补偿技术。因此，研究那些有助于理解在 5G 无线通信系统中产生上述硬件缺陷的原因，并对其细节进行分析的方法是非常有意义的。

6.4.2　硬件缺陷——接收机

当工作频段移至毫米波频段时，确保接收机性能不受影响是其硬件设计所面临的主要挑战之一[Andersson et al. - 2017]；随着工作频段提升至毫米波频段，人们预计信号接收的噪声底（NF）会从 5.1 dB@2 GHz 增加至 9.1 dB@30 GHz。此外，爱立信公司（Ericsson AB）所进行的一项研究也得出这样的结论：当载波频率增加 10 倍以上时，接收机设计的难度就如同要在 15 年前的低电压技术条件下设计一个 2 GHz 的 Rx。由于对低成本、高能源效率和高集成度的需求，使得 CMOS 工艺成为制作 5G 收发机的优选工艺。如果使用 CMOS 工艺来提升 NF@30 GHz 性能，将会在十年内将上述的 NF 从 9.1 dB 降至 7.7 dB[Andersson et al. - 2017]。当前，人们正在使用新的技术来提升用于毫米波频段的低噪声放大器和接收机的性能，例如中和电容电路和基于变压器的匹配网络[Lianming et al. - 2016]。

6.4.3　硬件缺陷——收发机

FDD 收发机会受到其发射机和接收机之间信号泄漏的影响。通常，人们采用一个双工器滤波器来为接收机与发射机发出的强信号之间提供足够的隔离度。然而，由于需要降低成本和实现非连续的载波聚合，这些需求使得最终的滤波器变得笨重且昂贵。此外，这些滤波器工作于固定的一对频带，这对于 5G 多频带并具灵活性的收发机应用而言不太有吸引力，尤其是随着 3GPP 中带内和带外载波聚合的引入，这种滤波器不太有前景[Kiayani et al. - 2018]。而且该滤波器在带内全双工（IBFD）通信中更成问题，因为其中的 Tx 和 Rx 同时工作在相同的载波频率，这导致从 Tx 至 Rx 存在非常强的信号耦合。使用有源 RF 干扰对消技术来提高 Tx 与 Rx 之间的隔离度是克服 IBFD 与 FDD 系统中的信号干扰和 Tx 信号泄漏问题的有效方法之一[Kiayani et al. - 2018]。

　　值得重申的是，载波聚合技术是 5G 网络中实现更高峰值数据传输速率并有效利用其碎片频谱资源的一项关键性使能技术。然而，这也将增加收发机设计的复杂性，而且接收机也因此面临着更加复杂的 RF 信号环境，会有杂散信号、自阻塞等情况存在，往往需要采用先进的滤波器技术。而且这使得天线前端的设计需要支持多个组合频段，这势必会使得天线的设计也将变得更具挑战性[CA Technologies - 2014]。

　　对于收发机的实现及其最具前途的结构，目前有两种常见类型：零差型和外差型。零差型收发机是一种低成本的解决方案，因为它所使用组件较少。此外，与外差型收发机相比，零差型收发机更易于实现电路的集成设计。然而，该类收发机结构不适用于非常高的频率，因为它存在着直流偏移、本振泄漏、IQ 不平衡和闪烁噪声等问题[Gu - 2005]。而外差型收发机结构更适用于毫米波频段。图 6.6 和图 6.7 给出了上述两种收发机的结构[Lianming et al. - 2016; Dafallah - 2016]。

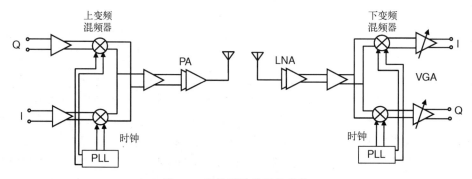

图 6.6　零差型收发机的结构

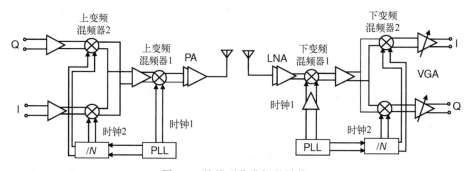

图 6.7　外差型收发机的结构

6.5　实现技术与制造的挑战

　　尽管 CMOS 晶体管的尺寸不断缩小，而且所具有的运行速度也在不断提升，但其供电电压及供电电压与晶体管阈值电压的比值也在减小。从毫米波电路的角度来看，这导致了较低的信号摆幅和较小的信号动态范围。此外，在毫米波频段条件下，无源器件的插入损耗增大，这会进一步降低有源器件的功率增益，从而导致了 PA 和振荡器输出的功率较低且相位噪声较大。目前的研究工作主要集中在开发新的技术以克服这些限制方面[Lianming et al. - 2016]。半导体工厂需要大幅降低测试成本，以促成低成本5G 网络的实现。而在空间科技领域，对于这些高频器件与系统的制作，成本稍高一些也是可以接受的[LAPEDUS - 2016]。类似的低成本测试技术在通常的 5G 网络中也有需求。人们必须在 OTA 暗室中确定需要进行哪些必要的测试，以降低成本。对于某些性能参数而言，其芯片组、设备和载波都必须具有相同的误差富裕度，以减少所需的 OTA测试。而那些不需要暗室的协议测试对于 5G 的应用而言则更为有利[Khan - 2017]。此外，通过开发先进的制造技术、提升性能参数，还能进一步减少制造过程中的制造变差，从而可以通过产量的提升来降低其制造成本[Resonant Inc. - 2018]。

6.6　结论

本章首先讨论了能够满足 eMBB 和 FWA 应用场景的最有前途和贡献突出的5G NR RAN 无线电使能技术；讨论了为实现网络吞吐量最大化、提升频谱效率，以及提升频谱与蜂窝密度而进行的各种无线参数的优化。为了有效地提升蜂窝的密度并减少干扰，采用混合多天线结构和波束成形技术的 M-MIMO 被认为是一种很有前途的关键性RAN 无线电使能技术。本章还讨论了实现 M-MIMO 所面临的各种挑战，比如信道状态信息(CSI)的获得、在毫米波频段实现 M-MIMO 的大规模天线阵列的挑战。本章还介绍了可作为 M-MIMO 替代方案的 D-MIMO，它不仅带来了一些有趣的优势，也带来了一些硬件实现上的挑战。

本章还介绍了其他的 RAN 无线电使能技术，包括授权辅助接入及其在双连接通信中的应用，尤其介绍了基于感知蜂窝(感知飞蜂窝)的应用场景。双连接的各种应用场景为提升网络中下行链路的吞吐量带来了新的可能性。而在智能干扰管理得以实现的前提下，D2D 则为通信吞吐量的增加提供了更多的选项。载波聚合，特别是带内载波聚合，被认为是一种关键的频谱技术，当它与授权辅助接入相结合时，可为网络带来更大的好处。本章还介绍了与上述技术相关的硬件实现中所遇到的挑战。

IQ 不平衡、信号串扰与 M-MIMO 中 PA 所产生的非线性失真是降低信号传输质量的关键因素，它们阻碍了 5G 系统的有效部署与其性能优势的发挥，也不利于满足eMBB 和 FWA 应用场景的需求。本章详细讨论了这些硬件缺陷的影响。此外，本章还研究了收发机的结构，以及发射机至接收机的信号泄漏。本章还讨论了当前已有的一些补偿技术，并预言这些技术的发展将最终解决 PA 中的非线性问题。同时，研究发现减小晶体管的尺寸是降低噪声影响的一种很有前景的方案。此外，研究还发现有源 RF 对消技术也是一项可供采用的重要技术。然而，为了达到所需的技术成熟度，人们还需要在相关的硬件方面开展进一步的研究工作。本章还讨论了整个系统的硬件结构在制造中所遇到的挑战，作者给出了采用先进制造模型的建议，以降低 5G 网络的测试成本。

参考文献

Verizon 5G TF V5G.201 v1.0 (2016-06). Verizon 5th Generation Radio Access; Physical layer; General description (Release 1). 3GPP, 2016.

TS 38.202, NR; Services provided by the physical layer, Technical Specifications. 3GPP, 2017.

3GPP. 5G Road Map, 2017.

A. Adhikary, V. Ntranos, and G. Caire. Cognitive femtocells: Breaking the spatial reuse barrier of cellular systems. In 2011 Information Theory and Applications Workshop, pages 1-10, 2011.

M. Alizadeh, S. Amin, and D. Rönnow. Measurement and Analysis of Frequency-Domain Volterra Kernels of Nonlinear Dynamic 3×3 MIMO Systems. IEEE Transactions on Instrumentation and Measurement, 66(7):1893-1905, July 2017.

S. Amin, P. N. Landin, P. Händel, and D. Rönnow. Behavioral Modeling and Linearization of Crosstalk and Memory Effects in RF MIMO Transmitters. IEEE Transactions on Microwave Theory and Techniques, 62(4):810-823, April 2014.

S. Amin, W. Van Moer, P. Händel, and D. Rönnow. Characterization of concurrent dual-band power amplifiers using a dual two-tone excitation signal. IEEE Transactions on Instrumentation and Measurement, 64(10):2781-2791, Oct 2015. ISSN 0018-9456.

S. Amin, P. Händel, and D. Rönnow. Digital Predistortion of Single and Concurrent Dual-Band Radio Frequency GaN Amplifiers With Strong Nonlinear Memory Effects. IEEE Transactions on Microwave Theory and Techniques, 65(7):2453-2464, July 2017a.

Shoaib Amin, Per N. Landin, Peter Händel, and Daniel Rönnow. 2D Extended envelope memory polynomial model for concurrent dual-band RF transmitters. International Journal of Microwave and Wireless Technologies, 9(8):1619-1627, 2017b.

S. Andersson, L. Sundström, and S. Mattisson. Design considerations for 5g mm-wave receivers. In 2017 Fifth International Workshop on Cloud Technologies and Energy Efficiency in Mobile

Communication Networks (CLEEN), pages 1-5, 2017.

J. G. Andrews, S. Buzzi, W. Choi, S. V. Hanly, A. Lozano, A. C. K. Soong, and J. C. Zhang. What will 5g be? *IEEE Journal on Selected Areas in Communications*, 32(6):1065-1082, 2014.

A. Asadi, Q. Wang, and V. Mancuso. A Survey on Device-to-Device Communication in Cellular Networks. *IEEE Commun. Surveys Tutorials*, 16(4):1801-1819, 2014.

Arash Asadi and Vincenzo Mancuso. On the compound impact of opportunistic scheduling and d2d communications in cellular networks. In *Proc.16th ACM Int. Conf. Modeling, Analysis and Simulation of Wireless and Mobile Systems*, pages 279-288, New York, NY, USA, 2013. ACM.

Emil Björnson, Liesbet Van der Perre, Stefano Buzzi, and Erik G. Larsson. Massive MIMO in sub-6 ghz and mmwave: Physical, practical, and use-case differences. *CoRR*, abs/1803.11023, 2018.

C. Bockelmann, N. Pratas, H. Nikopour, K. Au, T. Svensson, C. Stefanovic, P. Popovski, and A. Dekorsy. Massive machine-type communications in 5g: physical and mac-layer solutions. *IEEE Communications Magazine*, 54(9): 59-65, 2016.

M. M. Buddhikot. Cognitive radio, dsa and self-: Towards next transformation in cellular networks (extended abstract). In *2010 IEEE Symposium on New Frontiers in Dynamic Spectrum (DySPAN)*, pages 1-5, 2010.

A. Chung, M. B. Rejeb, Y. Beltagy, A. M. Darwish, H. A. Hung, and S. Boumaiza. Iq imbalance compensation and digital predistortion for millimeter-wave transmitters using reduced sampling rate observations. *IEEE Transactions on Microwave Theory and Techniques*, pages 1-10, Apr 2018.

Hind Dafallah. Highly Linear Attenuator and Mixer for Wide-Band TOR in CMOS. Master's thesis, Lund University, Sweden, 2016.

E. Dahlman, S. Parkvall, and J. Sköld. *4G, LTE-Advanced Pro and The Road to 5G*. Elsevier Science, 2016. ISBN 9780128046111.

M. Dohler, R. W. Heath, A. Lozano, C. B. Papadias, and R. A. Valenzuela. Is the phy layer dead? *IEEE Communications Magazine*, 49(4):159-165, 2011.

K. Doppler, M. Rinne, C. Wijting, C. B. Ribeiro, and K. Hugl. Device-to-device communication as an underlay to LTE-advanced networks. *IEEE Commun. Mag.*, 47(12):42-49, 2009.

S. Hong et al. Applications of self-interference cancellation in 5G and beyond. *IEEE Commun. Mag*, 52(2), Feb 2014.

F. M. Ghannouchi, O. Hammi, and M. Helaoui. *Behavioral Modeling and Predistortion of Wideband Wireless Transmitter*. John Wiley & Sons, West Sussex, UK, 2015.

Qizheng Gu. *RF System Design of Transceivers for Wireless Communications*. Springer, 2005.

U. Gustavsson, C. Sanchéz-Perez, T. Eriksson, F. Athley, G. Durisi, P. Landin, K. Hausmair, C. Fager, and L. Svensson. On the impact of hardware impairments on massive MIMO. In *2014 IEEE Globecom Workshops (GC Wkshps)*, pages 294-300, Dec 2014.

K. Hausmair. Modeling and Compensation of Nonlinear Distortion in Multi-Antenna RF Transmitters. *Chalmers University of Technology, PhD Thesis*, March 2018.

K. Hausmair, P. N. Landin, U. Gustavsson, C. Fager, and T. Eriksson. Digital Predistortion for Multi-Antenna Transmitters Affected by Antenna Crosstalk. *IEEE Transactions on Microwave Theory and Techniques*, 66(3):1524-1535, March 2018.

M. Isaksson, D. Wisell, and D. Ronnow. A comparative analysis of behavioral models for RF power amplifiers. *IEEE Transactions on Microwave Theory and Techniques*, 54(1):348-359, Jan 2006.

ITU R-REC-M.2083. Imt vision-framework and overall objectives of the future development of imt for 2020 and beyond. Technical Report M.2083-0 (09/2015), ITU, 2015.

Adnan Khan. Three 5G test challenges to overcome. Technical report, Anritsu, Dec 2017.

Z. A. Khan, E. Zenteno, P. Händel, and M. Isaksson. Digital Predistortion for Joint Mitigation of I/Q Imbalance and MIMO Power Amplifier Distortion. *IEEE Transactions on Microwave Theory and Techniques*, 65(1):322-333, Jan 2017.

A. Kiayani, M. Z. Waheed, L. Anttila, M. Abdelaziz, D. Korpi, V. Syrjälä, M. Kosunen, K. Stadius, J. Ryynänen, and M. Valkama. Adaptive nonlinear rf cancellation for improved isolation in simultaneous transmit-receive systems. *IEEE Transactions on Microwave Theory and Techniques*, 66(5):2299-2312, 2018.

N. Kolomvakis, M. Coldrey, T. Eriksson, and M. Viberg. Massive mimo systems with iq imbalance: Channel estimation and sum rate limits. *IEEE Transactions on Communications*, 65(6):2382-2396, 2017.

MARK LAPEDUS. Waiting For 5G Technology. Technical report, Semiconductor Engineering, 2016.

X. Li, X. Yang, L. Li, J. Jin, N. Zhao, and C. Zhang. Performance analysis of distributed mimo with zf receivers over semi-correlated *mathcalK* fading channels. *IEEE Access*, 5:9291-9303, 2017.

LI Lianming, NIU Xiaokang, CHAI Yuan, CHEN Linhui, ZHANG Tao, CHENG Depeng, XIA Haiyang, WANG Jiangzhou, CUI Tiejun, and YOU Xiaohu. The path to 5G: mmWave aspects. *Journal of Communications and Information Networks*, 1 (2):4-15, Aug 2016.

Y. J. Liu, W. Chen, J. Zhou, B. H. Zhou, and F. M. Ghannouchi. Digital Predistortion for Concurrent Dual-Band Transmitters Using 2-D Modified Memory Polynomials. *IEEE Transactions on Microwave Theory and Techniques*, 61 (1):281-290, Jan 2013.

A. F. Molisch, V. V. Ratnam, S. Han, Z. Li, S. L. H. Nguyen, L. Li, and K. Haneda. Hybrid Beamforming for Massive MIMO: A Survey. *IEEE Communications Magazine*, 55 (9):134-141, Sep 2017.

D. R. Morgan, Z. Ma, J. Kim, M. G. Zierdt, and J. Pastalan. A generalized memory polynomial model for digital predistortion of rf power amplifiers. *IEEE Transactions on Signal Processing*, 54 (10):3852-3860, 2006.

Y. Pei and Y. C. Liang. Resource Allocation for Device-to-Device Communications Overlaying Two-Way Cellular Networks. *IEEE Trans. Wireless Commun.*, 12 (7):3611-3621, 2013.

V. Ratnam, A. Molisch, O. Y. Bursalioglu, and H. C. Papadopoulos. Hybrid Beamforming with Selection for Multi-user Massive MIMO Systems. *IEEE Transactions on Signal Processing*, pages 1-1, 2018.

Resonant Inc. Rf innovation and the transition to 5g wireless technology. White paper, Resonant Inc., 2018.

Moray Rumney. Making 5g work: Capacity growth and rf aspects, 2018.

Manuel Blanco Agilent Technologies. Carrier aggregation: Fundamentals and deployments. Technical report, Agilent Technologies, 2014.

J. Wood. *Behavioral Modeling and Linearization of RF Power Amplifier*. Artech House, Norwood, MA, 2014.

第7章 面向5G应用的毫米波天线设计

本章作者：Issa Elfergani, Abubakar Sadiq Hussaini, Abdelgader M. Abdalla, Jonathan Rodriguez, Raed Abd-Alhameed

7.1 简介

当前，移动通信行业不断推动用户手持终端设备的创新，以适应未来新的市场发展趋势。如今的用户手持终端可支持视频流媒体、多媒体和快速上网，这些都由长期演进(LTE)标准来支持，也就是通常人们所说的4G标准。近年来4G通信技术的爆炸式发展也促使了很多可移动终端，如笔记本电脑、手机等设备都运行于LTE频段，即LTE 700 MHz、LTE 2400 MHz和LTE 2600 MHz。最近的文献中已经报道了几种LTE天线的设计[Hong et al. - 2014; Elfergani et al. - 2015a; Sethi et al. - 2017; Elfergani et al. - 2014, 2016; Belrhiti et al. - 2015]，但这些设计都是比较固定的，仅可以满足当前较低频段的应用需求。

随着市场上丰富的多媒体内容的激增，当前的通信体制正朝着更高数据传输速率的方向发展；这一点也有赖于纳米电子器件和组件的发展，从而提供了更高的处理能力。在这样的背景下，已被各种通信网络所利用的较低频段正变得拥挤，这迫使行业内的利益相关者去研究和开发新的频段。UWB未授权频段就是这样一个新的频段选择，它所占据的频率范围覆盖3.1～10.6 GHz。由于其通信距离较短，人们正考虑将其用于室内通信的场景[REPORT and ORDER - 2002]。

对于无线传输系统而言，超宽带天线技术在学术界和工业界都已得到了广泛的关注。因此，人们已经采用了多种方法来对其进行优化设计，以提升它的信号带宽范围，并使它能够工作在UWB频率范围内[Elfergani et al. - 2017; Ray et al. - 2013; Gong et al. - 2016; Khan et al. - 2016; Akram et al. - 2015; Cruz et al. - 2017; Li et al. - 2006; Abid et al. - 2015]。此外，由于在UWB频率范围内还存在一些窄带信号的标准，例如用于IEEE 802.11a的无线局域网(WLAN)，它工作在5.15～5.825 GHz频率范围；IEEE 802.16 WiMAX系统，它工作在3.3～3.7 GHz频率范围；还有用于ITU的C波段(4.4～5.0 GHz)和X波段(7.725～8.275 GHz)，上述这些标准都会给UWB系统带来同频干扰，从而导致UWB系统性能的下降。因此，为了保护UWB设备免受这些干扰，需要UWB天线带有合适的带阻特性，以避免信号干扰。通过引入一系列的技术手段，可以有效地实现这种 UWB 天线的带阻特性，如[Abid et al. - 2015; Elfergani et al. - 2015b, 2012; Naser-Moghadasi et al. - 2013; Sung - 2013; Zhang et al. - 2013; Karmakar et al. - 2013; Abdollahvand et al. - 2010; Emadian and Ahmadi-Shokouh - 2015; Lin et al. - 2012; Elhabchi et al. - 2017; Reddy et al. - 2014]中陈述的。可是，尽管 UWB 标准拥有若干方面的优点，尤其是 UWB 天线所具有的高带宽、低功耗和在个人操作范围内可实现设备之间的高速率无线连接等，但已有的研究中所设计的天线的工作载波频段被限制于 700～2600 MHz 之间，如下列文献中所述：[Orellana and Solbach - 2008; Pan and Wong - 1997; Nakano et al. - 1984; Huang et al. - 1999; Boyle and Steeneken - 2007; Palukuru et al. - 2007; Hong et al. - 2014; Elfergani et al. - 2015a; Sethi et al. - 2017; Elfergani et al. - 2014, 2016; Belrhiti et al. - 2015]；以及限制于 3～10 GHz 频率范围的 UWB 天线，参见 [Elfergani et al. - 2017; Ray et al. - 2013; Gong et al. - 2016; Khan et al. - 2016; Akram et al. - 2015; Cruz et al. - 2017; Li et al. - 2006; Abid et al. - 2015; Elfergani et al. - 2015b, 2012; Naser-Moghadasi et al. - 2013; Sung - 2013; Zhang et al. - 2013; Karmakar et al. - 2013; Abdollahvand et al. - 2010; Emadian and Ahmadi-Shokouh - 2015; Lin et al. - 2012; Elhabchi et al. - 2017; Gorai et al. - 2013; Reddy et al. - 2014]。尽管如此，已有的这些天线还不够灵活，无法提供可调谐性或覆盖上述这些频段以外的频段。

移动通信的下一个时代将是 5G 通信的时代。迈向 5G 通信的竞争由市场驱动，预计在未来的十年中，移动通信的业务量将以指数规律增长。这些增长的业务中不仅有传统的移动业务，如高速数字通信，还有未来不断涌现的新业务，如大规模机器类型通信和触觉互联网等。这些业务都会迅速增长，这势必会对移动通信系统提出新的设计要求，包括提供高容量的服务、提供超低延时的连接和更高的可靠性等。显然，目前的 4G 系统并不适用于上述这些高要求、多类型的业务，因为它最初设计的初衷是用来支持中等速率至高速的数字通信的，它无法支持通信数据量的进一步增长；为了应对未来的业务需求，可能需要将现有的蜂窝网络容量提高至当前水平的一千倍，而显然现有移动通信系统的容量很快就会达到一个饱和点而无法继续增加。

为了向用户提供 5G 移动通信网络，实现这个为满足未来业务所必需的业务传输平台，必然先要获得更多的频谱资源。因为如果仅依靠目前的扩容技术，那么只能实现网络容量缓慢地增长。为了解决这个问题，5G 标准化组织正在发掘频率更多的信号频谱资源。人们将目标锁定在毫米波频段(20～300 GHz)，因为在该频段还存在大量未被开发的可用频谱资源。实际上，毫米波频段已被推荐为 5G 移动通信网络一个重要且必要的频谱资源，用于提供诸如高清电视(HDTV)和超高清视频(UHDV)之类的吉比特通信服务[Elkashlan et al. - 2014]。从监管和技术的角度来看，人们确信 5G 的初始频谱分配将在 24～57 GHz 频段之间。有关专家推荐/建议移动通信行业优先将 25.25～29.5 GHz 和 36～40.5 GHz 毫米波频段分配给 5G 通信，并将其作为 5G 通信的主要频段(源自 2019 年世界无线电通信大会，即 WRC-19) [Straight Path Communications Inc. - 2015]。在这种情况下，为了有效地实现 5G 系统的部署，人们需要为其设计更紧凑且更高效的天线。这也为新一代手持移动终端设备的设计提供了驱动力，这些新一代的终端设备在原理上应该具备多模式的特性，而且更加节能；最重要的是，要能在毫米波频段工作，这些将对天线的设计带来新的推动力。

为了获得可用于 5G 移动通信网络的高性能天线设计，学术界中已经呈现出对天线研究前所未有的关注，并开展了相关的工作。人们尤其关注设计可工作在 5G 双频段的天线，即 28 GHz 和 38 GHz 频段。毫米波 5G 天线的设计必须考虑由于大气对毫米波的吸收而引起的高传输损耗问题[Shubair et al. - 2015]。而且，5G 天线应该具有高增益、高效率，以及拥有大于 1 GHz 的带宽。目前，已有几项研究工作关注了使用毫米波频段印刷天线技术的无线通信系统[Wong et al. - 2013; Chin et al. - 2011; Tong et al. - 2005; Wang et al. - 2012]。微带天线由于其结构简单、体积小等特点而得到了广泛的应用。然而，微带天线的带宽很窄，典型值仅为 2%～5%，且辐射效率很低(<10%)，增益也很低(< 0 dBi) [Jamaluddin et al. - 2009]。所有这些缺点都可能导致它们在毫米波频段出现天线的增益与效率的显著降低。印刷单极子天线由于其所固有的体积小、平面结构、多频带特性、低成本、可提供中等至较高的增益，以及易于制造等优良特性，也已被广泛地应用于移动通信领域。对于工作在毫米波频段的 5G 应用，已有的文献中已经提出了多种天线设计[Ullah et al. - 2017; Khaliy et al. - 2016; Bisharat et al. - 2016; Choubey et al. - 2016; Park et al. - 2016; Dadgarpour et al. - 2016]。尽管这些天线的设计涵盖了所需的 5G 频段，但这些天线中能实现的宽带应用其实非常少。此外，那些能够工作于宽频带的天线，却在其抗干扰方面的灵活性很有限[Ullah et al. - 2017; Khalily et al. - 2016; Bisharat et al. - 2016]。

为了减少干扰并实现更优化的设计，我们重新改良了印刷单极子天线的设计，并提出了一种宽带单极子的印刷天线，它采用了简单、有效的方法实现了带宽、功率增益和效率的提升，并同时减少了毫米波频段的信号干扰。本章首先考虑了基于单频段单极子天线的设计过程，我们通过逐步提升该天线通过性能，使其向着最终的目标靠拢，即实现一种具有宽带工作特性的天线。在天线性能的增强方面，我们考虑了它的带阻特性，具体通过在天线的辐射贴片右下角嵌入一个 L 形开槽来实现。为了实现对该阻带的控制，我们将一个集总电容放置在 L 形开槽内的最佳位置，且可以改变其电容值，使得该阻带可以很容易地在一个较宽的频率范围内连续地调谐。最后，我们还验证了所设计的天线的性能，结果表明：它可成为用于 36～40.5 GHz 频率范围的候选天线，该范围与 WRC-19[Straight Path Communications Inc. - 2015]所考虑的一致。

7.2　天线的设计与设计过程

图 7.1 给出了毫米波印刷单极子天线的主要结构。我们所设计的天线主要构建于一个 $S_L \times S_W$ 的 FR4 基板上，其厚度为 0.8 mm，介电常数 $\varepsilon_r = 4.4$，介电损耗角的正切值为 $\tan \delta = 0.017$。辐射贴片的尺寸 ($P_L \times P_W$) 为 2.5 mm × 2.5 mm。天线连接于 50 Ω 微带馈线，其宽度和长度的乘积为 $F_L \times F_W$。基板的另一侧有一个尺寸为 $G_L \times G_W$ 的有限矩形铜接地面，如图 7.1(b)所示。

这种优化设计的接地面形状与尺寸有助于提高天线的阻抗匹配。优化后的参数如表 7.1 所示。我们在贴片的右下角、靠近微带馈线的地方嵌入了一个 L 形开槽，其尺寸为 $S_L \times S_W \times S_T$，如图 7.1(b)所示；该开槽在适合的位置被嵌入，从而可以在天线频谱响应的 40 GHz 频率处产生一阻带。

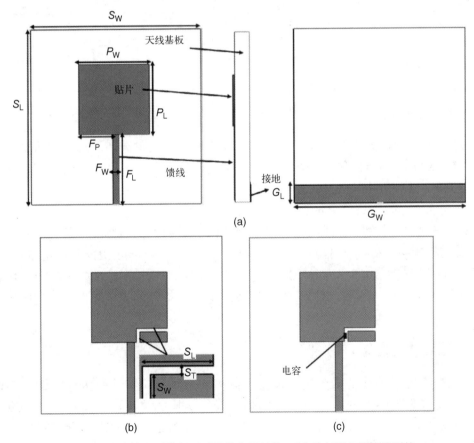

图 7.1　毫米波印刷单极子天线的主要结构：(a)具有不完整接地面的天线；(b)具有 L 形开槽的天线；(c)具有贴片电容的天线

7.3　天线的优化与分析

为了进一步研究天线的关键参数对其性能的影响，我们对这些参数做了进一步的分析。表 7.1 列出了我们所设计的天线的参数。我们主要选择了三个参数进行分析，包括接地面长度、微带馈线位置和所采用的基板类型；对于天线的频响特性及最佳阻抗匹配的确定而言，人们通常认为这三个参数是影响最明显的参数。我们进行了多次仿真分析，在每次仿真中，我们只变化其中一个参数而保持其他的参数不变。这些天线参数的仿真分析是采用 CST EM 仿真软件实现的[CST Computer Simulation Technology AG - 2014]。

表 7.1　我们所设计的天线的主要参数

参数	取值 (mm)	参数	取值 (mm)	参数	取值 (mm)
P_W	2.5	F_W	0.15	G_W	5
P_L	2.5	S_W	5	S_L	1
F_P	1.25	S_L	5	S_T	0.15
F_L	2	G_L	0.5	S_W	0.75

7.3.1　接地面长度(G_L)的影响

通过在不同接地面长度的条件下分析天线的反射损耗参数(S_{11})，我们研究了接地面长度(G_L)对天线性能的影响。在仿真中，接地面长度在 3.5～0.5 mm 之间变化；当接地面的长度设置为 3.5 mm 时，所设计的天线的频响在 38 GHz 处呈现一个窄带凹陷。

另一方面，当 G_L 从 2.5 mm 至 1.5 mm 变化时，该天线的频响呈现出 30 GHz 到 40 GHz 的宽带频响特性。当接地面长度减小到 1 mm 时，天线频响呈现出更高的谐振频率，其谐振频率被提高至 42 GHz 处；这使得天线能在 30～42 GHz 频率范围内工作。然而，当 G_L 被设置于 0.5 mm 时，该天线的频响带宽进一步增大，覆盖了 30～45 GHz 频率范围，如图 7.2 所示。因此，我们可以根据优化设计的需求来选择最佳的接地面长度值。

7.3.2　微带馈线位置(F_P)的影响

图 7.3 给出了天线的微带馈线位置(F_P)影响天线频响特性的仿真结果。在该分析中，馈线位置主要被安排在所设计的贴片天线结构的边缘，距离其中一个边缘为 1 mm(对应于仿真中 F_P = 1 mm 的情况)。仿真中以 0.25 mm 的步进量将其移向天线结构的另一个边缘，最终达到 F_P = 2 mm 处。从仿真结果中可以清楚地看出，当馈

线位置被设置于 0.5 mm 和 1.5 mm 处时，所设计的天线与馈线之间实现了良好的阻抗匹配，在 25 GHz 处的反射损耗为 23 dB。当馈线位置移动至 0.75 mm、1 mm、1.75 mm 和 2 mm 时，天线的谐振频率向高频率方向移动至 30 GHz 左右。尽管在上述馈线位置的条件下，天线在 25～30 GHz 表现出良好的阻抗匹配性能，但该天线的频响特性仍然表现为一个窄带谐振器，不符合我们预期的设计目标。然而，当馈线位置被设置成距离天线的边缘为 1.25 mm 时，天线的频响带宽得到了显著的提升，其带宽覆盖了 30～45 GHz 频率范围，如图 7.3 所示。因此，我们选择 1.25 mm 作为馈线位置的最佳值。

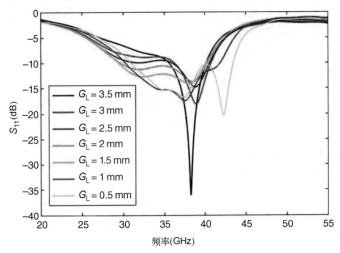

图 7.2　所设计的天线的反射损耗参数(S_{11})随接地平面长度变化的仿真结果

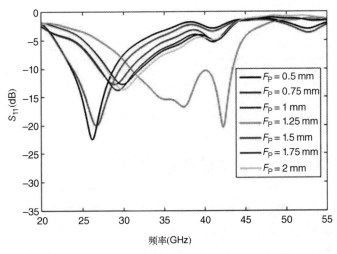

图 7.3　所设计的天线的反射损耗参数(S_{11})随馈线位置变化的仿真结果

7.3.3　基板类型的影响

　　为了评估所采用天线基板的介电常数对天线性能的影响，我们研究了天线的反射损耗参数(S_{11})随基板介电常数(ε_r)的变化规律，如图 7.4 所示。这项研究的目的是为了在我们所预期的天线频响范围内实现天线的最佳性能。在该研究中，我们使用了四种具有不同介电常数的基板，分别分析了它们对于天线宽带频响的影响，结果如图 7.4 所示，其中的基板包括：（FR4 $\varepsilon_r = 4.4$），（RT/duriod 5880 $\varepsilon_r = 2.33$），（RT/duriod 5870 $\varepsilon_r = 2.33$），以及（Roger RT 6006 $\varepsilon_r = 6.15$）。研究结果表明，当所设计的天线印制在 RT/duriod 5870 $\varepsilon_r = 2.33$ 的基板和 Roger RT 6006 $\varepsilon_r = 6.15$ 的基板上时，其谐振频率仅出现在 50 GHz 处，这不符合我们预期的目标。另一方面，当使用 FR4 $\varepsilon_r = 4.4$ 的基板和 Roger RT 6006 $\varepsilon_r = 6.15$ 的基板时，天线实现了从 30 GHz 到约为 45 GHz 之间非常宽的频响范围，如图 7.4 所示，这更适合于 5G 网络中的应用。然而，由于 Roger RT 6006 $\varepsilon_r = 6.15$ 的基板的介电常数相当高，因此有可能削弱天线的一些性能，尤其是在天线的增益和效率方面。因此在本研究中，我们选择了 FR4 $\varepsilon_r = 4.4$ 作为最佳的天线基板材料。

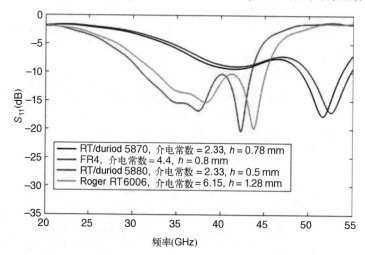

图 7.4　所设计的天线的反射损耗参数(S_{11})随基板介电常数(ε_r)变化的仿真结果

7.4　具有带阻特性的毫米波天线设计

　　如前所述，为了获得最佳的宽带毫米波天线，我们采取了多个设计步骤。前面所提出的天线设计是采用一个完整接地面来实现的，它在 37.5 GHz 处实现了良好的阻抗匹配，如图 7.5 所示。然而，由于我们的设计目标是要开发一种能够在一个很宽的毫米波频段范围内工作的紧凑型天线，因此还有必要研究其他的方法，比如缺陷接地面方法（DGP，defected ground plane）。

一般来说，传统的微带天线结构也有它的缺点和限制，比如工作频率单一、低阻抗带宽、低功率增益，还有尺寸较大。因此，我们考虑了几种不同的方法来克服上述的这些问题，这些方法包括：使用堆叠方式或不同的馈线方式，采用高介电常数的基板材料，采用具有频率选择性的表面，还有采用电磁带隙（EBG）、光子带隙（PBG），采用超材料等。然而，所有这些技术都不能完美地解决前面提到的这些性能限制。例如，使用不同的馈线方式虽然可以提高天线的带宽，但该方法比较复杂、成本也较高；采用高介电常数的基板材料虽然有助于提高天线的带宽，但会严重影响天线的增益和效率；EBG 和 PBG 被认为是提高天线性能的一种很有吸引力的途径，但这两种方法都比较复杂，且成本也不低。

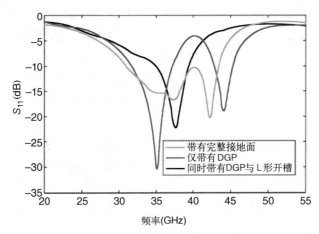

图 7.5　带有完整接地面、仅带有 DGP 及同时带有 DGP 与 L 形开槽
的三种天线设计的反射损耗参数（S_{11}）随频率变化的仿真结果

目前，在已有的方法中，DGP 备受关注，主要是因为其结构设计简单。实际上，在微带电路的接地面上嵌入单个或多个开槽或缺陷就形成了这种缺陷接地面/结构。DGP 被认为是一种能够有效提升贴片天线性能的很有前途的方法。这种 DGP 方法被集成于天线的设计中，它带来了一些优点：改善了天线的辐射特性，减小了天线尺寸，抑制了谐波，减小了交叉极化，以及提高了 MIMO 天线的隔离度。此外，DGP 也是一种有助于减轻表面波影响的途径。DGP 可以通过部分地蚀刻天线的接地结构来实现。而且，DGP 使得天线工程师能够根据需要来调整接地电场的分布形状。由于微带天线会受到严重表面波损耗的影响，因此采用 DGP 也会改善天线的性能。

总之，DGP 的设计方法就是在天线的接地面人为地引入了缺陷，其目的是为了提升天线的性能。而且，这些缺陷的形状可以被设计成周期性的，也可以是非周期性的。从根本上讲，DGP 是一种谐振间隙，它能够打乱天线接地面上的电流分布。而通过打乱这种电流的分布，可以改变天线的并联电容和串联电感，从而对天线的特性产生了影响。正如[Breed - 2008]中所述：DGP 产生了一个并联调谐电路，其电容、电感和电阻都会根据 DGP 的结构发生变化。我们可以将 DGP 调谐到不同的频率，它可以工作在多个频段，并提供更大的带宽，这种灵活性是它受到人们青睐的关键因素。上述的这些优点使得 DGP 方法成为提高天线工作带宽的一种很有前途且易于实现的方法。因此，在本章中，我们着重介绍了采用这种 DGP 方法来提升天线的带宽。从图 7.5 中可以看出，当天线的接地面被切割形成 DGP 时，天线的带宽会得到扩展，可以覆盖 30～45 GHz 频率范围，而与传统不带 DGP 的天线相比，原来的天线仅在 37.5 GHz 附近存在一个窄带的频响特性。

然而，带有 DGP 的天线可在一个很宽的毫米波频段内工作，即 30～45 GHz，但在该频率范围，很多频率点都存在严重的同频信号干扰。为了能减轻和/或避免这些干扰，我们需要采用一个滤波器来对目标工作频段内不需要的信号进行陷波，从而避免来自其他通信应用的同频信号干扰，而且还可以改善其自身的总体性能。然而，若要给天线再配一个额外的带阻滤波器，则必将会导致其设计的复杂度、体积和成本都会提高。

当前，天线设计人员已经通过其他更为简单的方法或复杂度较低的手段代替了上述这种需要给天线额外配备滤波器的方案，这些已有的方法主要包括：嵌入寄生元件、EBG 和在天线系统的辐射元件或接地面上插入不同形状的开槽。这些方案不仅能为天线的频响特性引入某个频率范围的带阻特性，而且还能保持天线的封装尺寸不变。因此，这种设计方案在天线贴片的适当位置处引入了一个 L 形开槽，如图 7.1(b) 所示。加入了 DGP 和 L 形开槽后，天线的频响特性覆盖了 30～45 GHz 频率范围，而且在 40 GHz 附近产生了一个阻带，如图 7.5 所示。

图 7.6 给出了仅带有 DGP 的天线和同时带有 DGP 与 L 形开槽的天线的功率增益，以及辐射效率分析结果。显然，对于仅带有 DGP 的天线，在其整个频响范围内天线的频响不存在带阻特性，其功率增益平滑地分布于约 3.95 dBi 至 5.8 dBi 的范围内。然而同时带有 DGP 和 L 形开槽的天线呈现出 3.99 dBi 至 6 dBi 的稳定功率增益，但是在 40 GHz 处，其增益急剧下降至−5.6 dBi，即此处产生了带阻特性。

对于带有 DGP 的天线设计，其辐射效率在整个所期望频率范围内的变化范围为 86%～90%。而对于同时带有 DGP 和 L 形开槽的天线设计，其在频率范围的低端(30～33 GHz)的辐射效率为 83%～84%；而在更高的频率范围，其辐射效率随频率的变化比较平缓，变化范围在 92% 附近；而在 40 GHz 处则出现例外，其辐射效率陡然下降至 18% 左右；正如所预期的那样，天线的辐射效率与所获得的增益分布情况是一致的。

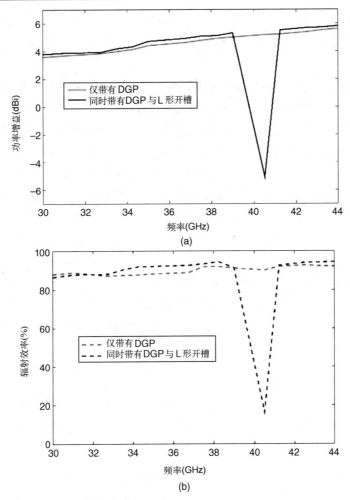

图 7.6 （a）仅带有 DGP 的天线和同时带有 DGP 与 L 形开槽的天
线的功率增益；（b）天线辐射效率随频率变化的仿真结果

7.5 具有负载电容的毫米波天线设计

　　尽管同时带有 DGP 和 L 形开槽的天线设计具有涵盖 30～45 GHz 的宽带频响特性，且在 40 GHz 频率处具有一个阻带，可以抑制信号干扰，但该设计本质上是不具备灵活性的；一旦天线被制造出来，就无法改变/移动其带阻特性。而我们所期望的天线应该具有频率可以调谐/切换的阻带，从而可以支持多个频带的应用。

　　这种具有可调谐阻带的天线与阻带固定的天线相比具有许多优势。具有可调谐阻带的天线可以很容易地避开多个频带上的干扰。这将有助于天线的设计向着大幅度减小硬件尺寸和成本的方向发展。它们所具备的这种特性正是人们所需要的，也将不断地推动着该天线技术在各个应用领域中的运用，并有可能在 5G 无线通信系统中发挥关键性的作用。

近年来，人们开发出了新的通信体制（如软件无线电、MIMO 和认知无线电），推动了无线通信向 5G 技术的演进，这些技术都能缓解业务增长对于传统无线通信网络的压力，并为无线通信网络的带宽与效率的提升开辟了新的道路。为了实现 5G 这样的通信新架构，势必需要能够在更高的带宽条件下工作的天线。然而，对于宽带系统所开放的工作频段，有可能会对现有的窄带无线通信系统造成干扰。因此，如果能将阻带频响特性固定的宽带天线设计改为具有可调谐阻带的天线设计，就可以让它在更宽的频率范围内工作，并在所期望的频率范围内实现对阻带的重新配置，这将有效地提高天线的性能。此外，它还可以将天线的整个宽带范围分成若干个子带，这将为其实际的应用带来更大的灵活性。因此，我们通过将一个集总电容放置在天线 L 形开槽中的适当位置来对天线频响 40 GHz 频率处的阻带实现调谐［如图 7.1（c）所示］。如图 7.7 所示，通过将电容值调整为 0.5 pF、1.5 pF、5 pF 和 7 pF，就可对天线阻带的频率位置实现大范围和连续的频率调谐，其调谐范围可覆盖 39 GHz、37 GHz、35 GHz 和 33 GHz 的频率。

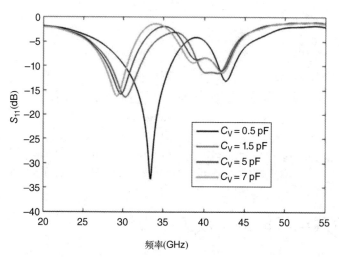

图 7.7　带有电容的天线的 S_{11} 随频率变化的仿真结果

图 7.8 给出了这种具有可调谐阻带的天线的功率增益和辐射效率随频率的变化分布。对于这种具有可调谐阻带的天线而言，除去四个阻带频率，即 39 GHz、37 GHz、35 GHz 和 33 GHz（这些频率对应的电容值分别为 0.5 pF、1.5 pF、5 pF 和 7 pF），其增益在整个连续的频率范围内为 3.9～6.2 dBi；在这四个频率处，阻带的增益值分别被显著地降低至–2.5 dBi、–2.8 dBi、–2.6 dBi 和–2.7 dBi。此外，当电容从 0.5 pF 变化至 7 pF

时，同样除去 39 GHz、37 GHz、35 GHz 和 33 GHz 这四个阻带频率，天线的辐射效率
从 83%变化至 92%；在这四个频率处，天线辐射效率分别降低至 19%、18%、20%和
20%。

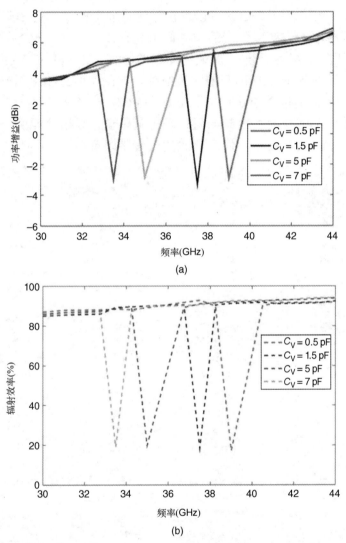

(a)

(b)

图 7.8　带有电容的天线的(a)功率增益和(b)辐射效率的仿真结果

图 7.9 给出了我们所提出的天线设计(包括仅带有 DGP 的、同时带有 DGP 与 L 形
开槽的及具有可调谐阻带的设计)的表面电流的模拟分析；我们选择了四个谐振频率，
可以覆盖天线的带宽，即 30 GHz、33 GHz、37 GHz 和 40 GHz。仅带有 DGP 的天线(即
不带 L 形开槽)的表面电流分布在上述四个频率处的特点为：大多数电流沿微带馈线流

动[见图 7.9(a)]，其中未出现天线的滤波特性(即不具有阻带)。然而，对于同时具有 DGP 与 L 形开槽的天线,其感应电流主要出现在馈线上,除了 40 GHz 频率处。在 40 GHz 频率处，天线上有强电流沿着微带馈线和 L 形开槽流动，于是出现了我们所期望的带阻特性，如图 7.9(b)所示。由此可以得出结论：嵌入的 L 形开槽形成了一个谐振器，可作为在天线频响内产生阻带的一种简单、有效的方法。对于具有可调谐阻带的天线(即带有附加电容的天线)，当天线加载的电容为 1.5 pF 和 7 pF 时，其电流的分布主要集中在馈线周围和 L 形开槽的边缘处，如图 7.9(c)和图 7.9(d)所示。这些电流相互抵消，从而阻止了天线在 37 GHz 和 33 GHz 频率产生辐射，于是在这两个频率便产生了我们所期望的天线频响阻带。也就是说，采用前面所提出的方法，使用单极子天线的结构也可获得我们所期望的天线带阻特性。

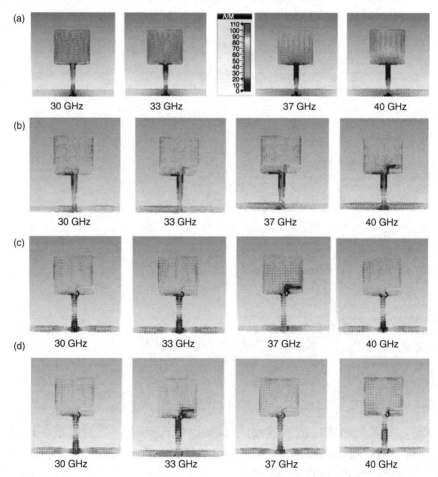

图 7.9   在 30 GHz、33 GHz、37 GHz 和 40 GHz 频率处的表面电流的模拟分析：(a)不带 L 形开槽的天线；(b)带有 L 形开槽的天线；(c)配有 1.5 pF 电容的天线；(d)配有 7 pF 电容的天线

图 7.10 给出了天线的 3D 辐射方向图及其在总效率和方向性两方面的基本特性。这里选择了 30 GHz、32 GHz、36 GHz 和 42 GHz 四个频率，覆盖了我们所设计的天线的整个辐射频段。如图 7.10 所示，天线在这四个预期的目标频率上都实现了理想的辐射性能。显然，在所关注的频率范围内，天线的特性与全向天线相同。

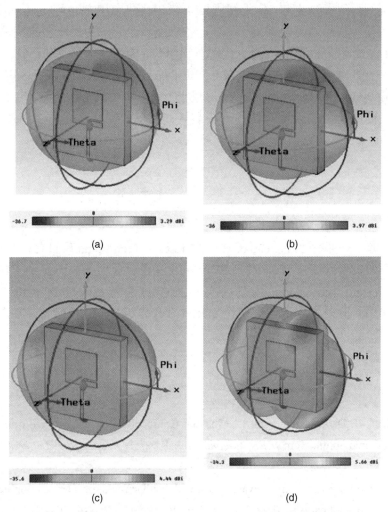

图 7.10　各种天线在 30 GHz、32 GHz、36 GHz 和 42 GHz 频率处的辐射方向图：(a) 不带 L 形开槽的天线；(b) 带有 L 形开槽的天线；(c) 配有 1.5 pF 电容的天线；(d) 配有 7 pF 电容的天线

7.6　结论

本章主要介绍了毫米波宽带单极子天线，并给出了我们的设计方案，该天线能适

应未来 5G 移动通信网络的应用需求。我们提出的天线结构紧凑，尺寸为 2.5 mm×
2.5 mm，印刷在尺寸为 5 mm×5 mm×0.8 mm 的 RF4 基板上。首先，我们给出了一种不
带 DGP 的天线设计，其频响在 37.5 GHz 处呈现窄带响应。其次，我们利用了带有缺
陷的接地面方法对天线进行了改进，实现了更宽的工作频段，覆盖了 30～45 GHz 频率
范围。此外，为了避免和减少与 5G 无线通信系统和其他应用之间可能出现的信号干扰，
我们在天线辐射单元的适当位置处引入了一个 L 形开槽，在天线频响特性的 40 GHz
频率处引入了一个阻带。最后，为了实现对该阻带的频率调谐，我们又在天线的 L 形
开槽上附加一个集总电容，其电容值在 0.5 pF 到 7 pF 之间变化。该方法实现了天线频
响中的阻带可以从 40 GHz 调谐至 33 GHz，同时保持天线的工作带宽（即 30～45 GHz）
不变。而且我们所提出的天线设计在回波损耗、功率增益、表面电流和效率等方面均
展示出良好的性能，这些优势使其成为未来 5G 无线通信系统中一种独具吸引力的天线
设计候选方案。

致谢

本章的研究工作是在 Fundacão para a Ciência e a Tecnologia 项目（FCT 项目-葡萄牙）
的资助下进行的，项目编号为 SFRH/BPD/95110/2013。这项工作还得到了欧盟 Horizon
2020 Research and Innovation 项目的支持，项目编号为 H2020-MSCA-ITN-2016-
SECRET-722424。此外，我们还要感谢 Ocean12-H2020- ECSEL-2017-1-783127 项目的
资助与支持。

参考文献

M. Abdollahvand, G. Dadashzadeh, and D. Mostafa. Compact dual band-notched printed monopole antenna for uwb application. *IEEE Antennas and Wireless Propagation Letters*, 9: 1148-1151, 2010.

Muhammad Abid, Jalil Kazim, and Owais. Ultra-wideband circular printed monopole antenna for cognitive radio applications. *INTERNATIONAL JOURNAL OF MICROWAVE AND OPTICAL TECHNOLOGY*, 10(3): 184-189, 2015.

S. W. Akram, K. Shambavi, and Z. C. Alex. Design of printed strip monopole antenna for uwb applications. In *2015 2nd International Conference on Electronics and Communication Systems (ICECS)*, pages 823-826, 2015.

Lakbir Belrhiti, Fatima Riouch, Jaouad Terhzaz, Abdelwahed Tribak, and Angel Mediavilla Sanchez. *A Compact Planar Monopole Antenna with a T-Shaped Coupling Feed for LTE/GSM/UMTS*

Operation in the Mobile Phone, volume 380 of *Lecture Notes in Electrical Engineering*. Springer International Publishing, 2015.

D. J. Bisharat, S. Liao, and Q. Xue. High gain and low cost differentially fed circularly polarized planar aperture antenna for broadband millimeter-wave applications. *IEEE Transactions on Antennas and Propagation*, 64(1): 33-42, 2016.

K. R. Boyle and P. G. Steeneken. A five-band reconfigurable pifa for mobile phones. *IEEE Transactions on Antennas and Propagation*, 55(11): 3300-3309, 2007.

Gary Breed. An Introduction to Defected Ground Structures in Microstrip Circuits. tutorial, High Frequency Electronics Copyright © 2008 Summit Technical Media, LLC, 2008.

Kuo-Sheng Chin, Ho-Ting Chang, Jia-An Liu, Hsien-Chin Chiu, J. S. Fu, and Shuh-Han Chao. 28-ghz patch antenna arrays with pcb and ltcc substrates. In *Proceedings of 2011 Cross Strait Quad-Regional Radio Science and Wireless Technology Conference*, volume 1, pages 355-358, 2011.

P. N. Choubey, W. Hong, Z. C. Hao, P. Chen, T. V. Duong, and J. Mei. A wideband dual-mode siw cavity-backed triangular-complimentary-split-ring-slot(tcsrs) antenna. *IEEE Transactions on Antennas and Propagation*, 64(6): 2541-2545, 2016.

CST-Computer Simulation Technology AG. Antenna simulation, 2014.

A. Dadgarpour, B. Zarghooni, B. S. Virdee, and T. A. Denidni. Single end-fire antenna for dual-beam and broad beamwidth operation at 60 ghz by artificially modifying the permittivity of the antenna substrate. *IEEE Transactions on Antennas and Propagation*, 64(9): 4068-4073, 2016.

I. T. E Elfergani, A. S. H., J. Rodriguez, Chan H. See, and R. A. Abd-Alhameed. Wideband tunable pifa antenna with loaded slot structure for mobile handset and lte applications. *RADIOENGI-NEERING*, 23(1): 1-11, 2014.

I. T. E Elfergani, A. S. H., J. Rodriguez, and R. A. Abd-Alhameed. A compact dual-band balanced slot antenna for lte applications. In *PIERS Proceedings, Prague, 2015*, 2015a.

I. T. E. Elfergani, A. S. Hussaini, J. Rodriguez, and R. A. Abd-Alhameed. Dual-band printed folded dipole balanced antenna for 700/2600mhz lte bands. In *2016 10th European Conference on Antennas and Propagation (EuCAP)*, pages 1-5, 2016.

Issa Elfergani, Abubakar Sadiq Hussaini, Jonathan Rodriguez, and R. A. Abd-Alhameed. *Antenna Fundamentals for Legacy Mobile Applications and Beyond*. Springer International Publishing, Cham, Switzerland, 1 edition, 2017.

I. T. E. Elfergani, R. A. Abd-Alhameed, C. H. See, S. M. R. Jones, and P. S. Excell. A compact design of tunable band-notched ultra-wide band antenna. *Microwave and Optical Technology Letters*, 54(7): 1642-1644, 2012.

I. T. E. Elfergani, A. S. Hussaini, C. See, R. A. Abd-Alhameed, N. J. McEwan, S. Zhu, J. Rodriguez, and R. W. Clarke. Printed monopole antenna with tunable band-notched characteristic for use in mobile and ultra-wide band applications. *International Journal of RF and Microwave Computer-Aided Engineering*, 25(5): 403-412, 2015b.

Mourad Elhabchi, Mohamed N. Srifi, and Rajae Touahn. A tri-band-notched uwb planar monopole antenna using dgs and semi arc-shaped slot for wimax/wlan/x-band rejection. *Progress In Electromagnetics Research Letters*, 70: 7-14, 2017.

M. Elkashlan, T. Q. Duong, and H. H. Chen. Millimeter-wave communications for 5g: fundamentals: Part i [guest editorial]. *IEEE Communications Magazine*, 52(9): 52-54, 2014.

S. R. Emadian and J. Ahmadi-Shokouh. Very small dual band-notched rectangular slot antenna with enhanced impedance bandwidth. *IEEE Transactions on Antennas and Propagation*, 63(10): 4529-4534, 2015.

X. Gong, L. Tong, Y. Tian, and B. Gao. Design of a microstrip-fed hexagonal shape uwb antenna with triple notched bands. In *Progress In Electromagnetics Research C*, volume 62, pages 77-87, 2016.

Abhik Gorai, Anirban Karmakar, Manimala Pal, and Rowdra Ghatak. Multiple fractal-shaped slots-based uwb antenna with triple-band notch functionality. *Journal of Electromagnetic Waves and Applications*, 27(18): 2407-2415, 2013.

M. H. Jamaluddin, R. Gillard, R. Sauleau, and et al. *A dielectric resonator antenna (DRA) reecarray*, chapter 8. John Wiley & Sons, New Jersey, 2005, 2009.

C.-W. P. Huang, A. Z. Elsherbeni, J. J. Chen, and C. E. Smith. Fdtd characterization of meander line antennas for rf and wireless communications. *Journal of Electromagnetic Waves and Applications*, 13(12): 1649-1651, 1999.

J. N. Cruz, R. C. S. Freire, A. J. R. Serres, L. C. M. Moura, A. P. Costa, and P. H. F. Silva. Parametric study of printed monopole antenna bioinspired on the inga marginata leaves for uwb applications. *J. Microw. Optoelectron. Electromagn. Appl.*, 16(1): 312-321, 2017.

Anirban Karmakar, Rowdra Ghatak, Utsab Banerjee, and D. R. Poddar. An uwb antenna using modified hilbert curve slot for dual band notch characteristics. *Journal of Electromagnetic Waves and Applications*, 27(13): 1620-1631, 2013.

M. Khalily, R. Tafazolli, T. A. Rahman, and M. R. Kamarudin. Design of phased arrays of series-fed patch antennas with reduced number of the controllers for 28-ghz mm-wave applications. *IEEE Antennas and Wireless Propagation Letters*, 15: 1305-1308, 2016.

Muhammad Kabir Khan, Muhammad Irshad Khan, Iftikhar Ahmad, and Mohammad Saleem. Design of a printed monopole antenna with ridged ground for ultra wideband applications. In *2016*

Progress In Electromagnetic Research Symposium（PIERS）, pages 4394-4396, 2016.

K. P. Ray, S. S. Thakur, and A. A. Deshmkh. Compact slotted printed monopole uwb antenna. In *International Conference on Communication Technology 2013*, pages 16-18, 2013.

Pengcheng Li, Jianxin Liang, and Xiaodong Chen. Study of printed elliptical/circular slot antennas for ultrawideband applications. *IEEE Transactions on Antennas and Propagation*, 54（6）: 1670-1675, 2006.

C. C. Lin, P. Jin, and R. W. Ziolkowski. Single, dual and tri-band-notched ultrawideband（uwb）antennas using capacitively loaded loop（cll）resonators. *IEEE Transactions on Antennas and Propagation*, 60（1）: 102-109, 2012.

H. Nakano, H. Tagami, A. Yoshizawa, and J. Yamauchi. Shortening ratios of modified dipole antennas. *IEEE Transactions on Antennas and Propagation*, 32（4）: 385-386, 1984.

M. Naser-Moghadasi, R. A. Sadeghzadeh, T. Sedghi, T. Aribi, and B. S. Virdee. Uwb cpw-fed fractal patch antenna with band-notched function employing folded t-shaped element. *IEEE Antennas and Wireless Propagation Letters*, 12: 504-507, 2013.

L. Q. Orellana and K. Solbach. Study of monopole radiators for planar circuit integration. In *2008 38th European Microwave Conference*, pages 1300-1303, 2008.

V. K. Palukuru, M. Komulainen, M. Berg, H. Jantunen, and E. Salonen. Frequency-tunable planar monopole antenna for mobile terminals. In *The Second European Conference on Antennas and Propagation, EuCAP 2007*, pages 1-5, 2007.

Shan-Cheng Pan and Kin-Lu Wong. Dual-frequency triangular microstrip antenna with a shorting pin. *IEEE Transactions on Antennas and Propagation*, 45（12）: 1889-1891, 1997.

S. J. Park, D. H. Shin, and S. O. Park. Low side-lobe substrate-integrated-waveguide antenna array using broadband unequal feeding network for millimeter-wave handset device. *IEEE Transactions on Antennas and Propagation*, 64（3）: 923-932, 2016.

G. S. Reddy, A. Kamma, S. K. Mishra, and J. Mukherjee. Compact bluetooth/uwb dual-band planar antenna with quadruple band-notch characteristics. *IEEE Antennas and Wireless Propagation Letters*, 13: 872-875, 2014.

FIRST REPORT and ORDER. Revision of part 15 of the commission's rules regarding ultra-wideband transmission systems. Technical Report FCC 02-48, Federal Communications Commission, Washington, D. C. 20554, April 2002.

Waleed Tariq Sethi, Hamsakutty Vettikalladi, Habib Fathallah, and Mohamed Himdi. Hexaband printed monopole antenna for wireless applications. *Microwave and Optical Technology Letters*, 59: 2816-2822, 2017.

R. M. Shubair, A. M. AlShamsi, K. Khalaf, and A. Kiourti. Novel miniature wearable microstrip antennas for ism-band biomedical telemetry. In *2015 Loughborough Antennas Propagation Conference (LAPC)*, pages 1-4, 2015.

Straight Path Communications Inc. A straight path towards 5g. White paper, StraightPath, 2015.

Y. Sung. Triple band-notched uwb planar monopole antenna using a modified h-shaped resonator. *IEEE Transactions on Antennas and Propagation*, 61 (2): 953-957, 2013.

K. F. Tong, K. Li2, and T. Matsui. Performance of millimeter-wave coplanar patch antennas on low-k materials. In *Progress In Electromagnetics Research Symposium 2005, Hangzhou, China,2005*, volume 1, pages 1-2, 2005.

H. Ullah, F. A. Tahir, and M. U. Khan. A honeycomb-shaped planar monopole antenna for broadband millimeter-wave applications. In *2017 11th European Conference on Antennas and Propagation (EUCAP)*, pages 3094-3097, 2017.

D. Wang, H. Wong, K. B. Ng, and C. H. Chan. Wideband shorted higher-order mode millimeter-wave patch antenna. In *Proceedings of the 2012 IEEE International Symposium on Antennas and Propagation*, pages 1-2, 2012.

H. Wong, K. B. Ng, C. H. Chan, and K. M. Luk. Printed antennas for millimeter-wave applications. In *2013 International Workshop on Antenna Technology (iWAT)*, pages 411- 414, 2013.

Y. Hong, J. Tak, J. Baek, B. Myeong, and J. Choi. Design ofa multiband antenna for lte/gsm/ umts band operation. *International Journal of Antennas and Propagation*, pages 1-9, 2014.

C.-W. Zhang, Y.-Z. Yin, P.-A. Liu, and J.-J. Xie. Compact dual band-notched uwb antenna with hexagonal slotted ground plane. *Journal of Electromagnetic Waves and Applications*, 27(2): 215-223, 2013.

第8章 光纤–毫米波无缝融合系统中的无线信号封装

本章作者：PhamTien Dat, Atsushi Kanno, Naokatsu Yamamoto, Testuya Kawanishi

8.1 简介

在第四代和第五代移动通信网络中，部署更小的微蜂窝是实现高数据吞吐量网络，从而向终端用户提供满意服务的一种重要且有效的方法，尤其是在用户密集的"热点"区域。这些微蜂窝可以部署在通信量水平较高的区域，以弥补现有的宏蜂窝网络的不足。此时网络中的蜂窝数量会明显地增加，因此简化天线站点对于降低系统的成本、功耗和管理复杂度至关重要。为此，人们提出了集中式/云无线接入网(C-RAN)，为小型蜂窝无线系统提供了一种集中化的网络[China Mobile Research Institute - 2011; Li et al. - 2012]。在这样的网络架构中，复杂的信号处理功能可以集中在一个中心站(CS)内完成，有助于实现天线站点的简化，从而可实现更加先进和有效的网络协调与管理功能。然而，这就需要一个前传网络来将 CS 与天线站点连接起来。在当前的网络中，人们大多采用公共无线电接口[CPRI Eri - 2011]或开放式基站架构协议[OBS AI - 2006]之类的接口协议将过采样数字基带信号从 CS 传输至天线站点。而传输过采样信号需要前传网络具有非常高的数据传输速率。此外，由于媒体访问控制层与物理层功能在 CS 和天线站点处是分离的，因此信号的延时和抖动问题也成为信号传输所面临的挑战。基于光载无线电(RoF)技术的移动前传技术可以降低上述的数据传输速率和减少信号的传输延时，并简化天线站点，还能实现多个无线站点的共存，也能支持延时敏感和一些关键性的应用[Liu et al. - 2013]。从这个意义上来说，基于 RoF 前传技术的 C-RAN 非常适合于微蜂窝和超密集的蜂窝网络的部署。然而，由于成本高等原因，向每个天线站点铺设连接光缆是非常困难的，尤其是在人口密集的城市地区更是如此。此外，由于光纤连接缺乏灵活性，因此在许多情况下光缆的使用也未必可行。在这种情况下，将光纤与高频段射频链路(如毫米波链路)融合并实现射频信号传输就成为基于 RoF 的前传网络中一种极具吸引力的替代方案。在这样一种光纤与毫米波技术融合的系统中，毫米波链路可以作为光纤链路的拓展，共同实现移动信号的传输。

为了实现结构简单的光纤-毫米波无缝融合系统，以实现移动信号低延时和高能效的传输，人们提出了基于光子学技术的毫米波信号产生、传输与上变频技术，从而实现了光纤与毫米波链路的无缝融合，这是一种很具有吸引力的解决方案。与此同时，不同的无线信号也可以通过该系统实现信号的封装与传输。这种通过光纤-毫米波无缝融合系统来实现射频信号传输的技术称为光载无线电射频传输 (RoRoF，radio-on-radio-over-fiber) 系统[Dat et al. - 2015]。该系统已经在业内引起了极大的研究兴趣，研究人员已经开展了在光纤-毫米波无缝融合系统上实现无线信号传输技术的相关研究工作[Nkansah et al. - 2007; James et al. - 2010; Llorente et al. - 2011; Beltran et al. - 2011; Zhu et al. - 2013]。在本章中，我们介绍了将无线信号封装于光纤-毫米波无缝融合系统上进行传输的工作原理，包括下行(DL)和上行(UL)两个信号传输方向。我们讨论了不同的实现方法，并讨论了这些方法在使用过程中的信号传输损伤及其对信号传输性能的影响。我们给出了一些基于 RoRoF 系统实现射频信号传输的例子，并且对其毫米波链路的信号传输距离进行了估计。本章其余部分的内容安排如下：8.2 节介绍了信号封装的概念和原理；8.3 节给出了在 DL 和 UL 方向上基于该无缝融合系统实现射频信号传输的实验演示和例子；最后，8.4 节对本章内容进行了总结。

8.2 信号封装的原理

8.2.1 下行传输系统

图 8.1(a) 显示了基于 RoRoF 系统实现无线信号 DL 传输的原理图。在 DL 方向，首先在 CS 中产生包含两个光边带的光载毫米波信号。其中的两个光边带之间的频率差与需要在自由空间中传输的毫米波信号的频率相同。产生光载毫米波信号有若干种可选的方法，比如对两个独立激光二极管输出的光信号进行外差拍频的方法[Pang et al. - 2011]、光频梳方法[Dat et al. - 2014]或使用电光调制技术[Kanno et al. - 2012]等。每种方法都有其各自的优点；然而，我们应该考虑当使用不同的方法时所产生的毫米波载波信号的频率和相位的稳定性。此外，在空中传输的无线电信号必须遵守相关政府部门的规定。在 30～275 GHz 频段，所产生的毫米波信号的中心频率偏差应小于±150 ppm，这相当于当毫米波信号的中心频率为 92.5 GHz 时，其频率偏差应在±14 MHz 以下[Kanno et al. - 2014]。在实验中，我们采用了谱宽为 15 Hz 的光纤激光器(FL)分别与一个谱宽为 100 kHz 的可调激光器、一个谱宽为 1 Hz 的光纤激光器及一个谱宽为 15 Hz 的光纤激光器进行外差拍频，研究人员已经分别观察到±80 MHz、±5 MHz 和±2 MHz 的频率波动[Kanno et al. - 2014]。利用电光调制技术，可以实现输出的毫米波信号的频率波动小于 100 kHz。此外，当接收机采用了相干检测方法时，系统所产生的

毫米波信号的相位噪声对信号的传输性能也有影响。从这个意义上来说，使用电光调制技术来产生光载毫米波信号的方法比较适合该系统。当采用这种方法时，系统所产生的信号可以表示为

$$E(t) = A_+\cos\left[\left(\omega_0 + \left(\frac{\omega_{\text{mmWave}}}{2}\right)\right)t + \varphi_0 + (\varphi_{\text{LO}}(t)/2)\right]$$
$$+ A_-\cos\left[\left(\omega_0 - \left(\frac{\omega_{\text{mmWave}}}{2}\right)\right)t + \varphi_0 - (\varphi_{\text{LO}}(t)/2)\right] \tag{8.1}$$

其中 A_+ 和 A_- 分别表示信号上边带和下边带的幅度，ω_0 和 φ_0 分别表示激光二极管注入信号发生器的激光信号的角频率和相位，ω_{mmWave} 表示系统所产生的毫米波信号的角频率，$\varphi_{\text{LO}}(t)$ 表示送入信号发生器的驱动信号的相位。

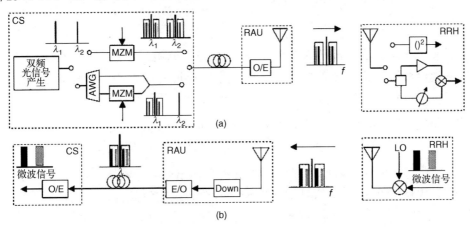

图 8.1　基于 RoRoF 系统实现无线信号传输的原理图：(a) DL；(b) UL

接下来，系统中所生成的光载毫米波信号在一个光电调制器处被无线信号调制。对于数据的调制，可以使用双波长或单波长调制的方案[Dat et al. - 2016a]。采用双波长调制方案时，系统所产生的光载毫米波信号的两个光边带均被无线信号调制。而在单波长调制方案中，只有一个边带被无线信号调制，而另一个边带不做任何调制。调制后，两个光边带信号被重新组合，形成 RoF 信号，最后在系统的接收机处上变频为毫米波信号。其中双波长调制方案更简单一些；但是，在该方案中由于接收的信号包含许多信号分量，这使得光纤色散对无线信号传输的影响更大，这是因为由于色散效应，这些不同的信号分量在光纤链路上会以不同的速度传输。然而经过适当的处理，由于这两个光边带不同的传输延时而导致的相位误差可以达到最小化，但是该方案的光相位噪声会更大。研究表明，对于窄带无线信号在中、短距离(约 20 km 以内)的光纤链路上传输的情况，这种双波长调制方案比较适合。然而，对于带宽较大的无线信号传输和/或长距离的光纤链路传输(超过 30 km)，上述单波长调制方案则是更好的选

择[Dat et al. - 2016a]。假设 $S(t) = \sum_{k=1}^{N} S_k(t)$ 为由 CS 传输至射频拉远头(RRH)的总信号，其中 N 表示传输的无线信号的总数量，$S_k(t)$ 表示第 k 个无线信号且 k 的取值在 1 至 N 之间。当电光调制器偏置于线性调制点时，系统的输出信号可表示为[Alves and Cartaxo - 2012]

$$
\begin{aligned}
E_1(t) &= (\text{IL}) E(t) \cos[(\pi/2V_\pi)S(t) - \pi/4] \\
&= (\text{IL}/\sqrt{2}) E(t) [\sin[(\pi/2V_\pi)S(t)] + \cos[(\pi/2V_\pi)S(t)]]
\end{aligned}
\tag{8.2}
$$

其中 IL 表示插入损耗，$2V_\pi$ 表示电光调制器的转换电压。对 $\cos(x)$ 和 $\sin(x)$ 进行泰勒级数展开，我们可以将式(8.2)改写为

$$
E_1(t) = (\text{IL}/\sqrt{2}) E(t) [1 + (\pi/2V_\pi)S(t) - (1/2!)(\pi/2V_\pi)^2 S(t)^2 + (1/3!)(\pi/2V_\pi)^3 S(t)^3]
\tag{8.3}
$$

接下来，该调制信号被送入单模光纤(SMF)中传输到远端天线单元(RAU)，并在此直接从光信号转换为毫米波信号。这个信号转换过程可以方便、有效地利用一个高带宽的光电二极管来实现。光电二极管的输出信号可表示为

$$
\begin{aligned}
E_1(t) &= (\mu \cdot \text{IL}^2 \cdot A_+ \cdot A_- /2) \cos[(\omega_{\text{mmWave}})t + (\varphi_{\text{LO}}(t))] \\
&\quad \times [1 + (\pi/2V_\pi)S(t) - (1/2!)(\pi/2V_\pi)^2 S(t)^2 + (1/3!)(\pi/2V_\pi)^3 S(t)^3]
\end{aligned}
\tag{8.4}
$$

其中 μ 表示光电二极管的效率。光电二极管不会输出光载波 ω_0 和信号的低频分量，其输出信号如式(8.4)所示，该信号将直接经过一个天线发射到自由空间，并经过大气信道传输至 RRH，由另一副天线接收。在接收天线的输出端，接收到的信号可表示为

$$
I_{\text{RX}} = \frac{I(t) \cdot G_{\text{TX}} \cdot G_{\text{RX}}}{\text{Loss}} \times r \times e^{-j\theta}
\tag{8.5}
$$

其中 G_{TX} 和 G_{RX} 分别表示发射机和接收机的天线增益，r 和 θ 分别表示由莱斯(Rician)衰落引入的随机信号幅度和相位，Loss 是根据弗里斯(Friss)传输公式计算得到的自由空间损耗[Friis - 1946]。最后，接收到的信号再通过相干或非相干检测的方法由毫米波频段下变频至原始微波频段的无线信号。在使用相干检测方法接收信号时，系统中还需要一个电子混频器，并由本振(LO)信号驱动。这种方法有助于提高接收机的灵敏度和系统的动态范围；然而，对于窄带信号的传输，相位噪声的影响会很大。为了抑制这种相位噪声的影响，应该将接收机的 LO 与发送端产生光载射频信号时所用的射频载波信号实现相位锁定[Dat et al. - 2014]。然而在实际系统中，这种相位锁定却很难实现。自零差接收机可以作为相干检测的替代方案。在该方案中，接收到的毫米波信号被分为两部分。一部分用于通常的接收信号，另一部分经放大，从中提取 LO 信号来驱动电混频器，以实现信号的下变频。这种方法与使用相干检测接收机相比，能减小相位噪声效应的影响和接收机的复杂度；同时它与非相干检测方法相比，又可以提升

接收机的灵敏度和动态范围[Dat et al. - 2015; Dat et al. - 2016b]。对于一个简单的系统而言，可采用基于平方律包络检测器的非相干检测方法来简化 RRH 的结构，其恢复后的信号可表示为

$$
\begin{aligned}
r_{DL}(t) &\propto (I_{DL-r}(t))^2 \\
&= K.[1 + (\pi/2V_\pi)S(t) - (1/2!)(\pi/2V_\pi)^2 S(t)^2 + (1/3!)(\pi/2V_\pi)^3 S(t)^3]^4 + n(t) \\
&= k + k\alpha_1 \cdot S(t) + k \cdot \sum_{n=2}^{n=12} \alpha_k . S^k(t) + n(t)
\end{aligned}
\tag{8.6}
$$

其中 $\alpha_k (k = 1,\cdots,12)$ 为常数系数，$n(t)$ 为系统噪声。式(8.6)表明了预期的信号 $S(t)$ 经系统传输后就可得到恢复。然而，接收到的信号也包含了其他的信号交调和噪声干扰。在高阶的信号交调分量中，二阶和三阶交调信号会严重影响无线信号的质量，因为它们不仅功率大，而且其频率很接近所需的信号，难以滤除，所以对无线信号的性能影响很大。为了减小这种交调效应的影响，对于发送的无线信号需要选择适当的频率。此外，对系统中传输的无线信号的数量进行优化，对于减小这种交调效应的影响也很重要。最后，我们还可以采用适当的电子滤波器来辅助传输的无线信号的恢复，以提升其性能。

8.2.2　上行传输系统

在毫米波与 RoF 技术融合的系统中，我们也可以使用上述的信号封装技术来实现前传系统中 UL 方向的信号传输，如图 8.1(b)所示。此时，系统可以先对不同的无线信号进行组合，然后再使用电混频器将这些信号上变频至毫米波频段。在信号的上变频过程中，系统中需要一路 LO 信号。经过上变频的信号首先通过自由空间传输到一个 RAU，然后在 RAU 处再经过光纤链路进一步传输至 CS。为了实现光纤链路中的信号传输，系统中可以采用一个高带宽的电光调制器直接将毫米波频段的信号调制到光域中。但是在光纤传输过程中，光纤的色散效应会对信号的传输产生很大的影响。此外，如果采用高带宽的电光调制器，则也会增加系统的成本。因此，为了简化系统的设计，在将接收信号进行电光调制并传输至光纤系统之前，需要先将其从毫米波频段下变频为原始的微波频段的无线信号。对于毫米波信号下的变频，系统也可以使用相干/非相干检测和自零差接收机，这一点与上述的 DL 链路类似。然后再通过一个普通的电-光(E/O)调制器就可以将下变频后的信号转换为光信号，再经光纤传输至 CS。在CS 处，光信号再被转换回电信号，最后再使用适当的电子滤波器恢复出原来的无线信号。光纤链路的一些特性，如射频信号增益和噪声系数，对于无线信号传输的质量和毫米波链路的传输距离均有很大的影响[Orange et al. - 2012]。此外，在 UL 方向上，UL无线电信号通常仅在一个给定的时间段内传输，配置于天线处的低成本光源可以在功

率恢复后瞬间开启。因此，在 UL 链路上可能存在需要传输光突发信号的情况。然而，光放大器对于输入光突发信号的响应并不是平坦的。光放大器所产生的瞬时强光信号也会损坏接收机处的光电探测器，并降低信号的传输性能。为了避免光电探测器被损坏，并提高信号的传输性能，应该在 UL 系统中使用可工作在突发模式下的光放大器 [Dat et al. - 2015]。

8.3　信号封装举例

在本节中，我们将举例说明无线信号的封装技术，以及该信号在光纤-毫米波无缝融合系统中的传输性能，包括下行与上行两个方向的信号传输。在此，我们将符合行业标准的高速无线局域网（WLAN）802.11ac 业务和不同频率的高速 LTE-A 信号进行组合，并通过该系统传输，然后基于误差矢量幅度（EVM）来评估系统信号的传输性能。

8.3.1　下行方向传输

图 8.2（a）给出了在 DL 方向上，无线信号经过光纤-毫米波无缝融合系统传输的实验配置。图 8.2（b）给出了其中的光生毫米波发生器的详细原理图。图 8.2（c）和图 8.2（d）分别给出了系统特性测试及通过系统同时传输 DL LTE-A 和 802.11ac 信号的系统配置。为了产生稳定的光生毫米波信号，我们使用了高消光比的双平行马赫-曾德尔干涉仪调制器（DPMZM）[Kawanishi et al. - 2007]。如图 8.2（b）所示，将一路电信号从 DPMZM 的主 MZM 电极处输入，以产生信号的偶数阶边带。然后该光调制信号再通过光带阻滤波器（OBEF）以抑制其中的光载波分量。于是便产生了频率间隔为原输入调制电信号频率四倍的相干双边带光调制信号。接着，系统采用了掺铒光纤放大器（EDFA）来提高信号的光功率，再用一个光带通滤波器（OBPF）来降低其放大输出信号中的自发辐射噪声。对于毫米波信号在该系统中的传输，我们的实验中采用了前文所述的双波长调制方案。在该方案中，光生毫米波发生器输出的两个光学边带信号又被 MZM 处注入的无线信号调制。调制后的光信号先由 EDFA 放大，再经一段 SMF（实验中为 10 km）传输到 RAU 中的光接收机。接收机中的高速光电探测器将其转换为 94.1 GHz 的射频载无线电（RoR，radio-on-radio）信号。然后，该射频信号再由 W 波段的功率放大器（PA）放大，接着由喇叭天线（增益为 23 dBi）发射到自由空间中传输。信号在自由空间中经过 5 m 的链路传输后，再由位于 RRH 的另一个喇叭天线接收，并经过一个低噪声放大器（LNA）放大，再经包络检测器（零偏置肖特基势垒二极管，SBD）下变频为原始信号。恢复后的信号先由 LNA 放大，再做进一步的分析。为了对系统性能进行分析，我们将系统的输入和输出连接到一台矢量网络分析仪（VNA），如图 8.2（c）所示。对于无线信

号的传输，如图 8.2(d) 所示，实验中所需的 802.11ac 和 LTE-A 信号由商用的信号生成程序经一台笔记本电脑产生，然后下载到矢量信号发生器(VSG)，经功率合路器后送往 MZM 驱动电路输入端。而在系统的接收端，恢复后的信号经功率分路器分开，然后被输入矢量信号分析仪(VSA)。最后，信号由 Keysight 89600 系列的 VSA 软件进行分析。表 8.1 列出了实验中的主要参数与信号需求。

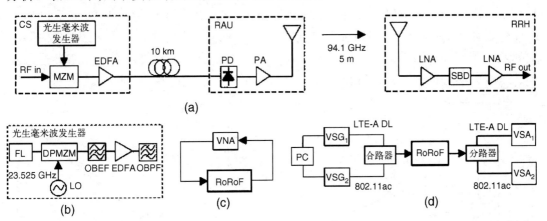

图 8.2　RoRoF 系统中 DL 方向传输的 LTE-A 和 802.11ac 信号的实验配置

表 8.1　系统参数与信号需求

参数	值	参数	值
PD 的输入	8 dBm	天线增益	23 dBi
PD 的 3 dB 带宽	90 GHz	PD 的响应度	0.5 A/W
LN MZM Vpi	2 V	MZM 插入损耗	5 dB
W 波段 LNA 增益	20 dB	SBD 响应度	2000 V/W
		信号需求	
WLAN 信号 EVM		16-QAM, 3/4	−19 dB
[IEEE Std 802.11TM-2012-2012]			
QPSK, 3/4	−13 dB	64-QAM, 5/6	−27 dB
64-QAM, 3/4	−25 dB	256-QAM, 3/4	−30 dB
LTE-A signal EVM[3rd (2016)]		16-QAM	12%
QPSK	17.5%	64-QAM	8%

在实验中，我们首先评估了系统的重要性能参数，包括相位噪声和无杂散动态范围(SFDR)。图 8.3(a) 显示了当使用非相干检测时系统的单边带相位噪声。为了便于比较，我们还给出了在 RRH 处采用相干检测时系统的相位噪声性能。在相干检测系统中，当 LO 处于自由运行状态时，系统的相位噪声变得非常不稳定，以至于无法完成无线

信号的传输。使用一个锁相环有助于消除相位噪声不稳定的影响；然而，这样做的代价是系统会变得更加复杂，尤其是 RRH 会变得更复杂。使用非相干检测时，系统中的相位噪声对系统性能的影响类似于使用基于锁相 LO 的相干检测方案。SFDR 是传输模拟无线电信号时系统需要考虑的另一个重要的性能参数，实验测量的结果如图 8.3 (b) 所示。实验所得的 SFDR 结果约为 58 dB·Hz$^{2/3}$。这表明该系统对于 DL 无线信号的传输具有足够高的动态范围[Al-Raweshidy and Komaki - 2002]。如果使用相位噪声和动态范围性能足够好的 SBD，还可以显著地简化系统及其远端站点结构，并有助于最大限度地降低系统的成本与功耗。因此，它适用于基于微蜂窝的异构蜂窝系统。若要进一步提升系统的动态范围，则系统在进行信号下变频时应采用自零差接收机。

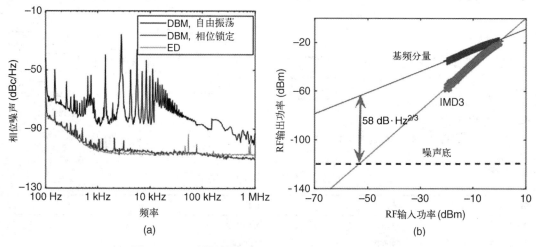

图 8.3　DL 系统的性能分析：(a) 相位噪声；(b) SFDR

接下来，我们对经过该系统传输后 802.11ac 和 LTE-A 信号的性能进行了实验评估。图 8.4 (a) 给出了组合的 LTE-A 和 802.11ac 信号传输后所得的信号频谱。可以看出，这两个信号的频谱明显分开。其中三阶交调信号可以忽略不计，而二阶交调信号的幅度很小。图 8.4 (b) 给出了该信号频谱的清晰放大视图。图 8.5 给出了 20 MHz 256-QAM 和 80 MHz 64-QAM 802.11ac 信号的星座图。从图中可以看出，即使是对于高阶调制信号，我们依然能看到其清晰的星座图。图 8.6 (a) ～ (c) 分别给出了 20 MHz、40 MHz 和 80 MHz 的 802.11ac 信号在不同功率条件下的测量结果。与表 8.1 中列出的信号需求相比，使用 20 MHz 256-QAM 和 40 MHz 256-QAM 调制的无线信号可以成功地通过系统传输。而对于 80 MHz 信号，由于所产生信号的带宽与信号发生器的带宽相同，因此产生了信号的失真与混叠效应，导致信号的传输性能相对下降。但是，该信号的传输性能仍然优于 64-QAM 信号的要求。如果要产生和传输具有更高吞吐量的信号，带宽为 (80 + 80) MHz 或 160 MHz，那么就需要使用具有更大带宽的信号发生器。图 8.7 给出了 802.11ac 信号在系统中与 LTE-A 信号同时传输时的性能。可见，即使当 LTE-A 信号的发射功率相对较高时，802.11ac 信号的传输也能保持令人满意的性能。图 8.8 (a) 和 (b) 分别给出了 LTE-A 信号在不同功率条件下的传输性能，以及在同时传输 802.11ac 信号时，该信号发射功率变化时的传输性能。可见，由 LTE-A 信号不同载波分量所承载的所有信号均获得了令人满意的传输性能。尽管信号会受到系统中噪声与非线性失真的影响，但信号功率的动态范围足够大。由于非线性失真的影响，增加同时传输的 802.11ac 信号的功率会影响 LTE-A 信号的传输性能。然而，EVM 的增加并不是很明显，这就证实了对于多路无线信号的同时传输，系统仍可以达到令人满意的性能。

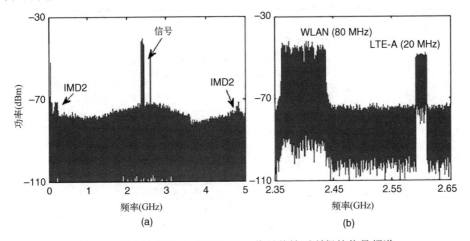

图 8.4　组合的 LTE-A 和 802.11ac 信号传输后所得的信号频谱

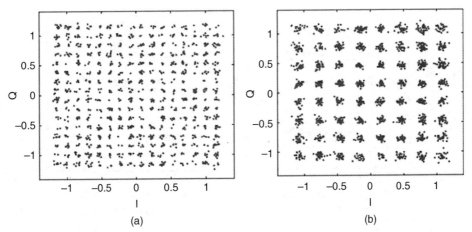

图 8.5　802.11ac 信号的星座图：(a) 20 MHz 256-QAM 信号；(b) 80 MHz 64-QAM 信号

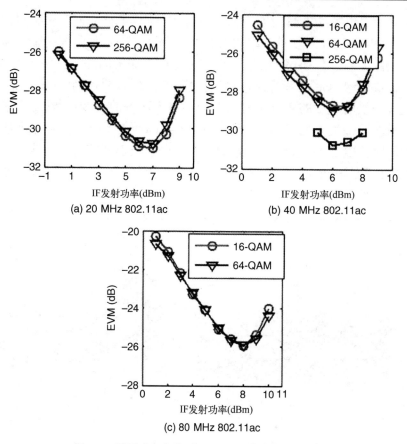

图 8.6　不同功率条件下 802.11 ac 信号的传输性能

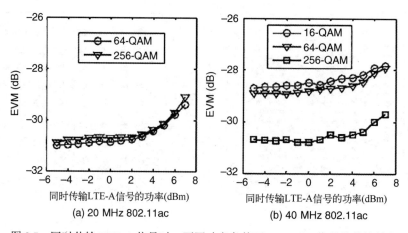

图 8.7　同时传输 LTE-A 信号时，不同功率条件下 802.11 ac 信号的传输性能

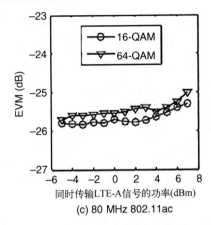

(c) 80 MHz 802.11ac

图 8.7(续)　同时传输 LTE-A 信号时，不同功率条件下 802.11 ac 信号的传输性能

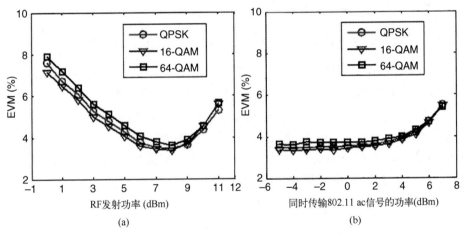

图 8.8　不同功率条件下 LTE-A 信号的传输性能：(a)不同
的发射功率；(b)同时传输 802.11 ac 信号的功率

8.3.2　上行方向传输

图 8.9(a)给出了在 UL 方向上，无线信号经过该光纤-毫米波无缝融合系统传输的实验配置。图 8.9(b)和(c)给出了系统性能分析的实验配置，以及 UL LTE-A 与 802.11ac信号同时在系统上传输的实验配置。首先在 RRH 处，系统采用了 W 波段的混频器将输入的无线信号上变频为 94.1 GHz 的毫米波信号。随后，经过上变频的信号经 W 波段的 PA 放大至约 5 dBm 的功率水平，再由喇叭天线发射到自由空间。该信号通过 5 m距离的自由空间链路传输后，被 RAU 处的另一个喇叭天线接收。接收到的信号先经过LNA 放大，然后被送入 SBD 下变频至原始的无线信号。接着该无线信号再由另一个LNA 放大后，送入 RoF 发射模块，并转换为光信号。该光信号经过 20 km 的 SMF 传

输至位于 CS 处的接收机。为了更好地模拟不同的实际应用场景，该实验在光纤链路中插入了可变衰减器和光放大器。接收到的光信号最终经过 RoF 接收机模块转换回原始的无线信号。恢复后的信号由功率分路器分离，并连接到 VSA，最后由 Keysight 89600 VSA 进行性能分析。

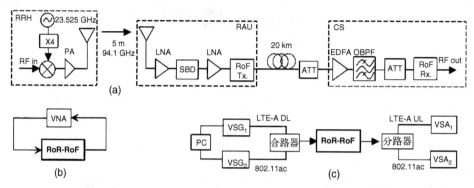

图 8.9　在系统 UL 方向传输 LTE-A 和 802.11ac 信号的实验配置

与 DL 系统实验分析的情况类似，我们首先测量了系统的重要性能参数，包括相位噪声和动态范围，结果分别如图 8.10(a) 和 (b) 所示。在 1 MHz 频率偏移处，可观察到的单边带相位噪声大约为–110 dBc/Hz，测量所得的 SFDR 大约为 93 dB·Hz$^{2/3}$。能达到这样的性能指标，对于系统 UL 方向的信号传输而言，已经足够令人满意。图 8.11 给出了不同载波分量(CC)所携带的 UL LTE-A 信号的频谱和信号星座图。可以看出，信号经传输后所得的信号星座图是清晰的，且不同载波分量所携带的信号在频率上彼此明显分开。

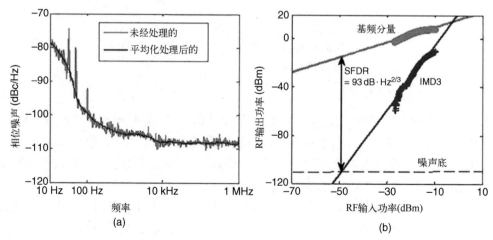

图 8.10　UL 系统的性能分析：(a)相位噪声；(b)SFDR

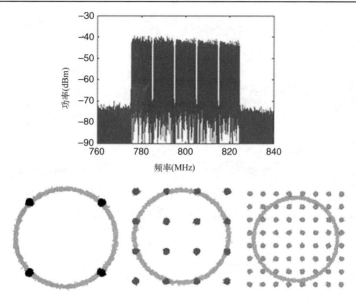

图 8.11　接收的 UL LTE-A 信号的频谱和信号星座图

图 8.12(a)～(c) 分别给出了 UL LTE-A 信号在不同的发射功率条件下、不同的 CS 接收光功率条件下及不同的 802.11ac 信号发射功率条件下信号的传输性能。需要注意的是，对于 UL 传输，发射功率范围的选取要确保信号的传输性能优于所预期的性能，这是很重要的，因为它决定了移动终端处于移动状态时 RRH 接收到的功率范围。从图 8.12(a) 中可以看出，这个功率范围对于 64-QAM 信号而言约为 20 dB，这对于 UL 传输来说已经足够高。类似地，接收机处所能获得的接收光功率的动态范围也很重要，因为它反映了系统对于光传送网中的光纤传输距离，以及在无源光网络(PON)中插入分路器而导致的信号衰减所能容许的范围。根据 PON 标准，该范围应大于 15 dB 才能满足 UL 信号传输的要求[ITU - 2010]。从图 8.12(b) 中可以看出，对于 64-QAM LTE-A 信号的传输，其可容许的损耗范围约为 22 dB。需要注意的是，在实验中为了防止光接收机被损坏，我们限定了最大的接收功率为 6 dBm。如果使用一个具有更高输入功率的 RoF 模块，则有助于进一步增加接收的光功率的范围，这一点体现了在 UL 传输中采用 PON 的可能性。图 8.12(c) 展示了同时传输多路信号对于 LTE-A 信号传输性能的影响。如图所示，随着同时传输的 802.11ac 信号的增加，LTE-A 信号的传输性能会受到影响。不过这种影响相对较小，最终所获得的性能还是比预期的更好。图 8.13 给出了 802.11ac 信号的传输性能。通过将发射信号的功率设置在最佳范围内，如图 8.13(a) 所示，我们可以在 UL 系统上成功地传输 256-QAM 信号。对于 256-QAM 信号而言，其接收光功率的范围约为 19 dB，如图 8.13(b) 所示，这高于 PON 系统的要求。图 8.13(c) 给出了由于同时传输 LTE-A 信号而导致的非线性失真的影响，这显示了 LTE-A 信号发射功率的增加对 802.11ac 信号性能的影响。然而，当所传

输的 LTE-A 和 802.11ac 信号功率都选取得较为适当时，即使采用了 256-QAM 高阶调制的
信号，UL 系统也可以同时进行两种信号的传输。

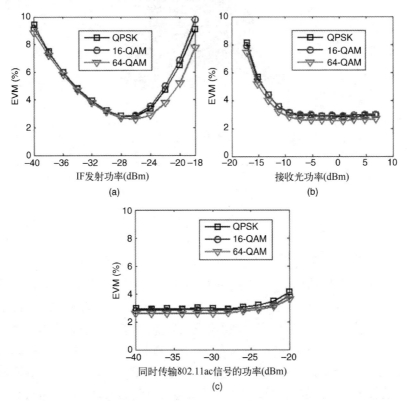

图 8.12　不同功率条件下 UL LTE-A 信号的传输性能：(a) 不同的发射功
率；(b) 不同的接收光功率；(c) 同时传输 802.11ac 信号的功率

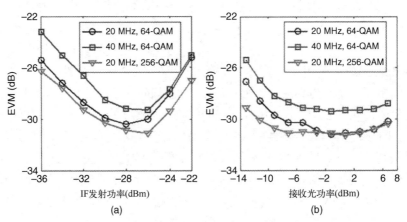

图 8.13　不同功率条件下 802.11ac 信号的传输性能：(a) 不同的发射功
率；(b) 不同的接收光功率；(c) 同时传输 LTE-A 信号的功率

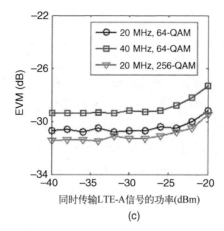

图 8.13(续) 不同功率条件下 802.11ac 信号的传输性能: (a)不同的发射功率; (b)不同的接收光功率; (c)同时传输 LTE-A 信号的功率

8.3.3 毫米波链路的传输距离

无线电链路可达的传输距离对于许多实际的应用而言都是一个重要的性能参数。在我们的实验中,由于实验室空间的限制,毫米波链路的距离被设置为 5 m。然而,只要传输性能仍能满足要求,我们还可以进一步延长其传输距离。我们研究了在不同发射功率条件下 20 MHz 802.11ac 和 DL LTE-A 信号在系统下行传输方向上实现毫米波频段的传输性能,结果如图 8.14 所示。测量结果是通过在发射天线输入端改变毫米波信号的发射功率而获得的。从该结果可以看出,对于不同的无线信号而言,其所允许的最小接收功率,以及由此决定的信号传输距离都是不同的。例如,为了成功地解调 20 MHz 256-QAM 802.11ac 和 64-QAM LTE-A 信号,其接收功率的最小值必须分别达到约–34 dBm 和–41 dBm。在我们的实验配置条件下,这两个最小的接收功率分别对应约 7 m 和 14 m 的最大传输距离。而对于较低阶的调制信号,由于信号传输对于接收 EVM 的性能要求没那么严格,因此其信号传输距离可以更长。如果采用高增益天线和高输出功率放大器(PA),则系统的信号传输距离还可以进一步扩展至足以满足实际应用需求的程度。

依图 8.14 所示,我们基于最小的可允许接收功率,估算了信号在不同天线增益和发射功率条件下的传输距离。经毫米波链路传输后,接收机所接收到的信号功率可按下式计算:

$$P_{RX} = P_{TX} + G_{TX} - 20 \times \log\left(\frac{4 \cdot \pi \cdot d \cdot f}{c}\right) - (L + \gamma_R) \times d + G_{RX} - M \tag{8.7}$$

其中 G_{TX} 和 G_{RX} 分别是发射机和接收机天线的增益,L 和 γ_R 分别表示大气和雨的衰减系数，P_{TX} 表示发射功率，d 和 f 分别表示毫米波链路的距离和载波频率，M 是链路的富余度。链路的传输距离取决于其设计富余度与损耗。其中降雨衰减系数与系统的使用有关，可以使用特定工作区域长期的降雨统计数据来确定[Dat et al. - 2015]。链路的可用性是移动回传/前传系统的一个重要参数，通常需要达到约 99.999%的可用性概率[Orange et al. - 2012]。例如，根据在日本的长期观测结果，可以得出超过 120 mm/h 的降水率对应于 36.9 dB/km 的信号衰减,这对应于系统不可用的概率约为 0.0001%[Hirata et al. - 2006]。因此，为了让系统达到 99.999%的可用性，必须将其设计为至少能克服 36.9 dB/km 的衰减。如果在系统中输入如图 8.14 所示的最小接收功率，并确定了降雨衰减系数为 8.7，则可以估计出在不同的天线增益和发射功率条件下信号的传输距离，如图 8.15 所示。在此计算中，我们设置了 10 dB 的链路富余度用于补偿其他影响，例如衰落和云雾的衰减。在使用了高增益天线的条件下，且发送功率高达 30 dBm 时，在 DL 方向上 64-QAM LTE-A 信号可在毫米波链路中实现约 1 km 的传输距离。而对于 256-QAM 802.11ac 信号，其可传输的距离较短，因为该信号对于信号接收功率的要求较高，如图 8.14 所示。

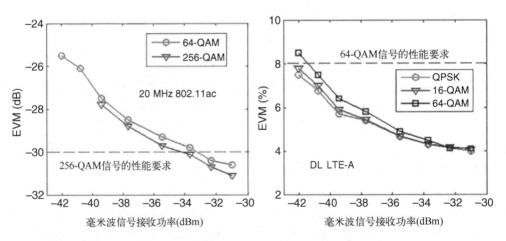

图 8.14　不同的毫米波信号接收功率条件下，802.11ac 和 DL LTE-A 信号的传输性能

与上述 DL 传输的分析类似，我们分析了在不同的毫米波信号接收功率条件下 LTE-A 和 802.11ac 信号的传输性能，结果如图 8.16 所示。为实现不同的无线信号传输性能要求，基于该图我们可以确定系统所需要的毫米波信号的最小接收功率。例如，要在该系统中实现 64-QAM LTE-A 和 256-QAM 802.11ac 信号传输，所需要的最小接收功率分别约为–44.5 dBm 和–38 dBm。使用与 DL 系统相同的分析方法，我们还可以估计出在不同的天线增益和发射功率条件下，UL 方向上信号的最大毫米波传输距离，如图 8.17 所示。从图中可以看出，若使用高增益天线和具有 30 dBm 高功率输出的 PA，

则毫米波链路的传输距离可以增加到大约 1 km，这个距离对于许多的实际应用场合而言都是足够的。

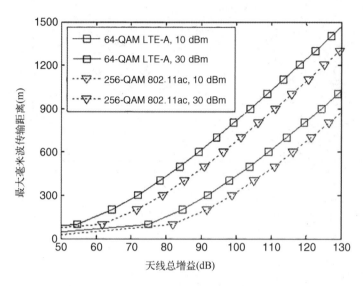

图 8.15　802.11ac 信号的最大毫米波传输距离

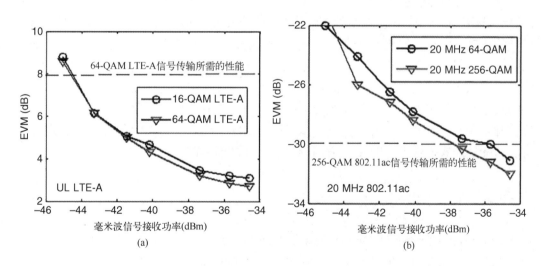

图 8.16　不同的毫米波信号接收功率条件下各信号的传输
性能：(a) UL LTE-A 信号；(b) 802.11 ac 信号

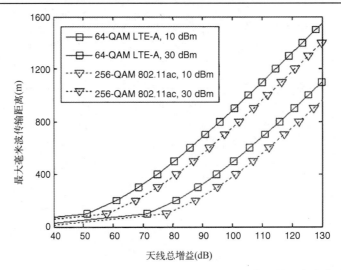

图 8.17　UL 方向上 64-QAM LTE-A 和 256-QAM 802.11 ac 信号的最大毫米波传输距离

8.4　结论

本章介绍了一种可用于异构蜂窝网络中的低延时、灵活的前传链路解决方案，它基于光纤-毫米波无缝融合系统中的无线信号封装技术。通过实验，我们成功演示了基于这种无缝融合的 RoF 和毫米波系统实现了标准的 IEEE 802.11ac 和 3GPP DL/UL LTE-A 信号的传输，信号的载波为 94.1 GHz 毫米波频段。实验结果表明，系统对于这两种信号的传输都获得了令人满意的 EVM 性能。通过估计，我们认为其中毫米波链路的传输距离足以满足实际应用的需求。此外，我们还可以通过使用先进的技术，如光纤通信系统中的波分复用技术及无线通信系统中的阵列天线、波束成形与多跳传输等技术，来进一步提升系统的容量和信号传输距离。本章所提出的系统方案可在通信容量、多无线电业务的传输性能和无线业务数量等方面满足未来移动通信网络应用的需求。

参考文献

Evolved Universal Terrestrial Radio Access（E-UTRA）; Physical channels and modulation. 3rdGPP, June 2016. E-UTRA Technical specification（TS）Release 13.

Hamed Al‑Raweshidy and Shozo Komaki. *Radio Over Fiber Technologies for Mobile Communications Networks*. Artech House, 2002.

T. Alves and A. Cartaxo. Transmission of multiband ofdm-uwb signals along lr-pons employing a mach-zehnder modulator biased at the quasi-minimum power transmission point. *Journal of*

Lightwave Technology, 30(11): 1587-1594, 2012.

M. Beltran, J. B. Jensen, X. Yu, R. Llorente, R. Rodes, M. Ortsiefer, C. Neumeyr, and I. T. Monroy. Performance of a 60-ghz dcm-ofdm and bpsk-impulse ultra-wideband system with radio-over-fiber and wireless transmission employing a directly-modulated vcsel. *IEEE Journal on Selected Areas in Communications*, 29(6): 1295-1303, 2011.

China Mobile Research Institute. C-ran: The road towards green ran. White paper, China Mobile, 2011.

P. T. Dat, A. Kanno, K. Inagaki, and T. Kawanishi. High-capacity wireless backhaul network using seamless convergence of radio-over-fiber and 90-ghz millimeter-wave. *Journal of Lightwave Technology*, 32(20): 3910-3923, 2014.

P. T. Dat, A. Kanno, and T. Kawanishi. Radio-on-radio-over-fiber: efficient fronthauling for small cells and moving cells. *IEEE Wireless Communications*, 22(5): 67-75, 2015.

P. T. Dat, A. Kanno, N. Yamamoto, and T. Kawanishi. Low-latency fiber-millimeter-wave system for future mobile fronthauling. In *Proc. SPIE 9772, Broadband Access Communication Technologies X, OPTO Photonic West, 97720D (12 February 2016)*, pages 1-12, 2016a.

P. T. Dat, A. Kanno, N. Yamamoto, and T. Kawanishi. Full-duplex transmission of lte-a carrier aggregation signal over a bidirectional seamless fiber-millimeter-wave system. *Journal of Lightwave Technology*, 34(2): 691-700, 2016b.

P. T. Dat, A. Kanno, and T. Kawanishi. Performance of uplink packetized lte-a signal transmission on a cascaded radio-on-radio and radio-over-fiber system. *IEICE Transactions on Electronics*, E98.C(8): 840-848, 2015.

Common Public Radio Interface (CPRI): Interface Specification. Ericsson AB and Huawei Technologies Co. Ltd. and NEC Corporation and Alcatel Lucent and and Nokia Siemens Networks GmbH & Co. KG, September 2011. The CPRI Specification version 5.0.

H. T. Friis. A note on a simple transmission formula. *Proceedings of the IRE*, 34(5): 254-256, 1946.

A. Hirata, T. Kosugi, H. Takahashi, R. Yamaguchi, F. Nakajima, T. Furuta, H. Ito, H. Sugahara, Y. Sato, and T. Nagatsuma. 120-ghz-band millimeter-wave photonic wireless link for 10-gb/s data transmission. *IEEE Transactions on Microwave Theory and Techniques*, 54(5): 1937-1944, 2006.

IEEE Std 802.11TM-2012. Iso/iec/ieee international standard-information technology-telecom munications and information exchange between systems local and metropolitan area networks-specific requirements part 11: Wireless lan medium access control(mac) and physical layer(phy) specifications. *ISO/IEC/IEEE 8802-11: 2012 (E) (Revison of ISO/IEC/ IEEE 8802-11-2005 and Amendments)*, pages 1-2798, 2012.

G.987.2: 10-Gigabit-capable passive optical networks (XG-PON): Physical media dependent (PMD) layer specification. ITU-T, April 2010. Recommendation G.987.2.

J. James, P. Shen, A. Nkansah, X. Liang, and N. J. Gomes. Nonlinearity and noise effects in multi-level signal millimeter-wave over fiber transmission using single and dual wavelength modulation. *IEEE Transactions on Microwave Theory and Techniques*, 58(11): 3189-3198, 2010.

A. Kanno, P. T. Dat, T. Kuri, I. Hosako, T. Kawanishi, Y. Yoshida, Y. Yasumura, and K. Kitayama. Coherent radio-over-fiber and millimeter-wave radio seamless transmission system for resilient access networks. *IEEE Photonics Journal*, 4(6): 2196-2204, 2012.

A. Kanno, P. T. Dat, T. Kuri, I. Hosako, T. Kawanishi, Y. Yoshida, and K. Kitayama. Evaluation of frequency fluctuation in fiber-wireless link with direct iq down-converter. In *2014 The European Conference on Optical Communication (ECOC)*, pages 1-3, 2014.

T. Kawanishi, T. Sakamoto, and M. Izutsu. High-speed control of lightwave amplitude, phase, and frequency by use of electrooptic effect. *IEEE Journal of Selected Topics in Quantum Electronics*, 13(1): 79-91, 2007.

J. Li, D. Chen, Y. Wang, and J. Wu. Performance evaluation of cloud-ran system with carrier frequency offset. In *2012 IEEE Globecom Workshops*, pages 222-226, 2012.

C. Liu, L. Zhang, M. Zhu, J. Wang, L. Cheng, and G. Chang. A novel multi-service small-cell cloud radio access network for mobile backhaul and computing based on radio-over-fiber technologies. *Journal of Lightwave Technology*, 31(17): 2869-2875, 2013.

R. Llorente, S. Walker, I. T. Monroy, M. Beltrán, M. Morant, T. Quinlan, and J. B. Jensen. Triple-play and 60-ghz radio-over-fiber techniques for next-generation optical access networks. In *2011 16th European Conference on Networks and Optical Communications*, pages 16-19, 2011.

A. Nkansah, A. Das, N. J. Gomes, and P. Shen. Multilevel modulated signal transmission over serial single-mode and multimode fiber links using vertical-cavity surface-emitting lasers for millimeter-wave wireless communications. *IEEE Transactions on Microwave Theory and Techniques*, 55(6): 1219-1228, 2007.

Open Base Station Architecture Initiative (OBSAI). OBSAI, 2006. OPEN BASE STATION ARCHITECTURE INITIATIVE V2.0.

Orange, Alcatel Lucent, Nokia Siemens Networks, NEC, Huawei, Cisco, and Everything Everywhere. Small cell backhaul requirements. White paper, NGMN Alliance, 2012.

X. Pang, A. Caballero, A. Dogadaev, V. Arlunno, R. Borkowski, J. S. Pedersen, L. Deng, F. Karinou, F. Roubeau, D. Zibar, X. Yu, and I. T. Monroy. 100 gbit/s hybrid optical fiber- wireless link in the w-band (75-110 ghz). *Opt. Express*, 19 (25): 24944-24949, Dec 2011.

P. T. Dat, A. Kanno, and T. Kawanishi. High-speed and low-latency front-haul system for heterogeneous wireless networks using seamless fiber-millimeter-wave. In *2015 IEEE International Conference on Communications (ICC)*, pages 994-999, 2015.

M. Zhu, L. Zhang, J. Wang, L. Cheng, C. Liu, and G. Chang. Radio-over-fiber access architecture for integrated broadband wireless services. *Journal of Lightwave Technology*, 31 (23): 3614-3620, 2013.

第9章 5G网络中的光传感技术

本章作者：Seedahmed S. Mahmoud, Bernhard Koziol, Jusak Jusak

9.1 简介

过去几年中，由于多媒体服务与多种应用的爆炸式增长，人们对于高速无线数字通信的需求也在与日俱增。因此，网络中的业务流量不断激增，这主要是由于移动互联网中各种智能联网设备产品数量的指数级增长所导致的。而且这些智能设备和产品以其多样化的功能和一些依赖于联网的多种应用程序，如视频、游戏和社交媒体等，不断吸引着用户上网。尽管目前的网络标准所能支持的最大数据传输速率足以实现视频流媒体的稳定运行，但还有一些新兴的应用，如超高清(UHD)视频和互动的游戏，以及需要使用高清摄像头的远程医疗系统等，还需要更高的网络数据传输速率才能满足其特定的标准和业务质量的需求。如今，我们的网络正面临着新的挑战，需要实现比第四代(4G)蜂窝移动通信系统更高的业务传输速率。于是，第五代(5G)无线通信网络应运而生。人们预期5G将实现一千倍的容量和吞吐量提升，并显著降低网络信息传输的延时，同时还需要网络具有极低的能耗和很高的可扩展性与连接能力，以及较高的安全性[Andrews et al. - 2014]。

人们预期5G网络将能同时支持数十亿台设备与传感器的连接，它将以zettabytes (ZB，泽它字节，相当于1012 GB)的量级产生数据并实现数据的交换。与先前的蜂窝网络不同，5G网络将能够实现海量的机器类型通信，例如智能手机、智能手表、电器、传感器和各种远程监控设备，它们都将大量地连接到5G互联网中，形成所谓的"物联网"(IoT, Internet of Things)。这将导致网络运行模式的改变，即它的概念将从当前的人与人之间的互联转变为各种事物之间的互联，也就是说，除了当前数以百亿计的手机和计算机的互联，网络中还要增加数十亿的其他设备和传感器的互联。在此背景下，国际电信联盟(ITU)的标准化机构发布了5G所支持的三类服务，包括移动宽带服务、可靠且低延时的通信和机器类通信[ITU-R M.2083-02 Union - 2015]。如此多类型的设备连接至移动互联网，势必推动着当前蜂窝网络架构的演进与发展，最终使其能够提供更高的数据传输速率、区域容量等，以满足各类用户对业务连接体验质量的期望。因此，为了适应这种由于连接设备数量不断增加而带来的高速数据传输需求，工业界和学术界的研究人员纷纷提出了一系列有效的解决方案，包括网络致密化、毫米波通信和大规模多输

入多输出 (MIMO) 等技术及解决方案。

图 9.1 描绘了一个虚拟的远程医疗异构网络示例,该网络间接地将许多带有医疗传感器的节点依次连接到宏基站、核心网和互联网的系统。该移动通信网络与传统宏蜂窝网络架构相比,由于空间和频谱资源的密集化,实现了更多的蜂窝层连接,这一点与 4G 网络类似。如图 9.1 所示,在该远程医疗系统的应用场景中,便携式电子设备配备有若干医疗传感器,它们被安放在患者的身上,构成所谓的医学物联网 (IMedT,Internet of Medical Things)[Jusak and Puspasari - 2015; Jusak et al. - 2016; Jusak and Mahmoud - 2018]。这些传感器通过感知来自患者的多种重要的生命体征信号,从而实现对患者体温、血压、脉搏、呼吸等所有生命体征的测量与记录,并将这些信号编码为数字信号进行传输。在使用了光纤传感器的情况下,这种测量过程主要通过感知一个或多个光束的强度或相位变化来实现。然后,这些记录的数据很快就会以模拟或数字波形的形式经由通信网络传输到医疗保健服务的提供者那里。近期基于光纤的传感器技术迅速发展,向人们呈现出其在实时测量和数据采集方面所具有的广阔前景与应用价值。特别是此类型的传感器展现出许多与 5G 要求恰好相符的优势,例如高数据传输速率、低能耗、质量轻、抗电磁干扰、高灵敏度、低延时,以及可同时工作于集总和分布式的配置模式等。

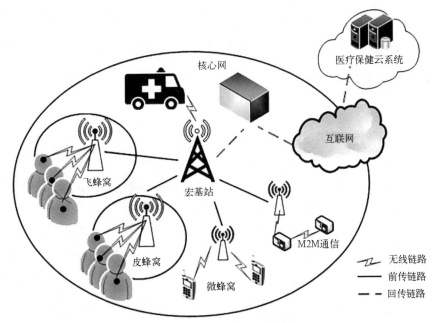

图 9.1　5G 网络中用于远程医疗系统的多层次异构网络示意图

在图 9.1 中,网络中包含了飞蜂窝 (femtocell)、皮蜂窝 (picocell) 和微蜂窝 (microcell)

等不同大小的蜂窝，实现了对一个特定区域的覆盖，它们采用了不同的无线接入技术连接至传感器，并形成了一个与宏蜂窝相连的多层次网络。因此，这些异构的蜂窝在该区域内形成了一个致密化的网络。在该场景下，宏基站可能需要配备基于 MIMO 技术的大型天线阵列，它由数百个天线组成，可以增加容量、吞吐量和空间自由度。这种天线阵列结构在为周围较小的蜂窝提供接入方面发挥着重要的作用。同时，这些小型蜂窝可能使用了多种无线接入网的标准，例如 2G、3G 或 4G 标准。上述这种致密化的网络架构很有可能会成为未来 5G 通信网络的主导模式之一[Akyildiz et al. - 2016]。

然而，多种无线接入技术的融合很可能在安全问题方面存在一定的隐患，并要为此付出代价，包括传感器节点或用户设备，以及接入网、核心网甚至云存储等都会面临日益增加的各种威胁。这些威胁可能包括服务访问权限攻击到数据完整性攻击等多个方面。具体而言，在这种新的网络架构中，人们有可能会遇到的安全隐患主要包括：(i) 由于市场上各种不同类型的光纤传感器及其互联设备的使用所带来的安全隐患；(ii) 无线通信有限的带宽限制了安全功能的实现，例如身份验证、完整性验证、可用性验证、机密性保证和不可抵赖性验证[Fang et al. - 2017]；(iii) 多种类型的无线接入网的集成也可能会招致针对无线信息传输的各种恶意攻击与威胁；(iv) 网络中连接了大量拥有不同操作系统的各类设备，这使得认证过程变得非常复杂；(v) 在 5G 网络中应用基于互联网协议(IP)的移动通信技术比较困难。因此，为了实现这种新型网络架构的部署，并有效解决上述的网络安全隐患，我们必须联合工业界与学术界的研究人员，大家共同努力，来为新一代 5G 网络提供安全、可靠的移动连接技术。

本章讨论和回顾了用于网络安全领域基于光纤的传感器技术的最新发展，以及它们在 5G 网络发展背景下潜在的应用及其所能提供的功能。本章还将讨论这些传感器技术为适应未来 5G 网络的需求所要做的一些扩展及其需要达到的重要参数指标。此外，本章还介绍了多种不同类型的光纤传感器，例如相位调制传感器、强度调制传感器和基于光散射技术的传感器，以及它们在入侵检测系统中的应用。

另外，为了能有效地通过 5G 网络为多种传感设备提供通信与互联，我们还需要为其提供必要的安全机制，确保信息资源和关键通信业务能够得到保护。实际上，在包含了 IoT 设备的 5G 网络中，网络的安全性将成为网络发展中最为重要的问题之一。因此本章在介绍基于光纤的传感器技术时，特别关注了光纤网络物理层安全机制的解决方案。

9.2　光纤通信网络：侵入手段

当前光纤已被用于绝大多数通信网络的骨干网，也包括 5G 移动通信网络，因为光纤可以高效、经济地实现点对点的大容量信息传输。现代光纤通信网络已在全球范围内部署了数百万千米的光纤，它们承载着政府、军事与金融部门的重要信息和机密信息。尽管在光纤通信技术诞生的初期，人们认为光纤传输具有天然的安全性，因为它不向外辐射电磁波，实施窃听是很困难的，但现在人们已经知道从光纤中窃取信息且不被发现其实并非难事。

光纤通信光缆的设计确保了其内部脆弱的玻璃纤维能够得到有效的保护，免受人工安装时所导致的压力和应力的破坏。一根典型的光缆可以包含几根或数百根单独的光纤[FOS - June 2018; AFL - June 2018; Optical Communications - June 2018]，如图 9.2 所示。

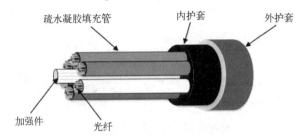

图 9.2　通信系统中常见的典型光缆结构

为了窃取光纤中的信息，人们可以使用以下几种手段。

1．弯曲单根光纤，致使光信号泄露至光纤外，并用光电探测器进行检测，如图 9.3 所示。该方法已有商用的组件可以实现[Everett - 2007; Ruppe - 2018]。

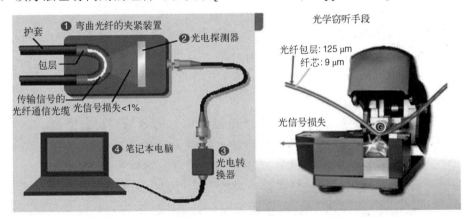

图 9.3　基于弯曲光纤设备[Murray - 2010]和一种商用设备的光学窃听手段

2．渐逝场耦合法。该方法充分利用了光纤包层中传输的光信号模式，该模式在激光器光信号注入光纤时产生，通常传输几米后便会消失。因此该方法仅适用于窃听者可接入光纤通信系统中的激光器的情况，或在使用了光纤连接器的配线架中实施窃听。

3．在靠近目标光纤纤芯的光纤中切出一个凹槽，以拦截该光纤辐射出的渐逝场，并将其重新输入另一根光纤中。这种方法需要很高的技能水平，要避免切断目标光纤，尤其在野外环境中实施更为困难[Iqbal et al. - 2011]。

4．通过使用高功率紫外激光在光纤内形成散射中心，从而使光纤内的信号泄露。高功率激光器可以将大量能量聚焦到一个很小的体积中，并改变光纤的玻璃结构（该过程类似于在光纤中刻入光纤布拉格光栅）[Iqbal et al. - 2011]。

5．在光纤中熔接低分光比的耦合器，如图 9.4 所示，该耦合器仅分出 1%的光信号以实施窃听。但这种方法需要切断光纤，而且还需要电信运营商的配合才能实施[Everett - 2007; Thorlabs - June 2018]。

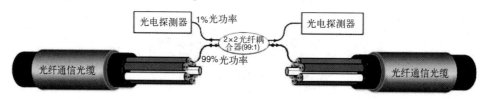

图 9.4　光纤通信链路中熔接的低损耗耦合器

9.3　光纤通信光缆的物理层保护

人们已经采用了许多技术来保护光纤通信链路免遭破坏和信息窃取。下面给出一些例子。

1．使用光纤传感器作为光纤通信系统物理层的入侵检测系统[Mahmoud and Katsifolis - 2009, 2010; Mahmoud et al. - 2012]。

2．在光纤通信链路中传输信息时使用了信息加密方法[Coomaraswamy et al. - 1991]。

3．利用光时域反射计(OTDR)沿光纤检测光信号的衰减与反射情况，从而对光纤的工作情况进行监控。但是 OTDR 在检测光缆的动态或瞬态扰动方面无效。

4．在光纤通信网络内一些彼此独立的位置处监测光信号的功率水平。

5．利用物理安全技术，在光纤通信光缆的制造过程中加厚其涂敷层，使用更硬的光缆保护套，并且将光缆置于导管、金属等安全管道中，或将它们包裹在混凝土中进行保护。

本章主要关注于上述的第一种方案，即将光纤通信光缆中多余的光纤用作光纤传感器，以检测外界对光纤通信网络的破坏与入侵。

如今，分布式光纤传感器已被用于多种商业和国防领域。这些传感器主要用于重要资产的保护，如光纤通信链路、机场、商业与国防基础设施，以及石油管道系统等。对于分布式光纤传感器的设计，人们可以利用许多基于光学原理的传感技术，包括马赫-曾德尔干涉仪（MZI）[Kersey‐1996; Katsifolis and McIntosh‐2009]、迈克尔逊（Michelson）干涉仪[Kersey-1996]、光纤布拉格光栅阵列[Wu et al.‐2011]、Sagnac 环[Zhu and He‐2014]和相位光时域反射计（Φ-OTDR）[Juarez et al.‐2005; Juarez and Taylor‐2007]。与传统的传感技术相比，光纤传感器在入侵检测系统中的应用优势众所周知，主要包括抗电磁干扰、高灵敏度、野外使用不需要电源、在一些多变的环境具有天然的安全性，以及对于很长的作用距离都具有高可靠性和低成本的优势。光纤传感器可用于实现多种物理参数的测量[Udd‐1995; Instruments‐2011]；然而，本节主要介绍基于光纤传感器的动态应变测量，它可作为检测光纤通信系统是否存在非法窃听的一种有效手段。

　　光纤传感器可分为基于位置或区域的系统。图 9.5 给出了基于光纤传感器的入侵检测系统（IDS，intrusion detection system）分类，这些传感系统主要用于对通信网络提供物理层的保护。基于位置的传感系统能够将传感器所感知的事件在时域中与事件发生的位置相关联，由此人们可以精确定位事件发生的位置，其精度可以被计算到米级或更加精确。基于位置的传感系统可以对传感系统作用距离内的任何事件进行定位。然而，还有一类基于位置的光纤传感系统是准分布式的，这意味着传感器只能将事件发生的位置定位在一个具有几米范围的区域内。这种传感系统通常基于光纤布拉格光栅传感器实现。基于位置的光纤传感系统的作用范围可达 40 km，甚至一些传感器的作用范围已经超过了 40 km[Pradhan and Sahu‐2015]。基于位置的光纤传感器能够测量事件发生的精确位置，而且往往比基于区域的传感系统更昂贵。此类传感器的定位精度主要取决于其中的信号处理技术与方法。可靠而稳健的信号处理技术可使传感器沿其作用长度提供精确的事件定位。

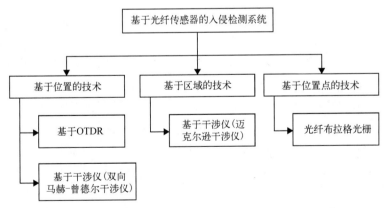

图 9.5　通信网络中基于光纤传感器的入侵检测系统分类

　　另一方面，基于区域的传感系统也可以实现通信系统中入侵事件的检测；然而这些传感系统通常无法获得准确的事件位置，只能给出在传感器作用范围内某处是否发生了事件的指示。因此，基于区域的传感系统的作用距离通常不高，在 100 m 范围内，可以对事件进行大致的定位；因此，这些系统最适合用于建筑物内或建筑物间的通信链路的传感应用，目前看来，确实也比较常用，因为此类传感器的价格相对更便宜。

基于位置点的传感系统内部通常都具有非常敏感的传感元件，通常被用于一些通信光缆容易被发现且不太安全的特定位置(如野外光纤掩埋地坑或用于数据交换的光纤接线架处)。一般而言，基于位置点的传感系统安装比较简单，而且如果安装得当，则能提供出色的传感性能。

9.3.1　基于位置的光纤传感器

一些基于位置的光纤传感器(OFS，optical fiber sensor)可用于 5G 网络的保护。在本章中，我们将介绍三种类型的基于光纤的传感器技术。这些技术包括：基于 OTDR 的传感器，基于马赫-曾德尔干涉仪(MZI)的传感器，以及 9.3.2 节介绍的光纤布拉格光栅(FBG)传感器。

9.3.1.1　基于 OTDR 的传感器

目前，OTDR 技术已被广泛用于电信行业，主要用来评估光纤链路的性能并查找故障位置，例如光纤链路中的高衰减或反射区域或光纤完全断裂的位置，以便立即修复[Juarez - 2005]。光纤并不是一种完全均匀的介质，光在其中传输会存在散射，这会衰减光信号的功率(单模光纤在 1550 nm 处的衰减系数约为 0.2 dB/km)。OTDR 技术不仅可以检测光纤的损耗，还可以基于下式来检测光纤中的异常情况：

$$位置 = \frac{ct}{2n} \tag{9.1}$$

其中 c 为真空中的光速，t 为经历的时间，n 为光纤的折射率。OTDR 主要检测光强。具体是让光强经过光电转换器处理后按比例转换为电流，通过测量电流强度最终获得光强(即衰减)沿光纤传输方向的空间分布图，从中便可以分析出光纤通信系统的光纤是否完好等相关信息。

OTDR 系统中使用了零差光学检测电路，需要对信号进行时域采样并求平均值来准确测量光纤的衰减分布。当光纤链路中存在光纤接头时，OTDR 可能需要长达几分钟的时间来检测光纤接头在通信线路中引起的衰减，当然这具体取决于通信光纤链路的长度和 OTDR 的参数设置。使用 OTDR 进行光纤检测获得的位置精度可以通过修改注入光脉冲的宽度来改善；然而，对于测量一段给定长度的光纤链路，在选择合适的 OTDR 脉冲宽度和平均时间时往往需要特别小心，这样才能获得比较理想的测量结果(当待测光纤链路较短时，一般选择短光脉冲，反之亦然，对于传感距离较长的情况，需选择长光脉冲)。

相干 OTDR（COTDR）提高了 OTDR 传感的灵敏度；它使用了一种相干性很好的光源及光学外差检测技术。在该传感系统中，光纤上的每个散射点其实都可以看作形成了一个干涉仪，它对于应力的动态变化高度敏感。

Φ-OTDR 是一种典型的相干 OTDR。在 Φ-OTDR 传感技术中，由于极化引起的光信号衰落是该技术所面临的挑战[Zhou et al. - 2013]，目前相关人员正在研究这个问题，以期得到解决[Zhang et al. - 2016]。该传感系统在使用时只需观测光纤的其中一端，这也是它的一个优势；Φ-OTDR 传感器在市场上可以看到，尽管其价格比较昂贵[open market Technology - 2018; Solutions - 2018; Senstar - 2018]。图 9.6 给出了 Φ-OTDR 的原理框图。

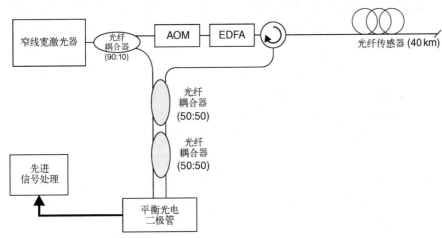

图 9.6 用于光纤入侵检测的 Φ-OTDR 的原理框图

9.3.1.2 基于马赫−曾德尔干涉仪（MZI）的传感器

基于干涉仪的传感器通常是充分利用了电磁信号的相位特性来实现传感的：简言之，在该传感器中光信号通常被分为两路，分别沿不同方向（在本例中是沿着不同的光纤，如图 9.7 所示）传播，然后两路光信号被重新合路，通过对比可以测量二者之间的相对相位变化 $\Delta\varphi$。在此，为了便于后续的分析处理，光信号相位的变化被转换为光强随时间的变化[Liang et al. - 2010; Allwood et al. - 2016]。图 9.7 给出了这种传感器的原理框图。

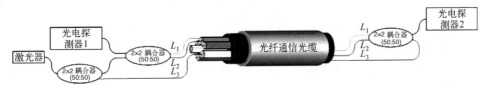

图 9.7 双向 MZ 光纤传感器的原理框图

由于光纤的扰动，该传感系统中两个光电探测器(光电探测器 1 和光电探测器 2)所接收到的时域信号会略有不同，分别为

$$I_1(t) = I_1\{1 + K_1 \cos[\Delta\varphi(t - t_1) + \varphi_0]\} \tag{9.2}$$

$$I_2(t) = I_2\{1 + K_2 \cos[\Delta\varphi(t - t_2 = t_3) + \varphi_0]\} \tag{9.3}$$

其中 t_1、t_2 和 t_3 分别表示光信号经过 L_1、L_2 和 L_3 光纤传输的延时。I_1 和 I_2 由输入光干涉仪的光强及光纤的损耗所决定。K_1 和 K_2 表示光条纹的清晰度，当采用了适当的保偏技术来减轻 L_1 和 L_2 因偏振而引起的衰落影响时，该参数的值可近似为 1。φ_0 是由 MZI 的两个臂之间的差异而引入的初始相位差。$I_1(t)$ 和 $I_2(t)$ 之间存在延时差 $\tau = t_2 + t_3 - t_1$。因此，基于该延时差 τ，就可以获得沿通信光纤方向光纤扰动出现的位置[Zyczkowski et al. - 2004]。在基于光信号沿相反两个方向传播的 MZ 系统中，我们可以使用多种信号处理技术来估计这两路相向传播的光信号之间的相对延时，从而测量出扰动事件出现的位置。互相关技术就是一种可用于估计这个相对延时的方法。

上述这种干涉测量法还可用于检测光纤中应力的变化，因此也可用于光纤入侵的检测和定位。此外，单向 MZI 可用于基于区域的传感系统来确保短距离光纤通信链路的安全。

通信网络中入侵检测系统的物理实现可以通过在光缆中植入两根传感光纤来实现，也可以选择数据传输光缆中不敏感的引出光纤 $L_{\text{lead-out}}$ 来实现，可以安装在包含三根或三根以上光纤的通信光缆中，如图 9.7 所示。

9.3.2　基于位置点的光纤传感器

基于位置点的光纤传感器[如光纤布拉格光栅(FBG)传感器]可用于保护通信网络。

9.3.2.1　FBG

如今，FBG 已广泛应用于光纤通信行业；该器件通常用于光纤内的多路通信信道的复用/解复用[Allwood et al. - 2016]。FBG 是通过在光纤的玻璃纤芯中写入(即光刻)折射率的周期性变化而形成的；光纤内的这种折射率的变化会使得一定波长范围的光信号进入光纤后被反射，结果与入射光反向传播。该反射光的波长由下式确定：

$$\lambda_b = 2n\Lambda \tag{9.4}$$

其中 λ_b 表示反射光的波长，n 表示光纤纤芯的有效折射率，Λ 表示光栅折射率的变化周期。此外，FBG 还被用于一些基础设施的压力传感器中，如大坝的墙体、桥梁和建筑等，作为前瞻性的维护与控制手段[Instruments - 2016; Othonos and Kalli - 1999; Kashyap - 2009]。

FBG 能够在时域或频域(波长域)中实现光信号的多路复用[34]。在时域中的复用使

得我们可以在单根光纤中连续地使用大量的 FBG, 其中每个 FBG 传感器的带宽决定了整个传感系统的总带宽, 而且每个传感器都具有相同的光学特性, 从而简化了传感系统的设计。但是, 每个传感器之间需要至少保留 2 m 的间距, 从而确保每个传感器所采集的信号能够被分辨。另外, 传感器的时间分辨率还取决于受到监控的传感器的数量[Allwood et al. - 2016]。

波分复用(WDM)技术的应用可以使得 FBG 传感器更加紧密地挨在一起, 因为每个 FBG 传感器都具有唯一的反射频率(波长), 因此多个 FBG 传感器可以同时安装在一个部件内实现多点传感。然而, 在这种基于 WDM 的传感器中, 人们所能使用的 FBG 传感器数量是受限的, 因为系统光源的带宽是在各个传感器之间共享的; 而且当各个 FBG 的反射谱之间的波长间隔不够时, FBG 传感器之间还会存在串扰。而且这种传感器配置的维护也比较困难, 因为其中每个 FBG 传感器的光学特性都是不同的, 大大增加了维护的复杂度。

为确保性能, FBG 传感器的系统设计必须使用正确的信号复用方案。虽然 FBG 通常用作位置点传感器, 但它们也可用于准分布式的传感器, 作为周边入侵检测的传感系统[Instruments - 2016; Wu et al. - 2011]; 还可以很容易地将其应用于数据安全领域, 特别是对于温度变化不敏感的埋地光缆环境。我们可以沿着光纤链路连接一系列的 FBG, 形成准分布式的传感系统(见图 9.8), 其中每个 FBG 反射有着不同的波长信号分量(波长至少相差 4 nm), 但是必须注意确保各 FBG 的反射波长之间没有重叠[Instruments - 2016; Othonos and Kalli - 1999; Wu et al. - 2011]。

此类传感系统的一个突出优点是, 其应力感知的距离范围可达光源所能照到的最远的 FBG 传感器处; 它的另一个优点是, 在使用时只需将光纤链路的一端连接至光源, 因此非常方便。

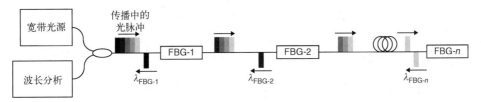

图 9.8　基于 FBG 的位置点事件传感器, 其中每个 FBG 被调谐为仅反射唯一波长的光信号

9.3.3　基于区域的光纤传感器

迈克尔逊干涉仪作为一种基于区域传感的光纤传感器, 可用于保护通信网络。

9.3.3.1　迈克尔逊干涉仪

迈克尔逊干涉仪的光学配置如图 9.9 所示。从图中可以看出, 该干涉仪中包含一个激光器，将激光注入光纤，并通过一个 50:50 耦合器分为两路，分别经过一根光纤传播。这两根光纤就是该传感器的两臂。在该传感器的每个臂内，光信号被其各自路径末端的法拉第旋转镜(FRM, Faraday rotatory mirror) 反射，并返回至光纤耦合器。这两路返回的光信号在光纤耦合器处合路，它们的相位在耦合器内发生相干。然后，该信号再被送入光电探测器进行光电转换[Wild and Hinckley - 2008]。光电探测器输出信号的强度取决于合路两束光信号的总相位差。光电探测器输出的电流强度可表示为

$$I = \frac{E_0{}^2}{2}[1 - \cos(2k(L_1 - L_2))] \tag{9.5}$$

其中 $k = 2\pi/\lambda$ 为波数，λ 为激光器的输出波长。L_1 和 $L_{(1=2)}$ 为干涉仪两臂的长度。在这种光纤传感器中，传感器两臂所检测的信号来自同一事件的反射结果，但它们经过了不同的光纤路径传播。这两臂都对外界应力的变化很敏感，因而传感器所经受的应力就将导致这两路光信号的相位不同。

图 9.9   迈克尔逊干涉仪的光学配置，可构成区域型迈克尔逊入侵检测系统

迈克尔逊干涉仪可用作基于光纤的通信链路入侵检测系统，但它无法定位入侵事件在通信链路上的确切位置。因此，这种传感器可以用于光缆长度有限的区域型传感器，如可用于一个建筑物内、两个建筑物之间，或是在更长光缆链路中固定长度的不同分段之间的入侵传感检测，如果要检测更长的光缆链路，还需要更多其他的基础设施来配合实现[Wild and Hinckley - 2008]。

构建这种区域型迈克尔逊入侵检测系统需要通用的光子组件，该系统也可在现有的无源光纤通信系统中基于波长复用技术来实现，从而可充分利用现有的通信链路来实现入侵传感。

在该系统中，每个传感臂的末端都需要使用 FRM 来增强信号的反射，从而增强光信号在耦合器处产生的干涉条纹的清晰度。而且这些反射镜能将反射光的偏振态相对于入射光旋转 $\pi/2$ 角度。这种配置消除了传感臂光纤内由于光纤双折射而引起的光信号偏振态随机变化所带来的不良影响，这样在光缆中出现应变力事件时，系统输出信号具有较高的 SNR，从而提高事件检测的准确率。

这种可用于通信链路安全检测的区域型迈克尔逊入侵检测系统是一种低成本的解决方案。它具有较高的灵敏度，即使光缆入侵事件的扰动在传感器内的两个干涉光束之间产生微小的相位差，也能实现入侵事件的检测。

9.4　优化设计与性能分析

要为通信网络设计一个基于传感器的入侵检测系统，需要考虑许多因素。此外，任何一种入侵检测系统的稳健性都需要通过三个重要的性能参数来衡量。在本节中，我们将讨论这些性能参数和系统优化设计所需要考虑的一些注意事项。

9.4.1　性能参数

任何一种入侵检测系统的设计能否取得成功都取决于三个重要的性能参数：检测概率（POD，probability of detection）、干扰警报率（NAR，nuisance alarm rate）和误报率[Mahmoud and Katsifolis - 2009, 2010; Mahmoud et al. - 2012]。POD 表明了传感系统对其保护区域内的入侵实现正确检测的能力。干扰警报是指系统不感兴趣的事件所产生的警报。干扰警报通常是因为一些环境因素的干扰所致，例如雨、风、雪、野生动物和植被等；或者由一些人为因素产生，如交通路口噪声、工业噪声和其他环境噪声源等。虽然提高系统灵敏度会增加其 POD，但也会同时增加入侵检测系统对干扰事件的敏感性，而这是我们所不希望的。此外，一些适用于多种入侵事件检测的基础检测算法几乎不具备事件的甄别能力，此类算法在设计时还需要在 POD 与干扰事件之间进行折中考虑，要么集中考虑增加 POD，则 NAR 也会增加；要么集中考虑减少 NAR，但 POD 也会降低。因此，能够提升 POD 并同时消除干扰警报的先进信号处理算法对于通信网络入侵检测系统的设计就显得至关重要了[Mahmoud and Katsifolis - 2009, 2010; Mahmoud et al. - 2012]。

抗失效性是衡量光纤传感器有效性的另一个指标，也需要在传感器的设计过程中予以考虑。由于不存在任何一种单一的传感器能够可靠地检测所有类型的入侵同时仍保持较低的 NAR，因此人们可以通过使用多种互补的传感技术来设计多个传感区域彼此相互交叠的传感系统，从而可以降低传感器失效的可能性。上述这三种传感器的性能参数在实际的应用中需要根据多方面的因素来综合考虑。在具体的设计过程中，人们对于每一种参数的考虑都会根据传感器所选择的技术和各自的使用条件的不同而有所不同。

9.4.2　对于鲁棒信号处理方法的需求

当前电信网络安全领域中所使用的光纤传感器很容易产生干扰警报。对于这类应用，人们往往需要在传感器的 POD 和 NAR 之间权衡考虑[Tarr and Leach - 1998]。分布式光纤入侵检测系统所面临的一个重要挑战，就是如何在不影响系统灵敏度或在更广泛的应用环境中不影响传感器 POD 的条件下尽可能地减小传感器的 NAR。

在任意的传感系统中，干扰警报可以定义为由一个并非传感系统所关注的事件所引起的传感器警报[Garcia - 2008]。对于室外传感系统，例如用于一个建筑物内的 IDS，其干扰警报主要包括由那些非入侵事件所引起的警报，例如附近的建筑、车辆交通和其他环境干扰所引起的非入侵事件。干扰警报会对入侵检测系统的性能产生不利影响，也会影响传感系统操作员对它的信任度。因此，最大限度地降低入侵检测系统和其他各种传感系统的误报率，对于它们性能的提升，以及提高操作员对它们的信任程度都是至关重要的。

要解决干扰警报的问题，一个重要的举措是要对干扰事件和有效入侵事件进行识别与区分。采用先进的事件信号识别和鉴别技术是一种非常有效的方法，可以在不影响系统灵敏度或检测概率的前提下最大限度地减少干扰警报的影响。许多不同的信号处理技术都可以用来实现这一点，从简单的滤波技术到自适应滤波技术，再到许多时-频分析技术[Madsen et al. - 2007; Egorov et al. - 1998; Griffin and Connelly - 2004]。所有事件信号识别和鉴别技术实现的关键都是信号分类过程，它涉及提取、识别事件信号的唯一特征[Lee and Stolfo - 2000]。事件信号有可能表征了孤立的单个事件(例如，入侵、雨、风或交通的影响等)，或者也可能表征了同时发生的多个事件(例如，在环境噪声影响下或人为建筑施工过程中的入侵事件)。对于后一种同时发生多个事件的情况，[Mahmoud and Katsifolis - 2009, 2010]提出了一种能够从一些系统非关注事件中有效提取系统关注事件信息的技术。

一个典型的光纤入侵检测系统中的事件分类系统通常都包含一个预处理模块。在信号的预处理阶段，传感系统从检测到的事件中提取其唯一特征，接着传感系统中的分类器为特定类别的入侵或干扰事件分配计算的特征，如图 9.10 所示[Mahmoud et al. - 2012]。然后这些干扰和入侵事件的特征将作为训练样本来对分类器进行离线的训练。这种训练过程在基于神经网络的机器学习方法中已被广泛采用。完成了上述的训练过程后，传感系统中的分类器就可以根据其在训练过程中所掌握的事件特征来对新输入的事件进行分类。要能准确地区分干扰与入侵事件，不仅需要分类器所掌握的事件特征对于其所关注的事件而言具有高度的可分辨能力，而且也需要分类器能够在其特征空间里形成清晰的特征分类边界。而为了实现这一点，人们迫切需要鲁棒的分类算法，尤其是对于类似 COTDR 的传感器而言。

9.4.3 系统的安装与技术适用性

对于一个通信网络的入侵检测系统而言，其传感系统的安装与应用可以作为现有通信数据光缆的一部分，比如可以直接使用光缆网络中的备用暗光纤来实现，具体可以采用 MZI、迈克尔逊干涉仪或 COTDR 传感系统的配置方式。图 9.11 给出了一种可用于通信网络的光纤入侵检测系统。

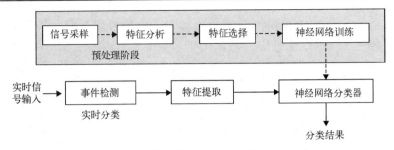

图 9.10　光纤入侵检测系统中的事件分类系统[Mahmoud et al. - 2012]

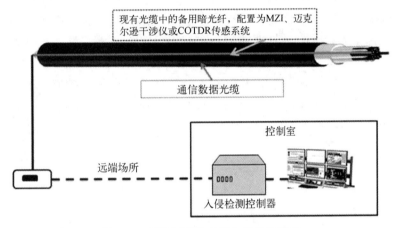

图 9.11　通信网络的光纤入侵检测系统

　　传感电缆的安装质量及其与通信网络光缆集成的好坏对于传感系统最佳功能的发挥至关重要，但这一点的重要性在实际的应用中却往往被低估。通信网络的入侵检测系统可以安装在两栋建筑物之间或一栋建筑物的内部，以实现对整个通信链路的监控，包括检修井盖、地下光缆管道，以及检修井之间的多个光缆管道。然而，要在一个如此嘈杂或恶劣的环境中部署通信网络入侵检测系统却充满着各种挑战，必须克服这些挑战才能确保传感系统达到我们所期望的性能。在那些室外入侵检测的应用环境中，包括用于通信网络的检测，其入侵检测系统在应用中往往需要考虑 POD 性能和 NAR 之间的权衡[Lee and Stolfo - 2000]。

　　基于位置的通信网络入侵检测系统提供了针对第三方干扰及非法窃取数据行为的预防性和实时性的定位与报警。根据具体所使用的技术的不同，其定位精度可达±20 m至几米不等。当入侵检测系统发出警报时，网络运营商可在潜在的安全破坏事故出现之前决定是否关闭通信链路或对其进行重新路由。该传感系统还应能针对许多自然事件(如山体滑坡和洪水)提供预警/警报，从而在这些事件对网络关键基础设施产生破坏或数据损坏之前通知有关部门并采取相应的救援措施。如今，市场上已有大量可选择的光传感技术，对于很多的通信网络应用环境，人们都可以找到一种有效的传感系统的解决方案来增强未来 5G 网络中的数据保护。

9.5　结论

本章介绍了 5G 通信系统中未来的网络架构，以及可用于网络安全领域中的光传感技术及其最新的发展。这些传感系统不仅为新一代的移动通信系统提供了安全性的保障，也为用户接入网提供了可靠性的保障。本章主要介绍了用于入侵检测系统的光纤传感器，并涵盖了新一代通信网络架构中可能出现的安全问题；简要地讨论了传感系统设计过程中的一些考虑因素与性能参数。然而，光纤传感器的实现和性能的提升还需要先进信号处理技术，这在目前仍然是一大难题，尤其是系统中迫切需要强大的算法来处理传感系统中的干扰警报，并同时保持传感器较高的灵敏度和事件检测概率。最后，本章还强调了光纤传感器的正确安装及其与通信网络的集成。这也是确保传感系统的整体性能达到最佳的又一重要因素。

参考文献

AFL. Standard loose tube cable. Website, June. 2018.

I. F. Akyildiz, S. Nie, S. C. Lin, and M. Chandrasekaran. 5g roadmap: 10 key enabling technologies. *Computer Networks*, 106: 17-48, 2016.

G. Allwood, G. Wild, and S. Hinckley. Optical fiber sensors in physical intrusion detection systems: A review. *IEEE Sensors Journal*, 16(14): 5497-5509, 2016.

J. G. Andrews, S. Buzzi, W. Choi, S. V. Hanly, A. Lozano, A. C. K. Soong, and J. C. Zhang. What will 5g be? *IEEE Journal on Selected Areas in Communications*, 32(6): 1065-1082, 2014.

G. Coomaraswamy, S. P. R. Kumar, and M. E. Marhic. Fiber-optic lan/wan systems to support confidential communication. *Computers & Security*, 8(10): 765-776, 1991.

S. A. Egorov, A. N. Mamaev, I. G. Likhachiev, and Y. A. Ershov. Advance signal processing method for interferometric fibre-optic sensors with straightforward spectral detection. In *Proceedings of SPIE 3201, Sensors and Controls for Advanced Manufacturing*, pages 44-48, Pittsburgh, PA, jan 1998.

B. Everett. Tapping into fibre optic cables. *Network Security*, 5(5): 13-16, 2007.

D. Fang, Y. Qian, and R. Q. Hu. Security for 5g mobile wireless networks. *IEEE Access*, 6: 4850-4874, 2017.

FOS. Sacrificial sheath loose tube cable. Website, June. 2018.

M. L. Garcia. *The design and evaluation of physical protection systems*. Butterworth-Heinemann, Burlington, 2 edition, 2008. ISBN 9780750683524.

B. Griffin and M. J. Connelly. Digital signal processing of interferometric fibre-optic sensors. In *Proceedings of the IEEE Light-wave Technologies in Instrumentation and Measurement Conference*, pages 153-156, Palisades, NY, December 2004.

National Instruments. Overview of fiber optic sensing technologies. Website, 6 2011.

National Instruments. Fundamentals of fibre bragg grating（fbg）optical sensing. Website, 1 2016.

M. Z. Iqbal, H. Fathallah, and N. Belhadj. Optical fiber tapping: Methods and precautions. In *High Capacity Optical Networks and Enabling Technologies（HONET）*, pages 164-168, Riyadh, Saudi Arabia, December 2011.

J. Juarez. *Distributed Fiber Optic Intrusion Sensor System for Monitoring Long Perimeters*. PhD thesis, Graduate Studies of Texas A&M University, 8 2005.

J. C. Juarez and H. F. Taylor. Field test of a distributed fiber-optic intrusion sensor system for long perimeters. *Applied Optics*, 46（11）: 1968-1971, 2007.

J. C. Juarez, E. W. Maier, K. N. Choi, and H. F. Taylor. Distributed fiber-optic intrusion sensor system. *Journal of Lightwave Technology*, 23（6）: 2081-2087, 2005.

J. Jusak and S. S. Mahmoud. A novel and low processing time ecg security method suitable for sensor node platforms. *International Journal of Communication Networks and Information Security*, 10（1）: 213-222, 2018.

J. Jusak and I. Puspasari. Wireless tele-auscultation for phonocardiograph signal recording through the zigbee networks. In *IEEE Asia Pacific Conference on Wireless and Mobile（APWiMob）*, pages 95-100, Bandung, Indonesia, August 2015.

J. Jusak, H. Pratikno, and V. H. Putra. Internet of medical things for cardiac monitoring: paving the way to 5g mobile networks. In *IEEE Int. Conference on Communication, Networks and Satellite（COMNETSAT 2016）*, pages 75-79, Surabaya, Indonesia, December 2016.

R. Kashyap. *Fiber Bragg Gratings*. Academic Press, San Diego, CA, USA, 2 edition, 2009. ISBN 9780123725790.

J. Katsifolis and L. McIntosh. Apparatus and method for using a counter-propagating signal method for locating events. *U.S. Patent*, （7499177）, 2009.

A. D. Kersey. A review of recent developments in fiber optic sensor technology. *Optical Fiber Technology*, 36（2）: 291-317, 1996.

W. Lee and S. Stolfo. A framework for constructing features and models for intrusion detection systems. *ACM Transaction on Information and System Security*, 3（4）: 227-261, 2000.

S. Liang, C. Zhang, B. Lin, W. Lin, Q. Li, X. Zhong, and L. J. Li. Influences of semiconductor laser on mach-zehnder interferometer based fiber-optic distributed disturbance sensor. *Chinese Physics B*, 19(12), 2010.

C. K. Madsen, T. Bae, and T. Snider. Intruder signature analysis from a phase-sensitive distributed fibre-optic perimeter sensor. In *Proceedings of SPIE 6770, Fiber Optic Sensors and Applications*, pages 67700K-1-67700K-8, Boston, MA, oct 2007.

S. Mahmoud and J. Katsifolis. A real-time event classification system for a fibre-optic perimeter intrusion detection system. In *Proc. SPIE 7503, 20th International Conference on Optical Fibre Sensors*, page 75031P-1-75031P-4, Edinburgh, UK, October 2009.

S. Mahmoud and J. Katsifolis. Performance investigation of real-time fiber optic perimeter intrusion detection systems using event classification. In *IEEE International Carnahan Conference on Security Technology*, page 387-389, San Jose, CA, December 2010.

S. S. Mahmoud, Y. Visagathilagar, and J. Katsifolis. Real-time distributed fiber optic sensor for security systems: Performance, event classification and nuisance mitigation. *Photonic Sensors*, 2(3): 225-236, 2012.

K. D. Murray. Fiber optics easier to wiretap than wire. Website, 11 2010.

S. Neidlinger. Security in optical networks- useless or necessary? Website, 7 2014.

Corning Optical Communications. High fibre count optical fibres. Website, June. 2018.

A. Othonos and K. Kalli. *Fiber Bragg Gratings: Fundamentals and Applications in Telecommunications and Sensing*. Artech House, Boston, MA, USA, 1999. ISBN 978089 0063446.

H. S. Pradhan and P. K. Sahu. A survey on the performances of distributed fiber-optic sensors. In *Proceedings of the International Conference on Microwave, Optical and Communication Engineering (ICMOCE)*, pages 243-246, Bhubaneswar, India, December 2015.

Zhu Q. and Ye W. Distributed fiber-optic sensing using double-loop sagnac interferometer. *9th IEEE Conference on Industrial Electronics and Applications*, page 499-503, 2014.

J Ruppe. Fiber optic tapping - tapping setup. Website, 2018.

Senstar. Fiberpatrol pipeline. Website, 2018.

Fotech Solutions. Smart security management. Website, 2018.

S. Tarr and G. Leach. The dependence of detection system performance on fence construction and detector location. In *IEEE International Carnahan Conference on Security Technology*, pages 196-200, Alexandra, VA, October 1998.

Future Fibre Technology. Website, 2018.

Thorlabs. Single mode fused fiber optic couplers/taps, 1550*nm*. Website, June. 2018.

E. Udd. An overview of fiber-optic sensors. *Review of Scientific Instruments*, 66(8): 4015-4030, 1995.

International Telecommunication Union. Imt vision-framework and overall objectives of the future development of imt for 2020 and beyond. *International Telecommunication Union*, 9: 1-19, 2015.

G. Wild and S. Hinckley. Acousto-ultrasonic optical fiber sensors: Overview and state-of-the-art. *IEEE Sensors Journal*, 8(7): 1184-1193, 2008.

H. J. Wu, Y. J. Rao, C. Tang, Y. Wu, and Y. Gong. A novel fbg-based security fence enabling to detect extremely weak intrusion signals from nonequivalent sensor nodes. *Sensors and Actuators A: Physical*, 167(2): 548-555, 2011.

X. Zhang, J. Zeng, Y. Shan, Z. Sun, W. Qiao, and Y. Zhang. Polarization-relevance noise compensation for an ϕ-otdr based optical communication network maintenance system. In *Proceedings of the 15th International Conference on Optical Communications and Networks (ICOCN)*, pages 243-246, Hangzhou, China, 9 2016.

J. Zhou, Z. Pan, Q. Ye, H. Cai, R. Qu, and Z. Fang. Characteristics and explanations of interference fading of a ϕ-otdr with a multi-frequency source. *Journal of Lightwave Technology*, 31(17): 2947-2954, 2013.

M. Zyczkowski, M. Szustakowski, N. Palka, and M. Kondrat. Proc. spie 5611, unmanned/unattended sensors and sensor networks. In *Proc. SPIE 5611, Unmanned/Unattended Sensors and Sensor Networks*, pages 71-78, London, UK, November 2004.

第 10 章　基于 5G FiWi 架构的触觉互联网

本章作者：Amin Ebrahimzadeh, Mahfuzulhoq Chowdhury, Martin Maier

10.1　简介

如今的通信网络实现了人与设备之间的互联，它们可以通过网络来交换大量的视听内容和数据信息。随着商用触觉/触觉感知传感器和显示设备的出现，传统的三重播放（即音频、视频和数据）内容通信变得越来越流行，现在已经发展到了通过互联网来实现对远程物理/或虚拟设备的控制，及其触觉信息（包括触摸与传动信息）的实时交换。这些技术的发展都为触觉互联网（TI，Tactile Internet）的提出铺平了道路[Simsek et al. - 2016]。由此，人机交互技术将会把今天基于内容交付的网络转变为基于技能/劳力交付的网络[Aijaz et al. - 2017]。TI 将会对我们日常生活中多个领域中的实际应用产生深远的社会和经济影响，包括从工业自动化和运输系统，到医疗保健、远程手术和教育领域中的各种应用。在大多数的垂直行业中，信息交互极低的延时和超高的可靠性是实现诸如机器人遥控操作等沉浸式应用的关键。

在对信息交互具有实时性要求的互联网-物理系统（CPS，cyber-physical systems）中，包括虚拟现实和增强现实系统，往往都要求业务传输延时性能达到约 1～10 ms 的超低往返延时。而当前的蜂窝移动通信网络和 WLAN 系统还无法达到此要求，而且至少还差一个量级。根据 Aptilo Networks 的说法，尽管 LTE 和 WiFi 之间存在持续的竞争，但实际上这两种技术是互补的，因为 WiFi 技术中的信号传输延时大约减为原有的十分之一，这提升了用户的体验，但 LTE 技术能提供更大的室外覆盖范围。在用户密集的城市环境中，我们对 LTE 网络中信息传输的端到端延时进行了测量。在移动性较低的场景条件下，我们在 Android 智能手机上运行专用的延时测量程序时，结果显示在相对较低和较高的蜂窝负载情况下，业务连接的平均端到端延时分别约为 47 ms 和 54 ms[Schulz et al. - 2017]。而在下午的高峰时段，这个延时量增加至 85 ms。这表明当今的公共蜂窝移动通信网络在延时方面的性能远未达到 TI 所需的 1～10 ms 的要求。另外，我们在考虑信号传输延时的时候，不能只关注其平均延时，还应该考虑某一个数据包在传输过程中实际经历的延时。也就是说，即使网络实现了 1～10 ms 的平均往返延时的要求，也并不能保证网络中的任意数据包所经历的传输延时都不超过某一个给定的上限。

　　若网络中信号传输的往返延时能达到 1～10 ms 的超低延时水平，就有可能将当今的宽带移动通信网络转变为全新的 TI 网络。在这个崭新的网络世界里，人们除了能够进行语音和数据通信，还能用当前的蜂窝移动通信网络来实时地访问更加丰富的内容，而且该网络也支持先前的机器到机器(M2M)或机器类型通信(MTC)的应用。如果能够将机器在网络中实现互联，那么下一步就可以对它们进行远程控制。如此，人们就能创建一种全新的通信与控制模式，并控制我们身边的设备和物体。总之，通信网络中的信号传输一旦达到了 1～10 ms 的超低信号往返延时及电信级的业务接入能力，就能实现全新的 TI，这样就能通过 TI 来实现对所有联网的真实和/或虚拟对象进行操作/控制。然而，我们也注意到 TI 有可能会放大机器和人类之间的差异。此外，除了需要降低信号传输延时和抖动，人们遇到的另一个关键挑战是如何释放出 TI 的潜力，从而实现与机器的竞争(而不是对抗)，而这一点在现有关于 TI 的研究文献中还鲜有涉及。TI 的最终目标应该是通过增强机器的能力来产生新的产品和服务，从而补充人类的不足；但它不是要实现机器的自动化，也不是要代替人类。

　　为了更好地理解 TI，我们将其与物联网(IoT)和 5G 网络进行类比，并详细阐述了它们的共性与细微差别。图 10.1(a) 根据最近的 ITU-T 技术观察报告(Technology Watch Report) [Maier et al. - 2016]描述了 TI 中的一些革命性的技术飞跃。TI 所拥有的高可用性和高安全性，以及极低的响应延时和电信级的业务可靠连接能力，将实现强大的触觉/触觉感知功能，并基于此为人机之间的交互增添一个新的维度。此外，未来的 5G 网络必须能够应对移动通信网络中数据流量的快速增长，而且需要处理来自各种智能设备的大量数据，正是这些智能设备的应用使得 IoT 更加强大。为达此目的，5G 网络的愿景是实现区域容量一千倍的增长、达到 10 Gbps 的峰值数据传输速率，以及实现网络中数十亿台设备的连接。5G 无线接入网与核心网的架构所面临的主要挑战是实现以机器为中心的应用，而这些应用是当前的蜂窝网络所无法应对的。这些人们所预期的 5G 应用都要求网络能够保证极低的信号延时特性、超高的连接可靠性和可用性。也就是说，除了需要实现极低的信号延时，5G 网络还必须同时实现高可靠性的业务连接，其可靠性应远高于当前的无线接入网。与之前四代的移动通信技术不同，5G 网络的目标是实现高度的可集成性，这便推动了蜂窝网络和 WiFi 技术及其标准的日益融合。5G 网络的目标的另一个重要发展方面是要将以蜂窝为中心的网络架构发展为以设备为中心的网络架构，并充分利用处于网络边缘设备侧的智能，从而实现网络的去中心化。

　　以上讨论表明，物联网、5G 网络和 TI 之间存在显著的功能交叠，尽管它们都有各自独特的特性。为进一步说明，图 10.1(b) 又从物联网、5G 网络和 TI 的三重视角描述了这三种网络的共性与差异。它们之间的主要差异可以通过底层的网络通信模式和一些使能性的设备显示出来。例如，物联网主要基于智能设备(例如智能传感器和执行器)之间的 M2M 通信实现互联,这一点就与其他的两种网络不同。为了能与新兴的 MTC 共存,5G 技术将保留网络中传统的人与人(H2H)通信模式,以支持三重播放(即语音、视频和数据)服务;同时,不断关注与其他无线通信技术的融合(最明显的是与 WiFi 的融合)并实现网络的去中心化。相反,TI 将以人机(H2M)通信为中心,并重点关注触觉/触觉感知设备的连接。此外,尽管 IoT、5G 网络和 TI 之间存在种种差异,它们却在以下几个方面具有共同的设计目标:

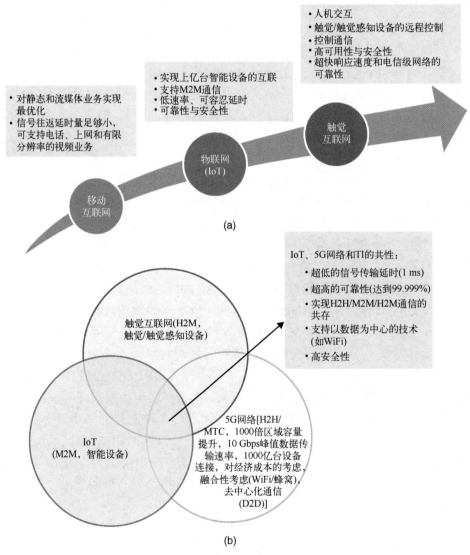

图 10.1   (a)TI 中的一些革命性的技术飞跃;(b)IoT、5G 网络和 TI 的三重视角:共性与差异[Maier et al. - 2016]

- 超低的信号传输延时，低至 1～10 ms 量级。
- 超高可靠性，达到 99.999%。
- 实现 H2H/M2M/H2M 通信的共存。
- 支持以数据为中心的技术(如 WiFi)。
- 高安全性。

TI，通常也称为技能互联网(IoS，internet of skills)，它依赖于实时的人机/机器人交互，它可以基于双边远程互操作来实现；网络的用户体验质量(QoE，quality of experience)可以通过向用户提供全面的感官反馈(即音频、视频和触觉)来提高 [Steinbach et al. - 2012]。图 10.2 描绘了一个典型的双边远程互操作系统，它主要基于人类操作员(HO，human operator)和远程操作机器人(TOR，teleoperator robot)之间的双向触觉通信来实现，通信双方均通过通信网络实现连接。在一个典型的远程互操作系统中[①]，有关位置-方向/速度的信号样本通过人与系统界面(HSI，human-system interface)由 HO 发出，并经过所谓的命令路径实现传输；另一方面，有关力-扭矩的信号样本则在反馈传输路径中又被传递给 HO(如图 10.2 所示)。一般而言，要全面描述一个刚体在空间中的位置和方向，我们需要若干独立坐标的自由度(DoF，degrees of freedom)来定义。一个刚体可以在 3D 空间中所能经历的运动状态有两种类型：一种称为平移运动，另一种称为旋转运动。这两种运动分别是由力和扭矩引起的。据此，我们可以定义刚体运动的六种自由度，分别是刚体在 3D 空间中沿着三个垂直坐标轴方向的向前、向后、向左、向右、向上、向下的移动；还有俯仰角、偏航角和翻滚角的轴向转动。通过与 HSI 接口，HO 控制远程环境中 TOR 的运动。据此将 HO 与远程环境实现紧密的耦合与连接，从而为用户创造出非常真实的身临其境的感受。除了真实性，这种双边远程互操作的机制也显著提高了 HO 的任务执行效率，HO 不仅可以看到和听到远端任务环境的情况，还可以感受到远端任务环境的情况，并对其进行操作。

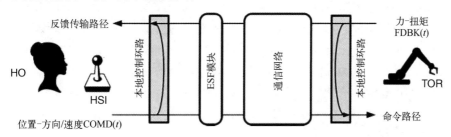

图 10.2　HO 与 TOR 之间基于双向触觉感知通信的双边远程互操作系统

---

① 例如：OMEGA，PHANTOM Premium，VIRTUOSE，FALCON，PHANTOM Omni，SIDEWINDER，da VINCI surgical system。

上述的这种双边远程互操作以人类感知为中心，尤其包括了人的触觉，本质上还包括了人的动作与反应。因此，TI 具有触觉交互的人在回路（HITL，human-in-the-loop）的固有属性，可通过高级的感知编码技术实现以人类感知为中心的设计方法，从而显著降低网络中触觉数据包的传输速率。与机器人不同的是，人类只有在外界刺激的变化超过一定的阈值时才能实现感知。对于这一点，我们可以采用所谓的死区编码（dead-band coding）技术来有效地降低触觉数据包的传输速率，而不会明显地降低网络的透明性。具体而言，死区编码的规则是，只有当一个信号样本关于其前一个传输的信号样本的相对变化超过某个给定的死区参数时（通常以百分比的形式给出），这个样本才会被传输。请注意，为了确保系统的稳定性和对性能的跟踪，双边远程互操作系统中需要合适的控制方案，这些控制方案通常被部署在本地控制回路中的 HO 侧与 TOR 侧，如图 10.2 所示。

为了满足 TI 网络中极低的信号延时和超高的可靠性要求，业界研究了一种以增强覆盖能力为中心的 4G LTE-Advanced（LTE-A）异构网络（HetNets），以及一种以提升容量为中心的、基于下一代无源光网络（PON）技术和低成本吉比特 WLAN 技术的以太网光纤-无线通信（FiWi）接入网，并通过这些技术来实现通信性能的提升。为了实现沉浸式和透明的实时、远程操作，我们还设想了基于多接入边缘计算（MEC，multi-access edge computing）增强的 FiWi 网络架构，可充分利用网络边缘的智能性，如图 10.3 所示。在该网络架构中，光纤回传链路由一个基于时分复用或波分复用（TDM/WDM）的 IEEE 802.3ah/av 1/10 Gbps 以太网 PON（EPON）组成。其中，位于中心位置的光线路终端（OLT）至远端光网络单元（ONU）之间的典型光纤链路长度为 20 km。EPON 可以包括多级网络，每级之间通过多播分波器/合波器或波分复用器/解复用器隔开。ONU 有三个不同的子集。ONU 可以为固定（有线）用户提供服务，或者也可将它连接到蜂窝网络的基站（BS）或一个 IEEE 802.11n/ac/s WLAN 网状接入点（MPP），从而分别产生了并置的 ONU-BS 或 ONU-MPP。根据移动用户（MU）的运动轨迹，他们之间可以通过蜂窝网络和/或 WLAN 网状前端进行通信，包括 ONU-MPP、中间网状节点（MP）和网状接入点（MAP）。我们考虑典型的仅靠 WiFi 网络实现最先进机器人远程操作的情况[Maier et al. - 2016]，并假设 HO 和 TOR 仅通过 WLAN 进行通信，而不像 MU 那样使用双模 4G/WiFi 智能手机进行通信。此时的远程互操作可在本地或非本地场景中实现，这取决于系统中 HO 和 TOR 的靠近程度，如图 10.3 所示。在本地远程互操作场景中，HO 及其相应的 TOR 与同一个 MAP 相关联，它们可以通过这个 MAP 实现控制信息和反馈信息的交换，信息的传递无须经过光纤回传链路。而在非本地远程互操作场景中，HO 和 TOR 分别与不同的 MAP 相关联，此时的远程互操作通常需要通过 EPON 回传链路与中央 OLT 之间的通信来实现。此外，我们为选定的 ONU-BS/MPP 配备了基于人工智能（AI）的 MEC 服务器，并将其配置于光纤-无线接口处(见图 10.3),以便能通过对反馈路径中触觉信息延时的预测来提升 HO 用户的 QoE(稍后本章将对此进行更详细的讨论)。

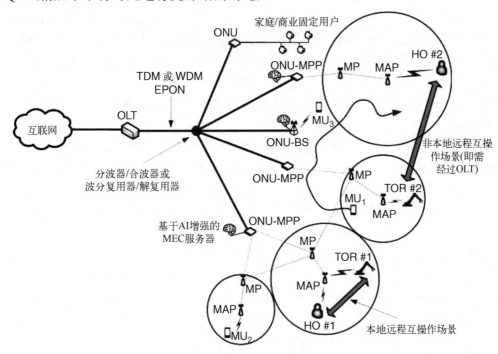

图 10.3　我们设想的 TI 网络基础设施:FiWi 增强且具有基于 AI MEC 能力的 LTE-A HetNets

　　TI 的另一个明显的特征是它放大了人与机器之间的差别。在那些机器显得更强而人类相对较弱的领域,TI 通过人-机器人(H2R,human-to-robot)之间的通信建立起它们之间的"协同"与"协作",从而使得人类与机器人之间实现了互补。这种方案被称为人-代理-机器人团队合作(HART,human-agent-robot teamwork)[Johnson et al. - 2012; Bradshaw et al. -2012],该方案的具体设计目标是让人类参与这个控制环路,而不是将其置于环路之外。从历史的角度来看,HART 扩展了以往所谓的人类更擅长/机器更擅长(HABA-MABA,humans-are-better-at/machines-are-better-at)方案。以往的这种 HABA- MABA 方案主要考虑如何将一项任务在人与机器之间进行合理的分工,而 HART 方案则侧重于考虑如何让人与机器一起协同工作,从而发挥出各自的优势。考虑到 TI 底层的人机交互属性,该方案所面临的主要挑战是如何将两者进行协调,从而使人与机器以最优化的方式进行合作。HART 系统中各成员之间的协作与通信对于应对任务环境的动态变化是至关重要的,因此对于该网络而言,提升其任务执行的延时性能非常重要。需要注意的是,HART 系统中各种功能之间的相互依赖性会导致系统复杂度的增加和资源消耗的增加。为了实现成本有效的 HART，人们需要对其中的集中/分布服务协调与资源管理机制做进一步深入的研究，而且刻不容缓。

以 HART 为中心的 H2R 应用的成功开发需要在机器人之间实现高效的任务分配，这需要充分考虑不同机器人之间的能力差异和特定的任务要求，例如需要考虑机器人到任务区域的距离、任务执行的时限和机器人的能量消耗等[Khamis et al. - 2015]。然而，目前我们还缺乏这种任务分配的有效策略，此外我们还受限于机器人有限的计算、电池和存储资源等，这些都可能会导致任务执行中的延时和机器人更多的能耗。

为应对上述的挑战，现在的移动设备/机器人越来越多地寻求协作节点的帮助（即移动云计算①，设备-设备通信）来完成它们的计算任务，这种趋势也称为网络游牧（cyber-foraging）[Patil et al. - 2016]或协作计算②[Langford et al. - 2013; Zhang et al. - 2013]。重要的是，协作计算允许资源有限的机器人将其计算任务迁移至协作云节点[远程云或分散的微云③（cloudlet）]去执行，该方法称为计算迁移④。通过实现这种移动设备与云服务器之间的协同计算，减少了每台移动设备上需要执行任务的负载，也延长了移动设备的使用寿命。然而，在这种计算迁移的过程中，云服务器与移动设备之间的通信会产生额外的信号延时。因此，协同计算需要解决 TI H2R 应用中的若干挑战，例如如何实现任务卸载延时的最小化、如何确保有足够的带宽，以及在计算迁移过程中保护网络连接不中断等。

在基于先进 FiWi 的 TI 基础设施中，基于协作计算的 H2R 通信可以在改进任务执行时间、降低成本和实现可扩展性方面发挥出显著的优势。然而更有意义的是，与机器人的协作将有利于本地生产（进岸）的地理集群，而且需要人类的专业知识来协调人-机器人之间的合作关系，并以此创造出人类难以想象、甚至之前无从知晓的新工作。支持 FiWi 的 TI H2R 通信有可能成为实现移动互联网、物联网和拥有自动化知识的先进机器，以及云科技之间相互融合的一个跳板，它们共同构成了人们所预计的在 2025 年对经济发展最具影响力的五项科技[Maier et al. -2016]。

本章的其余部分组织如下：在对当前 TI 领域的最新技术、所面临的挑战和之前已有的相关研究工作进行综述与分类的基础上，着重论述了基于 FiWi 增强型 LTE-A

---

① 移动云计算（MCC，mobile cloud computing）是一项新兴的技术，在该技术中云服务被用于提升移动计算和数据密集型应用的运行速度[Zhang et al. - 2015]。

② 协作计算是一种任务执行的设置框架，在该框架中移动设备可充分运用远程/本地云服务，以及附近设备所提供的能力来运行其自己的任务[Langford et al. - 2013]。

③ 微云是一种配置于网络边缘的、邻近移动用户的服务器，该服务器的处理能力较为强大，可为移动用户提供云服务（包括计算、处理和存储）[Zhang et al. - 2015]。

④ 计算迁移旨在通过将一项应用的计算任务部分地迁移至强大的服务器，从而缓解移动用户资源限制所带来的性能问题[Zhang et al. - 2015]。

HetNets，我们预计当前的 5G 系统今后也将依赖于该网络。10.2 节综述了近期 TI 领域的研究进展及其所面临的挑战，10.3 节对其中的相关研究工作进行了讨论。在 10.4 节中，我们阐述了基于 FiWi 增强网络，实现以 HITL 为中心的 TI 远程互操作 的相关技术，并分享了我们的见解，主要包括基于轨迹的触觉信息流量建模、死区 编码、触觉信息样本预测和轨迹驱动的仿真。然后，10.5 节阐述了机器人任务分配 问题，作为 TI 的一个具体的应用案例；我们介绍了在以 HART 为中心的协作计算 和基于 FiWi 增强网络的多机器人任务分配等方面的研究进展。最后，10.6 节对本 章进行了总结。

10.2　TI 科技：最新的进展与挑战

对于降低信号往返延时的需求，文献[Simsek et al. - 2016]的作者在其论著中强 调：即使信号在光速条件下传播(即信号经过光纤/无线链路传输，而不经过任何中 间节点排队的情况)，只要信号传输产生 1 ms 的往返传输延时，也需要计算/处理服 务器或微云(即具有处理和存储能力的分布式代理云服务器)必须分布在 150 km 的 范围内才能满足应用需求。这种部署于移动无线接入网边缘的计算/处理服务器是移 动边缘云概念的核心。人们预期先进的缓存技术和面向用户的流量管理，再加上接 入网边缘的 AI 功能将能提高网络性能，而且还可以提高 H2R 交互中的 QoE。为了 实现 TI H2R 通信的愿景，文献[Maier et al. - 2016]详细阐述了其中几种关键性的使 能技术，例如 FiWi 增强的 LTE-A HetNets、微云和云机器人(cloud robotic)。云机器 人系统架构组合了 ad hoc 云、机器人之间的 M2M 通信、具有机器-云通信功能的云 基础设施，以及远程云/分布式微云，它在扩展机器人能力以支持 H2R 应用方面发 挥着重要的作用。

TI 业务流量势必要求其底层的通信网络做出深刻的变革，包括网络架构和媒体 访问控制(MAC)等方面。随着新的通信服务的发展，系统中必须采用设计更加精准 的模型来对其性能进行预测。但需要注意的是，尽管人们对 TI 的兴趣越来越浓厚， 但我们对于真实 TI 流量特性的认识还很有限。为了简单化和便于分析，人们已经用 泊松业务模型对 H2H 和 M2M 通信进行了建模。在最近的一项研究中，文献[Wong et al. - 2017a]考虑了用泊松和和帕累托(Pareto)流量模型来表征 TI 流量。然而，这些假 设的模型未曾得到现实世界中远程互操作实验的验证。

最近，文献[Beyranvand et al. - 2017]深入分析了 FiWi 增强型 LTE-A HetNets 技术， 该技术通过将以提供业务覆盖为主导的 4G 移动网络和以提供业务传输容量为主导的 FiWi 宽带接入网(该网络基于以数据为中心的以太网技术)进行统一，有望满足 5G 网 络和 TI 中极低的信号延时和超高可靠性这两项关键要求。文献[Beyranvand et al.

- 2017]通过概率分析，并基于对最近的智能手机业务进行广泛的追踪和模拟验证而对该技术进行了研究，结果表明，该技术在多种类型的流量负载情况下可以实现 1 ms 的平均端到端延时，移动用户也能获得具有高容错能力的 FiWi 连接，并可实现低延时的光纤回传链路共享和 WiFi 流量负载迁移的能力。但需要注意的是，文献[Beyranvand et al. - 2017]中仅考虑了传统的 H2H 通信，而没有考虑 H2R 和 M2M 通信共存的情况。在文献[Condoluci et al. - 2017]中，作者在蜂窝网络中提出了一种软资源预留机制，用以在移动接入网上实现低延时的远程互操作。这样，分配给上行业务传输的资源可以对后续的传输业务实现软预留，从而可在保持频谱效率的条件下减少延时。然而，通过该机制可实现的信号往返延时大约为 50 ms，这仍然没有达到高度动态的应用程序和业务环境中 1～10 ms 延时的需求目标。

这种具有多重属性和多重维度的触觉感知通信技术的出现，引发了人们对触觉数据简化与压缩的研究兴趣。触觉信息数据的简化与压缩可以分为两个不同的类别：(i)统计型和(ii)感知型。其中前者是利用触觉信号的统计特性来实现数据的有效压缩，而后者主要是利用人类感知能力的限制来实现对触觉数据的简化。具体而言，触觉感知通常可使用韦伯定律来分析，该定律给出了恰好能引起人类感知的可察觉差异(JND, just noticeable difference)，该差异通常在 5%到 15%之间变化[Burdea and Brooks - 1996]。在这一研究领域中，人们提出了各种各样的触觉数据缩减方法，称为死区编码方案，其中 JND 由死区参数 d 确定。在使用死区编码时，仅当一个信号的样本相对于前一个信号样本的变化比例超过了某个给定的死区参数值时，才传输该样本。

目前为了满足远程互操作中低延时的苛刻要求，人们已经提出的方法主要有三大类。第一类方法包括减少触觉信息数据的技术，它通过降低数据包的速率来满足给定的延时限制，因此减轻了网络的负担[Baran et al. - 2016]。第二类方法是在存在通信不确定性的情况下为保证其稳定性，考虑了多种控制机制(感兴趣的读者可以参阅文献[Steinbach et al. - 2012]和其中给出的其他文献)。第二类方法通过在稳定性和透明性之间进行权衡，能够在长达 200 ms 的延时条件下保证系统的稳定性[Li and Kawashima - 2016]。对于第三类方法，人们考虑到远程互操作所预期的严格要求，例如超低延时、用户体验连续性和高可靠性，这推动了人们对于靠近 HO 处高度本地化服务的需求。因此边缘计算成为一种新的模式，它将计算和存储资源——也称为微云、微型数据中心或雾节点——放置在靠近无线终端设备的互联网边缘，以实现端到端连接的低延时、低抖动性和可扩展性。之前人们曾提出过一种类似的概念，称为移动边缘计算(MEC, mobile edge computing)，已被 ETSI 标准化并用于 5G 网络。请注意，自 2016 年 9 月以来，ETSI 已将上述"移动边缘计算"中的"移动"二字删除，并将其重命名为多接入边缘计算(MEC)，以扩大其对异构网络的适用性，包括 WiFi 和固定接入技术(例如光纤接入)[Taleb et al. - 2017]。

为了实现基于 H2R 通信且以 HART 为中心的 TI 应用,解决如何将人类所需执行的任务在多个机器人之间优化分配的技术引起了研究人员极大的兴趣。要实现机器人之间的任务优化分配,我们需要解决多个方面的问题,包括任务执行延时的最小化、减少机器人的能耗,以及如何避免故障[Khamis et al. - 2015]。近期有关如何将计算任务优化地迁移至多个协作节点方面的研究主要分为三类:(i)基于系统或基础设施的任务迁移(例如,中央云[Osunmakinde and Vikash - 2014; cloudlet Liu et al. - 2016]);(ii)基于方法的任务迁移(例如,利用任务分块和编码将任务迁移至基于基础设施的云[Zhang et al. - 2015]);(iii)基于某种优化目标的任务迁移(例如,考虑移动设备能耗[Osunmakinde and Vikash - 2014]和任务响应时间的最小化[Liu et al. - 2016])。但上述这些已有的任务迁移研究既没有提出任何用于宽带和任务流量迁移的资源分配方案,也没有考虑用户的移动性。而且我们还需要研究不同的应用场景,在有些场景中协作云节点有可能满足也有可能无法满足对给定任务进行迁移的要求。考虑到终端用户的移动性,任务迁移的概念和技术已成为减少 H2R 任务执行延时的一种极具前景的解决方案[Gkatzikis and Koutsopoulos - 2013]。根据以往的研究经验,只有当在新的服务器上运行指定任务的时间小于该任务在当前服务器上预期的任务运行时间时,使用任务迁移技术才有利于 TI 应用。任务迁移技术为平衡整个系统中的负载提供了一种更精准的解决方案,任务迁移可能发生在一个任务执行周期中的任何时间。在基于协同计算的 H2R 任务执行中,为了选择最优化的任务迁移策略(例如针对客户端 QoE 的优化),人们需要做出一个必要的折中考虑,对于一个特定的任务而言,该折中考虑就转化为将执行时间最小化和降低协同计算运行成本的问题(例如,通过关闭未充分利用的服务器来降低能耗)。因此,任务应该如何迁移及应该迁移到哪里的问题是以 HART 为中心的 TI 应用所需要研究的重要问题之一。要回答这个问题,我们需要考虑以下几个方面的问题,例如有关当前服务器和暂定任务迁移目标服务器的状态的信息,每个服务器上运行的任务数量及它们之间的交互情况,还有任务迁移的延时等。

10.3　相关的研究工作

从上面的讨论中我们可以清楚地看到,TI 处于机器人、云计算和通信网络三者之间的复杂关系中。在本节中,我们汇总了与 TI 相关的研究工作,首先我们将其分为彼此独立且相互依存的类别,然后我们更详细地对每个类别进行了讨论。我们将 TI 目前的研究工作分成三类:低延时通信与网络架构、先进的机器人远程互操作、MEC 策略。此外,我们也详细阐述了各种多机器人任务分配的机制。

为实现 TI 应用，需要满足端到端数据包传输延时为 1～10 ms 的严格要求，以及 99.999%的超高可靠性，这些都给 5G 基础设施中的无线资源分配和 MAC 策略提出了很高的要求。文献[Pilz et al. - 2016]中展示了第一个无线单跳通信系统的 TI 应用，它实现了低于 1 ms 的信号往返延时。文献[Aijaz - 2016; Khorov et al. - 2017]提出了一种 LTE-A RAN 中适合于触觉通信的无线资源分配方案。文献[She and Yang - 2016; She et al. - 2016]研究了一种针对时分双工蜂窝网络的 TI 节能资源分配方案。文献[Wong et al. - 2016]指出，对于具有预测性动态带宽分配能力的 TI over TWDM PON[①]，可实现 200 μs 的平均端到端数据包传输延时。文献[Feng et al. - 2017a, b]研究了基于 IEEE 802.11 混合协调的控制信道接入技术，以实现在不同系统配置条件下支持 TI 应用的可行性。文献[Wong et al. - 2017a]研究了将 TWDM 技术与无源光 LAN 集成，并结合了预测资源分配算法以支持 TI 应用。

众所周知，通信信号传输的过程会引起数据包的延时等问题，这会影响远程互操作系统(包含多个地理位置上分离的 HO 和 TOR)的稳定性与透明性。利用人类感知的局限性，文献[Hinterseer et al. - 2008]提出了死区感知编码的概念，以降低远程互操作系统中的触觉信息数据包的速率。文献[Xu et al. - 2016a]对已有的控制方案进行了全面的综述，这些方案已被证明有利于提高远程互操作系统的稳定性与透明性。

鉴于加强网络集成与融合的研究对于支持 MEC 使能的 5G 系统所具有的重要性，文献[Rimal et al. - 2017a, b, c]研究了基于以太网的 FiWi 网络的 MEC 可行性及其可获得的性能增益，并考虑了网络架构和增强的资源管理研究。文献[Ateya et al. - 2017]提出了一种基于 FiWi 的蜂窝系统的多级分层云架构，可用于 TI。此外，[Wong et al. - 2017b]从网络规划的角度研究了 FiWi 网络中的微云配置问题。

文献[Trigui et al. - 2014]提出了一种机器人任务分配方案，该方案仅考虑了机器人到指定任务位置的距离，并据此进行机器人的优化选择。文献[de Mendonça et al. - 2016]提出了一种分布式框架，在该框架中机器人的分配首先考虑那些优先级更高的任务，再考虑优先级较低的任务，但是该方案没有考虑对任务的重新分配及故障避免的问题。无论是本地(即人和机器人位于同一 BS 或 MAP 区域)还是非本地(即人和机器人位于不同的 BS 或 MAP 区域)的 H2R 任务分配，目前的研究都还不够详尽和完善。为了改善 H2R 任务执行的延时性能，机器人可以将其计算任务迁移到协作云计算服务器/节点上。文献[Chowdhury and Maier - 2017]提出了一种机器人任务分配策略，该策略将合适的机器人选择与计算任务均迁移至协作节点上。文献[Wang et al. - 2017]提出了一种基于拍卖机制的分级资源分配方案，用于 ad hoc 网络中的云机器人系统。文献

---

① TWDM PON 的英文全称为 time and wavelength division multiplexed PON，即时分与波分复用无源光网络，该技术方案被公认是下一代无源光网络 NG-PON2 的主流技术方案。——译者注

[Szymanski - 2017]中提出了一种有效的策略，可在 TI 的超密集绿色 5G 无线接入网中实现所需的安全性与隐私性。

10.4　构建于 AI 增强的 FiWi 网络上、以 HITL 为中心的远程互操作

作为 TI 应用于远程控制与用户沉浸式体验的一个例子，我们研究了基于 FiWi 增强的且在 MEC 中嵌入了 AI 功能的 LTE-A HetNets。与移动互联网和物联网不同，TI 除了需要支持非触觉数据信息的传输，如视频、音频，还需要提供传递触觉感知信息的媒介，从而可实时地支持触觉信息(如触觉、制动信息)通信[Aijaz et al. - 2017]。与视听感觉信息不同的是，触觉信息在通信系统中的传递是双向的，即人们需要通过对环境施加一种产生运动的力，并通过其反作用力来感知环境。触觉信息由两种不同类型的反馈组成：动觉反馈(它提供有关力、扭矩、位置、速度等方面的信息)和触觉反馈(它提供有关表面纹理、摩擦力等方面的信息)。TI 会启用网络控制系统，在该系统中主(Master)域和从(Slave)域将实现连接，其中高度的动态过程都会得到控制。触觉信息控制与非触觉信息控制之间的主要区别在于：触觉信息的反馈要在全局的闭合控制回路中交换信息，而且具有严格的延时限制；而非触觉信息通常仅包括视听信息，其信息交换不涉及闭合控制回路的概念。

下面我们使用文献[Xu et al. - 2016b]中的电话实验所收集的一组真实的数据包跟踪数据来做一个统计分析。该实验大约进行了 16 s，并设置了不同的死区参数值：$d =$ 20%, 15%, 10%, 5%, 0。在该远程互操作实验中，两个 Phantom Omni 设备(一种力反馈装置)分别被用作主设备(即 HO)和从设备(即 TOR)，从而创建一个单自由度(DoF)远程互操作场景。其中，从设备由一个比例微分控制器(proportional derivative controller)控制，以确保从设备端的稳定性。基于 1 kHz 的基本采样率，采用死区参数 d 进行死区编码来降低数据包的速率。通过使用一种队列架构来模拟 HO 和 TOR 之间的通信通道，从而生成恒定的或随时间变化的延时。HO 侧的运动信号在传输到 TOR 之前被采样，然后 TOR 又将作用力信号反馈回 HO。当在远程互操作无线节点处使用死区编码时，仅当一个更新的信号样本关于其前一个传输的信号样本的相对变化超过某个给定的死区参数值时，才发送该更新样本。因此，为了检索已经发送的与时间戳 t_i^l 相关的受力反馈样本 $s_i^{(m)}$，系统需要对收到的更新样本 $s_j'^{(m)}$ 进行插值操作。为此，我们使用下面的线性插值：

$$s_i^{(m)} = \begin{cases} s_j'^{(m)}, & t_i = t_j' \\ \dfrac{s_{j+1}'^{(m)} - s_j'^{(m)}}{t_{j+1}' - t_j'}(t_i - t_j') + s_j'^{(m)}, & \text{其他} \end{cases} \tag{10.1}$$

用 n_s 和 $\bar{s}$ 分别表示样本的大小和均值，后者可用 $1/n_s \sum\limits_{i=1}^{n_s} s_i$ 来估计。样本的自相关函数 $\hat{\rho}(h)$ 表示在时间上间隔 h 个时间单位的两个样本之间的相关，可由下式获得[Priestley - 1983]：

$$\hat{\rho}(h) = \frac{\hat{\gamma}(h)}{\hat{\gamma}(0)} \tag{10.2}$$

其中 $\hat{\gamma}(h)$ 表示样本的协方差函数，由下式给出：

$$\hat{\gamma}(h) = \frac{1}{n_s} \sum_{i=1}^{n_s - h} (s_{i+h} - \bar{s})(s_i - \bar{s}) \tag{10.3}$$

用 N_{DoF} 表示远程互操作系统中所使用的 DoF 的数量。典型情况下，触觉信息样本来自应用层，它包含在一个带有 RTP/UDP/IP 头的数据帧中。每个典型的 DoF 触觉信息样本包含 8 个字节，因而就会产生 $8N_{\text{DoF}}$ 字节的负载。触觉信息样本通常基于实时传输协议（RTP）、用户数据报协议（UDP）或互联网协议（IP）而被封装为帧，其帧头的大小分别为 12 字节、8 字节或 20 字节。因此，最终在服务接入点 MAC 层中传输的数据包大小为 $(8N_{\text{DoF}} + 40)$ 字节。

    我们首先考虑命令路径中的速度信号。令 $t_n(n = 1, 2, \cdots)$ 表示传输数据包 n 的时间戳。命令路径中的数据包到达间隔被定义为与数据包 n 和 $n-1$ 相关的传输时间戳之间的差值，即 $I_n = t_n - t_{n-1}$，$n = 2, 3, \cdots$。我们的初步研究表明，数据包到达间隔呈指数分布或帕累托分布。因此，我们用最佳指数概率密度函数（PDF，probability density function）及广义帕累托（GP）分布和截断帕累托（TP）分布的 PDF 来拟合实验数据包的轨迹。我们对数据包的轨迹进行拟合的方法主要包括以下两个步骤：第一步，首先用最大似然估计（MLE，maximum likelihood estimation）方法来估计所选用的分布的参数。第二步，通过使用互补累积分布函数（CCDF，complementary cumulative distribution function）[即 $\bar{F}(x) = P(X > x)$] 对上述第一步中所获得的结果进行可视化的验证。表 10.1 总结了我们所考虑的 PDF，以及所需要估计的参数。

    下面，我们使用 MLE 方法来估计表 10.1 中列出的每个分布的参数。对于 TP 分布，我们使用了文献[Aban et al. - 2006]中的方法。可以看出，与指数分布和 TP 分布相比，GP 分布与轨迹拟合得相当好。为了更清楚地展示，图 10.4 (a) 描绘了命令路径

中当 $d=10\%$ 时关于实验数据的 CCDF。我们从图中可以观察到，GP 分布准确捕捉到了命令路径中数据包到达间隔分布的重尾特征。值得一提的是，当 d 的取值不同时，我们也能观察到类似的现象，为节省篇幅，此处不再赘述。

表 10.1　所考虑的概率分布函数及其重要参数

分布	PDF
指数分布	$f_X(x)=\dfrac{1}{m}\mathrm{e}^{\frac{x}{m}},x\geqslant 0$
广义帕累托 (GP) 分布	$f_X(x)=\dfrac{1}{\sigma}\left(1+k\dfrac{x-T_p^{\mathrm{haptic}}}{\sigma}\right)^{-1-\frac{1}{k}},x\geqslant T_p^{\mathrm{haptic}}$
截断帕累托 (TP) 分布	$f_X(x)=\dfrac{\alpha\gamma^{\alpha}x^{-\alpha-1}}{1-\left(\frac{\gamma}{\nu}\right)^{\alpha}},0<\gamma\leqslant x\leqslant\nu<\infty$

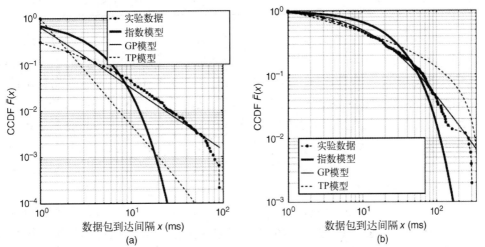

图 10.4　实验数据的 CCDF 及其概率密度函数的拟合 ($d=10\%$)：(a) 命令路径；(b) 反馈路径

我们对系统的反馈路径也进行了同样的分析。通过将实验数据用指数分布、TP 和 GP 分布进行拟合，我们观察到 GP 分布对于数据包到达间隔分布的拟合效果很好。由于篇幅限制，我们在此仅展示了 $d=10\%$ 条件下关于实验数据的 CCDF，如图 10.4(b) 所示。该结果验证了 GP 模型能准确捕捉反馈路径中数据包到达间隔分布的重尾特征。

接下来我们估计 HO 的 MAC 队列中的平均数据包到达速率。数据包到达速率等于 $1/\mathbb{E}[I]$，其中 $\mathbb{E}[I]$ 表示平均数据包到达间隔。假设其分布规律服从参数为 σ、k 和 T_p^{haptic} 的 GP 分布，其中 $\mathbb{E}[I]=T_p^{\mathrm{haptic}}+\dfrac{\sigma}{1-k}$。用 $\lambda_H^{c,d}$ 和 $\lambda_H^{f,d}$ 分别表示命令路径和反馈

路径中触觉信息数据流的平均数据包到达速率，其中 d 为死区参数。表 10.2 中给出了不同 d 值条件下命令路径与反馈路径中触觉信息数据流的平均数据包到达速率。请注意，表中不考虑死区编码（即 $d = 0$）的情况是指数据包到达速率为每秒 1000 个数据包的基本采样率。增加死区参数通常会降低数据包到达速率，尽管我们可以观察到在命令路径中，当从 $d = 15\%$ 增加到 $d = 20\%$ 时，数据包到达速率略有增加。这种意外情况的出现是因为我们在分析中所使用的数据包的轨迹来自相当有限的实验数据。

表 10.2　命令路径和反馈路径中，不同 d 值条件下的数据包到达速率

	数据包到达速率（每秒的数据包数）				
	$d = 20\%$	$d = 15\%$	$d = 10\%$	$d = 5\%$	$d = 0$
$\lambda_H^{c,d}$	427.63	246.24	410.22	473.75	1000
$\lambda_H^{f,d}$	13.78	27.47	33.49	135.88	1000

接下来，我们更加详细地探讨了嵌入 AI 的 MEC 服务器在 FiWi 架构中的关键作用。为了增强 TI 的可靠性，我们提出了一种边缘样本预测（ESF, edge sample forecast）模块，并将该模块插入到靠近 HO 的通信网络边缘，如图 10.3 所示。我们提出的 ESF 模块利用具有 AI 嵌入功能的 MEC 服务器，并将其配置在 FiWi 增强型 LTE-A HetNets 的光纤–无线接口上，通过多样本–提前–预测（multiple-sample-ahead-of-time forecasting）来补偿反馈路径中触觉信息样本的延时。这么做可以确保 HO 的响应时间保持在一个很小的范围，从而与远端 TOR 环境更紧密地结合在一起，提高了远端 TOR 环境的安全性。更具体地说，我们使用一种称为多层感知器（MLP，multi-layer perception）的参数化人工神经网络（ANN，artificial neural network），它能够以任意精度来近似任何线性/非线性函数。ANN 的权重由相应的 MEC 服务器计算，随后被发送至附近的 HO。ESF 模块负责在任意时刻 t 生成 $t_0 = t - T_{deadline}$ 时刻的预测样本 θ^*，其 $T_{deadline}$ 为等待阈值，HO 要等到这个阈值达到时，才可以接收对应于时刻 t_0 的实际作用力的信号样本 θ。利用作用力反馈信号的当前值与其过去观测值的自相关，ESF 模块可立即生成实际样本在给定时间的估计值（而不是等待经过延时的信号样本），然后将其传递给 HO。如此，便减少了远程互操作系统的响应时间，从而增加了 HO 和远程环境之间的耦合性与协同性。

下面，我们评估这种使用了 AI 增强型 MEC 服务器的基于 FiWi 网络的远程互操作系统的性能。在我们的触觉跟踪驱动的仿真中，使用了与文献[Beyranvand et al. - 2017]中相同的默认 FiWi 增强型 LTE-A HetNets 的参数设置。我们假设 MU 及 HO 和 TOR 大部分都在 ONU-AP 的 WiFi 覆盖范围内。我们考虑了四个 ONU-AP，其中的每一个

都与两个 MU、一个 HO 和一个 TOR 相关联,其中的两个 MU 通过 ONU-AP 相互通信,剩下的两个 MU 与随机选择的 MU 通信(这些 MU 通过回传 EPON 与不同的 ONU-AP 相关联)。类似地,四个 HO-TOR 中的两个通过相同的 ONU-AP(即本地远程操作)相互通信,而其他的两个 HO 与两个随机选择的 TOR(它们与不同的 ONU-AP 相关联)通过 EPON 进行通信(即非本地远程互操作)。此外,我们考虑了为固定(有线)用户提供服务的四个 ONU,以及它们之间的通信。固定用户和 MU 一起生成后台泊松流量,其平均数据包到达速率为 λ_{BKGD}(以每秒的数据包数的形式给出)。

图 10.5(a)描绘了本地远程互操作场景中 HO 的平均端到端延时的仿真结果(仿真结果选择了 95%置信区间),此处未考虑死区编码,对于反馈路径也是如此,即 $d_c = d_f$。利用死区编码技术,对于大约每秒 $\lambda_{BKGD} = 102$ 个数据包的后台流量负载,其平均端到端延时可保持在 1 ms 以下,如图 10.5(a)所示。显然,我们提出的触觉跟踪驱动的仿真结果表明:通过实现达到 1~10 ms 的低延时和抖动性能,系统可以满足以 HITL 为中心的本地和非本地远程互操作的 QoE 要求。然而,在具有 1 ms 及以下延时性能的高度动态环境中(例如,工业控制系统中),人类还是无法实现足够快的人机交互。这就需要引入基于人工智能的补充预测解决方案,如下所述。

回忆前文所介绍的内容,选择的 ONU-BS/MPP 都配备了 AI 增强 MEC 服务器,它们在以 HART 为中心的任务协调中充当代理。MEC 服务器依赖于配置在光纤-无线接口上微云的计算能力,它的能力被 AI 所增强,可以创建、训练和使用人工神经网络。我们使用 AI 增强 MEC 服务器对来自给定 TOR 的作用力原本的延时信号实现多样本-提前-预测。如果反馈样本没有到达它们的刷新时刻,则被认为是经过延时的。这种延时每 1 ms 发生一次,因为触觉信息的采样率固定为 1 kHz。通过将预测样本发送给 HO 而不是等待延时后的样本,MEC 服务器使得 HO 能够以 1 ms 的时间间隔实时感知远端的环境,从而在系统中实现更紧密的协同并提高控制的安全性。控制的质量(QoC)由 TOR 发送的真实作用力样本与发送至 HO 的预测作用力样本之间的绝对百分比误差(MAPE, mean absolute percentage error)来衡量,我们通过计算获得 MAPE。图 10.5(b)给出了在使用和不使用死区编码的条件下系统可以获得的 MAPE 与 λ_{BKGD} 之间的关系。从中我们可以看出,在不使用死区编码的情况下,我们提出的这种预测方案特别有效,它将 MAPE 降低到了 2%以下。这是因为在不使用死区编码的条件下,所有的作用力样本实际上都是由 TOR 反馈的,这就可以使用我们提出的 MEC 服务器来实现更高的预测精度。重要的是,在不使用死区编码和使用死区编码的情况下,系统的 MAPE 分别为<2%和>8%,两种情况下的 MAPE 都低于人类 JND 阈值的典型值 10%~20%。如果没有智能服务器功能的加强,人类无法对延时的触觉信息样本实现如此精确的恢复。

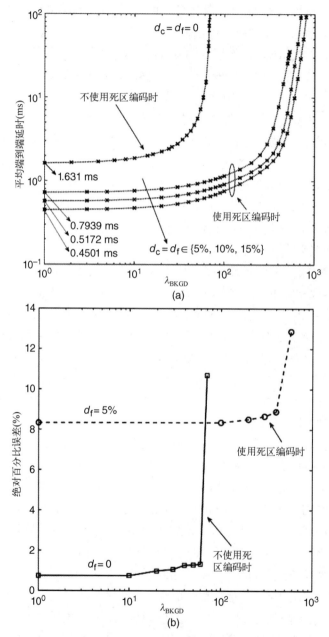

图 10.5　(a)在本地远程互操作场景中，使用和不使用死区编码的条件下 HO 的平均端到端延时与后台流量 λ_{BKGD} 的关系；(b)基于 AI 增强 MEC 服务器的样本性能预测，绝对百分比误差(MAPE)与后台流量 λ_{BKGD} 的关系

10.5　在基于多机器人 FiWi 的 TI 基础设施上实现以 HART 为中心的任务分配

由于在很多领域中，机器人的能力都强过人类，因此 FiWi 使能的 H2R 通信的主旨就是要利用人-机器人的协作与自主性，让机器人与人相互补充，从而实现以 HART（人-代理-机器人团队合作）为中心的设计方法[Chowdhury and Maier - 2017]。然而需要注意的是，高度可靠和安全的网络基础设施，以及智能化的任务分配和服务协调策略对于满足其严格的 QoS 要求至关重要。为了实现在本地和非本地的以 HART 为中心的任务分配设计，集成 FiWi 多机器人网络基础设施起着非常重要的作用。人类用户通过其附近的代理将其任务请求委托给某个机器人。而代理就被放置于集成 FiWi 多机器人网络的光纤-无线接口上。相应地，代理将任务协调至负责执行任务的机器人。显然，为了有效地利用机器人资源，在机器人之间实现适当的任务分配是至关重要的。这要求系统充分考虑不同机器人之间的能力差异，以及特定任务的执行期限和机器人的能耗等情况。

为此，我们开发了一种高效的 H2R 任务分配策略，它包括了集成 FiWi 多机器人网络中的宿主机器人和协作节点的选择。我们提出不仅要使用中央云和本地微云作为协作节点，而且还使用了可达的相邻机器人进行计算任务的迁移。为了实现机器人节能的要求，并在其规定的时间内完成 H2R 任务，我们的目标是通过对非协作任务执行方案的性能进行评估，从而选择合适的 H2R 任务执行策略（其中选定的宿主机器人执行完整的 H2R 任务），以执行协同/联合的 H2R 任务（其中选定的宿主机器人仅执行有关感知的子任务，而选定的协作节点通过计算任务的迁移来执行有关计算的子任务）。

用于协调本地与非本地 H2R 任务分配的集成 FiWi 多机器人网络的一般架构如图 10.3 所示。它的任务由传感和计算两个子任务组成，而且其中的人、机器人和代理都积极参与该任务的分配过程。我们利用远程中央云、微云（与 ONU-MPP 在同一位置）和相邻的机器人作为计算子任务迁移的协作节点。我们假设中央云服务器通过专用光纤链路连接到 OLT。接下来，我们首先详细阐述所提出的统一资源管理方案，然后解释所提出的任务分配算法遵循的计算迁移操作。

首先，我们的目标是解决无线子网络和光纤子网络中的资源争用问题。我们提出的统一资源管理方案在光子网和无线子网中使用了一种双层的时分多址（TDMA）操作，如图 10.6 所示[Chowdhury and Maier - 2017]。在初始的任务分配阶段，位于 ONU-MPP 的代理与其关联的机器人交换三种控制消息（RTS、CTS 和 ACK）。所提出的统一资源管理方案在无线前端利用了 IEEE 802.11ac WLAN 帧，而光纤回传链路中的媒体访问由 IEEE 802.3av 的多点控制协议来控制。

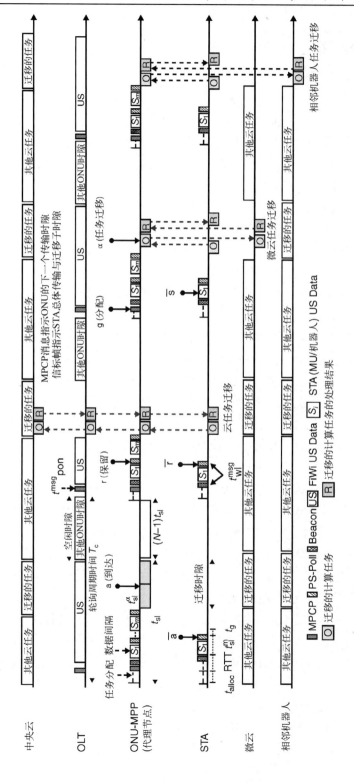

图 10.6　基于双层 TDMA 的统一资源管理方案

　　然后，我们来详细说明以 HART 为中心的计算迁移方案。请注意，计算迁移中的信息传输要与传统的宽带信号传输分开，从而允许在轮询周期内同时进行宽带信号传输与计算迁移的操作。当收到来自给定宿主机器人的计算迁移请求后，ONU-APP 选择进行计算子任务迁移的目标，发出计算迁移请求，并向 OLT 发送一条扩展的 REPORT 消息，其中便嵌入了计算迁移的请求。一旦宿主机器人收到来自 ONU-MPP 分配的计算迁移时隙信息，它们就通过其分配的迁移时隙将计算子任务的数据帧发送至 ONU-MPP。ONU-MPP 从任务迁移的宿主机器人处接收到计算子任务的输入数据帧后，就将它们转发到选定的协作节点(中央云/微云/相邻机器人)做进一步的处理。一旦 ONU-MPP 从微云/相邻机器人处收到计算子任务的计算结果，便立即将它们发回给任务迁移的宿主机器人。对于发送至中央云的任务迁移过程，ONU-MPP 将计算子任务写入数据帧并发送给 OLT。然后，当 OLT 收到计算子任务的数据输入后，便将其传输至中央云。待 OLT 从中央云处接收到计算任务的处理结果后，便将其发回给 ONU-MPP。而当 ONU-MPP 从 OLT 接收到计算子任务的处理结果后，便立即将其转发给相应的宿主机器人。

　　接下来详细分析我们提出的任务分配算法，其中包括两种不同的任务执行方案：(i) 非协作方案，即选取一个合适的宿主机器人执行全部任务；(ii) 协作方案，即选取一个合适的宿主机器人，与协作节点(中央云/微云/相邻机器人)分别执行传感与计算子任务。这种任务分配算法可实现合适的宿主机器人与协作节点的选择，包括以下四个步骤。

　　1. MU(移动用户)在系统为其分配的上行传输时隙内向代理节点发送其 H2R(人-机器人)任务请求消息，其中包含以下信息：任务位置、任务类型、剩余能量阈值和任务期限。

　　2. 当 ONU-MPP 的代理收到来自 MU 的任务请求消息时，它在其无线信号覆盖的区域内选择那些满足给定的可用性、执行任务能量阈值和任务执行期限要求的机器人。为此，代理向附近的所有机器人广播任务通知消息。区域内可达的机器人收到任务通知消息后，向代理发送任务回复消息，其中包含以下信息：剩余能量、位置、移动与处理速度，以及预先计算的每个机器人的任务执行时间。代理在检查每个机器人的回复后，便根据以下指标来选择合适的宿主机器人：机器人可用性、剩余能量和最小任务执行时间。然后代理会通知被选定的机器人为宿主机器人。

　　3. 被选定的宿主机器人首先执行感知子任务。如果宿主机器人向代理发送了计算子任务迁移请求，则代理会选择一个合适的协作节点来执行计算子任务(即剩余的子任务)。

　　4. 代理检查所有协作节点(即中央云、微云及具有最小执行时间和能耗值的相邻机器人)的计算子任务响应时间、资源可用性和能耗情况。然后，代理根据以下指标来选择最合适的协作节点来执行计算子任务：(i) 协作节点的计算子任务响应时间小于或等于计算子任务的完成期限；(ii)有足够的可用资源；(iii)在所有可用协作节点之间，宿主机器人向该协作节点进行任务迁移操作时的能耗最小。

有关进一步的技术细节，感兴趣的读者可以参阅文献[Chowdhury and Maier-2017]，该文献更为全面地描述了上述的任务分配算法。

下面，我们来比较非协作(即没有任务迁移的情况)与协作/联合任务执行方案。其中，感知子任务由选定的宿主机器人执行，计算子任务则被迁移到了协作节点。为了考查基于协作计算的任务执行方案对系统性能的影响，我们基于不同评估场景，即不同的 H2R 任务输入和输出数据大小、执行任务所需的工作量(以 CPU 的执行周期计算)和协作节点资源条件(即处理能力、可用内存的大小和可用性)等，对该算法进行了评估。此外，对于既包含传感又包含计算子任务的特定 H2R 任务，我们还考虑了四种不同类型的任务执行方案：(i)选择基于宿主机器人的全任务执行方案，即没有任务迁移；(ii)考虑中央云计算(完成计算子任务)的宿主机器人(完成感知子任务)；(iii)考虑微云计算(完成计算子任务)的宿主机器人(完成感知子任务)；(iv)考虑相邻机器人计算(完成计算子任务)的宿主机器人(完成感知子任务)。

图 10.7(a)和(b)给出了场景 1 中不同任务执行方案条件下(见图中上面部分所示)的总任务响应时间和宿主机器人的能耗，其中我们假设中央云和微云具有相同的计算能力/CPU 能力。这些数据表明，对于所有的任务执行方案，宿主机器人的任务响应时间和能耗都随着任务输入数据量的增加而增加。我们还可以注意到，基于宿主机器人/相邻机器人的联合任务执行方案显示出比考虑中央云的宿主机器人方案需要更长的任务响应时间，结果未能满足任务执行期限要求。这是因为相邻机器人的 CPU(500 MHz)比中央云的 CPU(3200 MHz)更慢。结果导致了相邻机器人中的计算子任务处理延时比中央云中的计算子任务处理延时高得多，这就转化为宿主机器人/相邻机器人方案更多的总任务响应时间。例如，对于一个大小为 240 KB 的典型总任务输入，宿主机器人/相邻机器人方案与宿主机器人/中央云方案的总任务响应时间分别为 4.56 s 和 2.95 s，而相邻机器人和中央云的计算子任务处理延时分别为 1.92 s 和 0.3 s。此外，相邻机器人和中央云的计算子任务迁移延时分别为 0.049 s 和 0.056 s。然而，不利的一面是，与宿主机器人/中央云方案相比，宿主机器人/相邻机器人方案的能效增益还不到 1%，可以忽略不计。这是因为中央云的宿主机器人和相邻机器人关于计算子任务处理的能耗差异非常小。在相邻机器人(对于宿主机器人/相邻机器人方案)和中央云(对于宿主机器人/中央云方案)的计算子任务处理过程中，宿主机器人的平均能耗(每秒)非常低，因为宿主机器人在此期间处于空闲状态。因此，宿主机器人/相邻机器人与宿主机器人/中央云两种方案相比，其宿主机器人的能耗差异非常小。在图 10.7(b)中，使用了中央云进行计算子任务处理的宿主机器人的能耗较低，与宿主机器人/相邻机器人方案相比，宿主机器人/中央云方案

执行的能效增益提高了 1%。例如，对于大小为 240 KB 的典型总任务输入，在宿主机器
人/相邻机器人和宿主机器人/中央云方案中，其宿主机器人的能耗分别为 1.72 J 和 1.71 J。
因此，对于在邻机器人中和在中央云中执行计算子任务的情况，其宿主机器人的能耗分
别为 0.00192 J 和 0.0003 J。但需要注意的是，在相邻机器人和中央云计算任务迁移的情
况下，宿主机器人的能耗分别为 0.00418 J 和 0.0049 J。

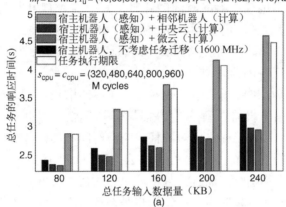

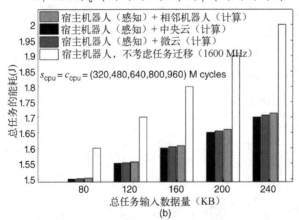

图 10.7　非协作与协作任务执行方案条件下，总任务的响应时间与能耗随总任务输入数据量的变化

此外，我们从图 10.7 (a) 和 (b) 中也可以观察到，基于宿主机器人/微云的联合任务
执行方案在宿主机器人的任务响应时间和能耗方面都优于宿主机器人/中央云方案。这
主要是因为基于微云的方案中所产生的计算任务迁移延时比基于中央云的方案的延时
更少。从结果中可以看出，基于宿主机器人/微云的方案与宿主机器人/相邻机器人方案、
不考虑任务迁移的宿主机器人方案及宿主机器人/中央云方案相比，其任务响应时间的

效率分别提高了 36%、8% 和 1%；而能耗分别提高了 2%、15% 和 1%。因此，对于场景 1 而言，这种基于宿主机器人/微云的方案的任务执行能力最优。

最后，我们在不同的 FiWi 流量负载条件下评估了本地与非本地条件下端到端的任务响应时间。考虑到 MU 和执行任务的机器人位于同一个 ONU-MPP 覆盖区，对于本地任务的响应和计算考虑了给定 MU 任务请求的上行(US, upstream)帧传输延时、机器人选择的任务分配延时、机器人达到任务地点所需的时间、感知和计算子任务的执行时间。相反，对于非本地任务响应时间的计算，其中的 MU 和执行任务的机器人位于不同的 ONU-MPP 覆盖区，需要同时考虑给定 MU 任务请求的上行和下行(DS, downstream)帧传输延时、机器人选择的任务分配延时、机器人到达任务地点所需的时间，以及感知和计算子任务的执行时间。

在我们所考虑的 FiWi 网络场景中，随着流量负载的增长，本地与非本地任务响应的时间都会增加。基于宿主机器人/微云的方案与宿主机器人/中央云方案、不考虑任务迁移的宿主机器人方案相比，能提供更短的任务响应时间，其任务响应时间分别比这两种方案低 2% 和 10%。这是因为宿主机器人/中央云方案与基于宿主机器人/微云的方案相比，会产生更高的计算迁移延时。而且，基于非协作的宿主机器人方案比起其他两种方案而言会产生更大的任务执行延时量。该结论也是在意料之中的，因为宿主机器人的计算能力显然不如中央云和微云的强大。我们还注意到，在所有参与比较的(协作的和非协作的)方案中，其端到端的本地任务响应时间都低于非本地任务响应时间。其背后的原因是：非本地任务响应时间除了包括任务执行的延时，还包括端到端任务分配中的 US 帧和 DS 帧传输延时，而本地任务响应时间仅包含单向的 US 帧传输延时。图 10.8 给出了端到端的非本地任务响应时间随 FiWi 流量负载的变化。

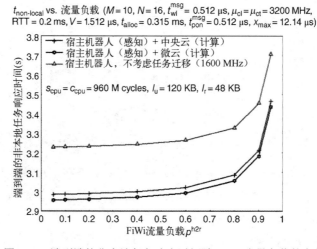

图 10.8　端到端的非本地任务响应时间随 FiWi 流量负载的变化

10.6　结论

本章首先阐明了 IoT 和新兴 TI 技术之间的共性和细微差别，然后又深入揭示了 TI 技术能为社会和人类文明创造价值的潜力。在处于 IoT 底层的机器到机器通信中，它不需要任何的人工参与；而与之不同的是，TI 的目标是要纳入人类触觉交互中固有的人在回路(HITL)特性，它需要基于以人为中心的设计方法，最终实现能通过互联网为用户创建新颖的环境沉浸式体验。我们所提出的 TI 实现方案主要基于以下两个原创的想法：其一，设计具有 AI 嵌入式 MEC 功能的可靠 FiWi 增强型 LTE-A HetNets，它可以满足以 HITL 为中心的本地和非本地远程互操作的 QoE 要求，具体来说是在低延时性的 QoE 方面，达到了 1～10 ms 的低延时范围。其二，我们还开发了一种以 HART 为中心的多机器人任务分配策略。它依赖于我们在基于 FiWi 的 TI 基础设施环境中所提出的统一资源分配策略。该策略通过选择合适的宿主机器人和将计算任务迁移到其他的协作节点来实现。我们的研究表明，所提出的基于 MLP 的预测方案能够通过对触觉信息样本的延时进行实时的精确预测来实现 QoC，从而将 MAPE 降低至 2% 以下。此外，协作/联合与非协作任务执行方案的研究结果表明，对于大小为 240 KB 的典型任务输入，基于协作的任务执行方案与非协作的任务执行方案相比，可将任务的响应时间减少 8.75%，将能耗减少 14.98%。结果表明，我们提出的基于协作计算的 H2R 任务分配和统一资源管理方案将有助于实现未来的低延时、多机器人场景下的 TI 应用。

参考文献

Inmaculada B. Aban, Mark M. Meerschaert, and Anna K. Panorska. Parameter Estimation for the Truncated Pareto Distribution. *Journal of the American Statistical Association*, 101(473): 270-277, Mar. 2006.

A. Aijaz. Towards 5G-enabled Tactile Internet: Radio resource allocation for haptic communications. In *2016 IEEE Wireless Communications and Networking Conference*, pages 1-6, 2016.

A. Aijaz, M. Dohler, A. H. Aghvami, V. Friderikos, and M. Frodigh. Realizing the Tactile Internet: Haptic Communications over Next Generation 5G Cellular Networks. *IEEE Wireless Communications*, 24(2): 82-89, 2017.

A. A. Ateya, A. Vybornova, R. Kirichek, and A. Koucheryavy. Multilevel Cloud based Tactile Internet System. In *2017 19th International Conference on Advanced Communication Technology (ICACT)*, pages 105-110, 2017.

E. A. Baran, A. Kuzu, S. Bogosyan, M. Gokasan, and A. Sabanovic. Comparative Analysis of a

Selected DCT-Based Compression Scheme for Haptic Data Transmission. *IEEE Transactions on Industrial Informatics*, 12(3): 1146-1155, 2016.

H. Beyranvand, M. Lévesque, M. Maier, J. A. Salehi, C. Verikoukis, and D. Tipper. Toward 5G: FiWi Enhanced LTE-A HetNets With Reliable Low-Latency Fiber Backhaul Sharing and WiFi Offloading. *IEEE/ACM Transactions on Networking*, 25(2): 690-707, 2017.

J. M. Bradshaw, V. Dignum, C. M. Jonker, and M. Sierhuis. Human-Agent-Robot Teamwork. In *2012 7th ACM/IEEE International Conference on Human-Robot Interaction (HRI)*, pages 487-487, 2012.

Grigore C. Burdea and Frederick P. Brooks. *Force and Touch Feedback for Virtual Reality*. Wiley, New York, 1996.

M. Chowdhury and M. Maier. Collaborative Computing for Advanced Tactile Internet Human-to-Robot (H2R) Communications in Integrated FiWi Multirobot Infrastructures. *IEEE Internet of Things Journal*, 4(6): 2142-2158, 2017.

M. Condoluci, T. Mahmoodi, E. Steinbach, and M. Dohler. Soft Resource Reservation for Low-Delayed Teleoperation Over Mobile Networks. *IEEE Access*, 5: 10445-10455, 2017.

Rafael Mathias de Mendonça, Nadia Nedjah, and Luiza de Macedo Mourelle. Efficient distributed algorithm of dynamic task assignment for swarm robotics. *Neurocomputing*, 172: 345-355, 2016.

Y. Feng, C. Jayasundara, A. Nirmalathas, and E. Wong. Hybrid Coordination Function Controlled Channel Access for Latency-Sensitive Tactile Applications. In *GLOBECOM 2017-2017 IEEE Global Communications Conference*, pages 1-6, 2017a.

Y. Feng, C. Jayasundara, A. Nirmalathas, and E. Wong. IEEE 802.11 HCCA for Tactile Applications. In *2017 27th International Telecommunication Networks and Applications Conference (ITNAC)*, pages 1-3, 2017b.

L. Gkatzikis and I. Koutsopoulos. Migrate or Not? Exploiting Dynamic Task Migration in Mobile Cloud Computing Systems. *IEEE Wireless Communications*, 20(3): 24-32, 2013.

P. Hinterseer, S. Hirche, S. Chaudhuri, E. Steinbach, and M. Buss. Perception-Based Data Reduction and Transmission of Haptic Data in Telepresence and Teleaction Systems. *IEEE Transactions on Signal Processing*, 56(2): 588-597, 2008.

M. Johnson, J. M. Bradshaw, P. Feltovich, C. Jonker, B. van Riemsdijk, and M. Sierhuis. Autonomy and Interdependence in Human-Agent-Robot Teams. *IEEE Intelligent Systems*, 27(2): 43-51, 2012.

Alaa Khamis, Ahmed Hussein, and Ahmed Elmogy. Multi-robot task allocation: A review of the state-of-the-art. *Cooperative Robots and Sensor Networks, Springer*, 604: 31-51, May 2015.

E. Khorov, A. Krasilov, and A. Malyshev. Radio Resource Scheduling for Low-Latency Communications in LTE and Beyond. In *2017 IEEE/ACM 25th International Symposium on Quality of Service (IWQoS)*, pages 1-6, 2017.

T. Langford, Q. Gu, A. Rivera-Longoria, and M. Guirguis. Collaborative Computing On-demand: Harnessing Mobile Devices in Executing On-the-Fly Jobs. In *2013 IEEE 10th International Conference on Mobile Ad-Hoc and Sensor Systems*, pages 342-350, 2013.

Hongbing Li and Kenji Kawashima. Bilateral teleoperation with delayed force feedback using time domain passivity controller. *Robotics and Computer-Integrated Manufacturing*, 37: 188-196, 2016.

J. Liu, Y. Mao, J. Zhang, and K. B. Letaief. Delay-Optimal Computation Task Scheduling for Mobile-Edge Computing Systems. In *2016 IEEE International Symposium on Information Theory (ISIT)*, pages 1451-1455, 2016.

M. Maier, M. Chowdhury, B. P. Rimal, and D. P. Van. The Tactile Internet: Vision, Recent Progress, and Open Challenges. *IEEE Communications Magazine*, 54(5): 138-145, 2016.

Isaac Osunmakinde and Ramharuk Vikash. Development of a Survivable Cloud Multi-Robot Framework for Heterogeneous Environments. *International Journal of Advanced Robotic Systems*, 11(10): 164-186, Oct. 2014.

P. Patil, A. Hakiri, and A. Gokhale. Cyber Foraging and Offioading Framework for Internet of Things. In *2016 IEEE 40th Annual Computer Software and Applications Conference (COMPSAC)*, volume 1, pages 359-368, 2016.

J. Pilz, M. Mehlhose, T. Wirth, D. Wieruch, B. Holfeld, and T. Haustein. A Tactile Internet demonstration: 1ms ultra low delay for wireless communications towards 5G. In *2016 IEEE Conference on Computer Communications Workshops (INFOCOM WKSHPS)*, pages 862-863, 2016.

Maurice Bertram Priestley. *Spectral Analysis and Time Series*. Academic press, 1983.

B. P. Rimal, D. P. Van, and M. Maier. Mobile Edge Computing Empowered Fiber-Wireless Access Networks in the 5G Era. *IEEE Communications Magazine*, 55(2): 192-200, 2017a.

B. P. Rimal, D. Pham Van, and M. Maier. Cloudlet Enhanced Fiber-Wireless Access Networks for Mobile-Edge Computing. *IEEE Transactions on Wireless Communications*, 16(6): 3601- 3618, 2017b.

B. P. Rimal, D. Pham Van, and M. Maier. Mobile-Edge Computing Versus Centralized Cloud Computing Over a Converged FiWi Access Network. *IEEE Transactions on Network and Service Management*, 14(3): 498-513, 2017c.

P. Schulz, M. Matthe, H. Klessig, M. Simsek, G. Fettweis, J. Ansari, S. A. Ashraf, B. Almeroth, J.

Voigt, I. Riedel, A. Puschmann, A. Mitschele-Thiel, M. Muller, T. Elste, and M. Windisch. Latency Critical IoT Applications in 5G: Perspective on the Design of Radio Interface and Network Architecture. *IEEE Communications Magazine*, 55(2): 70-78, 2017.

C. She and C. Yang. Energy Efficient Design for Tactile Internet. In *2016 IEEE/CIC International Conference on Communications in China (ICCC)*, pages 1-6, 2016.

C. She, C. Yang, and T. Q. S. Quek. Cross-Layer Transmission Design for Tactile Internet. In *2016 IEEE Global Communications Conference (GLOBECOM)*, pages 1-6, 2016.

M. Simsek, A. Aijaz, M. Dohler, J. Sachs, and G. Fettweis. 5G-Enabled Tactile Internet. *IEEE Journal on Selected Areas in Communications*, 34(3): 460-473, 2016.

E. Steinbach, S. Hirche, M. Ernst, F. Brandi, R. Chaudhari, J. Kammerl, and I. Vittorias. Haptic Communications. *Proceedings of the IEEE*, 100(4): 937-956, 2012.

T. H. Szymanski. Strengthening security and privacy in an ultra-dense green 5G Radio Access Network for the industrial and tactile Internet of Things. In *2017 13th International Wireless Communications and Mobile Computing Conference (IWCMC)*, pages 415-422, 2017.

T. Taleb, K. Samdanis, B. Mada, H. Flinck, S. Dutta, and D. Sabella. On Multi-Access Edge Computing: A Survey of the Emerging 5G Network Edge Cloud Architecture and Orchestration. *IEEE Communications Surveys Tutorials*, 19(3): 1657-1681, 2017.

Sahar Trigui, Anis Koubaa, Omar Cheikhrouhou, Habib Youssef, Hachemi Bennaceur, Mohamed-Foued Sriti, and Yasir Javed. A distributed market-based algorithm for the multi-robot assignment problem. *Elsevier Procedia Computer Science*, 32: 1108-1114, Jun. 2014.

L. Wang, M. Liu, and M. Q. H. Meng. A Hierarchical Auction-Based Mechanism for Real-Time Resource Allocation in Cloud Robotic Systems. *IEEE Transactions on Cybernetics*, 47(2): 473-484, 2017.

E. Wong, M. P. I. Dias, and L. Ruan. Tactile Internet Capable Passive Optical LAN for Healthcare. In *2016 21st OptoElectronics and Communications Conference (OECC) held jointly with 2016 International Conference on Photonics in Switching (PS)*, pages 1-3, 2016.

E. Wong, M. Pubudini Imali Dias, and L. Ruan. Predictive Resource Allocation for Tactile Internet Capable Passive Optical LANs. *IEEE/OSA Journal of Lightwave Technology*, 35(13): 2629-2641, 2017a.

E. Wong, S. Mondal, and G. Das. Latency-Aware Optimisation Framework for Cloudlet Placement. In *2017 19th International Conference on Transparent Optical Networks (ICTON)*, pages 1-2, 2017b.

X. Xu, B. Cizmeci, C. Schuwerk, and E. Steinbach. Model-Mediated Teleoperation: Toward Stable and Transparent Teleoperation Systems. *IEEE Access*, 4: 425-449, 2016a.

X. Xu, C. Schuwerk, B. Cizmeci, and E. Steinbach. Energy Prediction for Teleoperation Systems that Combine the Time Domain Passivity Approach with Perceptual Deadband-Based Haptic Data Reduction. *IEEE Transactions on Haptics*, 9 (4): 560-573, 2016b.

H. Zhang, Q. Zhang, and X. Du. Toward Vehicle-Assisted Cloud Computing for Smartphones. *IEEE Transactions on Vehicular Technology*, 64 (12): 5610-5618, 2015.

W. Zhang, Y. Wen, and D. O. Wu. Energy-Efficient Scheduling Policy for Collaborative Execution in Mobile Cloud Computing. In *2013 Proceedings IEEE INFOCOM*, pages 190-194, 2013.

第 11 章　5G 网络中云无线接入网(C-RAN)的能效：机遇与挑战

本章作者：Isiaka Ajewale Alimi, Abdelgader M. Abdalla, Akeem Olapade Mufutau, Fernando Pereira Guiomar, Ifiok Otung, Jonathan Rodriguez, Paulo Pereira Monteiro, Antonio Luís Teixeira

11.1　简介

物联网技术以前所未有的方式改变了手机、制动器、传感器、射频识别标签等一系列网络设备的运行方式，也导致了这些联网设备数量的急剧增加。这些设备所支持的带宽密集型应用和服务在网络覆盖、容量和延时等系统性能要求方面给运营商带来了巨大压力[Alimi et al. - 2017a, b]。

人们预期第五代(5G)和后 5G(B5G)移动通信网络能够为巨大的业务流量提供解决方案。此外，实现 5G 网络的关键途径是部署更多基站(BS)的蜂窝致密化方案。一般而言，蜂窝致密化的目的是满足用户所需的覆盖范围和容量要求[Alimi et al. - 2018, 2017c]。然而，这会导致网络功耗的急剧上升[Chi - 2011]。如图 11.1 所示，在一个典型的蜂窝网络中，其 BS 的耗电量约占蜂窝系统总功耗的 60%。这使得人们清楚地意识到,BS 功耗是一个急需人们关注的问题[Hasan et al. - 2011; Karmokar and Anpalagan - 2013]。而且，统计数据表明，BS 的实际功耗随蜂窝的大小、采用的技术、组件及辐射功率等因素的不同而不同。值得注意的是，早期人们对无线接入网(RAN, radio access network)的大部分研究主要针对增加系统的覆盖范围和容量，而很少、甚至完全没有关注有关能耗的问题，也很少研究降低功耗的解决办法。另外，网络功耗的增加也导致了能源费用和二氧化碳排放量的空前增加。

例如，由于移动设备电池的电量有限，移动通信系统往往会在上行通信链路中考虑有关能源效率(简称能效，EE)的问题，而在下行链路方向 EE 的问题通常被忽略[Karmokar and Anpalagan - 2013]。近年来，通信网络中不断增长的能耗引起了学术界和工业界对绿色通信课题的广泛关注与研究[Hasan et al. - 2011; Alsharif et al. - 2013; Karmokar and Anpalagan - 2013]。

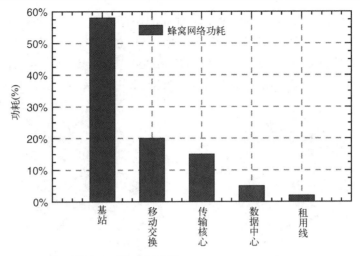

图 11.1　典型的蜂窝网络功耗分析[Hasan et al. - 2011; Han et al. - 2011]

目前，移动服务提供商和相关的标准化机构都在认真考虑通信网络中与能源相关的问题，代表性的机构有第三代合作伙伴计划(3GPP)和国际电信联盟(ITU)。鉴于此，欧盟委员会(European Commission)也在不断地支持相关项目的立项研究，例如欧盟的FP7 项目——能耗感知的无线电与网络技术(EARTH，Energy Aware Radio and Network Technologies)，迈向真正的节能网络设计(TREND，Towards Real Energy-Efficient Network Design)，以及多标准无线设备节能中的认知无线电与合作策略(C2POWER，Cognitive Radio and Cooperative Strategies for Power Saving in Multi-standard Wireless Devices)，从而解决通信系统中的能效问题[Hasan et al. - 2011; Karmokar and Anpalagan - 2013]。接下来，本节将重点解释人们需要考虑 RAN 中能耗增加的主要原因。

11.1.1　环境因素

导致人们对通信网络能效提升技术关注的动因之一是尽量减少 ICT 产业对气候变化的环境影响，这已成为全世界各个国家的共识。人们普遍认为气候变化的主要原因是大气中二氧化碳(CO_2)及其他温室气体(GHG，greenhouse gases)含量不断积累和激增的结果。这些温室气体，除了 CO_2，主要包括一氧化二氮、甲烷和臭氧。此外，温室气体的排放通常也是由于人们使用了化石燃料作为电能生产和运输的主要能源[Humar et al. - 2011; TheClimateGroup - 2008]。在 ICT 产业中，二氧化碳的排放主要来自那些远离电网的地点(或在没有电源的情况下)，因为这些地点的人们通常采用柴油发电机供电[Alsharif et al. - 2013]。此外，据预测，ICT 产业的碳排放量将从 2002 年的0.53 Gt(即 10 亿吨)二氧化碳当量(CO_2e)增加到 2020 年的 1.43 Gt CO_2e[TheClimate Group - 2008]，足见其增长速度之快。

此外，据估计，到 2020 年，整个电信行业的碳排放量基本稳定，主要是移动通信的贡献占主导地位。例如，如图 11.2 所示，电信行业的碳排放量已从 2002 年的 152 Mt（即 100 万吨）CO_2e［见图 11.2（a）］增加到 2007 年的 300 Mt CO_2e。此外，预计到 2020 年将增加到 349 Mt CO_2e［见图 11.2（b）］[TheClimateGroup - 2008]。

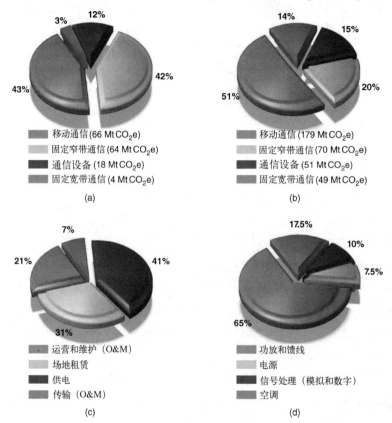

图 11.2　全球通信网络的碳排放量（%）：(a) 2002 年（100% = 152 Mt CO_2e）；(b) 2020 年（100% = 349 Mt CO_2e）[The Climate Group - 2008]；(c) 一个典型蜂窝 BS 的 OPEX 分析结果 [Chi - 2011]；(d) 无线 BS 组件的功耗[Hasan et al. - 2011; Correia et al. - 2010]

11.1.2　经济利益

根据对整体拥有成本（TCO，total cost of ownership）的调查，通信网络的运营支出（OPEX，operating expenditure）和资本支出（CAPEX，capital expenditure）分别占其 TCO 的 60% 以上和近 40%[Chi - 2011]。因此，OPEX 是运营商在开发未来的 RAN 时需要考虑的一个重要因素。图 11.2(c) 给出了一个典型蜂窝 BS 的 OPEX 分析结果。由该结果可以看出，其中超过 40% 的 OPEX 都花费在了供电上[Chi - 2011]。

　　因此，人们需要考虑通信网络中的功耗问题的另一个原因(除了环境因素)是需要最大限度地减少网络供应商高昂的能源费用，因为它通常占据了网络 OPEX 的一大部分。例如，要确保 BS 正常运行，每年所需的耗电成本可能需要花费约 3000 美元。然而，对于那些依靠柴油发电机供电的 BS，其耗电成本比上一种情况可能还高出约十倍[Hasan et al. - 2011]。图 11.2(d)对典型的 BS 功耗做了进一步的分析。从图中可以看出，约 50%的 BS 功耗被 RAN 设备所消耗，而其余的功耗主要被空调和其他设备所消耗[Chi - 2011]。因此，通过降低 ICT 产业的能耗，可以实实在在地提高移动网络运营商的预期收入[Humar et al. - 2011; Alsharif et al. - 2013; Alimi et al. - 2017d]。鉴于此，我们启动了移动虚拟卓越中心(VCE，Virtual Centre of Excellence)绿色无线电项目，其主要目标是通过开发创新性的绿色无线电技术和无线电架构来减少通信网络的碳排放量和OPEX[Han et al. - 2011; Karmokar and Anpalagan - 2013]。此外，由 ICT 行业、学术界和非政府研究专业人士组成的联盟 Green-Touch，已经决心提升 ICT 产业的 EE。而且，该绿色 IT 项目的目标是要改进网络设备的 EE 标准和能耗指标[Karmokar and Anpalagan - 2013]。此外，人们观察发现节约能源和减少二氧化碳排放的有效方法是减少部署的 BS 数量。然而，在传统 RAN 中这样做不仅会导致网络覆盖不足，还会导致网络容量和用户体验质量(QoE, quality of experience)的下降。因此，我们需要开发一种更具成本效益的方法来减少能耗，同时还需满足网络可以提供合适的服务质量(QoS，quality of service)和 QoE 的需求[Chi - 2011]。

　　目前，学术界已经提出了许多创新技术以减少 BS 功耗，进而降低其 CO_2 排放和 OPEX 成本。其中包括基于软件的解决方案，主要是通过在空闲时段(例如夜间)关闭某些运营商的设备来节省电力。另一种方法是基于使用可再生清洁能源的解决方案，例如根据当地的自然条件使用风能和太阳能为 BS 供电。在另一个发展方向上，人们考虑了采用节能空调技术。这种思路主要是通过充分考虑当地的气候和环境特点来降低空调设备的能耗。然而，上述这些技术都只是辅助性的方法，它们无法有效地解决与通信设备直接相关的功耗问题，而这些功耗正随着基站数量的增加而增加[Chi - 2011]。因此，还有必要研究不同类型的节能方案，如智能电网、高效的 BS 再设计、节能无线架构和协议。同样，还有必要考虑机会性的网络接入或认知无线电技术、协作中继和基于微蜂窝的异构网络部署等。而且，我们还必须分析网络 EE 与网络性能指标，例如 SE、部署效率、带宽与网络端到端连接服务延时等要求之间的权衡[Hasan et al. - 2011]。

　　解决功耗问题的一种颠覆性的方案是促使运营商从 RAN 的架构规划就开始考虑其 EE，以实现高效的系统设计。因此，基础设施的变革是应对 RAN 功耗挑战的关键方法。为了达到这个目的，可以采用集中式的 BS 设计方案。这种集中式的方案不仅能有效地减少 BS 机房的数量，而且还降低了其中所需的空调数量[Chi - 2011]。此外，它利用了资源共享机制来尝试在动态网络负载的条件下有效地提高 BS 的利用率。图 11.3

比较了传统宏 BS、分布式 BS 和 C-RAN 集中式 BS 三种方案的功耗。从图中可以看出，与传统宏 BS 相比，分布式 BS 和 C-RAN 架构分别将其功耗降低了 39% 和 68% [Carugi - 2011]。

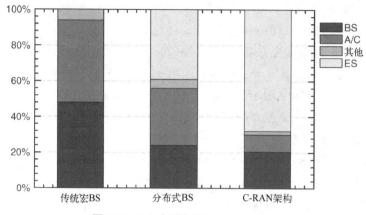

图 11.3   BS 功耗比较[Carugi - 2011]

引入 EE 的考量是移动通信系统持续发展所必须满足的要求之一，11.2 节全面讨论了 EE 的度量标准。11.3 节阐述了 5G 网络中防止能源危机的绿色设计。这一节还全面讨论了可用于提高 5G 和 B5G 网络 EE 的硬件设计方案、资源分配、网络规划与部署，以及能量采集与传输等方案。11.4 节讨论了基于光纤通信的节能网络。在 11.5 节中，我们分析了系统模型与功耗模型，其中考虑了远端单元的功耗、集中式单元的功耗、前传功耗和大规模 MIMO 的能效。11.6 节中给出了研究所得的仿真结果与和综合讨论；11.7 节对本章进行了总结。

11.2   标准化的能效指标（绿色指标）

在电信网络中，所谓的"绿色"（greenness）通常可以结合碳排放量、电池寿命的延长和经济效益等因素来衡量。然而，众所周知，电信网络在碳排放方面所占比例其实非常小。因此，用 EE 对电信网络的"绿色"进行衡量似乎更合适[Hasan et al. - 2011]。

如 11.1 节所述，大多数无线网络的设计主要是考虑 SE 的最大化。然而，当前和未来绿色无线系统的设计需要更多地关注 EE 的最大化。一般来说，EE 的最大化就对应于在相同的网络吞吐量和 QoS 条件下使网络所需的能耗达到最小化。因此，当某个无线系统能够以最少的功率来传输某个指定的数据量，并且同时能保持规定的 QoS 要求时，就可以将其认为是一个绿色无线网络[Karmokar and Anpalagan - 2013]。

此外，为了有效地实现 EE，需要从系统级到组件级的整体考虑。此外，还需要清楚地了解电信设备和网络的能耗。因此，人们认为高效的网络节能方案应该源自创新性的频谱管理方案、架构设计、回传链路选择、部署策略，以及 EE 指标与模型 [Chen et al. - 2010]。

应该指出的是，有关 EE 的方案只有在能够进行评估的情况下才对网络具有重要的意义。EE 指标提供了用于确定网络能效的量化信息。一般来说，EE 指标通常可用于 [Chen et al. - 2010]

- 在同一类别中将不同的系统和组件的能耗与性能联系起来。
- 为降低能耗的手段及能效的长期研究制定精确的发展目标。
- 确定系统中某一特定配置的 EE，并指导实现更加节能的配置。

此外，以下的机构和标准化组织一直对统一能源指标的必要性给予了持续性的关注 [Hamdoun et al. - 2012]。

1. 电信行业解决方案联盟 (ATIS)。
2. 欧洲电信标准化协会 (ETSI)。
3. 国际电信联盟 (ITU)。
4. 能耗率 (ECR) 倡议。

另外，EE 指标还可分为绝对指标和相对指标。其中前者指明了对于某项性能的真实能耗。在该类指标中，位/焦耳是使用最广泛的度量标准。该指标表明了 EE 的改进情况，因此可以使用系统输出和输入的功率/能量比率来表示。但值得注意的是，在组件、设备和系统/网络级别，其 EE 指标的要求都大不相同 [Chen et al. - 2010]。在接下来的各小节中，我们还列举了其他可供选择的 EE 指标。

11.2.1　单位用户的功率、流量与距离/覆盖范围的比率

ITU 推荐了以下两个能源指标来衡量通信网络的能耗 [Hamdoun et al. - 2012]：

$$\frac{功率}{用户 \cdot 流量 \cdot 距离} \quad [\text{W/bps/m}] \tag{11.1a}$$

$$\frac{功率}{用户 \cdot 流量 \cdot 覆盖范围} \quad [\text{W/bps/m}^2] \tag{11.1b}$$

需要注意的是，前一种度量指标用于有线通信网络，而后一种度量指标用于无线接入网。

11.2.2　以 W/Gbps 计的能耗率 (ECR)

基于 ECR 的指标可以分为以下几类。

1．加权的 ECR。

2．可变的负载周期的 ECR。

3．扩展的空闲负载周期的 ECR。

应该指出的是，ECR 指标是通过一项开放性的倡议而开发的，目前尚未标准化。然而，它经常被用于能耗的评估。ECR 指标可表示为[Hamdoun et al. - 2012]

$$ECR = \frac{P_f}{T_f} \tag{11.2}$$

其中 T_f 表示测量中得到的最大吞吐量，P_f 表示测量过程中获得的峰值功率。

此外，能效比(EER，energy efficiency rate)是另一个可以从基本 ECR 度量导出的能量度量。EER 度量的单位为 bps/W，与 ECR 成反比，可定义为[Hamdoun et al. - 2012]

$$EER = \frac{1}{ECR} \tag{11.3}$$

11.2.3　通信系统的能效比(TEER)

ATIS(电信行业解决方案联盟)网络接口、电源和保护(NIPP)委员会制定了 TEER 指标。该指标为电信设备的功率和能耗测量及相关的功率和能效提供了一种统一的衡量方法。此外，除了为 TEER 指标提供了标准化的测试与测量方法，人们还定义了设备利用率水平、环境测试条件与报告方法。TEER 指标可表示为[Hamdoun et al. -2012]

$$TEER = \frac{有用功率}{功率} \quad [?/W] \tag{11.4}$$

其中的"有用功率"(及其单位)随着设备品牌的不同而不同，也取决于设备的功能。

11.2.4　通信设备的能效比(TEEER)

采用 TEEER 指标时，系统的总功耗 P_{total} 可表示为[Hasan et al. - 2011]

$$P_{total} = 0.35P_{max} + 0.4P_{50} + 0.25P_{sleep} \tag{11.5}$$

其中 P_{total} 表示系统满负载时的功耗，P_{50} 表示系统半负载时的功耗，P_{sleep} 表示系统休眠时的功耗。公式中的系数都做了归一化处理，其数值主要是通过统计方法获得的[Hasan et al. - 2011]。

11.3　5G 网络中防止能源危机的绿色设计

在 5G 和 B5G 网络中，要防止能源危机的出现，人们需要先进的无线网络设计和运营方法。目前人们的普遍共识是，要防止能源危机，未来网络相比现有网络而言，需要在功耗与现有网络可比拟或更小的情况下实现千倍的容量增加。这就意味着网络的能效要提高 1000 倍或更多，即所消耗的每焦耳能量都要用于更多信息的传输[Buzzi et al. - 2016]。

　　一般而言，一个 BS 的 EE 主要依赖于其中几个不同的基本组件及其核心的无线电设备，比如功率放大器(PA)和无线电收发机。因此，要解决 BS 功耗的问题以实现绿色无线网络，我们的关键着眼点必须放在接入网和核心网上[Karmokar and Anpalagan - 2013]。一般而言，可用于提高 5G 和 B5G 网络 EE 的方法可以分为以下几种方案，包括硬件解决方案、资源分配、网络规划与部署，以及能量收集与传输[Buzzi et al. - 2016]，如图 11.4 所示，我们在后面继续讨论。

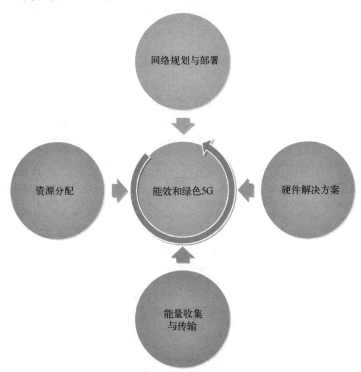

图 11.4　提高 5G 网络能效的技术[Buzzi et al. - 2016]

11.3.1　硬件解决方案

　　从硬件角度考虑提高能效的解决方案主要基于这样的事实：在无线通信网络的某些硬件的设计中已经明确提出了有关降低能耗的要求。从硬件角度来寻找提高能效的解决方案需要我们对 RF 链路进行绿色设计，并使用更为简化的收发机结构。而且，该解决方案还需要我们对网络的主要架构进行一定程度的更改,比如实现基于云的RAN。另外,它还涉及网络功能虚拟化的实现[Buzzi et al. - 2016]。

如前文所述,PA 会消耗大量的功率,而且它的 EE 受到调制方式、频段和操作环境的影响[Buzzi et al. - 2016; Hasan et al. - 2011]。需要注意的是,我们对 PA 线性度和高峰均功率比(PAPR,peak-to-average power ratios)的要求导致了 BS 的能效低下。还需要注意的是,为了保持 PA 的高线性度以保持无线电信号的质量要求,PA 通常工作在远离其饱和的状态。然而,这最终会导致较差的功率效率。此外,不同通信标准所采用的调制方案通常具有较大的信号包络波动,其 PAPR 往往超过 10 dB[Hasan et al. - 2011]。因此,PA 的节能设计受到了业界的广泛关注。这不仅直接体现在电路的设计中,还体现在降低信号 PAPR 的设计方案中[Buzzi et al. - 2016; Hasan et al. - 2011]。例如,数字预失真 Doherty 放大器结构和基于氮化铝镓(GaN)的放大器等创新性 PA 架构极具吸引力,因为它们可以将 PA 的功率效率水平提高 50%以上[Hasan et al. - 2011; Correia et al. - 2010]。

此外,另一种提升 EE 的方法是从传统的模拟 RF PA 转换为开关模式的 PA[Hasan et al. - 2011]。与传统的 PA 相比,开关模式的 PA 运行时的温度更低,因此消耗的电流也更少。这主要是通过在放大信号的同时以超声波速率打开和关闭输出晶体管来实现的。因此,其总的器件能效约为 70%。开发灵活的 PA 架构也是提高其 EE 的一个关键,即通过使放大器更好地适应所需的输出功率。此外,还可以采用多种线性技术,如 Cartesian 反馈、数字预失真和前馈与各种数字信号处理器(DSP,digital signal processor)相结合的方案,可用于减少系统对于 PA 线性区域的要求[Hasan et al. - 2011; Claussen et al. - 2008]。

此外,采用带有粗信号量化与混合模拟/数字波束成形器的简化收发机结构,可以降低系统的复杂性和能耗,从而提升了硬件的 EE。这更适用于采用了大规模 MIMO 和毫米波(mmWave)技术的通信网络[Buzzi et al. - 2016]。

如前所述,基于云的方法来实现 RAN 是提高 5G 网络能效的主要颠覆性技术。在云 RAN(C-RAN)架构中,人们把当前 BS 中所执行的各种功能都转移到远端的数据中心,并在那里通过软件来实现这些功能。此外,另一种实现 C-RAN 的途径是实现轻型的 BS,在其中仅保留了 RF 链路和信号从基带至 RF 频段的转换功能。然后,这些轻型的 BS 再通过高容量的信号链路连接到数据中心。从而使所有的基带处理功能和资源分配算法都在数据中心完成。这种配置方案带来了高度的网络灵活性,并大大地节省了网络的部署成本和能耗。此外,移动边缘计算技术的应用又为提高网络的灵活性提供了新的可能,从而节约了大量的能源[Buzzi et al. - 2016; Alimi et al. - 2018]。

11.3.2　网络规划与部署

为了满足可预见的网络设备数量，人们提出了许多先进的技术来实现 5G 网络的规划、部署及运营[Buzzi et al. - 2016]。

11.3.2.1　致密化网络

为了通过部署更多的网络设备来解决大量设备联网的问题，人们已经提出了致密化网络的技术。对于 5G 的部署，人们认为致密化异构网络与大规模 MIMO 是网络中的主要技术。大规模 MIMO 的实施需要在蜂窝内用数百个小型天线来替代传统连接着昂贵且笨重硬件的若干个天线组成的阵列，因为这数百个小天线仅连接了低成本的放大器和电路。大规模 MIMO 能够在不改变数据传输速率的情况下，降低天线的辐射功率，且功率降低的倍数与所部署天线数量的平方根成正比。然而，这一结论仅适用于不考虑硬件功耗的理想、单个蜂窝的大规模 MIMO 系统。此外，致密化网络中还可以使用自组织蜂窝，以帮助网络部署有效地响应网络流量的情况。这是因为自组织蜂窝具有这样的特征：它们能够根据流量的需求自主地被激活/停用。这可能是在致密化网络中提升 EE 的一个关键性使能技术[Buzzi et al. - 2016]。

11.3.2.2　流量迁移技术

流量迁移技术也是提高 5G 网络容量和 EE 的一种根本性的方法。现有的用户设备已经配备了多种无线接入技术，例如蓝牙、蜂窝和 WiFi，因此有可能在可获得替代连接技术时进行网络流量的迁移。相对于那些无法进行流量迁移的用户而言，流量迁移技术相当于为用户提供了额外的蜂窝资源。人们预计未来会有多种流量迁移策略被提出，可用于多种场景，例如设备到设备的通信、可见光通信、本地缓存和毫米波蜂窝等。一般而言，流量迁移技术对系统的 EE 有很大的影响。这是因为与那些需要通过 BS 进行通信的场景相比，相邻网络设备之间的直接信号传输所需要的发射功率要低很多[Buzzi et al. - 2016; Alimi et al. - 2018]。

通常，该技术主要涉及基础设施节点的部署，以便利用每单位消耗的能量将覆盖面积最大化，而不仅仅是提升覆盖面积这么简单。此外，BS 关闭/开启算法（即利用睡眠模式）、天线静音方法（即停用）和自优化天线静音方案的采用也有助于对网络业务流量波动情况的适应，从而有助于能耗的进一步降低 [Buzzi et al. - 2016; Gandotra et al. - 2017]。应当注意，当蜂窝处于睡眠模式或被关闭时，由它们所导致的业务覆盖间隙可以被其余具有智能特征的工作蜂窝有效地覆盖。为了提高网络性能和灵活性，自组织网络的概念也应运而生[Hasan et al. - 2011; Alimi et al. - 2018]。

11.3.3　资源分配

由于 EE 恰好也是 5G 网络的主要关键性能指标之一,因此在新一代的移动通信网络中, 人们对优化通信系统所做的努力正在从对吞吐量的优化转向对 EE 的优化。如此, 未来人们将根据网络的 EE 最大化而不是吞吐量最大化为优化设计目标,并据此来分配网络的无线资源,从而使通信系统的 EE 达到最优化。此时, 人们需要考虑提升每焦耳能耗所能实现的可靠信息传输总量, 而不是仅考虑将能够实现可靠信息传输总量的最大化作为唯一的目标。上述这一策略已被证明可提供可观的 EE 增益,但其代价是网络吞吐量的轻微降低。目前, 研究人员还提出了许多专为 EE 最大化考虑的创新性网络资源分配算法[Buzzi et al. - 2016]。

11.3.4　能量收集(EH)与传输

有关研究表明,无线能量收集(EH, energy harvesting)方案是改善无线通信与网络的 EE 及全面降低其 GHG 排放的最具吸引力的方法。因此, 它已被公认是 5G 网络中的主要技术组成部分。这也可归因于其对泛在性连接的支持。无线 EH 可分为专用 EH 和环境 EH[Alimi et al. - 2018; Tabassum et al. - 2015]。

11.3.4.1　专用 EH

专用 EH 是一类有意将能量从专用的能量源传输到 EH 设备的技术。因为它依赖于已部署的专用能源,所以需要额外的功耗输入。因此, 环境 EH 是降低 C-RAN 中电网功耗的一种更具吸引力的方法[Alimi et al. - 2018; Ghazanfari et al. - 2016]。

11.3.4.2　环境 EH

环境 EH 是一类从诸如风能、太阳能、机电和热电效应等可再生能源中收集能量的技术。此外, EH 接收机所检测到的来自环境(如无线网络、BS、电视塔和 WiFi 网络等)RF 信号的能量也属于环境 EH 的范畴[Alimi et al. - 2018; Ghazanfari et al. - 2016]。因此, 环境 EH 实现了对那些原本会被浪费的能量的回收和利用[Buzzi et al. - 2016]。

具有 EH 能力的毫米波通信是实现所需的 Gbps 数据传输速率同时又实现绿色通信这一目标的可行性方案之一。毫米波频段对于无线 EH 而言很有吸引力,因为人们普遍认为毫米波通信系统将采用具有定向波束成形能力的大规模天线阵列。此外, 它还有望能支持密集部署的 BS, 以确保实现高 EE、高 SE 的网络覆盖[Wu et al. - 2017]。

60 GHz 能量采集器可以将毫米波输入功率转换为可存储的直流电源，而该电源可以直接用于供电或为电容器或电池充电[Nariman et al. - 2017]，其产生的电力可用于无线充电技术，以及为网络中大量的低功耗无线设备提供无须线圈和电池的充电解决方案。然而，该频段的信号传播会受到衍射和障碍穿透性差等缺点的影响。这使得毫米波信号对于障碍物的阻挡十分敏感。因此，与移动通信中所使用的传统频段相比，毫米波技术对于 RF EH 而言是否更具前景仍然存在争议。

总体来看，环境 EH 方案通过从外围环境中收集能量来为通信系统的运行提供支持。传输节点利用来自周围环境的能量并将其转换为合适的直流电能，从而为手机等设备供电。应该指出的是，这些来自周围环境的能源有可能成为常规电池的替代品。因此，对于周围环境的能量的利用不仅可为设备带来更长的运行寿命，而且也解决了在某些极端情况下更换电池的难题[Alimi et al. - 2018; Ghazanfari et al. - 2016]。

随着当前电子行业的技术发展，EH 在为低功率设备提供无线充电的技术领域变得越来越有吸引力。然而，由于这种能量传输在不同位置、不同时间和不同天气条件下的不稳定性，EH 性能的可靠性可能无法保证[Alimi et al. - 2018; Ghazanfari et al. - 2016]。然而，基于 RF 的环境 EH 因其所具有的的可持续性，有望成为未来功率/能量受限的 5G 网络中一种很有前途的解决方案[Alimi et al. - 2018]。它针对无线电通信电源分布稀疏的问题给出了一种可行的弥补方案。但这一概念需要将 EH 与无线电力传输技术相结合，才能真正实现网络节点之间的能量共享。此外，该方案的主要好处之一是它能够对网络中的供能实现重新分配，从而可延长那些电池能量不足的节点的寿命。此外，它支持在网络中部署专用的信标，以减少 RF 能源的间歇性问题或对其进行管理。该方案还可通过在通常的通信信号上叠加能量信号来做进一步的改进。目前实现无线电信号和电力同时传输的技术便基于这一概念[Buzzi et al. - 2016]，这也与本书 11.4 节中所讨论的基于光纤的解决方案有关。

一般而言，人们设想未来蜂窝网络的 BS 将由电网和可再生能源二者同时供电。这就形成了一种混合能源解决方案，如图 11.5 所示，其中 EH 电池被用来解决可再生能源不稳定的问题。该方案的主要目标是通过最大限度地利用绿色(可再生)能源尽可能地节省电网能源，并优化网络中的能源利用。在该方案中，当存在多种可用能源时，系统还需要使用不同的调度技术来实现能源的优化选择。而且系统还需要设计相应的调度算法来对功率的传输实施联合控制，从而使得系统优先选择那些能使系统总能耗达到最小的能源。此外，这种联合供电的方案也促进了不同的 BS 在每个可能的时间段内共享绿色电力。这便为网络运营商提供了一种可持续的且节能的无线网络运营方案[Ismail et al. - 2015]。

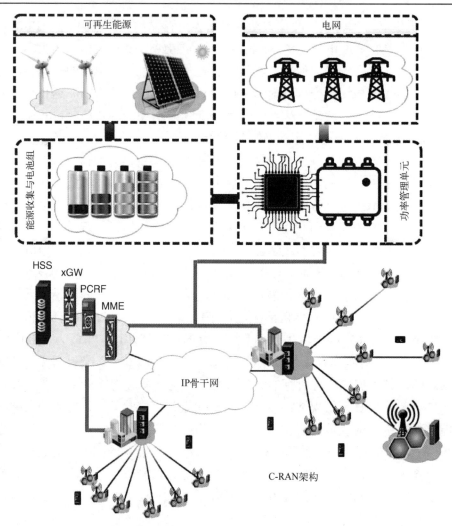

图 11.5　用于实际 C-RAN 部署的混合能源解决方案

11.4　基于光纤的高能效网络

　　C-RAN 已被学术界和工业界认为是实现 5G 网络性能目标的一种极具吸引力的架构。尽管如此，为了使 C-RAN 成为一种可行的解决方案，还有一些相关的问题有待进一步的研究，其中之一便是如何解决为网络中的大量远程无线电前端 (RRH，remote radio head) 供电所面临的大量供电线路问题及其相关的成本问题。大量的能耗和供电线路的使用除了会在经济上令人感到不快，也不利于环保。此外，由于需要无线网络实现泛在的网络连接，因此为了提供如此多的业务连接覆盖，我们还必须考虑那些距离电网节点较远或没有外部电源的区域中 RRH 的供电问题。因此，我们必须找到一种可向 RRH 供电的有效方案。基于无源光网络(PON)和光纤供电(PoF，power over fiber)或光电电源的 C-RAN 是实现此目标的首选方案之一[Alimi et al. - 2018]。

在 PoF 方案中，光能通过光纤传输到远端的网络部署区域，并在那里将光能通过光伏(PV，photovoltaic)转换器转化为电能[Röger et al. - 2008; Wake et al. - 2008]。PoF 系统采用光纤将位于中心局(CO)的大功率激光二极管(HPLD，high power laser diode)连接至部署在远端的 PV 转换器。在 PoF 方案的具体实现中，可以采用以下两种主要方法，它们主要是根据远端天线单元(RAU，remote antenna unit)中是否需要电源来进行分类的[Alimi et al. - 2018; Röger et al. - 2008; Wake et al. - 2008]。

11.4.1　零功率 RAU PoF 系统

所谓零功率 RAU PoF 系统，主要是指在 RAU 中不需要供电，也不需要任何形式的电源。类似地，它也不需要将纽扣电池或 EH 设备集成到 RAU 来维持系统的运行。据此，人们提出了自主能源的 RAU 系统。零功率 RAU PoF 系统主要应用了 HPLD 来向远端部署的设备(如 RRH)进行供电。值得注意的是，PoF 系统支持在共享的光纤基础设施上同时传输数据和光电电源。PV 转换器通常配置在远端站点，用于将光功率转换为电功率[Alimi et al. - 2018; Wake et al. - 2008; Werthen et al. - 2005]。

11.4.2　电池供电的 RRH PoF 网络

在 PON 中，通常都会使用分光器，以便利用单根光纤来为多个 RRH 提供服务。此外，我们还可以通过光线路终端(OLT)向 RRH 提供所需的电力，在此 OLT 对于多个 RRH 而言也起到了一定的聚合作用。为了在 PON 中实现光电电源供电这一目的，人们在 OLT 中使用了 PoF 技术，它利用了 PON 系统的广播通信特性，在此 OLT 将来自 CO 的数据信号广播至所有的 RRH。这样的结果也会导致许多 RRH 接收到不该传给它们的数据。系统可以将这些接收到的冗余数据通过 PoF 技术转换为电能[Alimi et al. - 2018; Miyanabe et al. - 2015]。

值得注意的是，电池、光网络单元(ONU)和天线模块是 RRH 的关键组件。而 RRH 中的 ONU 模块在任何时刻都会将来自 OLT 的信号中继至天线模块，并继续向前传输。因此，在 ONU 模块接收到上述的冗余数据时，该模块将光信号转换为电功率。随后，该模块将所产生的电能送至电池模块进行存储。在此过程中，存储的电能可用于驱动 ONU 和天线模块。值得注意的是，通过关闭特定模块，使其进入睡眠操作模式，还可以降低 RRH 的能耗。尽管如此，为了促进系统中电能的持续产生与存储，系统中每个 RRH 的电池模块与 ONU 接收单元都应始终处于活动状态[Alimi et al. - 2018; Miyanabe et al. - 2015]。

11.5　系统与功耗模型

考虑一个包含 N 个 RRH 和 M 个基带单元(BBU)的 C-RAN 系统模型，如图 11.6 所示。我们将一组 RRH 的集合表示为 $\mathbb{N} = \{1, 2, \cdots, N\}$。另外，假设 $\mathbb{U} = \{1, 2, \cdots, \mathcal{U}\}$ 表示 C-RAN 中的一组用户，其中 $\mathcal{U}_l$ 中表示由第 l 个 RRH 提供服务的一组用户。此外，我们假设 BBU 池具有多个能够处理来自 RRH 的信号的处理器。我们将 BBU 池中的处理器表示为 $\mathbb{C} = \{1, 2, \cdots, C\}$。另外，对于一个传统的蜂窝网络传输设计，每个基站的发射功率可表示为[Dasi and Yu - 2016]：

$$P_{l,\mathrm{TX}} = \mathbb{E}[|x_l|^2] \leqslant P_l, \quad l \in \mathbb{L} = \{1, 2, \cdots, L\} \tag{11.6}$$

其中 P_l 表示 BS 的发射功率预算，x_l 表示第 l 个 BS 处的发射信号。

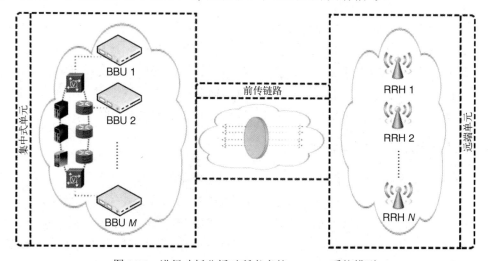

图 11.6　进行功耗分析时所考虑的 C-RAN 系统模型

值得注意的是，为了有效且完整地描述 BS 功耗，我们应该将 PA 及其他耗电模块(例如制冷系统和 BBU 池)的效率也考虑在内。此外，我们还应该考虑 C-RAN 架构中前传链路的功耗。

BS 组件的功耗，如 PA、RF 小信号收发机、主电源(MS)、基带引擎(BB)、直流(DC)转换器和有源制冷设备(CO)等的功耗则要视无线电链路/天线的数量、传输带宽与功率等情况而定。因此，BS 功耗要视基站的设计情况而定，不同 BS 的功耗可能都是不同的。例如，BS 的最大功耗值可以表示为[Auer et al. - 2011; Sabella et al. - 2014]

$$P_{\mathrm{BS}} = \frac{P_{\mathrm{BB}} + P_{\mathrm{RF}} + P_{\mathrm{PA}}}{(1 - \sigma_{\mathrm{DC}})(1 - \sigma_{\mathrm{MS}})(1 - \sigma_{\mathrm{CO}})} \tag{11.7}$$

其中 σ_{CO}、σ_{DC}、σ_{MS} 分别对应于 CO、DC 和 MS 的损耗因子，P_{RF}、P_{BB} 和 P_{PA} 分别表示 RF、BB 和 PA 的功耗，由文献[Holtkamp et al. - 2013]给出：

$$P_{RF} = D \frac{W}{10\ \text{MHz}} P'_{RF} \tag{11.8a}$$

$$P_{BB} = D \frac{W}{10\ \text{MHz}} P'_{BB} \tag{11.8b}$$

$$P_{PA} = \frac{P_{max}}{D \eta_{PA} (1 - \sigma_{feed})} \tag{11.8c}$$

其中 W 表示带宽，D 表示基站的天线数，η_{PA} 表示 PA 的效率，σ_{feed} 表示馈线电缆的损耗，P_{max} 表示最大发射功率，P'_{BB} 和 P'_{RF} 表示一些基本的功耗。

功耗可以由一个统一的模型定义，该模型对于一组 BS 有效。功耗模型采用了一个分段函数来近似地表示演进型节点 B(eNodeB 或 eNB)的发射功率，由下式[Dasi and Yu-2016; Sabella et al. - 2014; Sigwele et al. - 2017]给出：

$$P_l^{eNB} = \begin{cases} P_0 + y \cdot \Delta_p \cdot P_{max}, & 0 < y < 1 \\ P_{sleep}, & y = 0 \end{cases} \tag{11.9}$$

其中 P_{max} 表示最大传输功率(满负载时)，P_0 表示最小非零输出功率状态下(空闲模式，即零负载状态下)的功耗，P_{sleep} 表示 BS 处于睡眠状态下(睡眠模式，即 $P_{sleep} < P_0$)的功耗，Δ_p 表示与负载相关的线性功率模型的斜率，它取决于所使用的服务器，比例参数 y 表示第 l 个基站的蜂窝归一化流量负载，其中 $y = 1$ 表示系统满负载，$y = 0$ 表示系统空闲。

应该注意的是，在式(11.6)中，我们没有像式(11.9)那样考虑了设备的睡眠模式。此外，根据式(11.9)，一个 eNB 在没有任何数据接收或发送时，可以工作在睡眠模式下。因为 P_{sleep} 通常小于 P_0，所以 eNB 在睡眠模式下运行时有助于系统的节能。这是因为睡眠模式允许某些 eNB 在没有负载的条件下关闭其主要单元。

此外，值得注意的是，式(11.9)中所给出的长期演进(LTE)模型不能直接用于 C-RAN。这是因为 C-RAN 与传统的网络不同，它的架构是集中化的，而且实现了一些组件的共享。这就需要我们对 C-RAN 的功耗模型进行修改。C-RAN 的功耗模型必须考虑 C-RAN 主要组件的功耗，如 BBU 池、前传链路和 RRH。因此，C-RAN 的功耗模型可以表示为

$$\sum_{\substack{i \in \mathcal{I} \\ j \in \mathcal{J} \\ k \in \mathcal{K}}} (P_i^{RU} + P_j^{CU} + P_k^{FH}) \tag{11.10}$$

$$\sum_{i \in \mathcal{I}} \sum_{j \in \mathcal{J}} \sum_{k \in \mathcal{K}} (P_i^{RU} + P_j^{CU} + P_k^{rmFH}) \tag{11.11}$$

其中 P_i^{RU}、P_j^{CU} 和 P_k^{FH} 分别表示远端单元、集中式单元和前传网络的功耗。

接下来，我们将介绍考虑了 C-RAN 系统中 RRH、BBU 和前传链路的功耗模型。

11.5.1 远端单元的功耗

在 C-RAN 架构中，RRH 是一种复杂度较低的节点，且处理任务的负载较少，因为其中的 RF 操作都由专门的组件来执行。同样值得注意的是，RRH 中没有制冷的功耗，因为其制冷主要依赖周边的自然通风实现。此外，RRH 依赖于自回程，也就是说，它的信号回传也共享了相同的无线信道资源。因此，在式 (11.7) 中，$P_{BB} = 0$。在这种情况下，远端单元的功耗可以表示为

$$P_i^{RU} = \sum_{n=1}^{N_{RRH}} (P_0^{RRH} + y_{RRH} \Delta_p^{RRH} P_{max}^{RRH}) \tag{11.12}$$

其中所有的参数都由式 (11.9) 定义，但这些定义仅适用于 RRH。

11.5.2 集中式单元的功耗

集中式 BBU 的处理器可选择传统的 DSP 或通用处理器 (GPP, general purpose processor) 来实现。但是，由于 BBU 具有 (重新) 可编程性、低成本，以及较高的处理能力，人们往往首选 GPP。一个标准的 GPP 功耗模型可以表示为 [Sabella et al. - 2014; Sigwele et al. - 2017]

$$P_j^{CU} = P_0^{GPP_j} + y_{GPP_j} \Delta_p^{GPP_j} P_{max}^{GPP_j} \tag{11.13}$$

其中所有的参数的定义都在式 (11.9) 中给出，但是这些定义仅适用于所使用的 GPP_j 的一个特定的中央处理单元。

11.5.3 前传网络的功耗

前传网络的主要功能是将 RRH 连接至 C-RAN 中的 BBU 池。如文献 [Alimi et al. - 2018] 中所述，C-RAN 中可使用若干种不同的前传技术。因此，前传网络的功耗与所采用的技术有关。前传网络的功耗可以建模为一组并行的通信信道。如此，前传网络的功耗可以根据每个前传链路的容量 C_k 和功率的分配情况定义为 $P_{k,max}^{FH}$，如文献 [Dasi and Yu-2016] 中所示：

$$P_k^{FH} = \frac{R_k^{FH}}{C_k} P_{k,max}^{FH} = \rho_k R_k^{FH} \tag{11.14}$$

其中 $\rho_k = P_{k,max}^{FH}/C_k$ 表示一个常数比例系数，R_k^{FH} 表示 RRH_l 和 BBU 之间的前传业务流。

值得注意的是，虽然式 (11.14) 主要适用于微波前传链路，但该式也可以推广到其他的前传技术，如基于光纤的以太网和无源光网络。在基于光纤的前传链路中，我们还必须考虑每个连接器和每个接头的损耗 [Sigwele et al. - 2017]。

一般而言，C-RAN 的功耗表达式表明，我们可以采用不同的手段提升其 EE。除了减少发射功率，系统还可以通过将 BS 设置为休眠模式来提高它的 EE。然而，从另一个角度来看，如果将某些 BS 设置为休眠模式，则就意味着降低了那些处于激活状态的 BS 之间的干扰消除能力。因此，若要采用这种方法，则系统势必需要增加额外的发射功率以维持所需的 QoS 和 QoE[Dasi and Yu - 2016]。

另一个值得关注的方法是减少回传的信号流量。但是，更高的前传速率使得 BS 之间可以共享更多的用户信息。这有利于 BS 之间的协作，因此可以有效减少它们之间的干扰，但这也许会导致较低的发射功率。采用这一方法时，需要考虑多方面因素的联合设计，从而使 BS 激活功率、发射功率和回传信号速率等参数/特性之间可以达成有效的平衡以提升其总体的 EE[Dasi and Yu - 2016]。在接下来的内容中，我们提出了一种能在 C-RAN 架构中使 EE 达到最大的方法。

11.5.4　大规模 MIMO 的能效

如前文所述，EE 定义为总的系统吞吐量与总发射功率之比。而且，它也可被认为是系统消耗每焦耳能量时所能可靠传送的信息量/比特数，其表达式为[Prasad et al. - 2017; Buzzi et al. - 2016; Karmokar and Anpalagan - 2013]

$$EE = R/P \tag{11.15}$$

其中 R 表示系统的吞吐量，P 表示系统达到该吞吐量 R 时所需的功耗。

大规模 MIMO 方案的提出使得当前 LTE 技术条件下系统的 SE 和 EE 有了几个数量级的提升。因此，该技术已被认为是 5G 网络中的主要使能技术之一[Prasad et al. - 2017]。大规模 MIMO 是一种多用户的 MIMO (MU-MIMO) 方案，其中一个配备有 M 个天线的 BS 在相同的时间-频谱资源上同时为 K 个用户设备提供服务，此时 $M \gg K$。此外，当 BS 上配置了大量的天线时，我们还可以实现一种非常有利的信号传播场景。在这种场景中，蜂窝内的信号干扰、小规模的信号衰落和不相关的噪声影响都会渐逝性地被消除。此外，当 M 和 K 增加时，该结构还可实现巨大的阵列与复用增益[Prasad et al. - 2017]。

在此，我们考虑上行链路 (UL) 的迫零 (ZF，zero-forcing) 和最大比合并 (MRC，maximum ratio combining) 检测，UL 的线性接收组合矩阵可以表示为[Björnson et al. - 2015]

$$\mathbf{G} = \begin{cases} \mathbf{H}, & \text{MRC} \\ \mathbf{H}\,(\mathbf{H}^{\mathrm{H}}\mathbf{H})^{-1}, & \text{ZF} \end{cases} \tag{11.16}$$

其中 $\mathbf{H}$ 表示信道状态矩阵。同时，我们考虑下行链路 (DL) 传输中采用了基于 ZF 和最大比传输 (MRT，maximum ratio transmission) 的预编码，则预编码矩阵可以表示为

$$\mathbf{V} = \begin{cases} \mathbf{H}, & \text{MRT} \\ \mathbf{H}\,(\mathbf{H}^H\mathbf{H})^{-1}, & \text{ZF} \end{cases} \tag{11.17}$$

此外，我们假设 UL 和 DL 的占比分别为 $\zeta^{(\mathrm{ul})}$ 和 $\zeta^{(\mathrm{dl})}$，而其总和等于一个单位 [即 $\zeta^{(\mathrm{ul})}$ + $\zeta^{(\mathrm{dl})}$ = 1]。那么，第 k 个具有线性处理能力的 UE 可实现的上、下行速率分为 $R_k^{(\mathrm{ul})}$ 和 $R_k^{(\mathrm{dl})}$（单位为 bps）[Björnson et al. - 2015]：

$$R_k^{(\mathrm{ul})} = \zeta^{(\mathrm{ul})}\left(1 - \frac{\tau^{(\mathrm{ul})}K}{U\zeta^{(\mathrm{ul})}}\right)\overline{R}_k^{(\mathrm{ul})} \tag{11.18a}$$

$$R_k^{(\mathrm{dl})} = \zeta^{(\mathrm{dl})}\left(1 - \frac{\tau^{(\mathrm{dl})}K}{U\zeta^{(\mathrm{dl})}}\right)\overline{R}_k^{(\mathrm{dl})} \tag{11.18b}$$

其中 $\tau^{(\cdot)}$ 表示先导序列的长度，U 表示相干码块，$\overline{R}_k^{(\cdot)}$ 表示第 k 个 UE 的总速率（单位为 bps）。

$$\mathrm{EE} = \frac{\sum\limits_{k=1}^{K}\left(\mathbb{E}\left\{R_k^{(\mathrm{ul})}\right\} + \mathbb{E}\left\{R_k^{(\mathrm{dl})}\right\}\right)}{P} \tag{11.19}$$

其中 $\mathbb{E}$ 代表数学期望算子，$P = P_{\mathrm{TX}}^{(\mathrm{ul})} + P_{\mathrm{TX}}^{(\mathrm{dl})} + P_{\mathrm{CP}}$，$P_{\mathrm{CP}}$ 表示电路功耗，$P_{\mathrm{TX}}^{(\mathrm{ul})}$ 和 $P_{\mathrm{TX}}^{(\mathrm{dl})}$ 分别表示 UL 和 DL 中 PA 的平均功耗，可表示如下 [Björnson et al. - 2015]：

$$P_{\mathrm{TX}}^{(\mathrm{ul})} = \sigma^2\frac{B\zeta^{(\mathrm{ul})}}{\eta^{(\mathrm{ul})}}\mathbb{E}\left\{\mathbf{1}_K^T\big(\mathbf{D}^{(\mathrm{ul})}\big)^{-1}\mathbf{1}_K\right\} \tag{11.20a}$$

$$P_{\mathrm{TX}}^{(\mathrm{dl})} = \sigma^2\frac{B\zeta^{(\mathrm{dl})}}{\eta^{(\mathrm{dl})}}\mathbb{E}\left\{\mathbf{1}_K^T\big(\mathbf{D}^{(\mathrm{dl})}\big)^{-1}\mathbf{1}_K\right\} \tag{11.20b}$$

其中 $\mathbf{1}_K$ 表示 K 维单位向量，B 表示 MIMO 系统的工作带宽，σ^2 表示噪声的方差（以焦耳/符号为单位），$\eta^{(\cdot)}$ 表示 UE 侧 PA 的效率，且 $\mathbf{D} \in \mathbb{C}^{K\times K}$。

此外，在实际的电路功耗模型中，P_{CP} 可定义为

$$P_{\mathrm{CP}} = P_{\mathrm{FIX}} + P_{\mathrm{TC}} + P_{\mathrm{CE}} + P_{\mathrm{C/D}} + P_{\mathrm{BH}} + P_{\mathrm{LP}} \tag{11.21}$$

其中 P_{CE} 表示由于信道估计而引起的功耗，P_{BH} 表示与负载相关的回传功耗，P_{LP} 是由于 BS 处的信号线性化处理而带来的功耗，P_{CD} 是信道编码与解码单元的功耗，P_{TC} 表示收发机链的功耗，常数 P_{FIX} 表示系统中的固定功耗。

此外，大规模 MIMO 系统的和渐逝性 (sum asymptotic) SE 可表示为 [Wang et al. - 2017]

$$C_{\mathrm{sum}} = C^{\mathrm{ul}} + C^{\mathrm{dl}} \tag{11.22}$$

其中 C^{ul} 和 C^{dl} 分别表示 UL 和 DL 的容量，由文献 [Wang et al. - 2017] 给出：

$$C^{\mathrm{ul}} = \frac{T_C - \tau}{T_C}\sum_{k=1}^{K}\log_2(1 + \gamma^{\mathrm{ul}}) \tag{11.23a}$$

$$C^{dl} = \frac{T_C - \tau}{T_C} \sum_{k=1}^{K} \log_2(1 + \gamma^{dl}) \tag{11.23b}$$

其中 T_C 表示信道的相干时间，$\gamma^{(\cdot)}$ 表示渐逝性信号-干扰加噪声之比(signal-to-interference-plus-noise ratio)。

11.6　仿真结果与讨论

我们假设在单个蜂窝的场景中，系统运行于 2 GHz 频段，用户数量为 $K = 10$ UE，先导序列长度 $\tau = 2K$。信道相干带宽设为 180 kHz，信道相干时间长度设为 $T_C = 300$(符号)；设传输带宽为 20 MHz。UL 和 DL 传输的比率假定为 0.5，前传流量所需的功效为 0.25 W/Gbps，而编码和解码所需的功效分别为 0.2 W/Gbps 和 0.7 W/Gbps。有关参数选择的更多信息可参阅文献[Björnson et al. - 2015]。

图 11.7 给出了在单蜂窝场景下，基站配备了多个天线且采用了 ZF 和 MRT/MRC 处理方案时系统的 SE，以及最大 EE 的仿真结果。从结果中可以看出：系统的 SE 随着 BS 天线数量的增加而增加，如图 11.7(a)所示。

而且，从图 11.7(a)和(b)中还可以看出，在系统能够从 UL 先导序列中获得完整信道状态信息的条件下，当采用 ZF 时，系统所能获得的 SE 和最大 EE 的性能比起系统无法获得有关信道的完整信息时的性能更好。此外，当使用了 ZF 预编码器时，发射机能够实现多用户干扰信号的动态消除(抑制)，且其实现的复杂度尚在可接受的范围内。在高 SNR 条件下，ZF 预编码器的性能甚至比 M 达到无限时(即 $M \gg K$，此条件会显著增加电路/计算的能力，但 EE 不会得到改进)的 MRT 方案的性能更好。

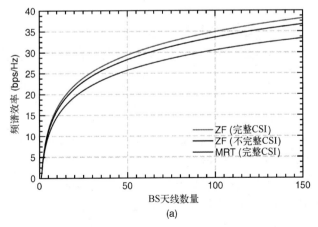

(a)

图 11.7　在单蜂窝场景下，BS 采用了多天线配置和 ZF 与 MRT
处理方案时系统的(a)SE 及(b)最大 EE 的仿真结果

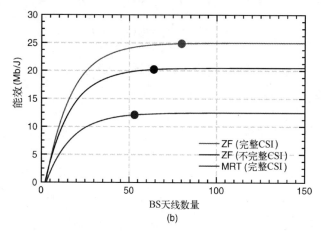

图 11.7(续)　在单蜂窝场景下，BS 采用了多天线配置和 ZF 与 MRT 处理方案时系统的 (a) SE 及 (b) 最大 EE 的仿真结果

11.7　结论

在本章中，我们全面、深入地回顾和讨论了绿色无线网络中的相关技术，这些技术不仅有助于提高 5G 网络中的 EE 增益，还有助于减少系统的 OPEX 和 CO_2 排放量。我们还全面讨论了在 C-RAN 中采用大规模 MIMO 所带来的机遇。本章还讨论了通过 EH 技术来使用毫米波供电的方案，从而实现 EE 最大化的潜优势。例如，通过 EH，可将系统输入的毫米波功率转换成可存储的直流电源。此外，本章还给出了一些高性价比、可为网络实体设备提供所需电源的有线和无线解决方案，从而有助于实现移动网络无处不在的连接与业务覆盖。本章还给出了有关 EE 分析的解析表达式和数值仿真结果，验证了在 5G 和 B5G 网络中显著提高网络 EE 的可能性。最后，我们还从经济和提升 EE 的角度讨论了实现 5G 网络需求所面临的挑战和一些未解决的问题。

致谢

本章的研究工作得到了技术创新基金会 (FCT) 给予的博士基金 (项目编号：PD/BD/52590/2014) 的支持。此外，还得到了欧洲区域发展基金 (FEDER) Lisbon 运营计划项目 (POR LISBOA 2020) 的支持，以及葡萄牙 2020 国际化运营计划项目 (COMPATE 2020)、5G 项目 (编号：POCI-01-247-FEDER-24539)、ORCIP 项目 (编号：CENTRO-01-0145-FEDER-22141) 和 SOCA 项目 (编号：CENTRO-01-0145-FEDER- 000010) 的支持。本章的研究工作还得到了 FCT 的 COMPRESS-PTDC/EEI-TEL/7163/ 2014 项目的资助，

以及 FEDER 的葡萄牙 2020 框架区域中心运营计划(CENTRO 2020)的资助(项目编号：CENTRO-01-0247-FEDER-17942)。此外，我们还要感谢 Ocean 12-H2020-ECSEL-2017-1783127 项目的资助。

参考文献

I. A. Alimi, A. L. Teixeira, and P. P. Monteiro. Toward an Efficient C-RAN Optical Fronthaul for the Future Networks: A Tutorial on Technologies, Requirements, Challenges, and Solutions. *IEEE Communications Surveys Tutorials*, 20(1): 708-769, Firstquarter 2018.

Isiaka Alimi, Ali Shahpari, Vítor Ribeiro, Artur Sousa, Paulo Monteiro, and António Teixeira. Channel characterization and empirical model for ergodic capacity of free-space optical communication link. *Optics Communications*, 390: 123-129, 2017a. ISSN 0030-4018.

Isiaka Alimi, Ali Shahpari, Artur Sousa, Ricardo Ferreira, Paulo Monteiro, and António Teixeira. Challenges and Opportunities of Optical Wireless Communication Technologies. In Pedro Pinho, editor, *Optical Communication Technology*, chapter 02, pages 5-44. InTech, Rijeka, 2017b. ISBN 978-953-51-3418-3.

Isiaka A. Alimi, Paulo P. Monteiro, and António L. Teixeira. Analysis of multiuser mixed RF/FSO relay networks for performance improvements in cloud computing-based radio access networks(CC-RANs). *Optics Communications*, 402: 653-661, 2017c. ISSN 0030-4018.

Isiaka A. Alimi, Paulo P. Monteiro, and António L. Teixeira. Outage probability of multiuser mixed RF/FSO relay schemes for heterogeneous cloud radio access networks (H-CRANs). *Wireless Personal Communications*, 95(1): 27-41, Jul 2017d. ISSN 1572-834X.

Mohammed H. Alsharif, Rosdiadee Nordin, and Mahamod Ismail. Survey of green radio communications networks: Techniques and recent advances. *Journal of Computer Networks and Communications*, 2013: 1-13, 2013. ISSN 2090-7141.

G. Auer, V. Giannini, C. Desset, I. Godor, P. Skillermark, M. Olsson, M. A. Imran, D. Sabella, M. J. Gonzalez, O. Blume, and A. Fehske. How much energy is needed to run a wireless network? *IEEE Wireless Communications*, 18(5): 40-49, October 2011. ISSN 1536-1284.

E. Björnson, L. Sanguinetti, J. Hoydis, and M. Debbah. Optimal design of energy-efficient multi-user mimo systems: Is massive mimo the answer? *IEEE Transactions on Wireless Communications*, 14(6): 3059-3075, June 2015. ISSN 1536-1276.

S. Buzzi, C. L. I, T. E. Klein, H. V. Poor, C. Yang, and A. Zappone.A Survey of Energy-Efficient Techniques for 5G Networks and Challenges Ahead. *IEEE Journal on Selected Areas in*

Communications, 34(4): 697-709, April 2016. ISSN 0733-8716.

Marco Carugi. *C-RAN: innovative solution for "green" radio access networks*. ZTE Corporation, September 2011. white paper.

T. Chen, H. Kim, and Y. Yang. Energy efficiency metrics for green wireless communications. In *2010 International Conference on Wireless Communications Signal Processing (WCSP)*, pages 1-6, Oct 2010.

C-RAN The Road Towards Green RAN. China Mobile Research Institute, October 2011. white paper.

H. Claussen, L. T. W. Ho, and F. Pivit. Effects of joint macrocell and residential picocell deployment on the network energy efficiency. In *2008 IEEE 19th International Symposium on Personal, Indoor and Mobile Radio Communications*, pages 1-6, Sept 2008.

L. M. Correia, D. Zeller, O. Blume, D. Ferling, Y. Jading, I. Gódor, G. Auer, and L. V. Der Perre. Challenges and enabling technologies for energy aware mobile radio: networks. *IEEE Communications Magazine*, 48(11): 66-72, November 2010. ISSN 0163-6804.

B. Dasi and W. Yu. Energy Efficiency of Downlink Transmission Strategies for Cloud Radio: Access Networks. *IEEE Journal on Selected Areas in Communications*, 34(4): 1037-1050, April 2016. ISSN 0733-8716.

P. Gandotra, R. K. Jha, and S. Jain. Green Communication in Next Generation Cellular Networks: A Survey. *IEEE Access*, 5: 11727-11758, 2017.

A. Ghazanfari, H. Tabassum, and E. Hossain. Ambient RF energy harvesting in ultra-dense small cell networks: performance and trade-offs. *IEEE Wireless Communications*, 23(2): 38-45, April 2016. ISSN 1536-1284.

Hassan Hamdoun, Pavel Loskot, Timothy O'Farrell, and Jianhua He. Survey and applications of standardized energy metrics to mobile networks. *annals of telecommunications - annales des télécommunications*, 67(3): 113-123, Apr 2012. ISSN 1958-9395.

C. Han, T. Harrold, S. Armour, I. Krikidis, S. Videv, P. M. Grant, H. Haas, J. S. Thompson, I. Ku, C. X. Wang, T. A. Le, M. R. Nakhai, J. Zhang, and L. Hanzo. Green radio: radio techniques to enable energy-efficient wireless networks. *IEEE Communication Magazine*, 49(6): 46-54, June 2011. ISSN 0163-6804.

Z. Hasan, H. Boostanimehr, and V. K. Bhargava. Green Cellular Networks: A Survey, Some Research Issues and Challenges. *IEEE Communications Surveys Tutorials*, 13(4): 524-540, Fourth 2011. ISSN 1553-877X.

H. Holtkamp, G. Auer, V. Giannini, and H. Haas. A Parameterized Base Station Power Model. *IEEE Communications Letters*, 17(11): 2033-2035, November 2013. ISSN 1089-7798.

I. Humar, X. Ge, L. Xiang, M. Jo, M. Chen, and J. Zhang. Rethinking energy efficiency models of cellular networks with embodied energy. *IEEE Network*, 25(2): 40-49, March 2011. ISSN 0890-8044.

M. Ismail, W. Zhuang, E. Serpedin, and K. Qaraqe. A Survey on Green Mobile Networking: From The Perspectives of Network Operators and Mobile Users. *IEEE Communications Surveys Tutorials*, 17(3): 1535-1556, thirdquarter 2015. ISSN 1553-877X.

A. Karmokar and A. Anpalagan. Green Computing and Communication Techniques for Future Wireless Systems and Networks. *IEEE Potentials*, 32 (4): 38-42, July 2013. ISSN 0278-6648.

K. Miyanabe, K. Suto, Z. M. Fadlullah, H. Nishiyama, N. Kato, H. Ujikawa, and K. i. Suzuki. A cloud radio: access network with power over fiber toward 5G networks: QoE-guaranteed design and operation. *IEEE Wireless Communications*, 22(4): 58-64, August 2015. ISSN 1536-1284.

M. Nariman, F. Shirinfar, S. Pamarti, A. Rofougaran, and F. De Flaviis. High-Efficiency Millimeter-Wave Energy-Harvesting Systems With Milliwatt-Level Output Power. *IEEE Transactions on Circuits and Systems II: Express Briefs*, 64(6): 605-609, June 2017. ISSN 1549-7747.

K. N. R. S. V. Prasad, E. Hossain, and V. K. Bhargava. Energy efficiency in massive mimo- based 5g networks: Opportunities and challenges. *IEEE Wireless Communications*, 24(3): 86-94, 2017. ISSN 1536-1284.

M. Röger, G. Böttger, M. Dreschmann, C. Klamouris, M. Huebner, A. W. Bett, J. Becker, W. Freude, and J. Leuthold. Optically powered fiber networks. *Opt. Express*, 16(26): 21821-21834, Dec 2008.

D. Sabella, A. de Domenico, E. Katranaras, M. A. Imran, M. di Girolamo, U. Salim, M. Lalam, K. Samdanis, and A. Maeder. Energy Efficiency Benefits of RAN-as-a-Service Concept for a Cloud-Based 5G Mobile Network Infrastructure. *IEEE Access*, 2: 1586-1597, 2014. ISSN 2169-3536.

Tshiamo Sigwele, Atm S. Alam, Prashant Pillai, and Yim F. Hu. Energy-efficient cloud radio access networks by cloud based workload consolidation for 5G. *Journal of Network and Computer Applications*, 78: 1-8, 2017. ISSN 1084-8045.

H. Tabassum, E. Hossain, A. Ogundipe, and D. I. Kim. Wireless-powered cellular networks: key challenges and solution techniques. *IEEE Communications Magazine*, 53 (6): 63-71, June 2015. ISSN 0163-6804.

TheClimateGroup. SMART 2020: Enabling the low carbon economy in the information age. Technical report, The Climate Group/Global eSustainability Initiative(GeSI), November 2008.

D. Wake, A. Nkansah, N. J. Gomes, C. Lethien, C. Sion, and J. P. Vilcot. Optically powered remote units for radio-over-fiber systems. *Journal of Lightwave Technology*, 26(15): 2484-2491, Aug 2008. ISSN 0733-8724.

Ximing Wang, Dongmei Zhang, Kui Xu, and Wenfeng Ma. On the energy/spectral efficiency of multi-user full-duplex massive MIMO systems with power control. *EURASIP Journal on Wireless Communications and Networking*, 2017 (1): 82, May 2017. ISSN 1687-1499.

J. G. Werthen, S. Widjaja, T. C. Wu, and J. Liu. Power over fiber: a review of replacing copper by fiber in critical applications. In *Proc. SPIE*, volume 5871, pages 58710C-58710C-6, 2005.

Y. Wu, Q. Yang, and K. S. Kwak. Energy Efficiency Maximization for Energy Harvesting Millimeter Wave Systems at High SNR. *IEEE Wireless Communications Letters*, 6 (5): 698-701, Oct 2017. ISSN 2162-2337.

第 12 章　面向 5G 时代雾计算增强的 FiWi 网络

本章作者：Bhaskar Prasad Rimal, Martin Maier

12.1　背景及研究意义

12.1.1　下一代 PON 及未来的发展

无源光网络(PON, passive optical network)被认为是一种极具吸引力的有线接入网解决方案，因为它具有网络容量高、可靠性高、成本低及可扩大覆盖范围等优点。而且由于该网络为无源网络架构，并且采用了点对多点的网络拓扑，因而部署起来相对容易[Kramer and Pesavento - 2002; Kramer et al. - 2012]。基于 PON 的光纤接入网对于实现高速和超高速的宽带业务至关重要[Effenberger et al. - 2007]。由于未来的接入网技术需要具备较高的容量以应对网络中业务流量需求的大量增长，因此光纤技术已在事实上成为应对未来需求的首选宽带接入技术。

由于其可靠性、容量大和成本低的优势，PON 技术似乎已成为支持三重播放业务(例如，数据、视频和语音)的各种有线接入技术中的最佳选择。它还可以支持不断增长的带宽密集型应用和服务[例如，高清(HD)电视、8K 超高清电视(HDTV)、高质量视频会议、3D 显示、全息成像、增强与虚拟现实，以及远程医疗和远程学习的沉浸式体验]。

在过去的几年中，ITU-T 和 IEEE 标准化机构开发了不同版本的 PON 技术[例如，吉比特 PON(G-PON)、以太网 PON(EPON)]来支持宽带业务的接入。为了便于说明，图 12.1 展示了 PON 的演进及其容量增长的趋势。ITU-T/FSAN(全面服务接入网)G.989 系列标准定义了 NG-PON2[ITU-T - 2013; Nesset - 2015]作为最先进的 PON 技术。这种架构依赖于时分和波分复用(TWDM)方案，它采用了单根光纤内的四波长复用(也支持八波长复用选项)的波分复用传输方式，其中每个波长都支持 10 Gbps 的下行线速率和 2.5 Gbps 的上行线速率，这样总的传输速率可达下行 40 Gbps 和上行 10 Gbps。但人们普遍认为 TWDM PON 的复杂度较高(例如，需要对波长与时隙进行协调，这就增加了 NG-PON2 中动态带宽分配算法的复杂性)，而且当前对其进行广泛部署的成本还十分高昂[Lam - 2016]。另一方面，IEEE 802.3 工作组于 2015 年 11 月成立了 P802.3ca 任务组[Group - 2016]，着手制定下一代 EPON(NG-EPON)的开发目标，旨在利用一个、两个或四个波长来支持一个光网络单元(ONU)，提供 25/50/100 Gbps 的系统容量，并实现与 IEEE 802.3av 10G-EPON 的共存。IEEE 802.3ca 标准的原理与 TWDM 方法类似，已于 2018 年获得批准。

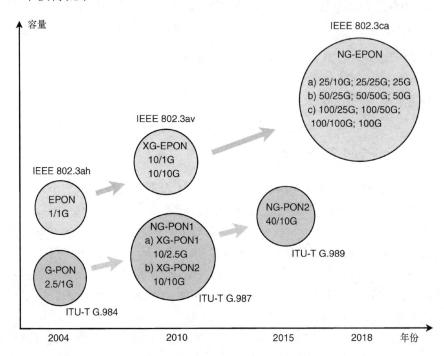

图 12.1　PON 的演进及其容量增长的趋势(对于 IEEE 802.3ca NG-EPON
的不同上行、下行传输容量的选择，目前还处于讨论之中)

　　当前以太网通信技术的发展又出现了一些新的趋势，例如用于云接入网[China Mobile Research Institute - 2011]的基于以太网的通用公共无线接口(CPRI)[1][Gomes et al. - 2015]，基于以太网承载 CPRI 的 TDM-PON[Shibata et al. - 2015]，基于以太网的移动前传(IEEE P1914.1)和企业网络中的无源光局域网(POL，passive optical LAN)[2]技术[Network Strategy Partners - 2009; Van-Etter - 2015; Nok - 2016]。本章在诸多的 PON 版本中(如 WDM-PON、TWDM-PON[Koonen-2006])选择并讨论了迄今为止最为流行和广泛部署的 PON 系统，即 TDM EPON(IEEE 802.3ah EPON/IEEE 802.3av 10G-EPON)。

---

① CPRI 是一种行业标准，它详细定义了无线电基站内部链接无线电设备控制单元与无线电设备之间的关键接口。更多关于 CPRI 的内容请参阅文献[CPRI - 2015]。

② 无源光局域网(POL)的解决方案基于 PON 技术(例如 EPON、G-PON)，并使用了与光纤到户 PON 相同的原理。POL 主要针对企业 LAN 的应用环境(例如企业、政府、医疗保健、教育机构和酒店服务提供商)进行了优化。POL 适用于更大的 LAN 部署和长期运营的解决方案，从而最大程度地节省运营成本(其运营成本的节省可高达 50%)[Van-Etter - 2015; Nok - 2016]。

EPON 基于以太网标准实现，其结构简单、易于管理；而且它的容量主要受到企业联网需求的驱动，并产生了规模效应。

近年来，ITU-T 和 IEEE 的 PON 标准都在努力地实现更高的 PON 容量（见图 12.1），已有的系统目前也已成熟[Maier - 2014b]。例如，最近 BT 展示了一种高速太比特光学传输技术，并成功地实现了速率为 3 Tbps 的超级光信道实验[Smith and Zhou - 2016]。这使得运营商得以从容不迫地扩展核心光传送网的容量，以满足 5G 及未来网络中带宽密集型业务不断增长的带宽需求。然而，人们对于宽带接入网的研究重点不仅仅是不断地扩大 NG-PON 的容量，还应转向效率的提升及对新兴服务和应用（例如，云计算和雾计算、移动回传与前传、网络虚拟化等）的支持方面。例如，考虑到网络功能虚拟化（NFV）和软件定义网络的新兴发展趋势，近年来日本电报电话公司（NTT）提出了灵活接入系统架构（FASA，flexible access system architecture）的概念[NTT Corporation - 2016]。FASA 的目标是要在下一代 PON 中通过使用 NFV——虚拟光线路终端（OLT），并结合模块化的功能[例如，波长控制、带宽控制、多播和 OAM（操作、管理和维护）的软件组件]来为实现光网络接入的设备提供更大的灵活性，而不是仅仅构建某些具有特定用途的硬件设备。

一般而言，由于受限于地理环境的原因或者有些场合需要通信接入满足移动性的要求，因此到处都部署光纤有时是不可行的。而另一方面，现有的无线接入技术[例如，无线保真（WiFi）、4G 长期演进（LTE）和 LTE-Advanced（LTE-A）]可以满足用户的移动性要求，但它们都需要一种可靠、大容量的回传链路，以满足那些新兴业务和应用（例如，3D 显示、HDTV 和高质量视频会议）的高带宽需求。此外，全息成像和一些具有沉浸式体验需求的业务，如虚拟现实与增强现实、远程医疗、远程学习和其他一些具有高带宽需求的应用都将继续增加对高速有线连接的需求。这种趋势也符合埃德霍尔姆的带宽定律[Cherry - 2004]，该定律指出，光纤网络和无线网络必将统一（或融合）为终端用户提供固定和移动的业务接入。鉴于此，光纤网络和无线网络的融合，也称为光纤-无线通信（FiWi）宽带接入网[Martin et al. - 2008; Maier and Rimal - 2015]，已被广泛认为是应对上述问题的主流解决方案，它能满足用户不断增长的带宽需求，如下文所述。

12.1.2　FiWi 宽带接入网

接入网被称为电信网络的"最后一千米"，它主要负责连接中心局与终端用户。目前主流的接入技术大致可分为两类：(i) 有线接入，例如数字用户线（xDSL）（ITU G.9701 G.Fast）、光纤到 x（FTTx，其中 x 可以表示建筑物/家庭/路边节点）；(ii) 无线接入，例如 WiFi（IEEE 802.11b/g/n/ac）、WiMax（IEEE 802.16e）、4G LTE/LTE-A。而集成的 FiWi 宽带接入网实现了有线与无线接入技术的有机结合。更具体地说，FiWi 组合了无线网络的优势(即泛在性、灵活性和低成本)与光纤网络的优势(即可靠性、稳健性和高容量)。此外,FiWi 网络还能支持许多新兴的业务。它不仅能向固定用户提供宽带连接,还能向移动用户提供宽带连接,有助于促进网络的创新并提高创收,以及提高我们的生活质量[Maier-2014a; Maier and Rimal - 2015]。

　　IEEE 光纤-无线集成技术小组委员会(TSC-FiWi)[Fiber-Wireless Integration Technical Subcommittee - 2016]对其在 FiWi 方面的工作做了如下的规定:"光纤-无线集成技术小组委员会致力于解决将光纤和无线网段集成为一个统一的有线-无线基础设施过程中的系统架构、技术及接口的问题。它并不关注光纤或无线网络各自领域中的架构或技术问题"。

　　大多数基于无线电-光纤(R&F)的 FiWi 网络都由光纤回传网段中一个级联的 TDM IEEE 802.3ah EPON 和无线前端网段中一个 IEEE 802.11a/b/g/n/s 的 WLAN 网状网构成。除了 NG-PON(例如,IEEE 802.3av 10G-EPON 或 WDM-PON),诸如可调谐激光器等光学技术对于 FiWi 网络中灵活且高成本有效的光回传网络的设计发挥着至关重要的作用[Martin et al. - 2008]。除了 WiFi 前端,FiWi 网络还可能包含一个蜂窝前端,例如 4G LTE/LTE-A。需要注意的是,根据 Aptilo(一个领先的 WiFi 供应商和运营商)的说法,我们最好认为 WiFi 和 LTE 是互补的技术而不是相互竞争的技术。同时,在用户和服务提供商之间存在着明显的"首选 WiFi"趋势[Apt - 2017]。另一方面,光接入技术始终可以比当前领先的无线和蜂窝接入技术提供更高的传输容量(见图 12.2 和文献[Maier - 2015; Rimal et al. - 2017c]),而下一代 WiFi 和蜂窝网络则是支持未来 5G 愿景的移动无线电技术。此外,需要重点关注的是 WLAN 似乎是实现高速移动数据传输迁移的一种高速且低成本的方案,在多种候选技术中颇受青睐。因为它总是能够提供比蜂窝网络高出 100 倍的高数据传输速率(参见图 12.2 和文献[Maier - 2015; Rimal et al. - 2017c])。此外,值得一提的是 IEEE 802.11ax-2019,即下一个高吞吐量 WLAN 的修订规范,其传输速率将比 IEEE 802.11ac-2013 规范所提出的传输速率快四倍[Leadership - 2017; Bellalta - 2016]。鉴于这些事实和发展趋势,我们提出了一种用于 FiWi 接入网中的 WiFi 前端,以满足未来 5G 网络中低延时和大容量的业务传输需求。

12.1.3　雾计算的角色

　　雾计算(FC)是一种新的计算范式,是一个高度虚拟化的平台。雾计算将集中式的云计算(例如 Amazon EC2)扩展到了网络的边缘,从而在数以十亿计的联网设备和传感器上实现了相应的程序和服务。其中在传感器上实现程序和服务对于物联网(IoT)而言显得很重要[Bonomi et al. - 2012]。雾计算可能会包含来自云的缓存状态,而且也有可能基于存储-转发的原则实现。

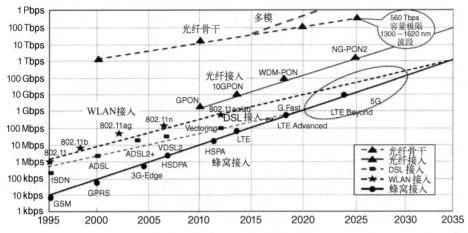

图 12.2　有线与无线通信技术的演进（含预测数据）。来源于文献[Décina - 2014]，基于贝尔实验室的数据[Fettweis and Alamouti - 2014]

雾计算的基础设施与集中式云的不同之处在于，它们是分散性的实体。雾节点部署在互联网的边缘，它们与相应的边缘设备(例如，移动电话、传感器、制动器)之间仅相隔无线连接的一跳或多跳的距离，并定期与云进行同步，从而实现了对多种应用的支持，例如那些有关增强现实和虚拟现实的计算密集型与延迟敏感型业务。统一的云-雾架构可以同时发挥集中式和分布式的云资源与服务的优势。雾计算的优势还包括：减少回传流量，通过在边缘和集中式的数据中心之间分发内容以提升网络的可靠性；通过剥离与分解接入网功能来降低成本，优化中心局的基础设施；以及在边缘提供创新性的服务。

雾计算还可用于一些工业应用。比如，IOx 是 Cisco 对雾计算的一种实现。它是一种雾计算的应用程序框架(一个路由器操作系统)，组合了在雾计算中执行的物联网应用、在行业引领的互联网操作系统(IOS, Internetwork Operating System)中的安全连接，以及实现了物联网传感器与云的可靠集成[Cisco Systems Inc. - 2017]。总之，雾计算拉进了云计算能力(例如，计算、存储、缓存)与边缘设备/事物之间的距离。一般而言，任何具有计算、缓存和存储能力及网络连接能力的边缘设备都可被认为是雾节点，例如工业控制器、交换机、路由器和视频监控摄像头。在实际应用中，雾节点最好是依靠 R&F 网络实现并部署在 FiWi 网络的边缘，并由此集成 ONU 接入点(AP)或 ONU 网状入口点(MPP)作为 FiWi 网络的边缘，从而为业务提供高带宽和低延时的连接。

12.1.4　计算迁移

计算迁移是一种通过将计算密集型任务从计算能力较弱的系统转移到计算能力较

强的系统，从而提高分布式系统中任务执行效率的方法。除了计算能力的迁移，这种能力的迁移还能以内存、系统负载和电池寿命等形式呈现[Wolski et al. - 2008]。这种方法也称为计算代理或网络游牧[Satyanarayanan- 2001; Balan et al. - 2007]。计算迁移也类似于 SETI@home 的概念[Anderson et al. - 2002]，其中计算任务被发送到一些代理处执行。但是请注意，SETI@home 是大规模的公共资源计算，而计算迁移通常是小规模的计算。

计算迁移的决策通常依赖于许多参数，包括带宽、服务器速度、内存、服务器的负载和移动客户端与服务器之间交换的数据量。我们可以采取若干种方法来实现，例如划分程序及在应用程序的行为和执行环境中预测参数变化。计算迁移还能以多种任务粒度级别执行，例如在过程、方法/函数、类、组件、任务、服务和应用/程序等细粒度、粗粒度的级别上实现。计算迁移还需要考虑许多因素，例如为何迁移(如需要提升能效)，如何决定迁移(即静态还是动态决定)，什么样的移动系统使用迁移(如手机、可穿戴设备、机器人)，应用的类型，以及计算迁移的基础设施(如云计算)[Kumar et al. - 2013]。计算迁移主要涉及以下四个步骤。

- 应用建模。在最新的文献中，我们可以找到三种类型的应用模型，即过程调用、服务调用和数据流。在这些应用模型中，过程调用最为常见。在过程调用模型中，应用程序可用一组函数来描述，其中每个函数依次调用其他函数。最近的研究如 MAUI [Cuervo et al. - 2010]、CloneCloud [Chun et al. - 2011]和ThinkAir[Kosta et al. - 2012]便采用了这种方法。在服务调用的情况下，一个应用由一组服务组成。在上述这两种方法中，人们可以用一个图或树来表示应用，而图或树的节点则表示过程/服务，而它的边则表示调用关系/服务。
- 程序剖析。设备和网络程序剖析涉及对设备与网络信息(例如，CPU、内存状态、网络带宽等信息)的收集。这些信息被用于生成应用的成本模型。例如，MAUI[Cuervo et al. - 2010]可剖析应用每部分的能耗。CloneCloud[Chun et al. - 2011]中采用了统一的静态剖析与动态剖析，在细粒度上自动地对应用进行拆分，而文献[Odessa Ra et al. - 2011]并不对应用、设备和网络进行独立的拆分，而是在运行时间和数据传输时间中对它们进行程序剖析。
- 优化。系统中使用了数学优化器，根据一个给定的应用及其成本模型来对目标(例如，总执行时间、能耗)进行优化。该成本模型包括完成时间、数据处理吞吐量、能耗或这些因素的任意组合。例如，MAUI[Cuervo et al. - 2010]优化设备的能耗，CloneCloud[Chun et al. - 2011]和 ThinkAir [Kosta et al. - 2012]依据程序员的选择优化执行时间或能耗，而文献[Odessa Ra et al. - 2011]中优化了数据流应用的完成时间。

- 应用的执行。应用的执行需要采用合适的方法来确定哪些任务需要在云基础设施上远程地执行。

客户端-服务器、虚拟机(VM)迁移和移动代理这三种方法都得到了广泛的使用。与传统的客户端-服务器架构不同，客户端应用程序可以在不同的粒度级别(例如，类、方法、任务、线程)进行分割。更具体地说，一个移动客户端请求服务器使用给定的参数执行某个特定的方法，服务器使用远程过程调用或远程方法调用协议来返回该方法的执行结果。基于客户端-服务器的计算迁移系统的一些例子包括 Spectra[Flinn et al. - 2002]、Chroma[Balan et al. - 2007]、Cuckoo[Kemp et al. - 2010]、MAUI[Cuervo et al. - 2010]等。在 VM 迁移方法中，客户端准备设备的任务图像并将其传输到服务器去执行。这种 VM 迁移的方法在 Slingshot[Su and Flinn - 2005]、CloneCloud[Chun et al. - 2011]、ThinkAir[Kosta et al. - 2012]、微云[Ha et al. - 2013]、微云增强的 FiWi[Rimal et al. - 2017c]及移动边缘计算赋能的 FiWi[Rimal et al. - 2016, 2017a, b]中都得到了应用。在移动代理方法中，计算功能从移动设备迁移至服务器，从而使移动代理成为控制它在不同机器之间移动的自主程序[Kumar et al. - 2013]。

12.1.5　一些关键问题与本章的贡献

近年来，移动数据流量急剧增长，这主要是由于视频业务的增长。图 12.3 展示了 Cisco 的可视化网络指数(VNI)和它对 2015—2020 年间全球移动数据流量的预测(仅预测了蜂窝业务的流量)。从图 12.3 中我们可以观察到，移动视频流量占据所有移动数据流量的 50% 以上。而且它在 2015—2020 年间还将进一步增长 11 倍；到 2020 年底，移动视频流量将占据全球移动数据流量的 75%。此外还应注意的是，2020 年的移动数据流量将增加到十年前(2010 年)全球移动数据流量的 120 倍[Cisco Systems Inc. - 2016]。更为重要的是，我们还能预见到随着物联网/机器到机器(M2M)设备的惊人增长，联网设备数量还将会大幅度增加。尤其是从 2015 年到 2020 年，M2M 的流量增长了 21 倍，2020 年的业务流量达到了每月 2.1 艾字节(exabyte)[Cisco Systems Inc. - 2016]。联网设备数量呈螺旋式增长的趋势及数据流量的迅猛增长，势必要求通信网络具有更高的容量和更强的可扩展性。

除了上面介绍的移动数据应用的发展趋势，另一个趋势来自新的商业机会。根据经济合作与发展组织(OECD)方面的消息，数字经济已经引发了一系列新的商业模型，包括在线支付服务、电子商务、云计算、应用商店、高频交易、在线广告和参与式网络平台[OECD Publishing - 2014]。由于这些新的商业模型支持更大规模的垂直市场，它们势必需要新的网络传输能力和更好的网络性能。鉴于这些趋势和不断发展的新业务模型，4G 技术可能会限制移动业务的进一步增长，尤其当考虑到 2020 年及其以后业务带宽需求的急剧增长。

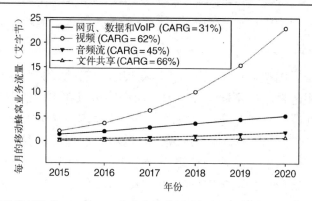

图 12.3　网络业务流量的发展趋势：Cisco VNI 全球移动数据流量(仅考虑蜂窝业务)的预测(2015—2020 年)。
(来源：改编自[Cisco Systems, Inc. - 2016])。CARG: compound annual growth rate，综合年增长率

为应对上述的发展趋势和挑战，未来 5G 网络将发挥重要作用。5G 时代的应用将对通信网络提出更加严格的要求，例如超高的连接可靠性和超低的信息传输延时。这些要求将推动网络边缘本地化需求的急剧增长[Rimal et al. - 2017a]。鉴于人们对 5G 中有线/无线网络和分布式网络(例如，M2M/D2D 通信、小型蜂窝)集成的兴趣不断增加，FiWi 网络则提供了一种既可服务于传统云计算，又可服务于新兴的分布式雾计算的完美架构。然而，在 FiWi 网络中集成雾计算(在下文中称为 FC-FiWi)并非易事，因为这对系统提出了若干个网络架构和资源管理方面的挑战。传统的云计算为业务提供了具有高存储量和快速处理能力的基础设施。然而，其不利的一面是它具有较大的信息传输延时，业务的实时处理比较难以实现[Rimal and Maier - 2017; Rimal and Lumb - 2017]。而与此相反，雾计算则可提供较低的信息传输延时，但它的不利之处是它的计算能力和存储容量与集中式云相比都很有限。因此，云计算和雾计算势必会共存，从而共同支持各种即将出现的服务与应用，例如 5G 网络中那些关键和无法容忍信息传输延时的业务。

在 FC-FiWi 网络中，云计算与雾计算可以按两种形式实现共存，即云/FiWi 共存及雾和 FiWi 流量(例如，三重播放业务)的共存。而要在这样的网络中支持 5G 时代的各种复杂类型的服务与应用，维持每个业务严格的 QoS 要求而不会彼此产生负面影响并不是容易的事。因为这会对网络提出多样化的通信需求[Rimal et al. - 2017a]。此外，在FiWi 网络的边缘提供超高的可靠性的连接(即达到 99.999%的可用性)是 FC-FiWi 网络需要面临的重要挑战之一。这要求人们设计高度优化协议，因而给协议的设计带来了较高的复杂性[Rimal et al. - 2017a]。例如在实际的应用中，光纤回传链路有可能发生断纤故障，而且雾计算的基础设施也可能会发生故障。此外，来自/去往接入点的链路也可能会发生故障。这些故障都有可能导致网络经历大面积的服务中断。

为此，本章重点关注了 5G 网络连接的高可靠性，包括网络连接能力的增强和业

务传输低延时的关键属性，并深入研究了如何通过 FC-FiWi 网络来实现这些属性。本章的目标是设计一种网络架构，并开发一种新颖、统一的网络资源管理方案(对于有线和无线两个网段设计一种简化的管理构架，从而实现集成的资源管理)，并研究这些方案所能获得的性能提升。应该注意的是，在前期的研究中，FiWi 网络中都使用了带有冲突避免的载波监听多路访问协议作为随机的媒体访问控制协议[Martin et al. - 2008; Maier - 2014a, b]。然而，要满足 FC-FiWi 网络实时、低延时和低能耗的要求，我们还需要一种确定性的媒体访问机制。因此，我们开发了基于时分多址(TDMA)的媒体访问控制协议。更具体地说，从资源管理的角度来看，我们基于两层的 TDMA 设计了一个统一的、去中心化的资源管理方案，其中雾计算的业务被安排在主要 FiWi 业务的时隙之外，以保持云业务与 FiWi 业务的共存。从模型的角度来看，它提供了对网络生存能力和端到端连接延时性能的全面分析。从验证和测量的角度来看，我们开发了一个实验测试台，并对提出的相关概念进行了验证，且依据不同的性能指标对网络性能进行了验证与测量。我们通过实验与理论分析对所提方案的性能进行了详细的验证与讨论。

本章的其余部分安排如下：12.2 节描述了雾计算增强的 FiWi 网络和统一资源管理方案；12.3 节详细分析了网络的生存性和端到端的数据包传输的延时性能。12.4 节讨论了方案的执行与验证，包括对所提概念进行验证的方法、实验测试平台的实现和所获得的结果。最后，12.5 节给出了结论，并对未来的研究进行了展望。

12.2　雾计算增强的 FiWi 网络

12.2.1　网络架构

图 12.4 给出了 FC-FiWi 网络架构，其中的光纤回传链路由广泛使用的 IEEE 802.3ah EPON 构成。远端光网络单元(ONU)之间及 ONU 和 OLT 之间拓展的网络连接可达 100 km。宽带业务连接和云服务通过光纤回传链路提供给终端用户。OLT 与各种类型 ONU 之间的连接采用了树状分支拓扑。网络中的一些 ONU 被部署于商业和/或住宅用户处，为固定用户提供 FTTx 服务(例如，光纤到办公室/家庭)。

此外，还有一些 ONU 配备了无线 MPP，以便与无线网状网络连接。请注意，网状节点(MP，mesh point)是将数据包转发到其他 MP 的中继节点，并且根据配置参数的不同，MP 支持多个无线网状连接业务。ONU-MPP 可以通过光纤链路连接至一台或多台雾服务器，从而在用户的附近为其提供云服务。我们所设想的 FC-FiWi 网络为其提供了成熟的通信基础设施。

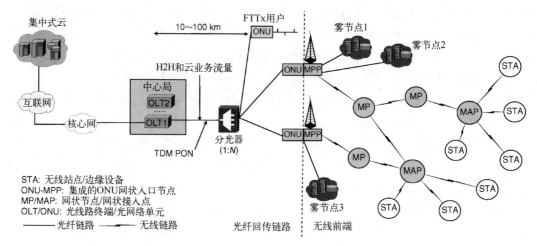

图 12.4　FC-FiWi 网络架构（来源：改编自[Rimal et al. - 2017b]）© 2018 IEEE. Reprint with permission.

12.2.2　协议描述

本章所提出的协议的操作过程如图 12.5 所示。该系统的设计基于带有轮询机制的双层 TDMA 设计。其中第一层 TDMA 主要用于光纤回传链路，其中 OLT 负责为业务分配带宽并为每一个 ONU-AP/MPP 分配上行的时隙；同时向所有的 ONU-AP/MPP 广播下行帧[Rimal et al. - 2017b]。每个 ONU-AP/MPP 对于并非发送给它的下行帧实施丢弃处理。在第二层 TDMA 中，由 ONU-AP 在子时隙中分配带宽，并对所有与之连接的边缘设备的 FiWi 和云业务(包括雾和集中式云)的传输进行调度。在其分配的时隙中，ONU-AP/MPP 发送其上行数据帧(例如，雾/云迁移、FiWi 数据帧)至 OLT，而 ONU-AP/MPP 接收来自 OLT 的下行数据帧(例如，计算结果、下行 FiWi 数据业务等)并立即将它们广播到其相应的边缘设备。

云和雾业务的调度发生在一个 PON 的轮询周期内，且在 ONU-AP 的时隙之外。这使得雾、云和 FiWi 业务流量可以共存，而不会降低 FiWi 网络的性能。当收到来自一个边缘设备的 PS-Poll 消息时，ONU-AP 基于给定的服务等级协定或 QoS 要求来决定在哪里(雾或云)迁移计算任务。对于云端的计算迁移场景，计算迁移时需要在其时隙的末端向 OLT 发送 REPORT 消息[Rimal et al. - 2017b]。其计算迁移子时隙的开端与持续时间通过 Beacon(信标)消息广播至边缘设备。当 OLT 收到来自 ONU-AP 的计算迁移任务后，它再将其发送给云。与云迁移的场景类似，雾业务的传输也是在 PON 的轮询周期内进行的，而且在 ONU-AP 时隙外进行调度，从而使得 FiWi 和雾业务可以实现共存。在该场景下，由 ONU-AP 来确定雾的子时隙，而不必通知 OLT。

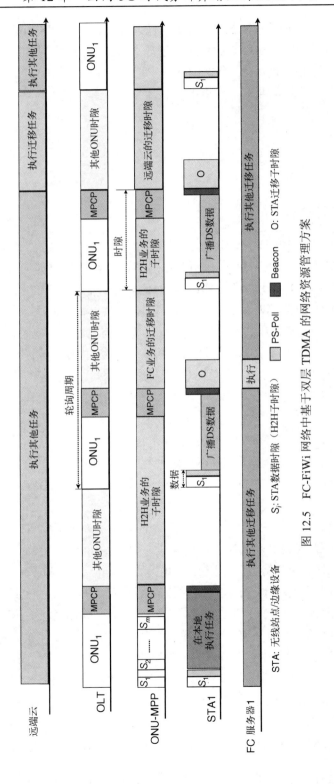

图 12.5　FC-FiWi 网络中基于双层 TDMA 的网络资源管理方案

STA/边缘设备的传输子时隙由 ONU-AP 通过 Beacon 和 PS-Poll 消息进行分配。ONU-AP 向其 STA 广播一个 Beacon，STA 包含上行 FiWi 的子时隙映射，而每个 STA 在它的 FiWi 子时隙的末端发送一个 PS-Poll 消息。STA 发送迁移的流量并接收来自雾服务器或云服务器的计算结果。至于更多的技术细节，感兴趣的读者可以参阅[Rimal et al. - 2017b]。

12.3 分析

12.3.1 生存性分析

网络在链路或节点故障的情况下仍能持续提供服务的能力称为网络的生存能力[Rimal et al. - 2017b]。我们所考虑的 FC-FiWi 网络在通常情况下是可靠的，因为其网元都是无源的(无须供电)，出现故障的概率相对比较小。但需要注意的是，由于光纤有可能会被切断，因此 FC-FiWi 网络中可能会发生链路故障，这最终也会导致网络变得不可靠。单个或多个 ONU 及其对应的用户有可能会与 OLT 断开连接。此外，雾服务器也可能会由于电源故障或服务器崩溃而停机。在网络中为业务提供高可靠性的雾计算服务是至关重要的，尤其是对于那些对信息传输延时比较敏感的应用而言。不同于现有的研究成果，在此我们考虑了不同类型的光纤回传线路冗余和不同雾服务器的保护方案。

需要注意的是，ITU-T 建议 G.983.1 中并未包括有关 ONU 之间通过直接通信来提高 PON 可靠性的内容。首先，相邻的 ONU 之间通过成对的互联光纤 (IF, interconnection fiber) 实现连接(见图 12.6 中的 ONU_{N-1} 和 ONU_N) [Rimal et al. - 2017b]。每对 ONU 之间的通信可在光纤被切断或任意一个 ONU 失效的情况下通过它们之间相应的冗余 IF 实现互相保护，其代价是在对 ONU 进行升级时，需要为其配备额外的光开关。需要注意的是，这种基于 IF 的方案是在 ONU 之间及其与 OLT 之间建立连接的一种极具前景的连接方案，尤其是对于用户分布比较稀疏的地方而言，它是一种成本有效的方案[Maier - 2012]。其次，我们为每对节点之间的连接链路都配置了冗余备份光纤链路，如图 12.6 所示。第三，我们提出的雾计算(FC)保护方案包括一个冗余的 FC 服务器和连接 ONU-MPP 与 FC 服务器之间的备份光纤连接，如图 12.6 所示。下面，我们基于一个无线网状网络进行 FC、光纤回传链路方案的生存性分析。

(1)在本章的 FC 生存性分析中，我们考虑了数据包传输和任务执行失败、ONU_k 与 FC 服务器之间的光纤断裂，以及 FC(雾计算)服务器失效[Rimal et al. - 2017b]等情况。设 STA = $\{1, 2, \cdots, N_{st}\}$、ONU= $\{1, 2, \cdots, N_{on}\}$、FC = $\{1, 2, \cdots, N_{fc}\}$ 和 OLT= $\{1, 2, \cdots, N_{ol}\}$ 分别表示网络中 STA(无线站点)、ONU、OLT 的集合，其中每个集合中的最后一个元

素表示该集合中元素的个数。设 $P_{\mathrm{f}(ij)}$ 表示 i 和 j 之间连接的失效概率，其中 $i, j \in (\mathrm{STA} \cup \mathrm{ONU} \cup \mathrm{OLT} \cup \mathrm{FC})$。ONU 与 FC 服务器之间的 FiWi 失效概率可根据下式计算[Rimal et al. - 2017b]：

$$P_{\mathrm{f}(ij)}^{\mathrm{ONU}_n} = 1 - \prod_{n=1}^{N}(1 - P_{\mathrm{C}(ij)})(1 - P_{\mathrm{C}(ij)}') \tag{12.1}$$

其中 $P_{\mathrm{C}(ij)}$ 和 $P_{\mathrm{C}(ij)}'$ 分别表示 ONU 和 FC 服务器之间主用、备用光纤被切断的概率。

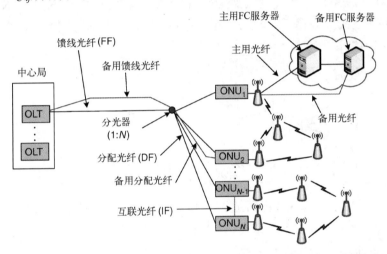

图 12.6　对光纤回传、雾计算和无线连接进行保护的方案（来源：改编自 [Rimal et al. - 2017b]）© 2018 IEEE. Reprint with permission.

FC 服务器的可靠性概率可表示为[Rimal et al. - 2017b]

$$\mathcal{R}^{\mathrm{FC}} = \prod \left[\exp\left\{ -F_{\mathrm{tx}}^{\mathrm{FC}} \cdot \left(\frac{P^{\mathrm{tx}}}{C_{\mathrm{FC}}} \right) \right\} \cdot \exp\left\{ -F_{\mathrm{ofl}}^{\mathrm{FC}} \cdot \left(\frac{C_{\mathrm{fc}}'}{S_{\mathrm{fc}}} \right) \right\} \right] \cdot \prod (1 - P_{\mathrm{f}}^{\mathrm{a}})(1 - P_{\mathrm{f}}^{\mathrm{s}}) \tag{12.2}$$

其中 $F_{\mathrm{tx}}^{\mathrm{FC}}$、$F_{\mathrm{ofl}}^{\mathrm{FC}}$、$P_{\mathrm{f}}^{\mathrm{a}}$ 和 $P_{\mathrm{f}}^{\mathrm{s}}$ 分别表示传输失效率、迁移的数据包执行失败的概率、主用 FC 服务器的失效概率及备用 FC 服务器的失效概率。则 ONU_k 与一个可靠的 FC 服务器之间保持 FiWi 连接的概率可由式(12.1)、式(12.2)来计算：

$$\mathcal{P}_{\mathrm{C}(ij)}^{\mathrm{ONU}_k} = \prod_{n=1}^{N}(1 - P_{\mathrm{f}(ij)}^{\mathrm{ONU}_n}) \cdot \mathcal{R}^{\mathrm{FC}} \tag{12.3}$$

（2）回传段的失效概率。在考虑光纤冗余方案时，ONU_i 和 OLT 之间的 FiWi 失效概率可使用下式进行计算[Rimal et al. - 2017b]：

$$P_{\mathrm{f}(ij)}^{\mathrm{ONU}_n} = 1 - \prod_{n=1}^{N}(1 - P_{\mathrm{C}(is)})(1 - P_{\mathrm{C}(is)}') \cdot (1 - P_{\mathrm{C}(sj)})(1 - P_{\mathrm{C}(sj)}') \tag{12.4}$$

其中 $P_{C(is)}$、$P'_{C(is)}$、$P_{C(sj)}$ 和 $P'_{C(sj)}$ 分别表示传输、备用传输、馈线和备用馈线的光纤被切断的概率，s 表示 PON 中的分光器。

(3) FC-FiWi 前端的失效概率。部署于同一地点的 ONU-MPP 使用无线网状网络将业务流量以无线传输的方式从一个 ONU 路由到另一个 ONU。然后它再以光纤传输的方式将业务流量传输至 OLT。设 $P_f^{\text{Path}_i^{w(y,x)}}$ 表示 ONU_x 和 ONU_y 之间的第 i 条无线路径的失效概率。进一步，我们用 NW_i 个 MP 通过无线路径 $\text{Path}_i^{w(y,x)}$ 连接至 MPP_y 和 MPP_x，其中 $\text{MP}_{i_{z_k}}$ 是在无线路径中距离其 k 跳的 MP。总而言之，对于给定的 ONU、MPP、MP、MAP 和 FC 的失效概率，FC-FiWi 网络中 STA_k 的 FiWi 连接概率可由下式计算[Rimal et al. - 2017b]：

$$
\begin{aligned}
P_{C(ij)}^{\text{STA}_k} = {} & (1 - P_f^{\text{MAP}_q})(1 - P_f^{\text{MP}_1}) \cdots (1 - P_f^{\text{MP}_l})(1 - P_f^{\text{MPP}_y}) \\
& \left(1 - \prod_{\forall | x \leftrightarrow y} \left[1 - \left(1 - \prod_{i=1}^{N_{\text{WP}(y,x)}} P_f^{\text{Path}_i^{w(y,x)}} \right) (1 - P_f^{\text{ONU}_x}) \right] \right) \cdot \\
& \left(\prod_{n=1}^{N} (1 - P_{C(ij)})(1 - P'_{C(ij)}) \right) \cdot \left(\prod_{n=1}^{N} (1 - P_{f(ij)}^{\text{ONU}_n}) \cdot \mathcal{R}^{\text{FC}} \right)
\end{aligned}
\tag{12.5}
$$

其中 STA_k 连接至 MAP_q，而 MAP_q 再通过一些中间的 MP（即 $\text{MP}_1, \cdots, \text{MP}_l$）连接至 MPP_y。式中最后一项的值可由式(12.1)和式(12.2)代入计算。

12.3.2　端到端延时分析

当在网络的边缘节点执行任务的时间比起将任务迁移至一个雾计算节点的响应时间更长时，就应该执行计算迁移。我们将上述两个业务执行时间的差值定义为迁移增益[Rimal et al. - 2017a]，而将计算迁移增益与任务在本地边缘设备执行时的响应时间之比定义为响应时间效率[Rimal et al. - 2017a]。进一步，我们将数据包在数据缓冲区中等待的时间定义为数据包延时。从边缘设备到 OLT（即端到端）的平均数据包延时被定义为信号传输延时与 FiWi 业务平均端到端数据包延时之和。对于所提出的方案，我们基于具有 M/G/1 队列的轮询模型[Rimal et al. - 2017b]来分析它的性能。具体而言，我们假设 MP/MAP 按照先到先得的方式来为数据包提供服务，并将无线网状网络中的每个 MP/MAP 都建模为一个 M/M/1 队列。因此 FC、集中式云及 FiWi 整体的平均端到端数据包延时可由以下表达式给出[Rimal et al. - 2017b]：

$$
\mathcal{D}_{\text{FC}} = \begin{cases}
\dfrac{T_c}{2N}(3N + 1 + \rho^{\text{FC}}), & \text{对于单跳情况} \\[3mm]
\left[\dfrac{T_c}{2N}(3N + 1 + \rho^{\text{FC}}) \right] + \displaystyle\sum_{i=1}^{\mathcal{N}-1} \left[\dfrac{1}{\mu C_i} + \dfrac{1}{2\mu C_i} + \dfrac{\rho_i}{\mu C_i - \lambda_i} \right], & \text{对于多跳情况}
\end{cases}
\tag{12.6}
$$

$$
\mathcal{D}_{\text{cloud}} =
\begin{cases}
\left(\dfrac{T_c}{2N} (3N + 1 + \rho^{\text{cloud}}) + T_{\text{prop3}}, & \text{对于单跳情况} \\[2ex]
\left(\dfrac{T_c}{2N} (3N + 1 + \rho^{\text{cloud}}) + T_{\text{prop3}} + \\[2ex]
\displaystyle\sum_{i=1}^{\mathcal{N}-1} \left[\dfrac{1}{\mu C_i} + \dfrac{1}{2\mu C_i} + \dfrac{\rho_i}{\mu C_i - \lambda_i} \right], & \text{对于多跳情况}
\end{cases}
\tag{12.7}
$$

$$
\mathcal{D}_{\text{fiwi}} =
\begin{cases}
\dfrac{\lambda \overline{X^2}}{2(1 - \rho^{\text{fiwi}})} + \dfrac{(3N - \rho^{\text{fiwi}})\overline{V}}{2(1 - \rho^{\text{fiwi}})} + \dfrac{\sigma_v^2}{2\overline{V}} + \overline{X} + 2T_{\text{prop2}} + \\[2ex]
\dfrac{(P^{\text{tx}} + P^{\text{rx}})}{r_d} + 2T_{\text{prop1}}, & \text{对于单跳情况} \\[2ex]
\dfrac{\lambda \overline{X^2}}{2(1 - \rho^{\text{fiwi}})} + \dfrac{(3N - \rho^{\text{fiwi}})\overline{V}}{2(1 - \rho^{\text{fiwi}})} + \dfrac{\sigma_v^2}{2\overline{V}} + \overline{X} + 2T_{\text{prop2}} + \dfrac{(P^{\text{tx}} + P^{\text{rx}})}{r_d} + \\[2ex]
2T_{\text{prop1}} + \displaystyle\sum_{i=1}^{\mathcal{N}-1} \left[\dfrac{1}{\mu C_i} + \dfrac{1}{2\mu C_i} + \dfrac{\rho_i}{\mu C_i - \lambda_i} \right], & \text{对于多跳情况}
\end{cases}
\tag{12.8}
$$

其中 σ_v^2 表示每个预留时间的方差，r_d 表示一个无线通信链路所能提供的最大带宽，其值由著名的香农容量公式定义。式中 $\overline{X}$ 和 $\overline{X^2}$ 分别表示 ONU-AP$_i$ 数据包服务时间的一阶矩和二阶矩，$\overline{V}$ 代表预约时间的一阶矩，$\rho^{\text{fiwi}} = \lambda \overline{X}$ 是聚合的 FiWi 流量负载。其余参数的定义见表 12.1。有关上述方程中每个参数分析的更多详细信息，请参阅文献 [Rimal et al. - 2017b, 2016]。

表 12.1　系统参数及默认值

参数	描述	值
C，C_{cloud}，C_{FC}	ONU-AP、云、雾传输容量	6900 Mbps, 10 Gbps, 10 Gbps
N	FC-FiWi 网络中 ONU 的数量	32, 64
M	无线 STA 的数量	8 ~ 100
T_{prop1}，T_{prop2}，T_{prop3}，T_{prop4}	边缘设备/STA 和 ONU-AP 之间在空气中的信号传输延时，ONU-AP 和 OLT 之间的信号传输延时，OLT 和传统云之间的光纤信号传输延时，ONU-AP 与 FC 服务器之间的光纤信号传输延时	0.00033 ms, 0.05 ms, 50 ms, 0.01 ms
T_g，T_c	两个连续时隙之间的保护间隔时间，PON 轮询周期	1 μs, 1 ms (可变的)
$T_{\text{pon}}^{\text{ms}}$，$T_{\text{wl}}^{\text{ms}}$	传输 MPCP 消息和 STA PS-Poll 消息的时间	0.512 μs，0.12 μs
P_f^{MPP}，P_f^{MP}，P_f^{MAP}	MPP、MP 和 MAP 的失效概率	10^{-7}

12.4　执行与验证

对于所提出的方案，我们使用数值仿真结果和一个验证性的实验演示对其进行了性能评估。图 12.7 展示了我们所采用的性能验证方案。基于这个概念性的验证与实验演示，我们测量了上述方案的性能指标。下面，我们对所采用的实验测试平台进行更加详细的描述。

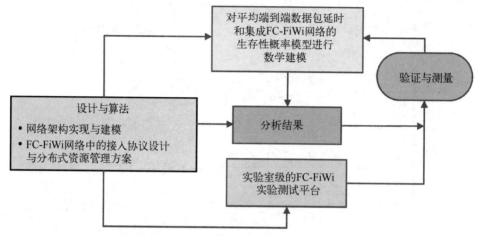

图 12.7　所采用的性能验证方案：建模、数值仿真与实验测试平台

12.4.1　实验测试平台

实验测试平台由一个 EPON（Sun Telecom 4×ONU）和一个 WLAN（容量为 1 Gbps）组成，其中 EPON 与 OLT 网络之间的距离可达 20 km。ONU 将雾服务器（Dell OptiPlex 9020 台式机）连接至多个边缘设备。我们考虑了包含一个集成 ONU-AP 的 FC-FiWi 网络，其中 ONU-AP 连接一个边缘设备（Dell Inspiron 3521 笔记本电脑）。我们在 FC-FiWi 网络边缘侧使用 OpenStack++ 开源云平台开发了雾计算平台，其中运行于雾服务器的 VM（虚拟机）为四核的虚拟 CPU，其时钟频率为 3.6 GHz。该虚拟机具有 50 GB 的硬盘和 10 GB 的 RAM。为了模拟集中式云，我们采用了 Amazon 弹性计算云（Amazon EC2）来模拟公共云提供商。图 12.8 给出了实验中雾计算增强的 FiWi 网络的实验测试平台，以及所采用的其他网络设备清单。

12.4.2　实验分析结果

本节介绍了我们在各种网络配置条件下所获得的实验分析结果。其中 IEEE 802.11ac 超高吞吐量 WLAN 以 6900 Mbps 的线速率运行。我们对集成 ONU-AP/MPP 的流量负载进行了归一化，并在 0.3 至 0.9 范围内改变 FiWi 流量负载。计算任务的数据负载被分成数据包，其应用都被分成细粒度的任务。该方法类似于文献[Cuervo et al. - 2010]中的做法。我们假设集中式云的计算能力高于雾计算 1000 倍。为了便于展示，我们将一个人脸检测应用进行计算迁移。应指出的是，我们所提出的方案中的计算迁移适合于任何应用。其余的参数设置汇总于表 12.1 中。

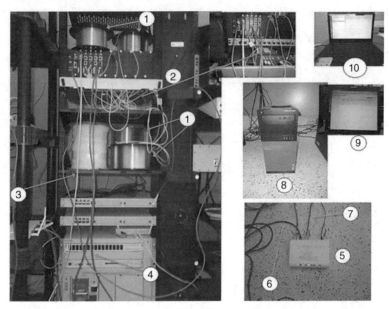

图 12.8　实验测试平台：①光纤盘；②远端 EPON 节点的无源分光器；③核心网中连接网关的光纤；④连接接入点的光缆；⑤WLAN 接入点；⑥连接一个 ONU 的以太网电缆；⑦连接雾服务器的以太网电缆；⑧运行 OpenStack++平台的雾服务器；⑨在 OpenStack++中运行的 VM 样机；⑩运行边缘应用的 STA/边缘设备（来源：改编自[Rimal et al. - 2017c]）© 2018 IEEE. Reprinted with permission.

根据前文所述，生存能力是 FC-FiWi 网络中需要解决的关键问题之一。图 12.9 说明了我们所提出的生存性方案的优势。在无线保护方案中，网络中的一个 ONU 通过无线方式经过三跳网状网络路径连接至其相邻的 ONU。从图 12.9 中所展示的实验结果可以看出，通过联合使用馈线光纤、分配光纤、互联光纤、无线保护和雾计算的冗余方案，FiWi 网络在各种不同的 PON 光纤链路失效概率条件下的连接性与没有光纤冗余的情况相比都得到了明显的改善。例如，对于 PON 光纤链路失效概率为 0.1 的情况，FiWi 对于 STA 所提供的连接的生存性概率可达 0.81。显然，这表明我们所提出的方案能够提供高可靠性的宽带和雾计算服务。

连接延时取决于流量负载，而当 FiWi 流量负载增加时，D_{FC} 和 D_{cloud} 都会增加。在对 FiWi 数据包的延时进行分析时，我们也发现了类似的变化趋势。我们注意到 $D_{cloud} > D_{FC}$，如图 12.10 所示。例如，在具有 32 个 ONU-AP/MPP 的分析场景中，对于所有的 FiWi 流量负载而言，D_{FC} 和 D_{cloud} 分别低于 133.5 ms 和 233.5 ms。根据式（12.6）、式（12.7）和式（12.8），连接延时（不仅是 PON 轮询周期的功能）也受到了信号传输延时和

ONU-AP/MPP 处聚合流量负载的影响。例如，对于一个给定延时阈值为 44.5 ms 的雾计算(作为一个例子)，32 个 ONU-AP/MPP 的可接受的聚合 FiWi 流量负载不得超过 0.7。决定将计算任务迁移至何处是 FC-FiWi 网络中需要考虑的另一个重要问题，对此图 12.10 给出了一些有价值的信息。对于一个典型的 32 ONU-AP/MPP 网络，当其 FiWi 流量负载小于或等于 0.5 时，雾计算所经历的延时低于 26.74 ms，而云计算在此情况下的延时为 126.7 ms。这意味着许多对延时敏感的应用都可以迁移至 FC-FiWi 而不是在集中式云中进行计算。

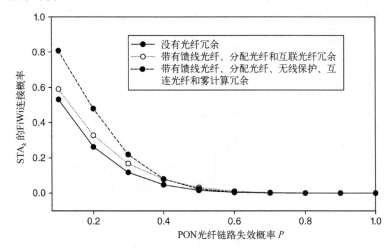

图 12.9   一个边缘设备的 FiWi 连接概率随 PON 光纤链路失效概率的变化

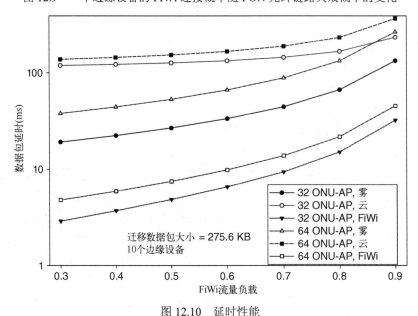

图 12.10   延时性能

为了进一步验证上述分析模型的准确性，我们根据实际的配置参数进行了实验分析。从图 12.11 中可以看出，我们所获得的实验结果与上述数值分析结果实现了正确的匹配。更具体地说，图 12.11 显示了在流量负载为最大值 0.95 和轮询周期时间为 5 ms 的条件下，雾计算的平均响应时间略高于响应的分析结果。例如，在迁移负载为 0.22 时，雾服务器的平均响应时间为 68.7 ms，而此时与之相对应的分析数值为 63.6 ms。

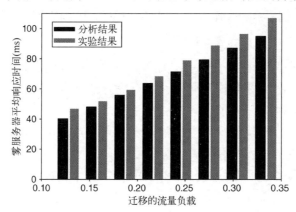

图 12.11　实验结果与分析结果的比较：雾服务器平均响应时间随流量负载的变化

12.5　结论与展望

12.5.1　结论

在本章中，我们介绍了集成了 EPON、WLAN 的功能且能为网络带来诸多好处的 FC-FiWi 网络。为了使该集成网络能够高效地运行，我们开发了一种基于两层 TDMA 的统一资源管理方案来同时对 FiWi、雾和云业务流量进行调度。我们提出的网络架构对于光纤断裂故障显示出很高的生存能力，但其中央 OLT 仍是一个有可能出现故障的单一点。为了对网络中 FiWi 和雾计算部分的生存能力进行评估，我们对所提出的不同保护方案的性能进行了验证。我们推导了一个理论模型框架来分析网络中 FiWi 和云流量的数据包的延时性能。所得结果揭示了在 FiWi 网络中实施雾计算的有效性。更具体地说，我们所提出的方案可提供较低的端到端计算迁移延时和 FC-FiWi 网络边缘连接较高的可靠性，并且不会对网络的 FiWi 宽带业务性能产生负面影响。相关的分析结果表明，对于一个典型的应用场景，即 32 个 ONU-AP/MPP 且 FiWi 流量负载为 0.6，当采用我们所提出的方案时，其雾计算和云计算的数据包延时可分别达到 33.41 ms 和 133.41 ms，并且不会降低网络中 FiWi 业务的性能。

12.5.2　展望

随着 5G 网络的不断发展和人们对其研究兴趣的日益增长，FiWi 接入网在对各种新型服务的支持与为网络带来许多新机会等方面显示出巨大的发展潜力。因此，本章在 FiWi 方面所做的研究与贡献也为该技术的进一步发展奠定了基础，具有重要的实际价值。基于本章的研究工作，我们认为未来 FiWi 接入网的一些潜在的研究方向如下。

- 承载区块链网络的 FC-FiWi。区块链是一种分布式的和透明的公共记账系统，它记录着所有的交易数据，并允许所有没有建立信任关系的节点之间进行可信赖的交互而无须第三方的介入。区块链技术包含密码学、数学、算法和经济模型，它使用了分布式的一致性算法组合了点对点的网络[Gervais et al. - 2014]。在众多的区块链技术平台中，由 Satoshi Nakamoto 在 2009 年[Nakamoto - 2008]提出的比特币是基于区块链技术的去中心化加密货币，在业界颇受关注。区块链技术的基础是去中心化的共识机制(即所有区块链节点都支持相同的系统状态)，该技术已在分布式计算领域得到了研究与应用[Chen et al. - 1992]。然而，公共的区块链网络面临着如何实现可扩展性的问题，尤其是在网络带宽、大小和存储需求方面；并且其在信息传输延时方面表现出了长尾分布[Tschorsch and Scheuermann - 2016]，而信息传输延时却是区块链安全性的重要依靠。因为更长的延时就意味着会增加网络受到攻击的可能性。在现有的设计中，区块链不适合处理繁重的计算任务。为解决这些问题，FC-FiWi 网络在区块链方面的应用将会是一个很有意义的研究课题。
- 同构与异构机器。在目前的网络中，人们所设计的算法、模型和主机配置都是在假设所有配置于雾和远端云的机器(即计算机)为同构的条件下实现的。然而已有的研究表明，云的环境往往是一个异构的环境，其中的所有机器虽然类型相同，但其各方面的能力往往千差万别。类似地，雾的环境中也可能包含多个具有一定异构性的服务器。因此我们下一步的研究工作还可以充分考虑这种机器之间的性能差异，从而对我们所提出的模型和分析结果进行扩展。
- 快速移动用户与准静态用户。我们提出的模型与算法还没有充分考虑用户的移动性。显然，由于雾和移动用户之间的连接具有间歇性，将计算任务迁移至雾计算系统还存在一定的挑战。为此，在我们已有研究的基础上广泛考虑多种用户移动的现实场景，并纳入对连接进行预测，这是对所提出的方案一个很有意义的拓展。更具体地说，快速移动用户与准静态用户对于 FC-FiWi 网络性能的影响将是下一步研究中一个很有吸引力的课题。

参考文献

D. P. Anderson, J. Cobb, E. Korpela, M. Lebofsky, and D. Werthimer. Seti@home: An experiment in public-resource computing. *Communications of the ACM, 45*(11): 56-61, Nov. 2002.

High Efficiency (HE) Wireless LAN Task Group. Aptilo Networks, Dec.5 2017.

R. K. Balan, D. Gergle, M. Satyanarayanan, and J. Herbsleb. Simplifying cyber foraging for mobile devices. In *Proc. 5th International Conference on Mobile Systems, Applications and Services (MobiSys)*, pages 272-285, June 2007.

B. Bellalta. IEEE 802.11ax: High-efficiency WLANs. *IEEE Wireless Communications*, 23(1): 38-46, 2016.

F. Bonomi, R. Milito, J. Zhu, and S. Addepalli. Fog computing and its role in the Internet of Things. In *Proc., First Edition of the MCC Workshop on Mobile Cloud Computing*, pages 13-16, Aug. 2012.

M-S Chen, K-L Wu, and Philip S. Yu. Efficient decentralized consensus protocols in a distributed computing system. In *Proc. IEEE International Conference on Distributed Computing Systems*, pages 426-433, 1992.

S. Cherry. Telecom: Edholm's law of bandwidth. *IEEE Spectrum*, 41(7): 58-60, July 2004.

China Mobile Research Institute. C-RAN: The road towards green RAN. *White Paper*, pages 1-48, Oct. 2011.

B.G. Chun, S. Ihm, P. Maniatis, M. Naik, and A. Patti. Elastic execution between mobile device and cloud. In *Proc. ACM EuroSys*, pages 301-314, 2011.

Cisco Systems, Inc. Cisco visual networking index: Global mobile data traffic forecast update (2015-2020). *White Paper*, pages 1-39, 2016.

Cisco Systems Inc. Cisco Visual Networking Index: Mobile Forecast Highlights (2015-2020). Technical report, Cisco Systems Inc., Oct.20 2016.

Cisco Systems Inc. Cisco IOx.

CPRI. Common Public Radio Interface (CPRI); Interface Specification, V 7.0. Technical report, CPRI, 2015.

E. Cuervo, A. Balasubramanian, D.-Ki Cho, A. Wolman, S. Saroiu, R. Chandra, and P. Bahl. MAUI: Making smartphones last longer with code offload. In *Proc. ACMMobiSys*, pages 49-62, 2010.

M. Décina. Future of networks. In *Proc. IEEE Technology Time Machine (TTM)*, Oct. 2014.

F. Effenberger, D. Cleary, O. Haran, G. Kramer, R. D. Li, M. Oron, and T. Pfeiffer. An introduction to PON technologies. *IEEE Communications Magazine*, 45 (3): S17-S25, 2007.

G. Fettweis and S. Alamouti. 5G: Personal mobile Internet beyond what cellular did to telephony. *IEEE Communications Magazine*, 52(2): 140-145, 2014.

Fiber-Wireless Integration Technical Subcommittee, 2016.

J. Flinn, S. Park, and M. Satyanarayanan. Balancing performance, energy, and quality in pervasive computing. In *Proc. 22nd International Conference on Distributed Computing Systems*, ICDCS 02, pages 217-226, July 2002.

A. Gervais, G. Karame, S. Capkun, and V. Capkun. Is bitcoin a decentralized currency? *IEEE security & privacy*, 12(3): 54-60, 2014.

N. J. Gomes, P. Chanclou, P. Turnbull, A. Magee, and V. Jungnickel. Fronthaul evolution: From CPRI to Ethernet (invited paper). *Optical Fiber Technology*, 26: 50-58, 2015.

IEEE 802.3 Next Generation Ethernet Passive Optical Network (NG-EPON) Study Group, 2016.

K. Ha, P. Pillai, W. Richter, Y. Abe, and M. Satyanarayanan. Just-in-time provisioning for cyber foraging. In *Proc. 11th Annual International Conference on Mobile Systems, Applications, and Services*, pages 153-166, June 2013.

ITU-T. 40-Gigabit-capable passive optical networks (NG-PON2): General requirements. *ITU-T G.989.1 Recommendation*, pages 1-26, Mar. 2013.

R. Kemp, N. Palmer, T. Kielmann, and H. Bal. Cuckoo: A computation offloading framework for smartphones. In *Proc. 2nd International Conference on Mobile Computing, Applications, and Services (MobiCASE)*, pages 59-79, Oct. 2010.

T. Koonen. Fiber to the home/fiber to the premises: What, where, and when? *Proceedings of the IEEE*, 94(5): 911-934, 2006.

S. Kosta, A. Aucinas, P. Hui, R. Mortier, and X. Zhang. Dynamic resource allocation and parallel execution in the cloud for mobile code offloading. In *Proc., IEEE INFOCOM*, pages 945-953, 2012.

G. Kramer and G. Pesavento. Ethernet passive optical network (EPON): Building a next- generation optical access network. *IEEE Communications Magazine*, 40(2): 66-73, 2002.

G. Kramer, M. De Andrade, R. Roy, and P. Chowdhury. Evolution of optical access networks: Architectures and capacity upgrades. *Proceedings of the IEEE*, 100(5): 1188-1196, 2012.

K. Kumar, J. Liu, Y.-H. Lu, and B. Bhargava. A survey of computation offloading for mobile systems. *Mobile Networks and Applications*, 18(1): 129-140, 2013.

C. F Lam. Fiber to the home: Getting beyond 10 Gb/s. *OSA Optics and Photonics News*, 27(3): 22-29, 2016.

Task Group Leadership. High efficiency (he) wireless lan task group. Technical report, IEEE, Dec.9 2017.

M. Maier. Survivability techniques for NG-PONs and FiWi access networks. In *Proc. IEEE ICC*, pages 6214-6219, 2012.

M. Maier. FiWi access networks: Future research challenges and moonshot perspectives. In *Proc. IEEE ICC, Workshop on Fiber-Wireless Integrated Technologies, Systems and Networks*, pages 371-375, 2014a.

M. Maier. The escape of sisyphus or what post NG-PON2 should do apart from neverending capacity upgrades. *Photonics*, 1(1): 47-66, Mar. 2014b.

M. Maier and B. P Rimal. The audacity of Fiber-Wireless (FiWi) networks: Revisited for clouds and cloudlets (invited paper). *China Communications*, 12(8): 33-45, Aug. 2015.

M. Maier. Towards 5G: Decentralized routing in fiwi enhanced LTE-A hetnets. In *Proc. IEEE International Conference on High Performance Switching and Routing (HPSR)*, pages 1-6, July 2015.

M. Martin, N. Ghazisaidi, and M. Reisslein. The audacity of fiber-wireless (FiWi) networks (invited paper). In *Proc. Third International Conference on Access Networks (AccessNets)*, pages 1-10, Oct. 2008.

S. Nakamoto. Bitcoin: A peer-to-peer electronic cash system, 2008.

D. Nesset. NG-PON2 technology and standards. *IEEE/OSA Journal of Lightwave Technology*, 33(5): 1136-1143, 2015.

LLC (NSP) Network Strategy Partners. Transformation of the enterprise network using passive optical LAN. *White Paper*, pages 1-13, May 2009.

Nokia Passive Optical LAN. Nokia, Aug. 25 2016.

NTT Corporation. Flexible access system architecture (FASA). *White Paper, Ver. 1.0*, pages 1-29, June 2016.

OECD Publishing. The digital economy, new business models and key features. *Addressing the Tax Challenges of the Digital Economy*, Sept. 2014.

M.-R. Ra, A. Sheth, L. Mummert, P. Pillai, D. Wetherall, and R. Govindan. Enabling interactive perception applications on mobile devices. In *Proc. 9th international conference on Mobile systems, applications, and services*, MobiSys 11, pages 43-56, June 2011.

B. P. Rimal and I. Lumb. The rise of cloud computing in the era of emerging networked society. In *Cloud Computing: Principles, Systems and Applications*, pages 3-25. Springer, 2017.

B. P. Rimal and M. Maier. Workflow scheduling in multi-tenant cloud computing environments. *IEEE Transactions on Parallel and Distributed Systems*, 28(1): 290-304, 2017.

B. P. Rimal, D. Pham Van, and M. Maier. Mobile-edge computing vs. centralized cloud computing in fiber-wireless access networks. In *2016 IEEE Conference on Computer Communications Workshops (INFOCOM WKSHPS)*, pages 991-996, 2016.

B. P. Rimal, D. P. Van, and M. Maier. Mobile edge computing empowered fiber-wireless access networks in the 5G Era. *IEEE Communications Magazine*, 55(2): 192-200, 2017a.

B. P. Rimal, D. Pham Van, and M. Maier. Mobile-edge computing versus centralized cloud computing over a converged fiwi access network. *IEEE Transactions on Network and Service Management*, 14(3): 498-513, 2017b.

B. P. Rimal, D. Pham Van, and M. Maier. Cloudlet enhanced fiber-wireless access networks for mobile-edge computing. *IEEE Transactions on Wireless Communications*, 16(6): 3601-3618, 2017c.

M. Satyanarayanan. Pervasive computing: Vision and challenges. *IEEE Personal Communi cations*, 8(4): 10-17, 2001.

N. Shibata, T. Tashiro, S. Kuwano, N. Yuki, Y. Fukada, J. Terada, and A. Otaka. Performance evaluation of mobile front-haul employing Ethernet-based TDM-PON with IQ data compression [invited]. *IEEE/OSA Journal of Optical Communications and Networking*, 7(11): B16-B22, 2015.

K. Smith and Y. R. Zhou. Optical transmission innovation for long term broadband internet growth. *IEEE ComSoc Technology News (CTN) [Online]*, Aug. 2016.

Y-Y. Su and J. Flinn. Slingshot: Deploying stateful services in wireless hotspots. In *Proc. 3rd International Conference on Mobile Systems, Applications, and Services*, pages 79-92, June 2005.

F. Tschorsch and B. Scheuermann. Bitcoin and beyond: A technical survey on decentralized digital currencies. *IEEE Communications Surveys & Tutorials*, 18(3): 2084-2123, 2016.

L. L. Van-Etter. Design and installation challenges and solutions for passive optical LANs. *White Paper, 3M Communication Markets Division*, pages 1-9, 2015.

R. Wolski, S. Gurun, C. Krintz, and D. Nurmi. Using bandwidth data to make computation offloading decisions. In *Proc. IEEE International Symposium on Parallel and Distributed Processing*, pages 1-8, Apr. 2008.

第13章 5G网络技术的经济与商业可行性分析

本章作者：Forough Yaghoubi, Mozhgan Mahloo, Lena Wosinska, Paolo Monti, Fabricio S. Farias, Joao C. W. A. Costa, Jiajia Chen

13.1 简介

多媒体业务的广泛应用和联网设备数量的快速增加，正驱动着网络中的移动数据业务呈指数规律增长，这给移动网络运营商（MNO，mobile network operator）带来了新的挑战[Cisco - 2015; UMTS Forum-2011; Osseiran et al. - 2013; Zander and Mähönen - 2013]。传统上，应对网络容量增长的方法主要包括寻找新的频谱资源、提高频谱利用率和/或增加宏蜂窝站点等。然而，移动通信可用的频谱资源毕竟不是无限的，而且频谱效率的提升速度总比网络容量需求的增加缓慢得多[Femto forum - 2010]。在城区中获取新的基站（BS，base station）安置点是非常复杂的事情，更不用说使用宏基站为主要在室内上网的用户提供服务，因为其效率是非常低下的[Norman - 2010; Ericsson AB - 2013]。解决这个容量危机的一种比较有前途的方法是部署异构网络（HetNets，heterogeneous networks），其中网络使用高发射功率的宏蜂窝提供大面积的业务覆盖，而将成本较为低廉的室外/室内微蜂窝部署于终端用户的附近，以确保为用户按需提供网络容量。

HetNets 相对于同构网络（即仅含有宏蜂窝的网络）而言，在成本和功耗方面都具有诸多优势，这些优势已在一些相关的研究中得到了展示和证明[Markendahl et al. - 2008; Markendahl and Mäkitalo - 2010; Aleksic et al. - 2013; Khirallah and Rashvand - 2011; Claussen et al. - 2008]。文献[Markendahl et al. - 2008]的作者在其研究中证明：如果仅使用微蜂窝，特别在对室内用户覆盖的方面，可以使无线接入网（RAN，radio access network）的部署成本降为原来的五分之一。文献[Markendahl and Mäkitalo - 2010]中的研究成果强调，通过部署小基站来代替宏基站的致密化部署是一种成本有效的替代方案，特别是在容量密度需求很高的场景中更是如此（例如，容量需求超过 100 Mbps/km^2）。文献[Aleksic et al. - 2013]的研究工作评估了部署室内小基站对于提高住宅和企业用户可得容量的优势，同时文献[Khirallah and Rashvand - 2011]讨论了移动网络运营商可以通过部署 HetNets 来实现网络节能的可行性。最后，文献[Claussen et al. - 2008]中的研究工作表明，通过 HetNets 的部署可以为城区内的网络节约高达 60%的能量。另一方面，小基站的引入也会对回传网络带来影响[Farias et al. - 2013a; Tombaz et al. - 2011]。移动网络中的回传部分主要负责在 BS 处（即在基带信号处理之后）收集业务的数据流量，并负责将其发送至城域网/聚合网部分。使用了 HetNets 后，网络中的回传部分比起使用同构的无线网络部署方案而言往往会变得更加复杂[Juniper Networks - 2011]。这是因为在 HetNets 方案中，大量的链路需要对所有微蜂窝中产生的数据流量进行聚合，因而每条链路都工作在其峰值速率，至少为几十 Mbps。而这一较高的数据传输速率很难依靠以前留下来的铜线电缆设施来满足，尤其是当传输距离较长的时候更是如此[Farias et al. - 2013b]。这些情况势必会迫使移动网络运营商升级他们的回传网络，从而避免其在容量方面存在的限制瓶颈。

在竞争激烈的电信市场中，新业务和新技术不断涌现，网络运营的利润空间却不断缩小[Giles et al. - 2004]，因此对于每一次的新的网络部署/升级，人们都需要仔细考虑其中所有可能的成本和驱动因素。现在我们已经知道网络回传部分的成本已经成为网络整体拥有成本（TCO，total cost of ownership）中不可忽视的一部分[Geitner - 2005]。随着小型蜂窝数量的增加（即对于 HetNets 的部署而言），我们可以预料到，网络回传部分的成本对于 RAN 的 TCO 而言，其影响将变得更大、更关键[Skyfiber - 2013]。因此，寻找成本有效的网络回传解决方案已经成为近年来该领域中的一个重大挑战。其理由很简单：如果事先考虑得不够充分，则对网络回传部分升级所引入的额外成本可能会抵消部署微蜂窝所带来的收益。

另一方面，如果将网络回传方案成本的分析仅限于对 TCO 的考虑和评估，则是存在风险的。虽然基于 TCO 的考虑可用于对各种网络回传技术的候选方案进行比较，但它仅提供了与技术/架构有关的成本估计。这就意味着我们无法仅仅根据 TCO 的分析来推断出有关某种回传网络解决方案盈利能力的所有信息（尤其是所能获得的金钱回报与投资之间的关系）。因为要得到这些信息，我们还需要考虑许多其他的因素，例如年利润、用户渗透率、该地区的竞争者的数量，以及当地的法规等。因此要对网络的盈利能力进行评估，除了需要考虑 TCP，还需要结合对全面经济可行性框架的考虑。如此，就可以提供对回传方案净现值（NPV，net present value）的估计值[Cid et al. - 2010]。

一些文献中报道了有关移动网络成本建模的研究[Frias and Pérez - 2012]，其中利用数值计算的方法研究了 RAN 应用场景中通过部署微蜂窝可以节约的成本。在文献[Ahmed et al. - 2013]的研究中，作者尝试了各种不同的无线架构（包括同构和异构的架构），并尝试评估了回传网络连接对整个 TCO 的影响。文献[Frias and Pérez - 2012]中的一个作者提出了一种综合的方法，可以分析基于光纤、铜线和微波等一系列回传网络技术的网络 TCO。他们研究的用户场景考虑了一个同时具有室外和室内用户的欧洲城域网。其中对于室内用户的场景，他们在其所居住的建筑物内部署了一层飞蜂窝来提供服务，而对于室外用户的场景，他们部署了宏基站来提供服务。不过他们的研究忽略了很多可能会影响网络成本节约的一些技术细节。文献[Sohet al. - 2003; Kuo et al. - 2010]的作者比较了几种基于不同拓扑结构(包括网状和树状拓扑)的微波回传网络的方案及其总成本。他们得出了这样的结论：网状结构是部署同构网络的一种经济高效的选择。但他们没有考虑部署 HetNets 的情况。

文献[Senza fili - 2011]研究了在长期演进(LTE)的同构网络中使用光纤和微波技术构建回传链路的成本，并进行了比较。其所得的结论是，对于用户密度较低的蜂窝而言，微波技术是更为便宜的选择。然而，该研究只考虑了同构网络的情况。文献[Monti et al. - 2012; Tombaz et al. - 2014]的研究工作对 HetNets 中回传网络使用不同技术和不同拓扑的情况做了比较，但他们研究的主要关注点在于对能耗的考虑。文献[Mahloo et al. - 2014b]的研究工作首次引入了基于网络 TCO 来评估移动回传网络的方法，该研究还对其中的资本支出(CAPEX，capital expenditure)和运营支出(OPEX，operational expenditure)做了细分。但是该研究没有提供对 NPV 的分析。从我们所列举的这些当前已有的研究工作中可以看出，除了单纯的成本评估，我们还需要建立一个更完整的评估框架，而且还有必要对回传网络部署的 NPV 进行估计。文献[Yaghoubi et al. - 2018]关注了这些问题，作者在他们的研究中提供了有关 TCO 和 NPV 的完整的经济可行性评估。

本章介绍了一种技术-经济框架，该框架可以对各种商业参与者的任何类型的移动接入网部署(包括同构网络和异构网络的情况)提供完整的市场分析。我们提出这个经济分析模型的目的是给运营商就如何选择回传网络的类型及投资等问题提供有益的建议，包括如何选择建设的时机，应该选择什么样的技术等，从而实现其利润的最大化。为了实现此目的，我们首先做了详细的 TCO 估算，然后在此基础上提供了完整的现金流和 NPV 评估。需要注意的是，在技术-经济学领域，NPV 是我们了解一个网络的部署是否可以获利的最重要的准则。最后，本章还对其中的几个重要的成本影响因素进行了敏感性分析，结果显示了其中一些不确定性因素会对我们在案例分析中所做的假设和模型输入值选取等方面带来一定的影响。

13.2　移动网络回传技术

移动网络中的回传部分主要负责将来自无线接入点(即 BS)的用户的业务流量进行聚合，并传输至网络的城域/骨干网段。运营商可以根据其在容量、可靠性、成本和预期的网络开设时间等方面的需求来选择最适合自己的回传网络实现技术。一般而言，回传网络可以基于铜缆、光纤、微波或所有这些技术的组合来实现(即混合回传网络技术)[Ercisson AB-2014]。最近一些文献对一些回传网络技术，如毫米波[Nie et al. - 2013]

和自由空间光学技术等也做了评估[Feng et al. - 2014]，这些技术也已被引入市场应用，但它们还不够成熟，无法实现大规模的部署。

目前，在回传网络的部署总量中，微波技术的使用占据了总份额的近 50%，预计在未来几年内，微波技术还有可能继续保持这一市场份额[Ercisson AB-2014]。这主要得益于微波技术适中的成本和相对较短的部署时间。而且随着最新的技术发展，微波链路的性能也已经达到了 1 Gbps 的容量和长达几千米的传输距离[Ercisson AB-2014; Coldrey et al. - 2013]。无论采用何种拓扑结构(如网状、树状、环形、星形或它们的任意拓扑的组合)，基于微波的回传网络通常都由若干个点对点(P2P)或点对多点(P2MP)的链路组成，其中每个链路都需要在两端配置天线。本章主要关注 P2P 的链路，该链路包含两个天线：一个天线位于基站(或建筑物顶部)，而另一个天线要么连接到位于回传基础设施第一个聚合点的开关(对于多级回传的情况)，要么直接连接到城域/聚合点侧的开关。对于那些需要在同一个地点部署多个微波天线的地方，我们通常需要安装天线塔桅(也称为微波集线器)。如果有可能，还可以将微波天线与宏基站天线安装在同一塔桅上。图 13.1 给出了一个简单的基于微波技术的回传网络架构的例子。

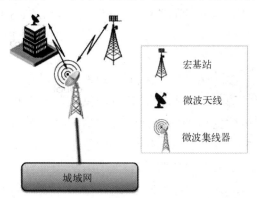

图 13.1　基于微波技术的回传网络架构

有关研究表明：基于铜线的回传网络占据现有回传网络总部署量 20%的份额[Tipmongkolsilp et al. - 2011; Ercisson AB - 2017]。而这一技术很有可能会逐渐被其他技术所替代，因为其在传输距离和容量方面的性能都有限(目前铜线传输系统的信号传输距离只能达到300 m，其容量勉强能超过100 Mbps[Farias et al. - 2013b])。然而，近些年铜线传输技术也取得了一些进步，因此在该技术被其他技术取代之前，它或许还能继续存在几年。例如，由 ITU-T 开发的 G.fast 标准目前还在使用，其目标是实现高达 1 Gbps 的比特率，但其应用仍仅限于短距离的信号传输[Lins et al. - 2013; Nokia - 2018]。

基于光纤技术的移动回传网络可以提供超长距离和超高容量的信号传输性能。然而，光纤基础设施的部署相对更加耗时且成本也比较高昂，尤其是需要一切从头开始施工建设时(即绿地部署)。另一方面,在已经部署了通信线缆基础设施的地方(例如,已有先前部署的铜缆安装管道等)就有可能实现光纤的快速部署[Farias et al. - 2016]。

光纤接入网可以部署为 P2MP 拓扑或 P2P 互联的形式。在后一种情况下,位于中心局(CO)的一个光线路终端(OLT,optical line terminal)(一个对应于服务提供商端点的设备)通过专用光纤链路[见图(13.2(a)]接至光网络单元(ONU,optical network unit)(一个位于用户/无线网络侧的端点设备)。在 P2MP 架构中[见图 13.2(b)],每个 OLT 通过无源分光器[即在使用了无源光网络(PON)的情况下]或通过一个以太网交换机(即在使用了有源光网络的情况下)连接至多个 ONU。分光器和以太网交换机位于远端节点中。由于光纤能够提供高容量、长距离(即几十千米的数量级)的传输能力,基于光传输技术的回传网络可以将蜂窝直接连接到移动核心网,而不需要任何的中间环节。而对于基于微波技术的回传网络而言,情况则并非如此。使用微波技术时,其微波集线器和移动核心网之间的连接通常需要使用光纤链路来实现(见图 13.1)。光缆通常安装于埋在地下的管道内。该安装过程通常需要挖掘工程(即挖光缆沟),这也是光纤网络部署中最为昂贵的部分。

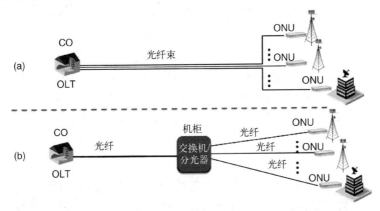

图 13.2   基于光纤技术的移动回传网络架构

为了更好地利用无线资源,一些运营商更喜欢使用集中式无线接入网(C-RAN)架构[Chih-Lin et al. - 2014]。与传统 RAN 不同,传统 RAN 的无线电单元和基带单元(BBU)都被部署于基站内,而在 C-RAN 架构中,BBU 与 BS 相分离,并被集中部署到一个或多个 BBU 池中。在 C-RAN 架构中,传送网分为前传与回传两部分。前传网部分主要负责远端无线电单元(RRU)与 BBU 池之间的业务传送,而回传部分主要提供 BBU 池和移动核心网之间的业务连接。RRU 和 BBU 之间的通信可基于通用公共无线电接口(CPRI)协议来实现[CPRI - 2013],它通常需要大约十几 Gbps 的容量,这一需求使得光纤传输技术(特别是光载无线电技术)成为近乎完美的候选技术。

总之，人们一致认为光纤和微波技术是当前与未来移动网络部署中两大主要的回传技术。因此，本章给出的案例研究重点关注了这两种技术。此外，虽然本章中所给出的框架主要针对网络回传部分(即不考虑 C-RAN)，但它具有一定的通用性，也可用于满足 5G 中其他业务传输的需求(例如网络前传部分)。

13.3 技术-经济框架

本节首先讨论业务可行性评估在网络部署中的作用，然后提出一个技术-经济框架，移动网络运营商可以据该框架来评估一种回传网络的部署方案是否能够盈利。

图 13.3 展示了一个移动网络的生命周期，它通常包括四个阶段：规划阶段、初始安装阶段、运营阶段(例如为客户提供连接、保持网络的正常运行)和拆除阶段。其中网络的规划阶段出现在任何新网络的部署之前。这是了解一个网络的部署是否可行，以及降低投资不能盈利等这些风险因素最关键的一步。其主要原因如下：即使一项技术已经足够成熟，且可以进行部署，但有可能其市场还不够成熟，例如业务的

图 13.3 移动网络的生命周期

用户渗透率可能还太低，或者潜在用户或许还不愿意为某项特定的服务支付额外的费用。所有这些因素都需要通过全面的技术-经济和风险分析框架来进行评估，以充分检验部署新网络的经济可行性。更具体地来说，对网络整个生命周期中所需的总费用及期间的所有收入和资金流进行量化，对于网络部署技术的经济性评估是至关重要的。

有关移动网络生命周期的信息可以用来估计一个项目的投资回收周期，即收回投资所需要的时间。如果项目的投资回收周期太长，或总收入和现金流为负值，则不建议启动该项目(从单纯的经济角度来看)。

而如果一个项目在规划阶段的分析结果就表明它是可以盈利的，那么就可以开展该项目的初始安装阶段。在此阶段，运营商需要承担前期的成本，这一部分资金投入在 TCO 的计算中通常被视为 CAPEX 的一部分。项目部署之后，就需要确保网络保持正常运行(即进入了网络的运营阶段)。在该阶段产生的所有费用通常都被视为 OPEX 的一部分。

最后，当正在运行的网络需要更换/升级时(例如，准备采用新的技术)，用户将逐渐被转移至新的网络。此阶段就是上述的拆除阶段，该阶段一直持续到用户都被迁移至新的网络服务时结束。与拆除阶段相关的费用主要是人工成本，它与网络安装和运

营阶段所花费的资金相比，通常只占 TCO 相对较小的一部分。因此，在大多数情况下，拆除阶段对网络花费的影响在大多数情况下都是可以忽略的。

如前文所述，一个网络的部署是否能带来足够的盈利是移动网络运营商决定是否应该部署该网络的一个关键因素。为此，我们需要对这个因素做进一步完整的技术-经济分析。图 13.4 展示了一种评估框架(它由技术-经济市场和风险分析组成)，移动网络运营商可以使用该评估框架来分析部署某个回传网络的商业可行性。该框架由若干个模块组成，下面我们就对其中的每个模块及其所需的输入和预期的输出进行详细介绍。

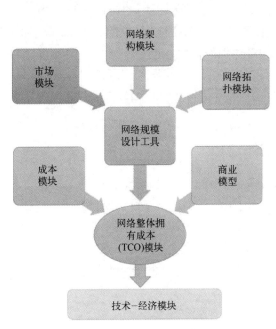

图 13.4　技术-经济评估框架

13.3.1　网络架构模块

这一模块的目标是对回传网络中所使用的技术进行定义，并确定在网络的每个位置所需要安装的组件类型。例如对基于微波技术的回传网络而言，微波链路的两端都需要配置天线；而对基于光纤技术的回传网络而言，就需要在中心局(CO)、远端节点和用户驻地分别安装 OLT、分光设备、ONU 等组件。

13.3.2　网络拓扑模块

网络拓扑定义了给定的网络架构中各个组件的连接方式。常见的网络拓扑例子包括环形、星形、树状和网状拓扑。网络拓扑模块中所包含的另一个重要参数是网络所考虑区域内的人口统计数据。网络拓扑模块的主要输入参数包括：建筑物的数量、用户人口密度、地理区域的大小、现有基础设施(例如，是否已有可用的线缆管道)等。而网络拓扑模块的输出主要包括：网络节点(例如，CO、远端节点、机柜等)的数量、节点位置、不同节点之间的距离等计算结果，以及每个节点位置应安装的设备类型。然后将这些参数提供给后续的网络规模设计工具。

13.3.3　市场模块

在进行网络规划时，我们需要考虑市场的相关数据，例如用户渗透率、运营商的市场份额、用户行为、服务价格、用户流失率(即预计要取消服务订阅的用户百分比)、区域吞吐量、服务质量(QoS)和连接的可用性等，这些数据至关重要。如果我们能把这些参数准确地提供给市场模块，该模块就可以针对某项业务来估计其可能的收入，并估计可能会预定和取消服务的用户数量。接下来市场模块的输出结果将提供给网络规模设计工具。

13.3.4　网络规模设计工具

通过对来自网络架构、网络拓扑和市场模块的输入数据进行处理，网络规模设计工具可以计算出在给定应用场景的条件下，目标网络所需的新的基础设施(例如，光纤、线缆管道、集线器)的数量，以及按年计算在不同网络节点部署位置所需的各种网络组件的数量。此外，网络规模设计工具还能计算与劳动活动相关的一些运营参数的数值(例如，工作人员前往某个网络节点位置开展修复工作的出差成本等)。

13.3.5　成本模块

成本模块对于我们了解TCO中各方面成本参数随时间的变化是非常重要的。例如，一些特定网络组件的价格通常会随着(不断增加的)产量、市场上购买的数量及其技术成熟度的增加而下降。另一方面，与人力资源相关的成本(如技术人员的工资)通常每年都会增加。因此，我们在计算网络成本时应该充分考虑这些价格和成本的变化。价格随时间的变化可以通过学习曲线来计算，学习曲线通常在工业中用于预测产品成本的下降程度[Verbrugge. et. al. - 2009]。然而，要找到这种合适的学习曲线并非易事。在我们所提出的框架中，所使用的成本模块是目前广泛用于计算成本变化的线性公式，如下所示：

$$P_j = P_0 + \alpha P_{j-1} \tag{13.1}$$

其中 P_j 表示网络的生命周期中第 j 年的成本，P_0 是项目初始时的成本，系数 α 表示成本的变化系数。该系数在用于计算硬件组件的价格变化时取负值(即该项成本通常随时间下降)。另一方面,系数 α 在用于计算与硬件无关的成本随时间变化时取正值,例如支付人员的工资和能源成本。事实上,系数 α 也可能随时间变化,但为了简单起见,在我们的研究中,我们认为系数 α 在整个网络的生命周期中为常数。

13.3.6　网络整体拥有成本(TCO)模块

本节介绍了我们所提出的技术-经济框架中所使用的 TCO 模块。该模块涵盖了回传网络中的 CAPEX 和 OPEX 两方面。更具体地说,该模块包括了回传网络整个生命周期内所产生的所有成本(即包括网络部署阶段和前期投资的成本,以及与网络运营过程相关的所有成本)。

图 13.5 给出了依据我们所提出的 TCO 模块而进行的成本分类。通常,网络回传部分可能包含不止一种技术(即采用了混合技术架构),因此所提出的模块考虑了网络中同时存在光纤和微波技术的情况。接下来,本节对其中的每部分都进行了详细的介绍。

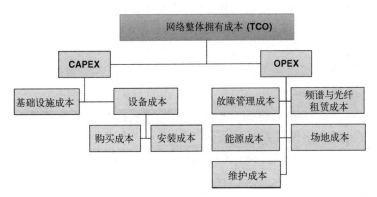

图 13.5　TCO 模块中的成本分类

13.3.6.1　资本支出(CAPEX)

CAPEX 是指与回传网络部署过程相关的成本和所有费用。根据图 13.5 中的模型,CAPEX 又可以分为两个主要部分:设备成本与基础设施成本。本节对其描述如下。

设备成本　设备成本是指与购买回传网络设备和组建相关的所有费用的总和,即根据网络规模设计工具的计算结果将这些网络组件安装于指定位置的成本。

基础设施成本　即回传网络基础设施的总成本,对应于部署光纤基础设施所需的投资及租赁光纤的成本(当其他网络提供商已经部署了光纤基础设施且可以租赁时)。它还包括在所需地点安装微波集线器(即塔桅与天线)的费用。光纤基础设施的成本包括挖沟、购买光缆和将光纤泵入管道等的所有相关费用。所谓挖沟,就是将光纤放置于埋在地下的管道内的过程。在多数情况下,移动网络运营商(MNO)更愿意租用光纤而不是建设他们自己的光纤基础设施。在这种情况下，基础设施的成本包括按每千米预付给光纤基础设施所有者的租赁费用。

13.3.6.2　运营支出(OPEX)

OPEX 是指网络运行期间，在预定时间间隔(即网络运行时间)内所产生的费用。主要的 OPEX 构成如图 13.5 所示，其各部分的定义如下。

频谱与光纤租赁成本　这部分成本是指租用微波频谱或光纤基础设施应支付的费用。当租赁光纤时，除了前期的预付费用，MNO 还需按年支付光纤租赁和维护、维修的费用。对于一条已获得许可的微波链路而言，其每年的频谱租赁费用取决于信道的容量和频段。

能源成本　电费是 OPEX 的组成部分。该成本是通过将部署于回传网络中各个位置上的所有有源设备(即 CO、机柜、微波站点和放置在建筑物内的相关设备)的能源成本相加而获得的。

维护成本　回传网络需要定期的维护，以确保其能够正常运行。这包括对网络设备的监控与测试、软件的更新(包括在必要的时候更新许可证)及更换损坏的组件(例如电池等)。网络总的维护成本包括 CO、机柜和微波链路的维护成本。为了确保网络及其所有服务都能按照预期的要求运行，人们需要对其进行全天候监控。这些操作还会转化为回传网络维护成本中额外的监控费用。运营商通常根据每个 CO 所管辖的用户与服务的数量，对其启动若干轮的维护程序。微波链路也需要定期监测，因为微波天线在实际应用中可能会出现倾斜并失去天线间信号视距传输路径的情况。

故障管理成本　是指对回传网络中可能发生的故障进行修复的相关费用。回传网络的年度总维修成本可定义为维修当年发生的所有故障的维修成本，以及按照服务水平协议(SLA)的规定向用户所支付的所有罚款、赔偿的总和。

维修成本取决于每年更换故障组件的成本(当需要更换的时候)，以及维修每个组件的平均维修时间和维修人员前往故障位置所需的成本与时间。当服务中断时间超过 SLA 中所规定的阈值 T_{SLA} 时，运营商需要向客户支付一定的罚款和赔偿。这是对运营商违反 SLA 时进行惩罚的一种量化。设 t 表示 T_{SLA} 规定的故障时间，它可以是一年、一个月或设置为一天。若回传网络出现故障的时间达到了这个时间(t)，则有可能出现了一个或多个宏蜂窝停止服务的情况。这样，大量客户的业务连接都可能会中断。因此，这里所说的故障管理成本主要考虑当连接到宏蜂窝的回传链路由于故障而失去连接时，回传业务提供商所需承担的惩罚成本。设 N_j^{Mac} 和 $unAv_{ij}$ 分别表示在第 j 年中重要性较高的宏蜂窝的数量，以及回传网络中连接至宏蜂窝 i 的回传连接的中断时间。惩罚率 $P_i^{co/h}$ 已在 SLA 中达成一致，而且它取决于服务中断对客户影响的程度和严重性。如此，运营商所需支付的罚款可表示为

$$罚款 = \sum_{j=1}^{L_n} \sum_{i=1}^{N_j^{\mathrm{Mac}}} P_i^{\mathrm{co}/h}(\mathrm{unAv}_{ij} - T_{\mathrm{SLA}}) \tag{13.2}$$

上式仅在服务中断时间大于 T_{SLA} 时适用，否则运营商几乎无须支付罚款，这部分的成本为零。

场地成本　场地成本是运营商为了安放其设备而需要每年支付的场地租赁费用，即在不同的地点将网络组件放置于具有标准尺寸的机架中所需花费的场地租赁费用。

13.3.7　商业模型

商业模型考虑了一些与业务相关的其他因素，即一个地区的商业参与者与各种政府部门之间的合作模型。其中商业参与者可分为以下几类：物理基础设施提供商、网络提供商、服务提供商和移动网络运营商(MNO)。还有一些与业务相关的重要因素，包括每个运营商的市场份额、开放接入模型(如果有的话)及与基础设施共享有关的法规。例如，如果在一个商业建筑内无法安装多个独立的网络，则两家移动网络运营商可能会同意共享基础设施。另一种可能性是当前基础设施所有者希望在该建筑物内为任何支持其用户的新运营商提供漫游服务。下面，本节介绍了一些有关于回传网络部署的一些可能的业务案例。

- 案例 1：移动网络运营商为其客户同时提供移动和固定网络服务。在这种情况下，运营商可以将部分的固定网络基础设施重新用于回传业务。这样可以降低回传基础设施的成本(这部分与回传网络的 TCO 相关)，而且其投资的回报周期也会更短。
- 案例 2：移动网络运营商租用固定网络提供商的设施，并支付与其基站回传连接的费用。
- 案例 3：移动网络运营商独立部署其自己的回传网络。

对于室内部署的小基站回传连接，已有的文献中主要考虑了两种主要的商业模型：封闭用户组和开放用户组。在前一种情况下，只有一组封闭的用户可以访问室内蜂窝(即该业务的主要内容是向用户提供高服务质量的专用网络)；而在后一种情况下，处于蜂窝覆盖范围内的所有用户都可以接入[Frias and Pérez - 2012b]，此时这些小型蜂窝可视为移动网络运营商网络的一部分，并可为宏蜂窝提供流量迁移的支持。

13.3.8　技术–经济模块

任何一个网络部署项目的可行性都需要通过技术–经济分析来确定，其中还需考虑现金流(CF，cash flow)和净现值(NPV)因素。如果仅参考 OPEX 和 CAPEX，可能会帮助我们了解项目的成本，但无法从成本角度来评估项目的可行性。现金流是指在网络生命周期内运营商获利(即收入)与花费的金额。完成现金流的计算后，就可以对 NPV 进行估计。式(13.3)表示相对于投资而言，项目所带来的额外收益[Nikolikj and Janevski - 2015]。如果 NPV 为负，则该项目通常会被否决，因为它无法带来任何的经济利益。

$$\text{NPV} = \sum_{j=1}^{L_n} \frac{\text{CF}_j}{(1+r)^j} \tag{13.3}$$

其中 L_n、CF_j 和 r 分别表示第 j 年中的网络生命周期、现金流及折扣率。其中折扣率表示在考虑了货币价值随时间的变化，以及未来收入中的风险或不确定性的条件下，对未来现金流进行估计的一个因子。

13.4　案例分析

本节讨论了一个典型案例，其中应用了我们在前文中提出的商业可行性框架。在对该案例的研究中，我们计算了部署和运营移动网络的总体成本，包括了回传网络和 RAN 部分。此外，我们考虑的网络生命周期为十年。

13.4.1　方法/场景的应用

拓扑模型　我们考虑了一个 5 km × 5 km 的人口密集城区，它可代表平均用户密度为每平方千米有 3000 名用户的一个平均大小的欧洲城市[Auer et al. - 2012]。假设该区域中每平方千米内有 100 栋多层建筑，每栋建筑为五层，每层包含两套公寓。可以认为这些建筑的分布遵循曼哈顿模型[Marsan et al. - 1991]，这是在人口密集城市中广泛应用的模型。

架构模型　我们假设无线网络部署的两种选项：同构网络(即网络中仅使用宏基站)和异构网络(即网络中同时使用了宏基站和小基站，宏基站为室外用户提供服务，而小基站部署在室内，为室内用户提供业务覆盖)。我们还假设每个建筑物内所能获得的业务带宽为 300 Mbps，每个宏蜂窝内的业务带宽为 600 Mbps。该案例研究考虑了两种回传技术：微波技术和光纤技术。对于纯使用微波技术的情况，我们考虑网络采用了 P2P 微波链路对来自宏基站和小基站的数据流量提供回传连接。而在每栋建筑的内部，我们考虑使用一个交换机负责收集楼内来自所有室内蜂窝的数据流量，并通过部署于屋顶的微波天线将它们发送到距离该建筑最近的微波集线器。然后，微波集线器再通过其他 P2P 微波链路将数据流量传输至城域网/聚合网。依据蜂窝与城域网节点的距离，来自宏蜂窝的流量也将通过一跳或多跳 P2P 微波链路发送至骨干网(见图 13.6)。

另一方面，在使用光纤技术实现回传的应用场景中，来自室内用户的数据流量通过光纤汇聚，即每个建筑物内的汇聚交换机与位于建筑物地下室的 ONU 放置于同一位置，并基于 PON 架构连接至 OLT (见图 13.7)。宏蜂窝也使用了相同的方式实现回传 (即每个宏蜂窝站点配置一个 ONU，通过光纤分配网络连接至位于所考虑区域一角的中心局的 OLT)。在基于光纤技术部署网络的情况下，部署基础设施的成本被认为是 TCO 中最昂贵的一部分，因此我们对基于光纤的回传网络做了两种评估。一种是如果该区域没有可用的光纤基础设施，则移动网络运营商需要部署自己的光纤基础设施 (即需要挖沟敷设光缆)。另一种是如果该区域已有可用的光纤基础设施，则运营商可以租用光纤而不需要挖沟敷设光缆。此外，我们假设了光纤回传网络使用了全业务接入网论坛所提倡的混合时分-波分复用 PON 技术 (它被认为是实现未来高容量光纤接入网的候选技术[FSAN Group - 2018])。

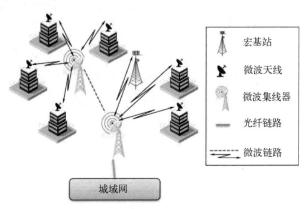

图 13.6　案例中所考虑的微波回传网络架构

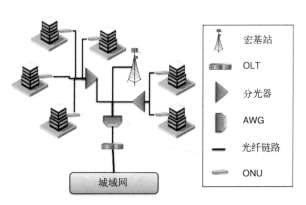

图 13.7　案例中所考虑的光纤回传网络架构

在基于光纤的回传网络技术中，位于 OLT 的收发机阵列发出四个波长信道，每个波长信道的输出速率均为 10 Gbps。这些信道都被连接至第一个远端节点，并由位于该节点的一个阵列波导光栅 (AWG) 路由器路由至位于第二个远端节点的分光器处

[Mahloo et al. - 2014a]。而连接至这个分光器的每个波长信道都在其连接的 OUN 处基于时分复用技术实现了容量共享(见图 13.7)。因此，基于前文中提出的假设，我们对该案例的研究考虑了六种应用场景。

- 场景 1：同构 RAN 部署，通过微波链路实现回传(Ho_MW)。
- 场景 2：异构 RAN 部署，通过微波链路实现回传(He_MW)。
- 场景 3：运营商部署自己的光纤基础设施(即需要挖沟)来为其异构 RAN 提供回传服务(Ho_Tr)。
- 场景 4：运营商租用光纤基础设施，为其同构 RAN 提供回传服务(Ho_Le)。
- 场景 5：运营商部署自己的光纤基础设施，为其 HetNets 的 RAN 提供回传服务(He_Tr)。
- 场景 6：运营商租用光纤基础设施，为其 HetNets 的 RAN 提供回传服务(He_Le)。

市场模型　　RAN 规模计算所考虑的主要指标是每年、每平方千米所需提供的吞吐量(如表 13.1 所示)与覆盖范围限制，业务覆盖通过部署宏蜂窝和微蜂窝来实现。在此，我们使用文献[Tombaz et al. - 2014]中所提供的模型来计算网络所需的宏蜂窝与微蜂窝数量。图 13.8 给出了有关每年加入网络的移动用户的渗透率曲线。

表 13.1　市场模块中所考虑的每年、每平方千米所需提供的吞吐量[Tombaz et al. - 2014]

年份	2014	2016	2018	2020	2022	2024
吞吐量(Mbps)	15	30	60	119	235	470

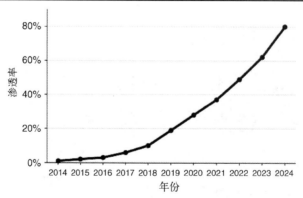

图 13.8　移动用户的渗透率曲线

表 13.2 总结了用于计算 TCO 的参数。其中故障管理成本是根据文献[Mahloo et al. - 2013; Telecom India - 2014]计算的。表 13.3 给出了基于市场模块输入的 RAN 规模的计算结果。我们假设第一年每个建筑物中都部署了一个小基站，以提供足够的室内覆盖。其中一半的用户使用宏蜂窝覆盖，而另一半用户由室内的微蜂窝提供服务。

表 13.2　用于成本计算的输入值，取自[Frias and Pérez - 2012a; Ahmed et al. - 2013; Mahloo et al. - 2014a, 2013; Paolini - 2011; Oughton and Frias - 2017]

组件/参数	值	组件/参数	值
小组数量(β)	1	微波集线器 + 安装	€20 000
成本变化因子(工资)(α)	7%	以太网交换机	€150
成本变化因子(硬件)(α)	−3%	频谱租赁年费/MHz	€5
折扣率(r)	10%	OLT(4×10 GHz 收发机阵列)	€7000
订购费用(λ)	€30	ONU	€150
技术人员/小组数量($Tech_{te}$)	2	分光器(1:16/1:32)	€170/340
技术人员的工资/小时($Tech_j^s$)	€52	光纤/km	€80
能源成本/kWh	€0.1	挖沟/km	€45 000
室内场地年租金/m²	€220	光纤设施租赁预付费/km	€800
室外场地年租金/m²	€180	光纤租赁年费/km	€200
小型/大型微波天线	€500/2000	宏基站与蜂窝基站	€48 000
吉比特以太网交换机	€1800	小型室内基站	€250

表 13.3　RAN 中已部署的蜂窝数量

年份	异构网络		同构网络
	宏蜂窝	微蜂窝	宏蜂窝
2014	4	2500	8
2016	6	4000	15
2018	9	5750	30
2020	18	7500	60
2022	36	10 000	119
2024	72	12 500	237

商业模型　为了评估 MNO 在最坏情况下所需的总投资成本，我们选择了 13.3.7 节中介绍的第 3 种商业模型。对于微蜂窝而言，我们考虑了开放用户组模型，其中室内蜂窝归属于 MNO 并由它来管理。我们假设运营商在该地区拥有 30%的市场份额，即在收入计算中仅考虑了总用户的 30%。

13.4.2　技术-经济评估结果

本小节给出了对于上述应用场景的技术-经济评估结果。图 13.9 显示了移动网络的整体拥有成本(TCO)，其中包含了十年网络生命周期内的回传与 RAN 的 TCO 值。从图中可以明显地看出，与同构网络部署的情况相比，HetNets 部署方案显著降低了 RAN 的成本。然而，从该结果中还可以看出，在所有的应用场景中，HetNets 的回传网络成本是相同情况下同构网络部署成本的两倍多(就 TCO 而言)。此研究结果还表明,采用微波回传技术的 HetNets 部署方案是所有应用场景中最昂贵的方案。这是因为该方案中的网络组件成本和微波链路的功耗成本几乎随着小型蜂窝数量的增加呈线性增长。此外,与基于微波技术的回传方案相比,业务覆盖的区域越大,在使用基于光纤技术的回传方案时可实现某些基础设施共享的可能性就越大。因此,即使运营商需要部署自己的光纤基础设施,基于光纤技术的回传方案在微蜂窝密度较高的地区也具有更高的成本效益。这一点正好印证了前文中的说法,即我们必须谨慎地选择适当的回传技术,这一点很重要,因为它可以尽量减少 HetNets 部署对 TCO 的影响。

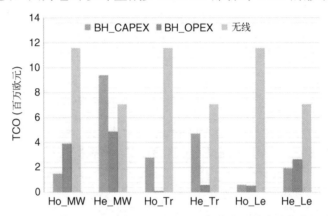

图 13.9　包含 RAN 与回传部分的移动网络的整体拥有成本(TCO)

　　图 13.10 对回传网络中的各成本要素进行了分解,展示了每种成本要素对于回传网络 TCO 的影响。此处所考虑的成本要素包括:故障管理(FM)成本、场地(FS)成本、频谱与光纤租赁(Sp&Le)成本、维护(M)成本、能源(En.)成本、基础设施(Infra.)成本和设备(Equip.)成本。从图 13.10 可以明显地看出,每一种成本要素对 TCO 都有着不同的影响,具体取决于部署方案。例如,能源和设备成本在基于微波技术的回传网络中占据成本的主要部分,而这两个成本要素在基于光纤的回传网络中占总成本的比例还不到 30%。该图还表明,在 HetNets 部署方案中,由于网络中需要更多的设备与基础设施,FM 成本的影响会增加。

　　图 13.11 展示了上述所有场景中 TCO 的逐年演进情况,其中呈现出 TCO 逐年下降的趋势。从图中可以看出,回传技术和 RAN 部署方案的选择都会影响我们所考虑的十年网络生命周期内网络费用的分布情况。在 HetNets 部署方案中,第一年需要巨大的前期投资,以实现良好的室内覆盖,为所有小基站(在第一年中,我们考虑每个建筑物中有一个小基站)提供回传连接。对于需要挖沟敷设光纤的场景,在第一年中也需要投入大量的资金,因为网络建设过程中大部分的光缆敷设工程都需要在网络建设之初完成。

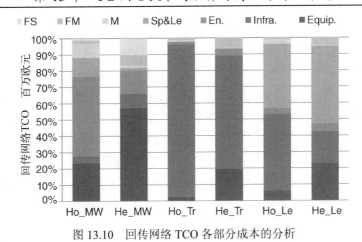

图 13.10　回传网络 TCO 各部分成本的分析

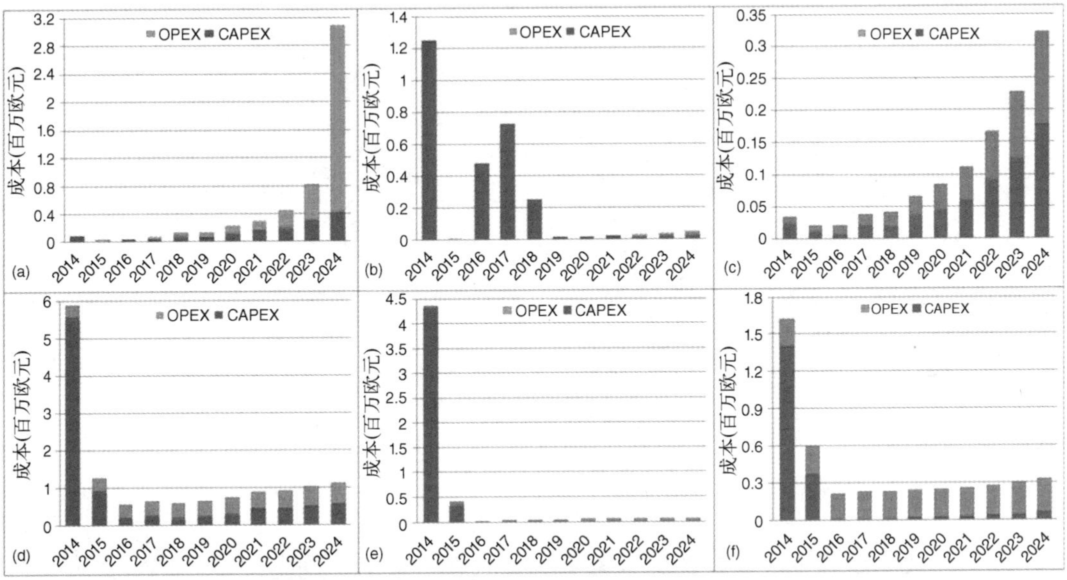

图 13.11　各种场景下回传网络 TCO 的逐年演进情况：(a) Ho-MW；
(b) Ho-Tr；(c) Ho-Le；(d) He-MW；(e) He-Tr；(f) He-Le

　　从图 13.11 中还可以看到另一个有趣的现象：不同回传技术中的 CAPEX 和 OPEX 比例不同。用于同构网络部署场景的基于微波技术的回传连接中，OPEX 所占的比例巨大，并且它随着网络容量的增长而大幅地增加。然而，在基于光纤技术的回传网络中且运营商需要自行挖沟敷设光纤的情况下，其 OPEX 成本仅占其年度费用的一小部分，而其中基础设施的成本为主导因素。

　　接下来，我们在考虑每位用户平均每月订购的业务(包括语音和数据)费用为 30 欧元及折扣率为 10% 的情况下，计算了上述所有应用场景中当十年生命周期结束时 NPV

的结果，如图 13.12 所示。除了 HetNets 部署且采用了基于微波技术的回传网络的场景（采用微波技术实现回传网络时，其 TCO 非常昂贵），其他所有场景都具有正的 NPV 值，因此它们都可被认为是经济可行的。另一个需要注意的现象是，与所有其他三种同构网络部署方案相比，He_Tr 部署方案的 TCO 值最低。另一方面，它的 NPV（即在十年网络生命周期结束时的利润总额）最低。这是因为回传网络和 RAN 的大部分投资都需要在项目的头几年完成。典型情况下，由于早点投资就可能早点产生回报，因此对于相同数量的资金而言，其当前的价值往往比未来的价值更高。这个例子向我们展示了商业可行性分析的重要性，因为 TCO 值最低的技术在经济上有可能并不是长期投资项目的首选。

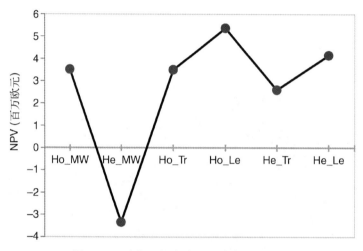

图 13.12　十年网络生命周期结束时的 NPV

13.4.3　敏感性分析

我们在成本研究中所考虑的输入参数往往存在许多的不确定性，而这些不确定性有可能会显著地改变我们的分析结果。进行全面的敏感性分析有助于我们了解这些模型输入值的变化对成本分析结果的影响，并识别出其中关键的成本要素，从而可在有关项目可能存在的风险和分析结果的可靠性方面给予我们更好的启示。

本小节分析了技术-经济分析工具所需的一些关键性输入参数的变化对我们前文所讨论的分析结论的影响。根据图 13.10 中对回传网络成本的分解，我们首先确定每种部署方案中成本最高的因素，然后我们计算了当那些关键性输入参数变化时回传网络 TCO 是如何变化的。对基于微波技术的回传网络方案而言，其功耗与设备成本是最昂贵的元素，而对于使用了光纤技术的回传网络方案而言，与挖沟敷设光纤或光纤租赁成本相关的基础设施成本占据了回传网络 TCO 中的最大一部分。为了说明这些因素中的每一种因素对于 TCO 的影响，图 13.13 展示了移动网络部署(包括 RAN 与回传部分)中 TCO 随各个因素的变化情况。

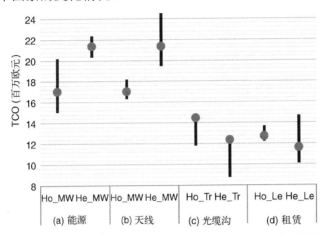

图 13.13　TCO 变化的敏感性分析：(a)能源成本(±50%)；(b)微波天线价格(±50%)；
(c)可重复利用光缆沟的比率(从 0% 至 100%)；(d)租赁成本(±50%)

　　图 13.13 中的圆圈代表针对每种场景计算得到的 TCO 值，条形图案表示当相应的输入参数变化时 TCO 值的变化[①]。从该结果中可以看出，即使将能源的价格降低一半或使用成本减半的天线，基于微波技术的回传解决方案仍然是所有应用场景中最昂贵的选择。从图 13.13 中还可以看到一个有趣的现象：在没有基础设施可用的绿地场景中(即图中可重复利用光缆沟的比率为 0% 的情况)和已存在一定数量的可用光纤基础设施、仅需挖沟进行部分光缆敷设的场景中(即图中可重复利用光缆沟的比率 > 0% 的情况)，其 TCO 仍存在差别。如果回传网络建设所需的光缆敷设已经有一半以上是现成可用的，那么在 HetNets 场景下，基于光纤技术的回传网络在为用户提供移动服务时的 TCO 最低。而光纤租赁的价格因国家和地区而异，对于投资成本的影响巨大。当光纤租赁的价格上涨 50% 时，从降低 TCO 的角度来看，挖沟敷设光缆便会成为比光纤租赁更便宜、更有吸引力的选择。

　　在商业可行性分析中的另一个重要参数是收入，它与项目的盈利能力直接相关。为了研究每位用户所能产生的商业收入，并找出能够产生正的 NPV 的每月最小业务订购费用，图 13.14 基于每位用户每月业务订购费用的变化进行了敏感性分析。很明显，如果每位用户的平均月消费超过了 40 欧元，则在上述的所有六个场景中，即使是 He-Mw 场景，网络的 NPV 都为正值；而当每月收取用户的费用为 15 欧元或更少时，上述所有应用场景中的 NPV 都是负值。

---

① 因为本书为黑白印刷，读者无法区分图形的颜色，所以原版书中有关"绿色"等颜色的描述被忽略。——译者注

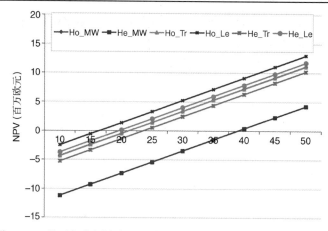

图 13.14　基于每位用户每月业务订购费用的变化的敏感性分析结果

13.5　结论

　　本章介绍了一种综合的技术-经济框架，可用于估算移动网络中回传部分的 TCO，以及分析一个给定无线网络部署方案的商业可行性。本章重点讨论了两种回传网络技术：微波技术和光纤技术。本章还将我们所提出的分析框架运用于一个典型的案例，在该案例的场景下对异构和同构网络部署方案的 TCO 与 NPV 进行了分析。结果表明：与传统同构网络部署场景相比，异构网络部署场景的回传网络 TCO 显著增加。研究结果还表明：光纤技术是大容量异构网络部署场景中最具成本效益的回传网络解决方案。而且最廉价的选择是在可能的情况下尽量租用光纤连接。我们的研究结果还凸显出选择适当的回传技术对于保证异构网络能够产生经济效益的重要性。本章所提出的商业可行性分析还表明：对项目进行完整的技术-经济评估，而不仅是单单进行成本的计算具有重要意义。最后，我们的 NPV 分析结果表明：较低的 TCO 并不总是会带来较高的利润，因为在不同时期所做的长期项目投资也会影响项目的总利润。

参考文献

A. A. W. Ahmed, J. Markendahl, C. Cavdar, and A. Ghanbari. Study on the effects of backhaul solutions on indoor mobile deployment macrocell vs. femtocell. *Proc. of IEEE International conference on Personal, Indoor and Mobile Radio Communications（PIMRC）*, 2013.

M. Aleksic, S. and Deruyck, W. Vereecken, W. Joseph, M. Pickavet, and L. Martens. Energy efficiency of femtocell deployment in combined wireless/optical access networks. *Elsevier*

Computer Networks, 57: 1217-1233, 2013.

Gunther Auer, Oliver Blume, Vito Giannini, Istvan Godor, Muhammad Ali Imran, Ylva Jading, Efstathios Katranaras, Magnus Olsson (EAB), Dario Sabella, Per Skillermark, and Wieslawa Wajda. Energy efficiency analysis of the reference systems, areas of improvements and target breakdown. *EARTH Deliverable D2.3*, 2012.

I. Chih-Lin, C. Rowell, S. Han, Z. Xu, G. Li, and Z. Pan. Toward green and soft: A 5G perspective. *IEEE Communications Magazine*, 52: 66-73, 2014.

C. Cid, M. Ruiz, L. Velasco, and G. Junyent. Costs and revenues models for optical networks architectures comparison. *IX Workshop in G/MPLS Networks*, 2010.

Cisco. Cisco visual networking index: Global mobile data traffic forecast update 2013: 2018. *Cisco Inc., USA, C11-738429-00*, 2015.

H. Claussen, L. T. W. Ho, and F. Pivit. Effects of joint macrocell and residential picocell deployment on the network energy efficiency. *Proc. of IEEE International Symposium on Personal, Indoor and Mobile Radio Communications (PIMRC)*, 2008.

J. Coldrey, M. Berg, L. Manholm, C. Larsson, and J. Hansryd. Non-line-of-sight small cell backhauling using microwave technology. *IEEE Communications Magazine*, 51: 78-84, 2013.

CPRI. Common public radio interface (CPRI), v6. 0. *CPRI Specification*, 6, 2013.

Ercisson AB. Ericsson microwave towards 2020 report. *Ercisson AB*, 2014.

Ercisson AB. Ericsson microwave outlook. *Ercisson AB*, 13: 97-113, 2017.

Ericsson AB. Ericsson radio dot system. *Ericsson AB, white paper*, 2013.

F. S Farias, P. Monti, A. Vastberg, M. Nilson, J. C. W. A. Costa, and L. Wosinska. Green backhauling for heterogeneous mobile access networks: What are the challenges? *Proc. of International Conference on Information, Communications and Signal Processing (ICICS)*, 2013a.

F. S. Farias, M. Fiorani, S. Tombaz, M. Mahloo, L. Wosinska, J. C. W. A. Costa, and P. Monti. Cost-and energy-efficient backhaul options for heterogeneous mobile network deployments. *Photonic Network Communications*, 32(3): 422-437, 2016.

F. S. Farias, Borges G. S., Rodrigues R. M, A. L. Santana, and J. C. W. A. Costa. Real-time noise identification in dsl systems using computational intelligence algorithms. *Proc. of International Conference on Advanced Technologies for Communications (ATC)*, pages 252-255, 2013b.

Femto forum. Femtocells-natural solution for offload. *Femto forum white paper*, 2010.

D. Feng, W. Sun, and W. Hu. Hybrid radio frequency and free space optical communication for 5G backhaul. 2014.

Z. Frias and J. Pérez. Techno-economic analysis of femtocell deployment in long-term evolution networks. *EURASIP Journal on Wireless Communications and Networking*, 2012: 1-12, 2012a.

Z. Frias and J. Pérez. Techno-economic analysis of femtocell deployment in long-term evolution networks. *EURASIP Journal on Wireless Communications and Networking*, 2012: 1-12, 2012b.

FSAN Group. Full service access network.

T. Geitner. Vodafone group technology update. *Vodafane*, 2005.

T. Giles, J. Markendahl, J. Zander, P. Zetterberg, P. Karlsson, G. Malmgren, and J. Nilsson. Cost drivers and deployment scenarios for future broadband wireless networks-key research problems and directions for research. *Proc. of IEEE Vehicle Technology Conference (VTC)*, 2004.

Juniper Networks. Mobile backhaul reference architecture. *Juniper Networks white paper*, 2011.

J. S. Khirallah, C. and Thompson and H. Rashvand. Energy and cost impacts of relay and femtocell deployments in long-term-evolution advanced. *IET Communications*, 5: 2617- 2628, 2011.

F-C. Kuo, F. A. Zdarsky, J. Lessmann, and S. Schmid. Cost efficient wireless mobile backhaul topologies: an analytical study. *Proc of IEEE Global Telecommunications Conference (GLOBECOM)*, 2010.

S. Lins, P. Figueiredo, and A. Klautau. Requirements and evaluation of copper-based mobile backhaul for small cells LTE networks. *Proc. of IEEE International Microwave and Optoelectronics Conference (IMOC)*, 2013.

M. Mahloo, C. M. Machuca, J. Chen, and L. Wosinska. Protection cost evaluation of wdm-based next generation optical access networks,. *Journal of Optical Switching and Networking (OSN)*, 10: 89-99, 2013.

M. Mahloo, J. Chen, L. Wosinska, A. Dixit, B. Lannoo, D. Colle, and C. M. Machuca. Toward reliable hybrid WDM/TDM passive optical networks. *IEEE Communication Magazine*, 52: 14-23, 2014a.

M. Mahloo, P. Monti, J. Chen, and L. Wosinska. Cost modeling of backhaul for mobile networks. *Proc. of IEEE International Conference on Communications (ICC)*, 2014b.

J. Markendahl and Ö. Mäkitalo. A comparative study of deployment options, capacity and cost structure for macrocellular and femtocell networks. *Proc. of IEEE Internationa Symposium on Personal Indoor and Mobile Radio Communications (PIMRC)*, 2010.

J. Markendahl, Ö. Mäkitalo, and J. Werding. Analysis of cost structure and business model options for wireless access provisioning using femtocell solutions. *Proc. of European International Telecommunications Society (ITS) Conference*, 2008.

M. A. Marsan, G. Albertengo, A. Francese, and F. Neri. Manhattan topologies for passive all-optical networks. *Proc. of Annual European Fiber Optic Communications and Local Area Network Exposition*, 1991.

P. Monti, S. Tombaz, L. Wosinska, and J. Zander. Mobile backhaul in heterogeneous network deployments: technology options and power consumption. *Proc. of International Conference on Transparent Optical Networks (ICTON)*, 2012.

S. Nie, G. R. MacCartney, S. Sun, and T. S. Rappaport. 72 GHz millimeter wave indoor measurements for wireless and backhaul communications,. *Proc. of International Symposium on Personal Indoor and Mobile Radio Communications (PIMRC)*, 2013.

V. Nikolikj and T. Janevski. State-of-the-art business performance evaluation of the advanced wireless heterogeneous networks to be deployed for the "tera age". *Wireless Personal Communications*, 84(3): 2241-2270, 2015.

Nokia. G.fast.

T. Norman. Wireless network traffic 2010-2015: forecasts and analysis. Analysys Mason, 2010.

A. Osseiran et. al. The foundation of the mobile and wireless communications system for 2020 and beyond: Challenges, enablers and technology solutions. *Proc. Vehicular Technology Conference (VTC Spring)*, pages 1-5, 2013.

E. J. Oughton and Z. Frias. The cost, coverage and rollout implications of 5g infrastructure in britain. *Telecommunications Policy*, 2017.

M. Paolini. An analysis of the total cost of ownership of point-to-point, point-to-multipoint, and fibre options. *White paper on crucial economics for mobile data backhaul*, 2011.

Senza fili. Crucial economics for mobile data backhaul. *Senza fili consulting white paper*, 2011.

Skyfiber. How to meet your backhaul capacity needs while maximizing revenue. *Skyfiber white paper*, 2013.

W-S. Soh, Z. Antoniou, and Hyong S. Kim. Improving restorability in radio access networks. *Proc of IEEE Global Telecommunications Conference (GLOBECOM)*, 2003.

Telecom India. Consultation paper on allocation and pricing of microwave access (mwa) and microwave backbone (mwb) rf carriers. *Telecom regulatory authority of India*, 2014.

O. Tipmongkolsilp, S. Zaghloul, and A. Jukan. The evolution of cellular backhaul technologies: Current issues and future trends. *IEEE Communications Surveys & Tutorials*, 13: 97-113, 2011.

S. Tombaz, P. Monti, K. Wang, A. Vastberg, M. Forzati, and J. Zander. Impact of backhauling power consumption on the deployment of heterogeneous mobile networks. *Proc. of IEEE Global Telecommunications Conference (GLOBECOM)*, 2011.

S. Tombaz, P. Monti, F. Farias, M. Fiorani, L. Wosinska, and J. Zander. Is backhaul becoming a bottleneck for green wireless access networks? *Proc. of IEEE International Conference on Communications (ICC)*, 2014.

UMTS Forum. Mobile traffic forecasts 2010-2020. *UMTS Forum, Nokia*, 2011.

S. Verbrugge, K. Casier, J. Van Ooteghem, and B. Lannoo. white paper: Practical steps in techno-economic evaluation of network deployment planning. 2009.

F. Yaghoubi, M. Mahloo, L. Wosinska, P. Monti, F. S. Farias, and J. C. W. A. Costa. A techno-economic framework for 5G transport networks. *IEEE Wireless Communications*, 25: 56-63, 2018.

J. Zander and P. Mähönen. Riding the data tsunami in the cloud: myths and challenges in future wireless access. *IEEE Communications Magazine*, 51: 145-151, 2013.

About the Editors

Abdelgader Mahmoud Abdalla received his PhD in Telecommunications Engineering from MAP-Tele Doctoral Programme, Universidades de Minho, Aveiro, Porto (MAP-Tele), Portugal in October 2014. From 2010 to 2014, during his PhD study, he was involved in several national and international projects that included EURO-FOS Network, TOMAR-PON, BONE, NGPON2, and PANORAMA II. In December 2014, he joined Instituto de Telecomunicações (IT), Aveiro as a Senior Researcher. Recently, he finished the European research project ENIAC-THING2DO successfully, whilst acting as work package leader of Design Enablement that involved 17 partners. Currently, he is acting as a task leader of Design Methodology and Automation in European research OCEAN12 project, ECSEL-JU-Call 2017 within H2020. His main research interests include low-power nanoscale integrated circuit design, systems-on-a-chip design for optical and wireless communications, DSP-enhanced high-simulation runtime mixed-signal integrated circuit design, FPGA/ASIC design of high-simulation runtime digital and optical communication devices, as well as nonlinear modeling for nanotechnologies. He is the author of several journals and conference publications. He is an active IEEE member, acting as TPC member and reviewer for a number of respected conferences, journals, and magazines.

Jonathan Rodriguez received his MSc and PhD degrees in Electronic and Electrical Engineering from the University of Surrey, United Kingdom in 1998 and 2004, respectively. In 2005, he became a researcher at the Instituto de Telecomunicações, Aveiro (Portugal), and a member of the Wireless Communications Scientific Area. In 2008, he became a Senior Researcher and was granted an independent researcher role where he established the Mobile Systems Research Group with key interests in 5G networking, radio-optical convergence, and security. He has served as project coordinator for major international research projects, including Celtic Eureka LOOP and GREEN-T, and FP7 C2POWER, whilst serving as technical manager for FP7 COGEU and FP7 SALUS. He is currently leading the H2020-ETN SECRET project, a European Training Network on 5G communications. In 2008, he became an Invited Assistant Professor at the University of Aveiro (Portugal), attaining Associate status in 2015. He has also served as General Chair for the ACM sponsored MOBIMEDIA 2010 (6th International Mobile Multimedia Communications Conference), Co-Chair for the EAI sponsored WICON 2014 (8th International Wireless Internet Conference), and TPC co-chair for BroadNets 2018, as well as serving as workshop chair on 17 occasions in major international conferences that include IEEE Globecom and IEEE ICC, among others. He is the author of more than 450 scientific works, that include over 100 peer-reviewed international journals and 11 edited books. His professional affiliations include Senior Member of the IEEE, Chartered Engineer (CEng) and Fellow of the IET (2015). In 2017, he became Professor of Mobile Communications at the University of South Wales (UK).

Issa Elfergani received his MSc and PhD in Electrical and Electronic Engineering from the University of Bradford (UK) in 2008 and 2012, respectively, with a specialization in tunable antenna design for mobile handset and UWB applications. He is now a Senior Researcher at the Instituto de Telecomunicações, Aveiro (Portugal), working with several national and international research funded projects, while serving as technical manager for ENIAC ARTEMIS (2011–2014), EUREKA BENEFIC (2014–2017), CORTIF (2014–2017), GREEN-T (2011–2014), VALUE (2016–2016) and H2020-SECRET Innovative Training Network (2017–2020). In 2014 Issa received a prestigious FCT fellowship for his post-doctoral research. He is an IEEE and American Association for Science and Technology (AASCIT) member. Since his PhD graduation, he has successfully completed the supervision of several Master and PhD students. He is the author of around 93 high-impact publications in academic journals and international conferences; in addition, he is the author of two books and nine book chapters. He has been a reviewer for several good ranked journals such as IEEE Antennas and Wireless Propagation Letters, IEEE Transactions on Vehicular Technology, IET Microwaves, Antennas and Propagation, IEEE Access, Transactions on Emerging Telecommunications Technologies, Radio Engineering Journal, IET-SMT, and IET Journal of Engineering. He was the chair of both the 4th and 5th International Workshops on Energy Efficient and Reconfigurable Transceivers (EERT). He has been on the technical program committee of a large number of IEEE conferences. Issa has several years of experience in 3G/4G and 5G radio frequency systems research with particular expertise on several and different antenna structures along with novel approaches in accomplishing size reduction, low cost, improved bandwidth, gain and efficiency. His expertise includes research in various antenna designs such as MIMO, UWB, balanced and unbalanced mobile phone antennas, RF tunable filter technologies and power amplifier designs.

Antonio Luís Teixeira got his PhD from University of Aveiro, Portugal, in 1999, partly developed at the University of Rochester. He holds an EC in Management and Leadership from MIT Sloan School and a post-graduation qualification in Quality Management in the field of Higher Education. He has been a professor at the University of Aveiro since 1999, as an Associate Professor with Agregação. He worked from 2009 to 2013 in Nokia Siemens Networks and in Coriant (2013–2014) as a standardization expert in the field of optical access (in FSAN, ITU-T, IEEE 802.3). Since 2014, he has been the Dean of the University of Aveiro Doctoral School aggregating 50 PhD programs and 1300 students. He has published more than 400 papers (more than 130 in journals), has edited a book, and contributed to several others. He holds 11 patents, and tutored successfully more than 70 MScs and 14 PhDs, having participated in more than 35 projects (national, European and international). In 2014 he co-founded PICadvanced, a startup focused on providing solutions based on optical assemblies targeting biotech and optical networking (including access networks). He served the ECOC TPC from 2008 to 2015 in the SC for subsystems, having chaired it in 2010, 2011 and 2015. He served the access subcommittee in OFC from 2011 to 2014, and was the General Chair of ICTON 09, Networks 2014. He is a Senior Member of OSA and a member of IEEE and the IEEE standards association.

*本书其他贡献者的简介可登录华信教育资源网（www.hxedu.com.cn）查看。